QUYU SHUILI GUIHUA HUANJING YINGXIANG YANJIU

—YI HAINAN SHUIWANG JIANSHE GUIHUA WEILI

区域水利规划环境影响研究
——以海南水网建设规划为例

余真真　　闫　莉　　张军锋
王晓霞　　张建永　　马秀梅　编著
邓敬一

黄河水利出版社
·郑州·

内 容 提 要

海南水网建设规划积极践行生态文明建设与新发展理念,结合海南省"多规合一"总体部署,围绕水务供给侧改革,从全局和战略的高度,统筹谋划海南省今后一段时期水务改革发展的总体目标和战略布局。规划环境影响研究对规划实施可能产生的环境影响进行综合评估,从合理利用水土资源,维护生态系统良性循环的角度,分析论证了水网建设方案、布局、规模、时序等规划要素的环境合理性,优化调整水资源配置与工程方案,统筹协调了生态保护与水资源利用的关系。

本书可供从事区域水利规划环境影响研究及评价等相关科研及专业技术人员阅读参考。

图书在版编目(CIP)数据

区域水利规划环境影响研究:以海南水网建设规划为例/余真真等编著. —郑州:黄河水利出版社,2022.1
ISBN 978-7-5509-3227-2

Ⅰ.①区… Ⅱ.①余… Ⅲ.①水利规划-区域规划-环境影响-研究-海南 Ⅳ.①TV212.2②X820.3

中国版本图书馆 CIP 数据核字(2022)第 022929 号

出 版 社:黄河水利出版社　　　　　　　　　网址:www.yrcp.com
　　　　　地址:河南省郑州市顺河路黄委会综合楼14层　邮政编码:450003
发行单位:黄河水利出版社
　　　　　发行部电话:0371-66026940、66020550、66028024、66022620(传真)
　　　　　E-mail:hhslcbs@ 126. com
承印单位:河南新华印刷集团有限公司
开本:890 mm×1 240 mm　1/16
印张:24.25
字数:560 千字　　　　　　　　　印数:1—1 000
版次:2022 年 1 月第 1 版　　　　　印次:2022 年 1 月第 1 次印刷

定价:60.00 元

前　言

　　海南位于我国最南端,是我国最大的经济特区和国际旅游岛、覆盖全岛的自由贸易试验区、中国特色的自由贸易港,也是 21 世纪海上丝绸之路建设的重要战略支点,具有实施全面深化改革和试验最高水平开放政策的独特优势。2009 年 12 月,国务院发布《关于推进海南国际旅游岛建设发展的若干意见》(国发〔2009〕44 号),确立建设海南国际旅游岛发展战略。2015 年 6 月,习近平总书记主持召开中央全面深化改革领导小组第十三次会议,同意海南省开展省域"多规合一"改革试点,海南省委、省政府随即启动编制《海南省总体规划(空间类 2015~2030)》,重点提出了建设包括"水网"在内的基础设施。2018 年 4 月,《中共中央　国务院关于支持海南全面深化改革开放的指导意见》(中发〔2018〕12 号),明确提出"按照适度超前、互联互通、安全高效、智能绿色的原则,大力实施一批重大基础设施工程""完善海岛型水利设施网络"等要求。2019 年 5 月,中共中央办公厅、国务院办公厅印发《国家生态文明试验区(海南)实施方案》(厅字〔2019〕29 号),支持海南建设国家生态文明试验区,按照"确有需要、生态安全、可以持续"的原则,完善海岛型水利设施网络,为海南实现高质量发展提供水安全保障。

　　海南岛地形中间高四周低,以五指山、鹦哥岭为隆起核心,向外围逐级下降,由山地、丘陵、台地、平原构成环状圈层地貌,梯级结构明显,境内主要河流发源于中部山区,由山区或丘陵区分流入海,构成辐射状水系。"水网"是《海南省总体规划(空间类 2015~2030)》提出的基础设施"五网"之一,《海南水网建设规划》(简称水网规划)按照海南省"多规合一"要求,从全局和战略高度,统筹谋划海南省今后一段时期水务改革发展的总体目标、战略布局和水网建设任务,提出了构建"以辐射状海岛天然水系为经线、灌溉渠系为纬线、水源控制工程为节点"的骨干水网布局思路和工程网、生态水系网、管理网、信息网统筹结合的现代综合立体水网体系。

　　海南是全国唯一的热带省份,属热带季风海洋性气候,主要生态环境指标全国领先,拥有一流的阳光、空气、水、沙滩、雨林和草地等丰富的自然资源,动植物区系热带特有种类较多,生物多样性丰富。优良的生态环境是海南最大的优势和生命线,海南的生态环境质量只能更好、不能变差。

　　为统筹协调开发与保护之间的关系,推动形成人与自然和谐发展的水网建设格局,海南水网建设规划环境影响研究以习近平生态文明思想为指导,坚持绿水青山就是金山银山的理念,在系统分析海南资源环境特点及主要涉水生态环境问题基础上,梳理了现有水利工程、在建工程、规划新建工程的时序关联,预测和评价了规划实施可能造成的重大生态环境影响;强化了"三线一单"(生态保护红线、环境质量底线、资源利用上线,生态准入负面清单)硬约束,从合理利用水土资源、维护生态系统良性循环的角度,分析论证了水网建设方案、布局、规模、时序等规划要素的环境合理性;提出了规划方案优化调整建议和环境保护对策措施,为海南水网建设规划实施和水生态文明建设提供决策依据。

全书共分十章。第1章介绍海南在国家战略地位及环境保护要求,第2章开展了规划分析,第3章综合论述了环境现状与回顾性影响评价,第4章开展了环境影响识别、构建了评价指标体系,第5章进行了环境影响预测与评价,第6章论证了规划方案环境合理性,第7章提出规划方案的优化调整建议,第8章提出环境影响减缓对策与措施,第9章提出了环境影响跟踪评价计划,第10章总结研究成果。

在本书的编写过程中,水利部水利水电规划设计总院史晓新处长、黄河流域生态环境监督管理局郝伏勤副局长、张建军处长、王瑞玲副所长给予了悉心指导和帮助,课题组成员陈锋、余顺超、王东等也付出了辛勤的劳动,在此表示感谢!在课题开展的过程中,协作单位水利部中国科学院水工程生态研究所、珠江水利科学研究院、华中师范大学,以及海南省水务厅、生态环境厅等单位有关领导和专家给予了大力支持,在此一并表示感谢!

由于认识水平有限,本书难免存在错误与不足之处,敬请读者批评指正!

作　者

2021 年 4 月

目　录

第1章　国家战略地位及环境保护要求

1.1　区域特点与概况

1.1.1　自然地理概况

1.1.1.1　地理位置

海南省地处我国最南端,位于东经 108°37′~111°03′,北纬 18°10′~20°10′。全省陆地(包括海南岛和西沙、中沙、南沙群岛)总面积 3.54 万 km²,海域面积约 200 万 km²,是我国国土面积最大的省。其中,海南岛面积 3.42 万 km²,环岛海岸线长 1 823 km。

1.1.1.2　地形地貌

海南岛是一个独立的地貌单元,中间高四周低,为二阶环状圈层台地地貌,梯级结构明显。海南岛地形总体中间高耸、四周低平。以五指山、鹦哥岭为隆起核心,主峰海拔 1 867 m,向外围逐级下降,山地、丘陵、台地、阶地和平原构成环状圈层地貌,梯级结构明显。不同地貌类型构成三大环带,内环由一系列中、低山脉组成,位于中南部;中环为丘陵地貌单元;外环由台地、阶地和平原等地貌单元构成,是三大环中面积最大的一环。海南岛各类地形所占全岛总面积百分比统计见表 1-1。海南岛地形见图 1-1。

表 1-1　海南岛各类地形所占全岛总面积百分比统计

类型	中山 800 m 以上	低山 500~800 m	高丘 250~500 m	低丘 100~250 m
百分比(%)	17.9	7.5	7.7	5.6
类型	台地	海成河流阶地	冲积海积平原 (包括潟湖沙地)	其他
百分比(%)	32.6	16.9	11.2	0.6

1.1.1.3　河流水系

海南岛河流为岛屿性水系,均从中部山区或丘陵区向四周分流入海,构成放射状的水系。全岛独流入海的河流共计 154 条,南渡江、昌化江、万泉河为海南岛三大河流,集雨面积均超过 3 000 km²。《海南省总体规划(空间类 2015~2030)》划定的 38 条生态水系廊道由海南岛主要河流构成,全长 2 713 km,年均径流量 253 亿 m³,占全岛地表水资源量的82%以上(见图 1-2)。

由于汛期降雨集中,海南岛河流具有河短流急、暴涨暴落、难以调蓄等特点,非汛期基流量小,终年不结冰。海南岛主要河流概况见表 1-2。

图 1-1　海南岛地形图

表 1-2　海南省主要河流基本情况

河流名称	发源地	出口地	集雨面积（km²）	河长（km）	坡降（‰）	年均径流（亿 m³）
南渡江	白沙南峰山	海口市三联村	7 033	333.8	0.176	69.2
昌化江	琼中空秃岭	昌江昌化港	5 150	232	1.54	41.7
万泉河	五指山风门岭	琼海博鳌港	3 693	156.6	1.12	54.1
陵水河	保亭贤芳岭	陵水水口港	1 131	73.5	3.13	14.6
宁远河	乐东红水岭	三亚港门港	1 020	83.5	4.63	6.47
珠碧江	白沙南高岭	儋州海头港	957	83.8	2.19	6.3
望楼河	乐东尖峰岭南	乐东望楼港	827	99.1	3.78	3.90
文澜江	儋州大岭	临高博铺港	777	86.5	1.47	5.19
藤桥河	保亭昂日岭	三亚藤桥港	709	56.1	5.75	5.96
北门江	儋州鹦哥岭	儋州黄木村	648	62.2	2.45	4.00
太阳河	万宁红顶岭	万宁小海	593	75.7	1.49	8.41
春江	儋州康兴岭	儋州赤坎地村	558	55.7	1.79	2.8
文教河	文昌坡门村	文昌溪边村	523	50.6	0.67	4.36

1.1.1.4 水文气象

1. 气象特征

海南属热带季风海洋性气候,全年暖热,长夏无冬,雨量充沛,干湿季节明显,台风活动频繁,热带气旋、暴雨等气象灾害频发。年日照时数为 1 750~2 650 h,年均气温为 23~25 ℃。

平均降水量 1 790 mm,其中 5~10 月为多雨季节,总降水量 1 500 mm 左右,占全年的 70%~90%;11 月至翌年 4 月仅占全年降水量的 10%~30%(见图 1-3),少雨季节常常发生冬旱或冬春连旱。

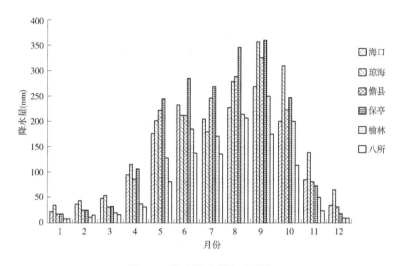

图 1-3 海南降水量年内变化

降水地域分布不均,降水量分布呈环状。降水量以中部五指山山脉为界,偏东山区降水较多,西南部偏少,最大降水地区位于琼中县(达到 2 848 mm),最小降水地区位于西部的昌江县(为 954 mm)。三大流域中,万泉河流域降水量最大,南渡江次之,昌化江下游处于海南岛降水最少的区域。年降水等值线分布见图 1-4。

蒸发量与降水量分布规律正相反,全岛东北部蒸发量最小(干旱指数约为 0.5),西南海岸蒸发量最大(干旱指数大于 1.5)。

2. 暴雨特征

海南岛暴雨一般发生在 4~11 月,个别年份 3 月、12 月也有发生。根据南渡江、昌化江、万泉河三大流域暴雨资料统计,每年发生暴雨的场次平均为 7 场。东部及中部山区发生场次较多,而西及西北部则较少。

全省暴雨特点是雨强极大。各站实测的 24 h 最大降水量多在 700 mm 以上,历史最大暴雨发生在尖峰岭一带的七林场站,达 833.3 mm(1974 年 6 月 13 日)。暴雨持续时间多为 1~3 d,长的可达 5~6 d。常见的暴雨中心在尖峰岭地区,其次为五指山地区、雅加大岭地区,中北部的屯昌县城一带也形成一个较常见的暴雨中心。

3. 洪水特性

全岛洪水均由短期暴雨形成,洪水发生在 4~11 月,尤以 9 月、10 月最多,占年最大洪

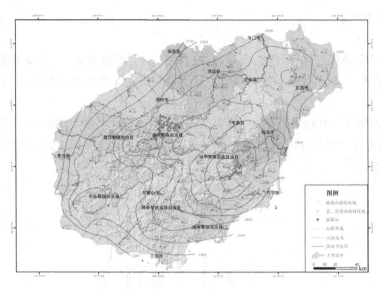

图 1-4　海南岛年降水量均值等值线图

水发生次数的 50% 以上,个别流域甚至达 70%。

海南省中部、西南部山区,是各流域洪水的主要发源地,且多处于暴雨中心地区,故洪水发生的机遇和量级高于流域下游及平原台地的河流。如南渡江流域实测最大流量的洪峰模数自上游向下游迅速减小。

洪水特点是来势迅猛、暴涨暴跌、峰高、过程线尖瘦、洪量高度集中。特别是在中上游山区,洪水极为迅猛,水流湍急,洪峰出现时间一般在 1 h 左右。洪水过程有单峰型,也有多峰型,一般 24 h 洪量占 3 天洪量的 50% 以上。南渡江、昌化江、万泉河洪水 C_v 值分别为 0.52、0.79、0.5,主要河流洪水频率流量见表 1-3。

表 1-3　主要河流洪水频率流量 （单位:m³/s）

河流	测站或地点	集雨面积(km²)	20 年一遇	50 年一遇	100 年一遇
南渡江	龙塘	6 841	7 090	10 400	11 300
昌化江	宝桥	4 634	1 630	2 130	25 100
万泉河	嘉积	3 236	9 840	11 700	13 000
陵水河	陵水	970	4 430	5 820	6 860
宁远河	雅亮	645	6 230	8 150	9 660
珠碧江	大溪桥	662	3 330	4 580	5 380
望楼河	河口	709	2 720	3 650	4 370
文澜江	河口	777	1 720	2 460	3 010
北门江	河口	648	2 330	3 150	3 790
太阳河	河口	593	2 620	3 400	3 990
春江	河口	558	1 500	2 070	2 520
文教河	河口	523	1 590	2 300	2 900
藤桥河	河口	709	3 110	3 970	4 640

1.1.2 社会经济概况

1.1.2.1 区划人口

海南岛行政区划包括 18 个市县,包含 3 个地级市、9 个县(县级市)、6 个自治县。

2016 年末,全省常住人口约为 917.1 万人,其中城镇人口 520.7 万人,城镇化率 56.8%。海南人口总数仅占全国的 0.67%,却是拥有旅游度假人口最多的省份,度假"候鸟"人口由 2011 年 60 万人增长至 2015 年的 115 万人,年均增长 17%,约为全省常住人口总数的 12.6%。

全岛人口分布不均匀,呈现城镇中心集聚态势,人口密度由中部山区向沿海逐渐增大。海南是一个多民族聚集的省份,除汉族外,还有 53 个少数民族,其中黎族人口最多,占少数民族人口的 90.8%。海南岛人口聚集度评价见图 1-5。

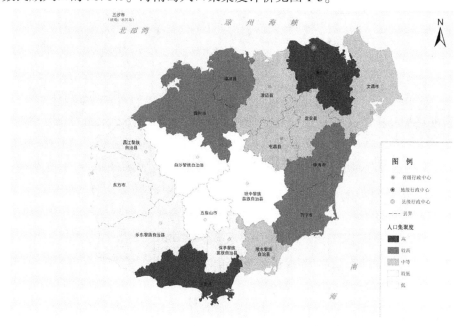

图 1-5 海南岛人口聚集度评价

1.1.2.2 社会经济

2016 年海南地区生产总值(GDP)4 045 亿元,人均 GDP 位居全国 17 位。其中,第一、二、三产业增加值分别完成 970.93 亿元、901.68 亿元、2 171.90 亿元,三次产业增加值比重为 24∶22∶54。海南以旅游业为龙头的现代服务业已成为经济发展的支柱产业,热带特色农业优势凸显,依托本地资源的新型工业初具规模。

(1)旅游及服务业。海南具有得天独厚的旅游资源和区位优势,优良的生态环境与气候条件为旅游业和现代服务业发展奠定了良好基础,拥有滨海沙滩、热带雨林、珍稀动植物、火山与溶洞等旅游资源,是我国唯一的国际旅游岛。

(2)农业生产。海南是我国热带现代农业基地、南繁育种基地、热带水果基地,在实现全国热带农产品及水果有效供给方面承担着重任。农作物可在自然环境下周年生长,冬季瓜菜产业成为我国重要的冬季"菜篮子";南繁育种基地将农作物育种周期缩短,成为保障国家种业和粮食安全的"绝版资源"。

（3）工业生产。海南工业已初步形成了以石油天然气化工、林浆纸一体化、汽车及配件、制药、矿产资源加工、食品加工与制造等具有海南特色的产业体系。现有工业主要分布在海南岛西海岸的儋州洋浦经济开发区、东方工业园区、昌江工业园区及北部的海口工业园区、澄迈老城工业园区等区域。

海南人口资源分布、产业布局形成了"琼北综合经济区、琼南旅游经济圈、西部工业走廊、东部沿海经济带、中部生态经济区"五个功能经济区（见图1-6）。

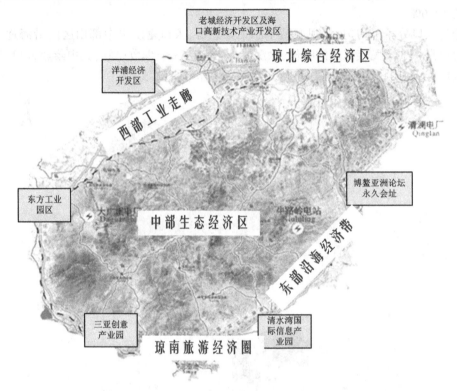

图 1-6 海南功能经济区分布示意图

1.1.3 水资源特点

海南岛河流为岛屿性水系，降水集中且强度大，地表径流产生快、截留困难、入海流程历时短。水资源总量丰富，但工程性缺水、功能性缺水、季节性缺水严重。海南岛水资源具有以下特征：

一是水资源时程分布不均，具有明显的年内、年际丰枯差异特征。全岛水资源多由台风引起的暴雨产生，8~10月台风暴雨期占全年降水量的一半，11月至翌年4月是海南的旱季，降雨少；降水量年际变化大，丰水年与枯水年来水平均相差3.3倍，局地如乐东相差7倍以上。台风雨的降水特征使得一些河流洪水期洪涝严重，枯水期河道基流量小。

二是水资源空间分布不均，具有中东部多、西南部少的地域特征。受中部山地抬升的阻挡和热带气旋的影响，海南岛中部及东北部雨量多，西南部雨量少，水资源量由东中部向西南部递减;而蒸发则由中部山区向西南部递增,遇枯水期或枯水年西部地区干旱特征明显。

三是河流水系源短流急,天然存蓄能力弱。受中高周低的地势和热带气候影响,海南岛形成从中部山丘区向四周分流入海的放射状海岛水系,水网密度较均匀,水系源短流急,沿海地区水资源利用条件差。全岛78%水资源量集中在大于 500 km^2 的 13 条河流,沿海地区需水量大但建库条件差,水库多建在丘陵台地和较大河流上。

四是大江大河水资源总量丰富,独流入海的小河枯水期断流问题突出。全岛水资源主要集中于南渡江、万泉河、昌化江三大江河,三大江河多年平均水资源总量占全岛水资源总量的 53.5%;一些独流入海的小河在枯水期基本处于断流的状态,水环境容量低。

五是水资源分布与社会生产力布局不相匹配。海南岛水资源分布与土地资源、经济布局不相匹配,西南部水少地多、中东部水多地少,以阶地和平原为主的沿海地带,城镇化程度高、人口密度大、服务业旅游业活跃、旅游人口居住量大、热带农业生产发达,但水资源相对不足。全岛受水资源调蓄能力限制,工程型缺水问题突出,经济社会用水与水资源供需矛盾依然存在。

1.1.4 生态环境特征

海南地处典型的热带海洋性气候地理区域,分布着以热带雨林为主体复杂多样的生态系统,并具有独特的海岸带湿地生态系统和海洋生态系统,动植物区系以热带成分为其主要特点。海南生态环境状况总体良好,自然生态系统比较稳定,森林生态系统丰富,生物种类繁多,是我国最大的热带植物园和最丰富的物种基因库。

(1)海岛型生态环境独特,物种丰富且敏感点众多,生态地位重要。

海南岛为全国生物多样性最丰富的地区之一,由于地理位置处于热带北缘的干湿热带气候过渡带,气候条件独特,热带雨林在全球植被保护中具有特殊的价值,主要分布于中部五指山、尖峰岭、霸王岭、吊罗山、黎母山等林区,其中五指山属未开发的原始森林。海南岛森林覆盖率较高,达到62.1%,地表植被繁盛,水源补给主要依靠天然降水。

(2)海岛型"一心两圈"空间结构决定生态环境环状布局特征。

全岛由山地、丘陵、台地、平原等环形层状梯级结构组成,构成层状垂直分布和环状水平分布带,生态系统结构层次较为分明且结构完整,自成体系。区域自然条件差异较大,人口分布、经济发展布局与海南岛独特的地形地貌、资源特点相吻合,基本形成"一心两圈"的空间结构。海南岛由内向外各环带主要生态环境特征见图1-7。

1.1.5 面临形势与挑战

未来一段时间是海南加快经济社会发展转型、迈向高质量发展阶段的关键时期,也是海南落实中央全面深化改革领导小组第十三次会议开展省域"多规合一"改革试点,为国家提供改革经验的关键时期。

(1)建设自由贸易试验区和中国特色自由贸易港,亟须提升国土空间的治理能力。水网作为基础设施建设"五网"之一,其建设必然占用更多空间,不可避免地占用一些耕地和生态空间;而保障河湖生态系统完整性和稳定性,需要完善水生态空间用途管控体系

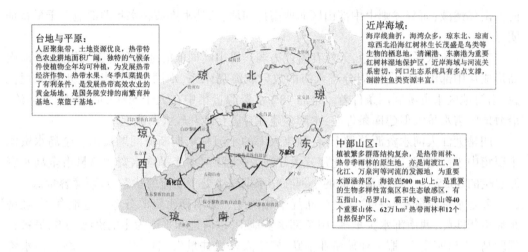

台地与平原：
人居聚集带，土地资源优良，热带特色农业耕地面积广阔，独特的气候条件使植物全年均可种植，为发展热带经济作物、热带水果、冬季瓜菜提供了有利条件，是发展热带高效农业的黄金场地，是国务院安排的南繁育种基地、菜篮子基地。

近岸海域：
海岸线曲折，海湾众多，琼东北、琼南、琼西北沿海红树林生长茂盛是鸟类等生物的栖息地，清澜港、东寨港是重要红树林湿地保护区。近岸海域与河流关系密切，河口生态系统具有多点支撑，洄游性鱼类资源丰富。

中部山区：
植被繁多群落结构复杂，是热带雨林、热带季雨林的原生地，亦是南渡江、昌化江、万泉河等河流的发源地，为重要水源涵养区，海拔在500 m以上，是重要的生物多样性富集区和生态敏感区，有五指山、吊罗山、霸王岭、黎母山等40个重要山体、62万 hm² 热带雨林和12个自然保护区。

图 1-7　海南岛各环带主要生态环境特征

和措施。必须深化"多规合一"改革，统筹各类空间性规划，提升国土空间治理能力和效率；落实"三线一单"要求，划定海南水生态空间，明晰水资源开发利用上线、水环境质量底线、水生态保护红线，为海南省空间规划的实施提供支撑。

（2）建设国家生态文明试验区和国际旅游消费中心，必须保持和提升生态环境质量。生态环境优良是海南省的最大优势和生命线，旅游业是环境依附性产业，比其他行业更依赖生态环境。必须牢固树立绿水青山就是金山银山的理念，坚持绿色发展不动摇。以水资源水环境水生态承载能力为基础，在构建完善的海岛型水利基础设施网络，增强水利公共产品供给能力的同时，推动河湖生态环境高水平保护，重点解决水资源水生态水环境领域的突出问题，提高水生态环境产品供给能力、水资源利用效率和效益，加快形成水生态文明建设长效机制，促进人水和谐发展，满足海南经济社会发展和人民日益增长的优美生态环境需要。

（3）建设经济繁荣、社会文明、生态宜居、人民幸福的美好新海南，水安全保障能力亟待提升。海南水利建设起步晚、基础差、底子薄，水利水务发展整体还处于欠发达阶段；水资源时空分布不均，调控水平和利用效率低，功能性、季节性、工程性缺水问题突出；防洪体系尚不健全，抵御洪（潮）涝等灾害能力不高；资源环境管理能力薄弱，部分河湖生境破坏问题较严重；公众生态环境意识增强，对优质的水生态环境产品的需求愈加迫切等。要加快完善海岛型水利基础设施网络，加快补齐水生态环境短板，提升水对经济社会发展的资源保障能力，提高对变化环境下灾害的风险防控能力，强化水资源水环境的系统治理能力等。

1.2　规划及区划相关要求

1.2.1　国家层面

1.2.1.1　全国主体功能区规划

按照《全国主体功能区规划》（国发〔2010〕46 号），海南要合理规划、科学利用滨海资源,建设国际旅游岛,推进三亚世界级热带滨海度假旅游城市、博鳌国际会展中心、文昌航天城等建设,发展以旅游业为主导的现代服务业;将东部沿海地区打造成国家级休闲度假海岸,重化工业严格限定在西部沿海的洋浦、东方工业园区;发展高效优质生态农业,加强对自然保护区、生态公益林、水源保护区等的保护,加强防御台风和风暴潮能力建设,构建以沿海红树林、珊瑚礁、港湾湿地为主体的沿海生态带和海洋特别保护区。

1. 国家重点开发区(北部湾地区)

海南西北部属于国家重点开发区"北部湾地区",该区位于全国"两横三纵"城市化战略格局中沿海通道纵轴的最南端,是我国面向东盟国家对外开放的重要门户,中国—东盟自由贸易区的前沿地带和桥头堡,区域性的物流基地、商贸基地、加工制造基地和信息交流中心。

2. 国家农产品主产区(华南主产区、热带农产品产业带等)

海南农业是国家农产品主产区华南主产区的重要组成部分,位于全国"七区二十三带"农业战略格局的最南端,为国家热带特色产业基地,重要的冬季瓜果菜、热带水果生产基地,农作物种子南繁基地,建设以优质高档籼稻为主的优质水稻产业带、甘蔗产业带。《全国主体功能区规划》明确在重点建设好农产品主产区的同时,积极支持其他农业地区和其他优势特色农产品的发展,国家给予必要的政策引导和支持,包括海南天然橡胶产业带,热带农产品产业带等。

3. 国家重点生态功能区(海南岛中部山区热带雨林生态功能区)

海南岛中部山区热带雨林生态功能区属于国家重点生态功能区,该区是热带雨林、热带季雨林的原生地,是我国小区域范围内生物物种十分丰富的地区之一,也是我国最大的热带植物园和最丰富的物种基因库。

4. 国家禁止开发区

根据《全国主体生态功能区规划》,海南岛分布有20个国家禁止开发区,包括10个国家级自然保护区、1个国家级风景名胜区、8个国家级森林公园、1个国家级地质公园,是我国保护自然文化资源的重要区域,珍稀动植物基因资源保护地。

5. 水资源开发利用与保护要求

《全国主体功能区规划》指出"北部湾地区雨量充沛,水资源较丰富但分布不均,利用率不高,南部沿海河流源短流急,调蓄能力较低";提出"珠江、东南诸河。适应区域水资源差异大的特点,在严格节水减排基础上,通过加强水源调蓄能力与区域水资源合理配置,保障水资源供给。浙江、福建、广东、广西及海南岛等沿海地区,要提高水资源调配能力,保障城市化地区用水需求,解决季节性缺水"等。

1.2.1.2 全国海洋主体功能区规划

根据《全国海洋主体功能区规划》(国发〔2015〕42号),海南岛附近海域为优化开发区域,加大渔业结构调整力度,实施捕养结合,加快海洋牧场建设;加强海洋水产种质资源保存和选育;有序推进海岛旅游观光,提高休闲旅游服务水平;完善港口功能与布局,严格直排污染源环境监测和入海排污口监管,加强红树林等保护。

1.2.1.3 全国生态功能区划

根据《全国生态功能区划(修编版)》,海南涉及的生态功能区包括海南中部生物多样性保护与水源涵养重要区、东南沿海红树林保护重要区、海南环岛平原台地农产品提供功能区、海口城镇群 4 种。其中,海南中部生物多样性保护与水源涵养区、海南沿海红树林保护区属于全国重要生态功能区。

1. 海南中部生物多样性保护与水源涵养重要区

该区域位于海南省中部,植被类型主要有热带雨林、季雨林和山地常绿阔叶林,区内生物多样性极其丰富,是我国生物多样性保护重要区域。此外,该区也是南渡江、昌化江、万泉河的发源地和重要水源地,具有重要水源涵养和土壤保持功能。

该区域主要生态问题是天然森林破坏,野生动植物栖息地减少,水源涵养能力降低,局部地区水土流失加剧。要求加强自然保护区建设和监管力度,扩大保护区范围;禁止开发天然林;坚持自然恢复,实施退耕还林,防止水土流失,保护生物多样性和增强生态系统服务功能。

2. 东南海南沿海红树林保护重要区

该区主要分布于我国福建省、广东省、海南省、广西壮族自治区等地高温、低盐、淤泥质的河口和内湾滩涂区。红树林是亚热带和热带近海潮间带的一类特殊常绿林,特殊动植物种类丰富,在世界红树林植物保护中具有重要的意义。海南红树林主要分布在岛内文昌、海口、儋州、三亚等沿海区域。

该区域主要生态问题为红树林面积锐减,红树林生态系统结构简单化,多为残留次生林和灌木林,生态功能降低,一些珍贵树种消失,防潮防浪、固岸护岸功能较弱。要求加大红树林的管护,恢复和扩大红树林分布范围;禁止砍伐红树林,在红树林分布区停止一切开发活动,包括在红树林区挖塘、围堤、采砂、取土及狩猎、养殖、捕鱼等;禁止在红树林分布区倾倒废弃物或设置排污口。

1.2.1.4　中国生物多样性保护战略与行动计划

2010 年,国务院发布了《中国生物多样性保护战略与行动计划(2011~2030 年)》(环发〔2010〕106 号),划定了 32 个内陆陆地和水域生物多样性保护优先区域,海南岛中南部属于华南低山丘陵区生物多样性保护优先区域。要求加强热带雨林与热带季雨林、南亚热带季风常绿阔叶林、沿海红树林等生态系统的保护,加强对特有灵长类动物、海南坡鹿等国家重点保护野生动物及热带珍稀植物资源的保护,加强对野生稻等农作物野生近缘种的保护。

1.2.1.5　全国重要江河湖泊水功能区划

海南省共对 1 984.5 km 河长划分了 66 个水功能区,其中一级水功能区 50 个,包括 22 个保护区、6 个保留区、22 个开发利用区,保护区与保留区占比 56%,水域功能保护要求较高。依据《全国重要江河湖泊水功能区划(2011~2030 年)》(国函〔2011〕167 号),南渡江、昌化江、万泉河、松涛灌区东干渠、石碌河、藤桥西河的 15 个水功能区列入全国重要江河湖泊水功能区划(见表1-4)。水质目标为地表水 Ⅰ~Ⅲ 类,Ⅰ类目标水体主要是南渡江、昌化江、藤桥西河源头水保护区,Ⅱ~Ⅲ类目标水体以开发利用区为主。

表1-4 海南重要江河湖泊水功能区划

一级水功能区名称	二级水功能区名称	河流、湖库	起始断面	终止断面	长度（km）	水质目标	类型
南渡江源头水保护区		南渡江	源头	福才水文站	97	I	保护区
南渡江松涛水库保护区		南渡江	福才水文站	松涛水库坝址	40	II	保护区
南渡江中游松涛水库、九龙滩保留区		南渡江	松涛水库坝址	九龙滩水坝	83	II	保留区
南渡江下游澄迈、海口开发利用区	南渡江澄迈饮用水源区	南渡江	九龙滩水坝	金江镇	15	II	饮用
	南渡江澄迈工业、农业用水区	南渡江	金江镇	东山镇	32	II	工业
	南渡江定安饮用、工业、农业用水区	南渡江	东山镇	定城镇	11	II	饮用
	南渡江琼山农业用水区	南渡江	定城镇	美仁坡乡	18	III	农业
	南渡江海口饮用水源区	南渡江	美仁坡乡	龙塘水坝	10	II	饮用
	南渡江琼山工业、农业、渔业用水区	南渡江	龙塘水坝	灵山镇	17	III	工业
	南渡江海口景观娱乐、渔业用水区	南渡江	灵山镇	入海口	10.8	III	景观
松涛灌区总干渠保护区		松涛灌区干渠	儋州南丰镇	儋州那大镇	6.7	II	保护区
松涛灌区东干渠开发利用区	松涛灌区东干渠农业用水区	松涛灌区干渠	儋州那大镇	澄迈白莲镇	123.6	II	农业
昌化江源头保护区		昌化江	源头	五指山市番阳镇	79	I	保护区
昌化江中游东保留区		昌化江	五指山市番阳镇	五指山市永明乡	30	II	保留区
昌化江中游乐东、东方开发利用区	昌化江乐东饮用水源区	昌化江	五指山市永明乡	抱由镇	5	II	饮用
	昌化江大广坝农业用水区	昌化江	抱由镇	叉河镇	82	II	农业
昌化江下游昌江开发利用区	昌化江昌江工业、农业、景观娱乐用水区	昌化江	叉河镇	入海口	36	III	工业
石碌河源头水（霸王岭）保护区		石碌河	源头	白沙金波农场	28	II	保护区
石碌河昌江开发利用区	石碌河昌江饮用、景观娱乐、农业用水区	昌化江	白沙金波农场	入昌化江口	31.6	II～III	饮用
万泉河源头水保护区		万泉河	源头	定安河入万泉河口	100.6	II	保护区
万泉河琼海开发利用区	万泉河加积饮用、景观娱乐用水区	万泉河	定安河入万泉河口	加积水坝	31	II	饮用
	万泉河下游博鳌景观娱乐用水区	万泉河	加积水坝	入海口	25	II	景观
腾桥西河源头水保护区		腾桥西河	源头	三道农场	21	I	保护区
腾桥西河三亚开发利用区	腾桥西河东山水库三亚饮用、农业用水区	腾桥西河	三道农场	入腾桥河	11.9	II	饮用

1.2.1.6　全国水土保持规划

根据《全国水土保持规划(2015~2030年)》(国函〔2015〕160号),海南属于全国的"南方红壤区",该区域水土流失以水力侵蚀为主,局部地区崩岗发育,滨海环湖地带兼有风力侵蚀。要求"保护华南沿海丘陵台地区森林植被,建设清洁小流域,维护人居环境。保护海南及南海诸岛丘陵台地区热带雨林,加强热带特色林果开发的水土流失治理和监督管理,发展生态旅游"。

《全国水土保持规划(2015~2030年)》在"重点区域水土流失综合治理"中指出"南方红壤区"以低山丘陵为主,土层瘠薄,降水量大且集中,陡坡垦殖及农林开发强度大,局部崩岗、石漠化严重,水土流失问题突出。要求开展海南岛生态旅游区水土流失综合治理。改造坡耕地和坡园地并配套坡面水系工程,实施荒山、荒坡的治理改造,推动退耕还林还草继续实施,发展特色产业。建设谷坊、塘堰等沟道防护体系,营造沟岸防护林。远山边山实施封山育林,局部地区实施崩岗综合整治。

1.2.2　区域层面

1.2.2.1　海南省总体规划

《海南省总体规划(空间类2015~2030)》以主体功能区规划(见图1-8)为基础,统筹协调各类空间性规划,实现全省建设发展"一张蓝图干到底";划定"三区三线",优化空间布局,把保护生态环境、完善基础设施等作为规划的重点,破除行政界线和部门壁垒,统筹规划全省产业功能分区、城镇空间结构和重大基础设施等;形成南北两极带动、东西两翼加快发展、中部生态保育的全省空间格局;建设"海澄文一体化综合经济圈"和"大三亚旅游经济圈",构建全岛"一环、两极、多点"的城镇空间结构。

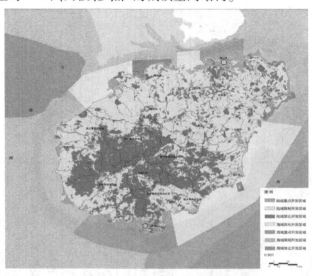

图1-8　海南省主体功能区划类型示意图

《海南省总体规划(空间类2015~2030)》基于山形水系框架,以中部山区为核心,以重要湖库为节点,以自然山脊及河流为廊道,以生态岸段和海域为支撑,构建全域生态保育体系,总体形成"生态绿心+生态廊道+生态岸段+生态海域"的生态空间结构。生态绿心;包括五指山、霸王岭、黎母山等40个重要山体、62万hm²热带雨林和12个自然保护区,是生态保护与水土涵养的核心空间;生态廊道:包括38条生态水系廊道和7条自然山脊生态廊道,是全岛指状生长、山海相连的生态骨架;生态岸段:包括河流入海口、基岩海岸、自然岬湾、潟湖、红树林等重要海岸带类型;生态海域:包括珊瑚礁、海草床、红树林海洋保护区、水产种质资源保护区等近岸海域。

对于水资源配置工程,《海南省总体规划(空间类2015~2030)》要求按照"确有需要、生态安全、可以持续"的原则,因地制宜建设关键性的水源和水系连通工程,形成连通互济的水资源合理配置和高效利用体系。构建全岛协调均衡生态的"水网",统筹全岛水资源,建设"以辐射状海岛天然水系为经线、江河连通渠系为纬线、水源控制工程为节点"的工程网,完善水资源合理配置和高效利用、防洪抗旱减灾、水资源保护和河湖健康保障三大体系,有效地解决工程性缺水问题,明显提高防洪抗旱治涝能力,持续改善水生态、水环境质量,进一步完善城乡供水排水格局;配套建设管理信息系统,加快推进水治理体系和能力现代化,建成"一盘棋统筹、一张网布局、一平台管理"的现代水务体系。

2.2.2.2 海南省主体功能区规划

《海南省主体功能区规划》构建以"一区两圈三河"为主体的生态安全战略格局:海南岛中部山地生态区,加强国家限制开发区海南岛中部山区热带雨林生态功能区建设,保护好自然保护区、森林公园和风景名胜区等国家及省级禁止开发区。海洋生态圈,保护为主,集约利用南海资源、海南岛海岸线和海岛资源,维持好海洋、海岸和海岛生态系统。沿海台地生态圈,治理水土流失和防治荒漠化,加强环境治理。"三河"流域,加强南渡江、昌化江、万泉河三大流域生态建设和环境综合治理,保护好饮用水源。

按开发内容,海南分为城市化地区、农产品主产区和重点生态功能区。城市化地区主要支持其积聚经济和人口,农产品主产区主要支持农业综合生产能力建设,重点生态功能区主要支持生态环境保护和修复。海南岛重点开发区、农产品主产区、国家重点生态功能区见图1-9~图1-11。

1.2.2.3 国家生态文明试验区(海南)实施方案

《国家生态文明试验区(海南)实施方案》(厅字〔2019〕29号)提出要牢固树立"绿水青山就是金山银山"的强烈意识,坚持新发展理念,坚持改革创新、先行先试,以生态环境质量和资源利用效率居于世界领先水平为目标,着力在构建生态文明制度体系、优化国土空间布局、统筹陆海保护发展、提升生态环境质量和资源利用效率、实现生态产品价值、推行生态优先的投资消费模式、推动形成绿色生产生活方式等方面进行探索,坚定不移走生产发展、生活富裕、生态良好的文明发展道路,推动形成人与自然和谐共生的现代化建设新格局,谱写美丽中国海南篇章。

在路网、光网、电网、气网、水网等基础设施规划和建设中,坚持造价服从生态,形成绿色基础设施体系。完善水资源生态环境保护制度,坚持污染治理和生态扩容两手发力。全面推行河长制湖长制,加强南渡江、松涛水库等水质优良河流湖库的保护,严格规范饮用水水源地管理。加强河湖水域岸线保护与生态修复,科学规划、严格管控滩涂和近海养殖。按照确有需要、生态安全、可以持续的原则,完善海岛型水利设施网络,为海南实现高质量发展提供水安全保障。在重点岛礁、沿海缺水城镇建设海水淡化工程。全面禁止新

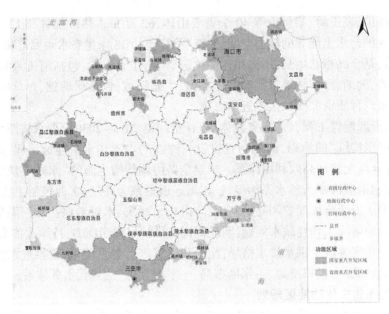

图 1-9　海南国家级及省级重点开发区分布图

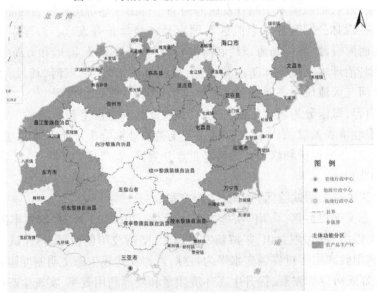

图 1-10　海南省国家级农产品主产区分布图(属华南主产区)

建小水电项目,对现有小水电有序实施生态化改造或关停退出,保护修复河流水生态。严控地下水、地热温泉开采。

1.2.2.4　海南省生态功能区划

《海南省生态功能区划》进一步将重要生态功能区细化为 28 个,其中生物多样性重要生态功能区 17 个,面积 15 113.20 km²,分布在海南岛中部山区和海岸带各市县;水源涵养重要生态功能区 7 个,面积 10 249.85 km²,集中分布在海南岛中部山区各市县;海岸带保护重要生态功能区 17 个,面积 8 889.59 km²,分布在海南岛海岸带 12 个市县;水源

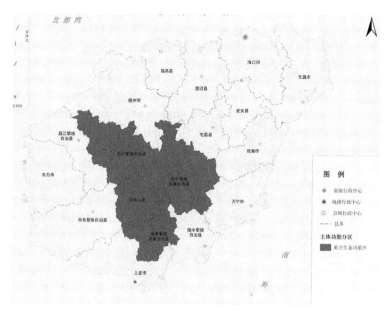

图 1-11　海南省国家重点生态功能区分布图(海南中部山区)

保护重要生态功能区 2 个,面积 1 508.25 km²,位于松涛水库周边和南渡江中下游各市县。

1.2.2.5　海南省热带特色高效农业发展规划

《海南省热带特色高效农业发展规划(2018~2020 年)》提出:遵循农业资源地域分异规律,综合考虑全省产业发展基础、农业资源承载力、环境容量和生态类型等因素,坚持抓"两头",带"两线",促"中间",以北部和南部产业基础条件好的区域为重点,梯次推进,进而带动东部、西部热带特色高效农业发展,促进中部产业发展,形成"点上突破、两头发展、两线拓展、中间带动、面上推进"的空间发展格局,见图 1-12。

(1)点上突破两头发展。努力将国家现代农业示范区、现代农业产业园、现代农业科技园、国家农业公园、农垦园、琼台农业合作示范区打造成为全省热带特色高效农业的典型示范。北部都市农业片区,该区域包括海口、澄迈和文昌等市县,是全省特色农业品牌数量最多的区域,重点建设优质农产品生产基地和农产品加工物流基地。南部农旅融合片区,包括三亚、陵水、保亭和乐东等市县,该区域拥有重要的南繁育种科研基地,重点发展热带高效农业,充分发挥国家南繁育种科研基地的重要作用,提升国家种业支撑保障能力。

(2)加快促进东西拓展。东部滨海农业拓展线,该区域包括琼海、万宁和定安等市县,重点发展精品农业,建设生态绿色的热带水果、冬季瓜菜、渔业生产基地;西部高效农业拓展线,该区域包括临高、昌江、东方和儋州(含洋浦)等市县,是全省主要农产品主产区,农业地位突出,是全省重要的菜、肉、蛋、果集中生产区,重点推进农业结构调整,以绿色增产模式推广、耕地质量提升、农业废弃物资源化利用为重点,发展高效农业。

(3)辐射带动中部延伸。该区域包括五指山、琼中、白沙和屯昌等市县,是国家热带雨林区,是全省生态屏障。该区域立足资源环境禀赋,坚持发展与保护并重,发展特色瓜

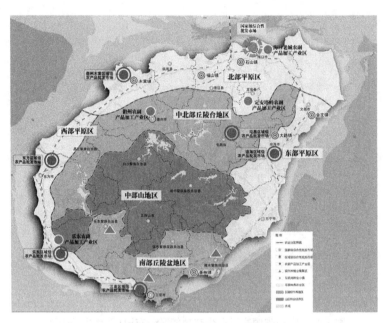

图 1-12　海南省热带特色高效农业发展布局示意图

菜和柑橘、龙眼等水果种植,稳步推进天然橡胶种植。

1.2.2.6　海南省生物多样性保护战略与行动计划

《海南省生物多样性保护战略与行动计划(2014~2030 年)》确定了全省 4 个生物多样性保护优先区域,分别是海南岛中南部生物多样性保护优先区域,该区域是全省生物多样性最丰富的地区,主要保护对象为天然林生态系统,重要珍稀濒危动、植物物种及各类重要遗传资源;海南岛北部生物多样性保护优先区域,主要保护对象为火山岩地区植被生态系统;海岸带及近岸海域生物多样性保护优先区域,主要保护对象为热带常绿季雨林生态系统、红树林湿地生态系统、海草床生态系统、近岸海域珊瑚礁生态系统以及黑脸琵鹭、麒麟菜、白蝶贝等生物种类;南海生物多样性保护优先区域,主要保护对象为珊瑚礁、海草生态系统、珍稀濒危水生动植物、重要水产资源、特有鸟类和重要海洋渔业资源。

1.2.2.7　海南省国民经济和社会发展第十三个五年规划纲要

《海南省国民经济和社会发展第十三个五年规划纲要》指出,生态环境是海南发展的最大优势和生命线。必须坚持在保护中发展,在发展中保护。严守生态红线,促进经济社会发展与人口、资源、环境相协调,实现人与自然和谐共生。着力打造现代服务业、热带特色高效农业、新型工业等绿色低碳特色产业体系,加快建设全国生态文明示范区,形成经济社会发展与生态环境保护互促共赢的良好局面。

在缺水问题突出的区域新建一批蓄水、引水等大中型水资源配置工程;加快实施海岛江河湖库水系连通工程,构建布局合理、生态良好,引排得当、循环通畅,蓄泄兼筹、丰枯调剂,多源互补、调控自如的江河湖库水系连通体系,谋划重要骨干水源之间的跨区域连通工程,建设区域内水系连通工程;继续实施松涛、红岭、大广坝等现有大中型灌区续建配套与节水改造,实施热带高效农业水利建设项目,采取"大、中、小、微"等措施并举,新建松涛西干渠、乐亚等大中型灌区,以高标准节水要求全面开展全岛农田水利基础设施建设;

全面完成农村饮水巩固提升。

1.2.2.8　海南热带雨林国家公园体制试点方案

海南热带雨林国家公园体制试点区位于海南岛中部山区,东起吊罗山国家森林公园,西至尖峰岭国家级自然保护区,南自保亭县毛感乡,北至黎母山省级自然保护区,总面积4 400 余 km²,约占海南岛陆域面积的 1/7。范围涉及 9 个市(县),包括五指山、鹦哥岭、尖峰岭、霸王岭、吊罗山等 5 个国家级自然保护区和佳西等 3 个省级自然保护区,黎母山等 4 个国家森林公园、阿陀岭等 6 个省级森林公园及相关的国有林场。2020 年,正式设立海南热带雨林国家公园。

海南热带雨林国家公园体制试点,着力在保护管理体制机制、自然生态整体保护和系统修复制度、社区协调发展制度、资金保障制度等方面有所创新。一是建设生态文明体制创新的探索区域,建立统一、规范、高效的海南热带雨林国家公园管理体制,构建归属清晰、权责明确、监管有效的以国家公园为主体的自然保护地体系,为当代人提供优质生态产品,为子孙后代留下自然遗产,为海南永续发展筑牢绿色生态屏障。二是建设中国乃至全球热带雨林生态系统关键保护地,建成大尺度多层次的生态保护体系,热带雨林生态系统的原真性、完整性和多样性得到有效保护,受损的自然景观和生态系统得以修复,科研监测体系不断完善,国家公园的教育、游憩功能得以发挥。此外,热带物种数量保持稳定,濒危物种的生境条件明显改善,热带岛屿水源涵养功能巩固提升。

1.3　国家战略地位

1.3.1　全面深化改革开放试验区

《中共中央 国务院关于支持海南全面深化改革开放的指导意见》(中发〔2018〕12号)明确海南定位为"全面深化改革开放试验区"。适应经济全球化新形势,实行更加积极主动的开放战略,探索建立开放型经济新体制,把海南打造成为我国面向太平洋和印度洋的重要对外开放门户。

海南是我国最大的经济特区,地理位置独特,拥有全国最好的生态环境,同时又是相对独立的地理单元,具有成为全国改革开放试验田的独特优势。1988 年,党中央批准海南建省办经济特区,海南成为我国最大的经济特区和唯一的热带岛屿省份。习近平总书记在庆祝海南建省办经济特区 30 周年大会上的讲话强调,建设海南自由贸易试验区和中国特色自由贸易港。

探索建立开放型经济新体制,把海南打造成为我国面向太平洋和印度洋的重要对外开放门户。加快建立开放型、生态型、服务型产业体系。高标准高质量建设自由贸易试验区,探索建设中国特色自由贸易港。拓展旅游消费发展空间,提升旅游消费服务质量,大力推进旅游消费国际化。完善海岛型水利设施网络。

1.3.2　国家生态文明试验区

《中共中央 国务院关于支持海南全面深化改革开放的指导意见》(中发〔2018〕12

号)确定海南定位为"国家生态文明试验区"。应牢固树立和践行绿水青山就是金山银山的理念,坚定不移走生产发展、生活富裕、生态良好的文明发展道路,推动形成人与自然和谐发展的现代化建设新格局,为推进全国生态文明建设探索新经验。深入落实主体功能区战略,完成生态保护红线、永久基本农田、城镇开发边界和海洋生物资源保护线、围填海控制线划定工作,严格自然生态空间用途管制。实施重要生态系统保护和修复重大工程,构建生态廊道和生物多样性保护网络,提升生态系统质量和稳定性。建立产业准入负面清单制度。

《国家生态文明试验区(海南)实施方案》(厅字〔2019〕29号)要求牢固树立和全面践行绿水青山就是金山银山的理念,在生态文明体制改革上先行一步,为全国生态文明建设作出表率,构建起以巩固提升生态环境质量为核心的、与自由贸易试验区和中国特色自由贸易港定位相适应的生态文明制度体系,建成生态文明体制改革样板区、陆海统筹保护发展实践区、生态价值实现机制试验区和清洁能源优先发展示范区。到2035年,海南生态环境质量和资源利用效率居于世界领先水平。

1.3.3 国际旅游岛

《国务院关于推进海南国际旅游岛建设发展的若干意见》(国发〔2009〕44号)提出充分发挥海南的区位和资源优势,建设海南国际旅游岛,打造有国际竞争力的旅游胜地;严格实行生态环境保护制度,加强生态建设,大力推进节能减排,强化环境污染防治,加强南渡江、昌化江、万泉河流域和担负饮用水集中供水任务水库的水污染防治,加强城镇污水和垃圾处理设施建设等;大力推进水利基础设施建设,在做好环境影响论证的基础上,开工建设红岭水利枢纽及灌区工程,做好天角潭、迈湾等水库前期工作,基本解决海南岛的工程性缺水问题;加强防洪、防潮、防台风设施建设,完善灾害监测预警系统;加强城镇和主要园区、景区的供水工程建设;加快实施农村饮水安全工程。

《全国主体功能区规划》(国发〔2010〕46号)提出建设国际旅游岛,推进三亚世界级热带滨海度假旅游城市、博鳌国际会展中心、文昌航天城等建设,发展以旅游业为主导的现代服务业。将海南东部沿海地区打造成国家级休闲度假海岸。

《中共中央 国务院关于支持海南全面深化改革开放的指导意见》(中发〔2018〕12号)提出海南建设国际旅游消费中心。大力推进旅游消费领域对外开放、积极培育旅游消费新热点,下大气力提升服务质量和国际化水平,打造业态丰富、品牌集聚、环境舒适、特色鲜明的国际旅游消费胜地。深入推进国际旅游岛建设,不断优化发展环境;加快建立开放型、生态型、服务型产业体系;推动旅游业转型升级,加快构建以观光旅游为基础、休闲度假为重点、文体旅游和健康旅游为特色的旅游产业体系,推进全域旅游发展。

1.3.4 国家热带现代农业基地

习近平总书记在庆祝海南建省办经济特区30周年大会上的讲话提出,要实施乡村振兴战略,发挥热带地区气候优势,做强做优热带特色高效农业,打造国家热带现代农业基地,进一步打响海南热带农产品品牌。

《中共中央 国务院关于支持海南全面深化改革开放的指导意见》(中发〔2018〕12号)提出实施乡村振兴战略,加强国家南繁科研育种基地(海南)建设,打造国家热带农业科学中心,支持海南建设全球动植物种质资源引进中转基地。

《国务院关于推进海南国际旅游岛建设发展的若干意见》(国发〔2009〕44号),提出海南积极发展热带现代农业,大力发展热带水果、瓜菜、畜产品、水产品、花卉等现代特色农业。

《全国主体功能区规划》(国发〔2010〕46号)指出,海南位于我国农产品主产区的华南主产区,以优质高档籼稻为主的优质水稻产业带等为建设重点。同时,国家积极支持海南热带农产品产业带等其他农业地区和优势特色农产品的发展。

《国家生态文明试验区(海南)实施方案》(厅字〔2019〕29号)要求围绕实施乡村振兴战略,做强做优热带特色高效农业,打造国家热带现代农业基地;全面建设生态循环农业示范省,加快创建农业绿色发展先行区,推进投入品减量化、生产清洁化、产品品牌化、废弃物资源化、产业模式生态化的发展模式。

1.4 环境战略定位及目标

1.4.1 环境战略定位

1.4.1.1 国家生态文明试验区

海南是我国第一个建设生态省的省份,是国家确定的开展生态文明试验区建设的省份,要牢固树立和全面践行绿水青山就是金山银山的理念,在资源环境生态条件好的地方先行先试,开展海南热带雨林国家公园体制试点,为全国生态文明建设积累经验。要求坚持生态立省、环境优先,优化国土开发格局,加强国土空间用途管制,严守生态保护红线、环境质量底线、资源利用上线,严格控制城镇开发和产业园区边界,严禁生产、生活空间挤占生态空间,坚定不移走生产发展、生活富裕、生态良好的文明发展道路,建设资源节约型和环境友好型社会,保护绿水青山和碧水蓝天,推动形成人与自然和谐发展的现代化建设新格局,谱写美丽中国海南篇章。

1.4.1.2 生物多样性保护极重要区域

海南作为我国生物多样性保护极重要区域,是热带雨林、热带季雨林的原生地,也是我国最大的热带植物园和最丰富的物种基因库之一。其中,海南中部山区拥有2 800多种维管植物、530多种陆生脊椎动物、2 200多种昆虫等,是我国小区域范围内生物物种十分丰富的地区之一。以中部山区热带雨林集聚区为核心,以重要湖库为空间节点,以自然保护区、主要河流和海岸带为生态廊道,筑牢生态安全屏障。强化中部山区国家重点生态功能区的保护和管理,推进海南热带雨林国家公园体制试点,逐步建立以国家公园为主的自然保护地体系,保护好海南有国家代表性、全民公益性的自然生态空间和自然文化遗产。

1.4.1.3 重要的(国际旅游岛)人居环境保障区

海南省主要生态环境指标全国领先,拥有其他省份不可复制的阳光、空气、水源、沙滩、雨林、生物、温泉等丰富的自然资源,为国际旅游岛的建设提供了资源环境的保障。提升生态安全和水安全保障能力,强化人居保障功能建设,保护好海南绿水青山、碧水蓝天,既是建设国际旅游消费中心的重要基础保障,也是建设海南自由贸易试验区和中国特色自由贸易港的内在要求。加快推进生态文明建设,在加快构建绿色产业体系、促进高质量发展的同时,坚决打好污染防治攻坚战、保护和修复自然生态系统,严格保护海洋生态环境,维护和提升生态环境质量,提供更多优质生态产品以满足人民日益增长的优美生态环境需要。

1.4.2 环境战略目标

《中共中央 国务院关于支持海南全面深化改革开放的指导意见》:到 2025 年,生态环境质量继续保持全国领先水平;到 2035 年,生态环境质量和资源利用效率居于世界领先水平;到 21 世纪中叶,建成经济繁荣、社会文明、生态宜居、人民幸福的美好新海南。

《海南省总体规划(空间类 2015~2030)》:到 2030 年,建设国家改革开放和绿色发展实践范例,建成全国生态文明建设示范区,生态环境质量达到并保持全国最优水平。发展低能耗、低排放、高效益的绿色生态型经济,形成资源能源节约、生态环境友好的产业结构、增长方式和消费模式,实现绿色崛起。建立完备的生态文明制度和保障体系,形成有利于生态文明建设的利益导向,全社会牢固树立生态文明观念。《海南省总体规划》资源利用与环境质量指标见表 1-5。

表 1-5 《海南省总体规划》资源利用与环境质量指标

资源环境控制线	生态保护指标
资源利用底线	耕地:全省耕地保有量 7 147 km²(1 072 万亩);永久基本农田 6 060 km²(909 万亩,含适宜南繁科研育种的 26.8 万亩耕地),约占全省陆域总面积的 17.6%。 林地:全省林地保有量 21 100 km²(3 165 万亩),约占全省陆域面积的 61.3%,森林覆盖率不低于 62%。 湿地:全省湿地保有量 3 200 km²(480 万亩)。 海岸线和岸段:2030 年海南岛自然岸线保有率达到 60% 以上,维持现有砂质岸线长度,自然岸段保有量达到 40% 以上。 水资源:全省 2030 年用水总量上限为 56.0 亿 m³
资源消耗上限	2030 年,万元工业增加值用水量控制在 38.0 m³ 以下;农田灌溉水有效利用系数分别达到 0.57 和 0.60
环境质量底线	地表水体水质明显改善,饮用水源地水质全部达标,城镇内河、内湖等水体逐步消除劣 V 类、V 类水质,近岸海域水质保持优良。主要江河水库水功能区水质达标率达到 95.00%

注:1 亩 = 1/15 hm²。

《国家生态文明试验区(海南)实施方案》:到 2025 年,生态文明制度更加完善,生态文明领域治理体系和治理能力现代化水平明显提高;生态环境质量继续保持全国领先水平。到 2035 年,生态环境质量和资源利用效率居于世界领先水平,海南成为展示美丽中国建设的亮丽名片。

1.5　资源环境生态红线管控

根据《"生态保护红线、环境质量底线、资源利用上线和生态准入负面清单"编制技术指南(试行)》,依据《海南省总体规划(空间类 2015~2030)》、"水网规划"水生态空间管控指标,充分考虑海南主要河流及河口水域功能保护需求,综合提出海南资源环境生态红线管控要求。

1.5.1　生态保护红线

生态保护红线是在生态空间范围内具有特殊重要生态功能、必须强制性严格保护的区域,是保障和维护国家生态安全的底线和生命线。

1.5.1.1　划定过程与内容

2016 年 9 月,海南省人民政府发布了《关于划定海南省生态保护红线的通告》(琼府〔2016〕90 号),按照"生态空间山清水秀"的总体要求,依据海南省生态资源特征和生态环境保护需求,开展生态功能重要性和生态环境敏感性评估,将全省具有特殊重要生态功能、必须强制性严格保护的区域(包括重点生态功能区、生态环境敏感区和脆弱区等)划定为生态保护红线,构建"生态绿心+生态廊道+生态岸段+生态海域"的全域生态保育体系。划定陆域生态保护红线面积占陆域总面积的 27.3%;近岸海域生态保护红线面积占近岸海域总面积的 35.1%。涵盖所有国家级、省级禁止开发区域,以及有必要严格保护的其他各类保护地等。

1.5.1.2　陆域生态保护红线

海南陆域生态保护红线基于海南山形水系框架,呈现"一心一带一圈多廊"的分布格局。"一心"指中部山区生态核心,主要生态功能为水源涵养、水土保持和生物多样性维护,包括黎母山、五指山、霸王岭、鹦哥岭、吊罗山、尖峰岭等;"一带"指海岸防护带,主要生态功能为海岸生态稳定与防风固沙;"一圈"指环岛台地平原圈,主要生态功能为水土保持和水源涵养;"多廊"指南渡江、昌化江、万泉河等主要河流和自然保护廊道。陆域生态保护红线见图 1-13。

1.5.1.3　海域生态保护红线

划定海南省(本岛)各类海洋生态保护红线 98 个,总面积 8 316.57 km²,占海南岛及邻近海域总面积的 35.1%。划定(本岛)海洋生态保护红线自然岸段 58 段,总长 1 166.62 km,自然岸线保有率达到 60%。海洋生态保护红线见图 1-14。

海域生态保护红线包括海洋自然保护区、海洋特别保护区、珊瑚礁、重要河口生态系统、重要滨海湿地等。其中重要河口生态系统为万泉河和昌化江河口,面积 28.17 km²,

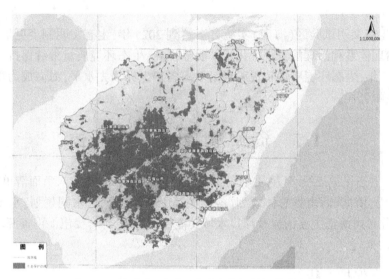

图 1-13　海南省(本岛)陆域生态保护红线分布图

图 1-14　海南省(本岛)海洋生态保护红线分布

占海洋生态保护红线总面积的 0.34%。

1.5.1.4　主要河湖生态保护红线

为了保障海南岛的水生态安全,本次将海南岛主要河流湖库管理和保护范围纳入红线划定范围。本次水网规划依据海南陆域生态保护红线,划定水域生态保护红线。海南水生态空间主要包括 38 条生态水系廊道,松涛、大广坝、牛路岭等重要湖库,以及其他河湖水系等的水域空间及岸线空间,中部山区江河源头区、水源涵养区以及水土流失重点防治区等。海南岛主要江河湖库生态保护红线见图 1-15。

1.5.2　环境质量底线

环境质量底线是设置的大气、水和土壤环境质量目标,也是改善环境质量的基准线。

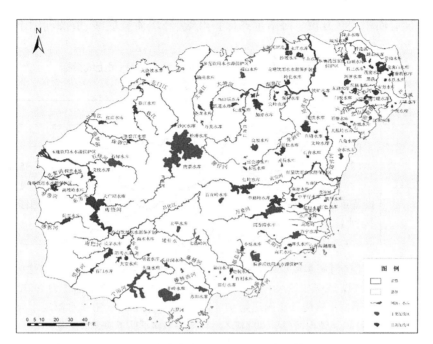

图 1-15　海南岛主要江河湖库生态保护红线

依据《国务院关于实行最严格水资源管理制度的意见》,海南水环境质量底线为:

(1)河湖水域水环境质量。确保水环境质量只能更好,不能变差。2025 年、2035 年全省水功能区水质达标率均达到 95% 以上,其中纳入国家考核的 15 个重点水功能区水质达标率为 100%,地表水考核断面水质优良比例达到 97% 以上,城镇集中式饮用水水源地水质达标率为 100%,城镇内河(湖)及独流入海河流等水体不低于地表水Ⅳ类,全面消除黑臭水体。

(2)水功能区限制排污总量。2025 年、2035 年点源污染物 COD、氨氮的限制排污总量分别为 2.68 万 t/a、0.1 万 t/a。

1.5.3　资源利用上线

资源利用上线是能源、水、土地等资源消耗不得突破的"天花板"。

(1)用水总量。依据海南省水资源禀赋、生态用水需求、经济社会发展合理需要等因素,2025 年全省用水总量依据最严格水资源管理制度确定 2020 年与 2030 年指标插值 53 亿 m³ 确定,2035 年用水总量按照 2030 年分配 56 亿 m³ 控制。

(2)用水效率。2025 年、2035 年万元工业增加值用水量为 45 m³/万元、38 m³/万元;万元 GDP 用水量分别达到 78 m³/万元、61 m³/万元,农田灌溉水有效利用系数大于 0.60、0.62。

(3)生态流量保障程度。2025 年、2035 年主要河流控制断面生态流量保障程度均不低于 90%。

(4)耕地与湿地保有量。全省耕地保有量不低于 1 072 万亩,永久基本农田 909 万亩(含南繁科研育种基地 26.8 万亩),约占全省陆域总面积的 17.6%;森林覆盖率不低于

62%;湿地保有面积 480 万亩。海南生态保护红线、环境质量底线、资源利用上线指标见表 1-6。

表 1-6　海南生态保护红线、环境质量底线、资源利用上线指标
（部分仅考虑涉水指标）

三线类别	三线指标
生态保护红线	（1）陆域生态保护红线：面积 9 392 km²，占陆域面积 27.3%； （2）近岸海域生态保护红线：面积 8 316.6 km²，占近岸海域总面积 35.1%。 （3）主要江河湖库生态保护红线：包括 38 条生态水系廊道，松涛、大广坝、牛路岭等重要湖库，以及其他河湖水系等的水域空间及岸线空间，中部山区江河源头区、水源涵养区以及水土流失重点防治区等
环境质量底线	（1）河湖水域水环境质量：2025 年、2035 年全省水功能区水质达标率均达到 95% 以上，其中纳入国家考核的 15 个重点水功能区水质达标率为 100%，地表水考核断面水质优良比例达到 97% 以上，城镇集中式饮用水水源地水质达标率为 100%，城镇内河（湖）及独流入海河流等水体不低于地表水Ⅳ类。 （2）水功能区限制排污总量：2025 年、2035 年点源污染物 COD、氨氮的限制排污总量分别为 2.68 万 t/a、0.1 万 t/a
资源利用上线	（1）用水总量：2025 年全省用水控制总量为 53 亿 m³，2035 年为 56 亿 m³。 （2）用水效率：2025 年、2035 年万元工业增加值用水量为 45 m³/万元、38 m³/万元；万元 GDP 用水量分别达到 78 m³/万元、61 m³/万元，农田灌溉水有效利用系数大于 0.60、0.62。 （3）生态流量保障程度：2025 年、2035 年主要控制断面生态流量保障程度均达到 90%。 （4）土地利用：耕地保有量不低于 1 072 万亩，永久基本农田 909 万亩（含南繁科研育种基地 26.8 万亩）；湿地保有面积 480 万亩

1.6　环境敏感区

1.6.1　各类环境保护区域

海南环境敏感区包括各级自然保护区、风景名胜区、森林公园、地质公园、饮用水水源保护区、水产种质资源保护区、重要湿地等。上述环境敏感区已经纳入到海南生态保护红线内。

自然保护区、风景名胜区、森林公园面积 5 012.26 km²，占陆地国土空间面积的 14.15%，分布于海南岛中部的"生态绿心"；全省仅在万泉河流域分布有"尖鳍鲤、花鳗鲡

水产种质资源保护区"1 处;重要湿地生态系统主要位于河口海岸区,大多为红树林生态系统。环境敏感区名录及保护范围见表1-7。

表1-7 海南岛环境敏感保护区

保护对象	保护范围
自然保护区	47 处,其中:国家级 10 个,省级 20 个,市县级 17 个
风景名胜区	省级以上 19 处
森林公园	27 处,其中:国家级 9 个,省级 16 个,市县级 2 个
地质公园	9 处,其中:国家级 1 个,省级 8 个
饮用水水源保护区	城镇集中式地表饮用水水源保护区 33 个,乡镇和农村集中式饮用水水源保护区 199 个,总面积 1226.43 km²
水产种质资源保护区	1 处
重要湿地	36 处

海南自然保护区、风景名胜区、森林公园、地质公园等区域是我国最宝贵的海岛型热带雨林生态系统支撑区域;海岛近岸与近海热带珍稀动植物保护区域;动植物基因资源保护区域;禁止工业化和城镇化开发的红线区域;集中体现海南资源特点、景观特质,保障和提升国际旅游岛开发层次的重要依托区域。

1.6.2 其他环境敏感区

为保持海南岛生物多样性保护、水源涵养、红树林保护等重要生态功能,维护主要河湖及河口生态安全,以下环境敏感区应予以严格保护:

(1)海南岛重要水源涵养区:主要分布在国家重点生态功能区,为生态环境优先保护区。

(2)珍稀濒危鱼类栖息地及特有土著鱼类重要栖息地:主要分布在河流上游溪流型生境和主要河流河口段,为生态环境优先保护区。

(3)河口红树林:主要分布北门江河口、万泉河河口、三亚河河口等地区,为生态环境优先保护区。

(4)昌化江流域下游生态脆弱区,为生态环境重点管控区。

(5)部分枯水期断流河流:琼西北、琼西、琼西南独流入海河流。

第 2 章　规划概况及论证研究思路

2.1　规划背景与必要性

2.1.1　规划背景

海南岛河流为岛屿型水系,源短流急。水资源总量丰富,但时空分布不均,与社会生产力布局不相匹配,功能性、季节性、工程性缺水严重。海南在 20 世纪 50 年代完成了南渡江、万泉河和昌化江三大流域规划。1988 年建省之后,先后编制完成了《海南省重点地区城市供水规划》(1988 年)、《海南省灌溉面积发展规划》(1998 年)、《海南省节水灌溉"十五"发展计划及 2015 年发展规划》《海南省水资源综合规划》(2005 年)、《海南省南部流域、西北部流域综合规划》(2012 年)等。以上规划对指导海南省水资源开发与节约保护,起到了积极的作用。

未来一段时间是海南省推进自由贸易区(港)、国际旅游岛和国家生态文明试验区建设、加快经济社会发展转型、迈向高质量发展阶段的关键时期。按照中央全面深化改革领导小组第十三次会议精神,海南省启动编制了《海南省总体规划(空间类 2015~2030)》,明确了要加强水、电、路、气、光五大基础设施网络建设,水网作为基础设施建设"五网"之一,是"多规合一"的重要组成部分。按照总体规划要求,2015 年 9 月,海南省启动《海南水网建设规划》编制工作,该规划编制及实施将对国际旅游岛建设、水资源开发利用与节约保护、严格水生态空间管控等具有重要支撑作用。

2.1.2　规划必要性

(1)建设全国生态文明试验区,要求严守水生态空间管控,保障涉水生态安全。

优良的生态环境是海南拥有的最大优势和生命线,旅游业是环境依附性产业,比任何其他行业更依赖生态环境。目前,海南全省多个城市内河湖遭受污染,水质多为劣 V 类,全省水功能区水质达标率仅为 66.7%,很多中小河流生态流量得不到保障,局部区域侵蚀沟、坡耕地、坡园(林)地水土流失严重。针对海南涉水生态环境问题,迫切需要强化水生态空间管控,明晰水资源消耗上线、水环境质量底线、水生态保护红线,落实河流生态流量保障措施,加强城镇内河湖水环境综合治理,开展生态水系廊道保护与修复,加强水土保持生态建设,保障海南涉水生态安全。

(2)建设国际旅游岛和自由贸易试验区,要求构建现代化综合水网,保障水安全。

水利作为国际旅游岛建设的基础支撑和保障,迫切要求提升水与经济社会生态的协同发展能力、提高对变化环境下灾害的风险防控能力、加强水资源与生态环境的系统治理能力、完善水对经济社会发展的资源保障能力。结合全岛水系特点和水利基础设施现状,从"全省一盘棋"的高度系统谋划海南水网,加快实现水利现代化,加快完善水利基础设施,建设集防洪安全、供水安全、生态安全、现代化管理于一体的综合立体水网,增强水利公共产品供给能力,是海南深化改革开放,全面提升水安全保障能力的迫切需要。

(3)建设国家热带现代农业基地和南繁育种基地,要求建设完备的高效节水灌排体系。

建设海南国家热带现代农业基地,需要将全岛现有耕地作为"高标准现代化灌区"来谋划。针对海南耕地灌溉率低、灌区配套工程不完善、灌区管理水平不高等问题,亟须新建一批热带农业现代化灌区,对现有的大中型灌区进行升级改造,在热带水果种植区、休闲观光农业、冬季瓜菜基地发展规模化高效节水灌溉,全面建成生态型的热带现代农业和南繁基地灌溉、排水保障体系。

(4)实现水治理能力和治理体系现代化,要求改革创新水利发展机制,提升水务管理能力和水平。

围绕供给侧结构改革,切实提高人民群众的获得感,要求不断提升水务管理现代化水平,创新水务发展机制,深化水务重点领域改革,强化依法治水管水,构建充满活力、富有效率、创新引领、法治保障的水利体制机制。实现水治理能力和治理体系现代化,要求全面加强水利行业监控、预警等信息化能力建设,提高水资源综合调度管理水平,加强水务人才队伍培养等,提高水务行业的智慧管理和精细化管理水平。

2.2 规划概述

2.2.1 规划定位

水网规划是海南省"多规合一"的重要组成部分,是《海南省总体规划(空间类(2015~2030)》提出的专项规划,是水资源开发利用与节约保护的顶层设计。

水网规划围绕海南省总体规划确定的空间发展格局和《中共中央 国务院关于支持海南全面深化改革开放的指导意见》对海南的新定位、新要求,加强水生态空间管控,构建全岛河湖生态安全新格局;在充分挖掘节水供水潜力的前提下,对全岛水利基础设施网络进行统筹规划,形成丰枯互济的水资源合理配置和高效利用体系;通过加强江河治理骨干工程和防洪薄弱环节建设,构建堤库结合、蓄泄兼筹、洪涝兼治的防洪(潮)减灾体系;通过实施重要江河湖库水生态修复与治理,建立水资源保护和河湖健康保障体系;通过深化水务改革,统筹工程网、生态水系网、管理网和信息网,构建水利科学发展的水务管理体系,建成"江河湖库连通、生态廊道贯穿、防灾治污并重、水务制度健全"的现代综合立体海岛型水利基础设施网络体系。

水网规划体系见图2-1。

2.2.2 规划范围与水平年

规划范围:海南岛(不含三沙市)18个市县,总面积为3.42万km²。

规划水平年:现状基准年2016年,近期规划水平年2025年,规划水平年2035年,展

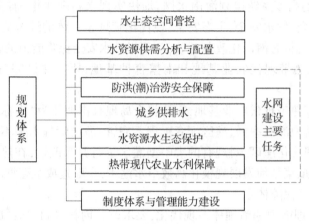

图 2-1　水网规划体系

望 2050 年。

2.2.3　指导思想与原则

2.2.3.1　指导思想

以习近平新时代中国特色社会主义思想为指导,牢固树立新发展理念,落实高质量发展的要求,按照"节水优先、空间均衡、系统治理、两手发力"的治水思路和水资源、水生态、水环境、水灾害统筹治理的治水新思路,围绕《中共中央 国务院关于支持海南全面深化改革开放的指导意见》对海南的新定位、新要求,深入贯彻习近平总书记视察海南重要讲话精神,统筹城乡水务发展,严守生态保护红线,以水生态空间管控为刚性约束,优化水生态空间布局;以节水为优先方向,充分挖潜,科学高效配置水资源;以骨干水资源配置工程建设为基础,加快构建城乡供水和灌溉保障网络;以强化河湖水环境治理为抓手,推进水生态系统保护与修复;以江河湖库水系综合整治为重点,提高抵御洪(潮)涝灾害能力;以全方位推动水务体制机制创新为突破口,全面提升全岛水务管理水平,为海南自由贸易区和国际旅游岛建设提供坚实的水利支撑和保障。

2.2.3.2　基本原则

生态立省、绿色发展。树立绿水青山就是金山银山的理念,将山水田林湖作为一个生命共同体,严守生态保护红线、资源利用上限,遵循自然规律,把水生态环境保护作为立省之本,通过水生态空间管控和绿色水网建设提升水安全保障能力,促进经济社会发展与水资源水环境承载能力相协调。

节水优先、高效利用。把充分节水作为水资源开发、利用、保护、配置、调度的前提,强化最严格的水资源管理制度,严格落实水资源消耗总量和强度双控行动,加强用水需求侧管理,加快转变用水方式,形成有利于水资源节约利用与保护的水网格局。

统筹兼顾、综合施策。以流域水系为单元,强化生态水系廊道整体保护、系统修复和综合治理,统筹水资源、水生态、水环境、水灾害治理,开源与节流并举,因地制宜谋划水利骨干工程,完善水利基础设施网络体系,有效发挥防洪、供水、水生态保护等综合功能,实现水资源与经济社会发展的空间均衡。

强化管理、创新发展。依法加强涉水生态空间的监测、监督管理和水资源、水环境管控，有效协调不同涉水利益主体，规范水事行为，通过思路创新、制度创新、科技创新，构建系统完备、科学规范、运行高效的水管理体系。

政府主导、社会参与。调动全社会力量，形成政府主导，全社会协同治水兴水合力。充分发挥公共财政的基础保障和引导作用，建立良好的投资环境和合理的投资收益机制，鼓励和引导社会资本参与水网工程建设和运营。

2.2.4 规划目标

到 2025 年：基本建成海岛型水利基础设施网络。水资源配置格局基本形成，城乡供水和热带现代农业水利保障水平有效提升，重要河流和主要城区段达到防洪标准要求，城市防洪排涝设施基本完善，海口、三亚、儋州等城镇内河湖水环境得到全面改善，南渡江、万泉河、昌化江等主要江河水生态得到有效保护和修复，水生态环境质量保持全国一流水平，基本建成完善的信息网络平台和水资源水务管理制度体系。

到 2035 年：全面建成工程网、生态水系网、管理网和信息网为一体的海岛型水利基础设施网络。水网骨干工程全面贯通，水资源高效利用格局不断完善，城乡供水实现高保证、低风险；助力集约化、规模化的热带现代农业水利保障体系基本建成，灌溉发展向精细化高效化方向转变；与自由贸易区建设相适应的防洪（潮）治涝体系全面建成，防洪（潮）保护区达到规划标准，有效解决沿海城镇内涝问题；重要江河湖库水功能区全部达标，江河湖库水生态系统得到全面保护，水生态环境质量继续保持全国领先水平；河湖管控红线得到全面落实，涉水空间管控机制进入常态化，现代有序高效的水务综合管理体系日臻完善。

到 2050 年：全面建成安全、生态、立体、功能强大的海岛型水利基础设施综合网络体系，实现用水安全可靠、洪涝总体可控、河湖健康美丽、管理现代化高效的战略目标。

主要规划目标与控制指标见表 2-1。

表 2-1　主要规划目标与控制指标

项目	规划目标	控制指标	2025 年	2035 年
防洪除涝	城市防洪排涝设施建设明显加强，抗御和规避洪水风险的能力大幅提高，主要海堤达到规范标准，逐步建成符合海南岛水情特点并与国际旅游岛经济布局相适应的防洪（潮）除涝体系	防洪标准（年）	海口、三亚 100 年；主要城镇 20~50 年	
水资源配置	实施水资源消耗总量和强度双控行动，全面节约和高效利用水资源，构建海南岛水资源安全保障网络体系，全面提升国际旅游岛供水安全保障能力，有效降低干旱风险	用水总量（亿 m³）	53	56
		再生水利用率（%）	≥20	
		万元工业增加值用水量（m³）	45	38
		万元 GDP 用水量（m³）	78	61

项目	规划目标	控制指标	2025 年	2035 年
城乡供排水	新增城乡供水量 10 亿 m³ 以上,再生水利用率达到 20% 以上,进一步提高城镇供水保证率和应急供水能力;城镇供水水源地水质全面达标	新增城乡供水量(亿 m³)	7	10
		农村自来水普及率(%)	≥90	≥95
		农村集中式供水工程供水率(%)	≥90	≥95
		城市供水管网漏损率(%)	≤11	≤10
		市、县建成区污水集中处理率(%)	≥90	≥95
		市、县建成区污水处理厂排放标准	一级 A	
农田灌溉	完成大型、重点中型灌区续建配套和节水改造规划,新建灌区增加农田有效灌溉面积,全面发展高效节水灌溉,提高灌溉水有效利用系数和灌溉用水计量率	全省有效灌溉面积(万亩)	764	802
		其中:农田有效灌溉面积	651	683
		节水灌溉面积(万亩)	626	664
		其中:高效节水灌溉	162	190
		灌溉水有效利用系数	>0.60	>0.62
水资源水生态保护	全省水功能区水质基本达标,主要大中型湖库水质保持优良,基本消除城镇内河(湖)黑臭水体,独流入海中小河流全面消除劣 V 类水质,河湖生态环境水量基本保障,水生态稳定性和服务功能全面提升	全省水功能区水质达标率(%)	≥95	
		集中式饮用水水源地水质达标率(%)	100	
		城镇内河(湖)水质优于Ⅳ类比例(%)	100	
		主要河流生态流量保障程度(%)	≥90	
		水土流失新增治理度(%)	>51	>83
		年减少土壤流失量(万 t)	300	400
改革与管理	水权、水价、水市场改革取得重要进展,用水权初始分配制度基本建立,水利工程良性运行机制基本形成。全面建成水务综合管理体系,实现网络互联和信息实时共享,水务管理水平显著提升,水生态文明制度体系基本建立	城镇和工业用水计量率(%)	90	95
		灌溉用水计量率(%)	≥85	≥90
		大中型灌区信息化水平(%)	≥50	≥70
		基层水利管理服务体系	基本建立	乡镇全覆盖
		智能互联网+综合应用平台	基本建立	有效应用

2.2.5　水网功能需求

规划提出以用水安全可靠、洪涝总体可控、河湖健康美丽、管理现代高效为水网建设的总体目标,把确定水生态空间管控格局作为国土空间管控的支撑条件,把节约用水作为重要前提,把水资源配置与渠系输配水工程作为基础设施网络建设的重要举措,把提高江河防洪标准和加强防洪薄弱环节建设作为海岛防洪除涝的稳固抓手,把水生态空间管控制度与行业能力建设作为水安全保障的组成部分,努力构建海岛型水安全保障基础设施网络与生态水系廊道。

水资源利用与节约保护方面:落实最严格的水资源管理制度,实施水资源消耗总量和强度双控行动,积极推进产业转型升级,建立节水型生产方式和消费模式,按照"供用耗排总量控制、大中小微联合调度、地下水源合理利用、非常规水强化利用"的原则,构建"南北两极高标准、东西两翼有备用,旅游旺季零风险、季节干旱有应对,生态流量有保障、河库水质能达标"的供水安全保障网。

防洪减灾方面:为保障有效抵御风暴潮,提高城市和"百镇千村"防洪排涝标准,推进洪涝水系统治理,按照"堤、蓄、引、排"相结合的原则,以南渡江、昌化江、万泉河三大江河治理为主线,建设控制性枢纽、生态化堤防工程及引洪排海工程,加强洪水风险管理,构建堤库结合、蓄泄兼筹、洪涝兼治的防洪减灾网络。

水生态修复与保护方面:依托"水资源丰富,生态系统良好"的天然禀赋条件,落实水资源开发利用上限、水环境质量底线,划定水生态保护红线,严格落实各类管控措施;保护生态水系廊道,有效防止红树林、重要湿地等生态系统退化,确保水域岸线功能合理,构建江河湖库相济、空间格局优化的生态水网。

水管理体制和行业能力方面:强化水务管理顶层设计,健全水务规划体系,构建现代化的信息管理网,实现智慧水网。

2.2.6 规划分区及定位

2.2.6.1 空间需求特征

规划立足海南岛独特的地形地貌和水系特点,基于海南岛"一心两圈"的空间分布特征,根据《海南省总体规划(空间类 2015~2030)》国土空间格局和功能定位,提出"一心两圈四片区"的空间需求特征。

"一心"即是中部区,是海南中部山地的生态绿心。该区域为国家级重点生态功能区,是全岛生态安全战略中心。作为水生态保护与水土涵养的核心空间,是南渡江、万泉河、昌化江等主要江河的源头区,是全岛生态敏感区和生物多样性最为富集的地区,也是国家生物多样性保护的重点地区之一,以提供生态产品为主体功能。

"两圈"分别指围绕"一心"的内环台地丘陵热带特色农业圈和环绕海岛的外环沿海平原城镇发展圈。热带特色农业圈:是国家农产品主产区华南主产区的重要组成部分,具备良好的热带特色农业生产条件。作为海南省重要的农业空间,集中了全省约85%的热带特色农业耕地面积,此空间需要限制大规模高强度工业化城镇化开发,以保持并提高农产品生产能力。沿海平原城镇发展圈:位于全国"两横三纵"城市化战略格局中沿海通道纵轴的最南端,与广西北部湾经济区以及广东省西南部构成北部湾国家重点开发区域。作为海南岛城镇化主体空间,是人口密度最大、城镇化水平最高的区域,集中了全岛约75%的人口;承载全岛绝大多数的城市、乡镇和滨海旅游度假区。此空间需要强化区域服务功能,提升城镇规模经济和产业聚集水平,辐射带动海南新型城镇化发展。

"四片区"是根据海南岛"两极引领,两翼支撑"的新型城镇化规划格局,将中部片区(白沙、五指山、琼中)以外的内环台地丘陵热带特色农业圈和外环沿海平原城镇发展圈分为琼北、琼南、琼西、琼东4个片区。琼北区主要包括海口、澄迈、临高、儋州、文昌、白沙6个市县,琼南区包括三亚、乐东、保亭、陵水4个市(县),琼西区包括东方、昌江所辖区域,琼东区包括定安、屯昌、琼海、万宁4个市(县)(见图2-2)。

图 2-2　水网规划分区示意图

2.2.6.2　各分区发展定位及供水存在问题

1. 琼中区

琼中区位于国家重点生态功能区,是海南中部山地的生态绿心,是全岛生态安全战略中心、全岛生态敏感区和生物多样性最为富集的地区,以提供生态产品为主体功能。

该区集中了全省95%以上的水源涵养和生态保护面积,水资源量超过全岛的20%,存在局部城乡供水设施不完善的问题。

2. 琼北区

琼北区位于国家重点开发区和国家农产品主产区,为国家21世纪海上丝绸之路的战略支点、自贸区及主枢纽港区,集中了全岛52%的人口、58%的GDP和90%以上的工业,是海南主要的粮食生产基地和热带特色农业科技创新中心,也是三沙市的后勤保障基地、航天卫星发射基地。

作为海南省政治经济文化中心,琼北区规划年需水量较大,但目前主要以松涛水库为水源,南渡江中下游无调节水库拦蓄径流,海口、儋州、澄迈冬春季节缺水严重,各市(县)水源单一,松涛灌区续建配套未完成,区域耕地灌溉保证率仅为36%。

3. 琼南区

琼南区位于国家重点开发区、国家南繁育种基地、国家农产品主产区,其中保亭位于国家重点生态功能区,为海南省"大三亚"旅游经济圈,是国家21世纪海上丝绸之路的现代服务业合作战略支点、国家热带海滨风景旅游城市、国际门户机场、自贸区和南繁育种基地,是度假旅游人数最多、人口最集中的地区。

琼南区水源调蓄能力不足,资源型缺水问题突出,三亚和乐东南部已经连续几年出现城市供水水源不足问题,乐东等沿海区域大量采用地下水,供水安全风险大,南繁基地水资源保证标准低,陵水河径流虽大但缺乏调蓄工程。

4. 琼西区

琼西区大部分位于国家农产品主产区,是海南岛西部粮食、油料等农产品生产基地,也是海南岛核电基地,未来将逐步发展为海南省香蕉、芒果产业带及东方石化工业基地。

琼西是全岛降雨量最少的地区,季节性干旱问题突出,昌江县城及多数乡镇缺水严重,沿海区域大量开采地下水,水质不达标,昌江核电厂供水安全隐患大。

5. 琼东区

琼东区地形以平原、浅丘为主。该区有博鳌亚洲论坛永久会址,是国际经济合作和文化交流的重要平台、国家公共外交基地和国际医疗旅游先行区。

琼东水资源量较为丰富,但水资源配置体系不完善,红岭、牛路岭水库配套未完成,耕地灌溉率仅47%,除万宁外,其余3个市县为单一水源。

2.2.7　总体布局

2.2.7.1　分区布局

1. 中部区

重点是通过封育保护、水源涵养、水土保持、生境修复等措施,推进热带雨林国家公园建设,保护水生态环境,强化"三大江河"源头区生态保护红线管控,构建中部水塔安全屏障体系。

按照生态绿心保护要求,严格控制工业发展,为满足发展特色种植、生态旅游要求,适度建设中小型水利工程,解决当地饮水困难、脱贫解困和乡村振兴等用水需求,建设应急水源工程、扩建水厂、延伸县城供水管网到乡镇和农村,提高城乡供水保证率等。强化山洪灾害防治、水土流失综合治理;适当拆除、改造对生态环境有影响的小水电项目。

2. 琼北区

重点是在优先保护南渡江流域生态环境的前提下,有效解决海口、儋州、澄迈等严重缺水地区的城乡生活、工业和热带农业用水,提高区域供水保障水平,解决防洪不达标、水生态保护不足的问题。

加强节水型社会建设,严格落实用水总量和强度双控行动,利用南渡江丰沛的水资源,建设迈湾、天角潭水利枢纽,依托红岭灌区、琼西北供水工程、松涛灌区等骨干渠系工程,按照"以大带小,以多补少"的水量调度方式,实现南渡江骨干水源工程覆盖春江、北门江、文澜江等独流入海的河流流域。通过对南渡江中下游、文澜江、北门江等进行生态修复与保护,加强海口城市内河湖综合治理,完善琼北绿色生态廊道保障体系;在南渡江干流建设迈湾水利枢纽、中下游开展堤防达标建设,提高南渡江中下游防洪标准;在沿海地区通过布置水闸和泵站,巩固堤围,解决城市内涝问题等。琼北区规划布局如图2-3所示。

3. 琼南区

重点是改善大三亚旅游经济圈和城乡供水水源供水条件,保障冬季旅游高峰期生活用水和南繁育种基地灌溉用水需求,加快构建河湖生态水系廊道。

针对水源调蓄能力不足的问题,在昌化江干支流分别建设向阳水库和南巴河水库,解决三亚、乐东沿海生活用水及南繁育种基地农业灌溉用水;在陵水河上游建设保陵水库,增强陵水河干流枯水期水资源调配能力,必要时适时实施引乘济妹工程,进一步提高区域水资源承载能力。对三亚、陵水等城市内河(湖)黑臭水体进行综合整治,改善城市内河生态环境;实施必要的水系连通工程,提高河湖水动力条件,改善河口红树林及月川、东

图 2-3　琼北区规划布局

岸、海坡内河等湿地生态环境;加强大隆、梯村等大中型水库生态调度和管理,重点保障枯水期生态流量;对长茅、石门、赤田等重要饮用水源地进行安全达标建设,探索建立跨市县水源地生态补偿机制。结合中小河流治理,对陵水河、望楼河、宁远河等下游河段硬质护岸进行生态化改造等。琼南区规划布局如图 2-4 所示。

图 2-4　琼南区规划布局

　　4.琼西区

　　重点是保障区内昌化江河口地区生态安全、防洪安全,满足热带高效农业的用水需求及核电工业用水需求,修复和保护昌化江下游及主要独立入海河流的生态环境。

　　建立昌化江西部水资源配置体系,自昌化江干流大广坝水库引水至支流石碌水库,解决石碌水库防洪安全、昌江县城乡及核电厂供水问题,扩建石碌灌区,改善热带高效农业水利基础设施保障条件;加快续建大广坝灌区,逐步形成以干强支、以多补少的琼西供水安全保障网。加强昌化江中下游生态调度和生境保护,实施北黎河、罗带河专项整治。加快昌化江下游东方市和昌江县出海口河段的综合整治,完善昌化江流域防洪体系。琼西区规划布局如图 2-5 所示。

　　5.琼东区

　　重点是提高该区域防洪标准,解决该区域城乡生活与农业灌溉供水能力不足的问题,提升万泉河及独流入海河流的生态系统稳定性和服务功能。

充分发挥已有调蓄工程的作用和供水潜力,提高区域水资源的整体调控能力,北部以万泉河左源已建红岭水库为骨干水源,建设红岭灌区工程;南部以万泉河右源的已建牛路岭水库为骨干水源,建设连接琼海、万宁等东部区域中小型水库的输水工程,形成琼东地区供水安全保障网。整治万宁、琼海等城镇内河黑臭水体;加强大型水库生态调度和管理,保障河流下游生态流量;实施水系连通,拆除废旧拦河坝,增建过鱼设施,加强生态修复及湿地保护。在万泉河下游万泉、嘉积、博鳌等镇,实施堤防、护岸生态化改造,实施沿海地区防洪防潮工程,提高区域整体防洪(潮)排涝能力等。琼东区规划布局如图 2-6所示。

图 2-5 琼西区规划布局

图 2-6 琼东区规划布局

2.2.7.2 骨干水网布局

按照"片内连通、区间互济,以大带小、以干强支,以多补少、长藤结瓜"的空间布局,以辐射状海岛天然水系为经线,以热带特色农业灌区骨干渠系为纬线,以骨干水源工程为节点,构建"一心两圈四片区,三江六库九渠系,联网联控调丰枯"的立体综合水网。

三江:按照"以大带小,以干强支"的思路,以南渡江、万泉河、昌化江三大江河为重要水源地,通过骨干渠系工程,实现对乘坡河、石碌河、南巴河等支流流域及文澜江、春江、珠碧江、宁远河等独流入海河流的供水水源补充。

六库:按照"以多补少,长藤结瓜"的思路,进一步提高三大江河的径流调控能力,以南渡江上的松涛和迈湾(新建)、万泉河上的红岭和牛路岭、昌化江上的大广坝和向阳(新建)等 6 座水库为骨干水源进行多年调节,补给永庄等 17 座水源调配能力不足的水库。

九渠系:按照"片内连通、区间互济"的思路,全面配套建设南渡江引水工程、迈湾水库灌区、松涛水库灌区、大广坝水库灌区、昌化江引大济石工程、昌化江乐亚水资源配置工程、红岭灌区、牛路岭灌区、保陵供水工程 9 大骨干渠系工程。通过红岭和牛路岭灌区渠系建设，实现琼北、琼东片区内灌区水源互济；通过琼西北供水工程和昌江县水资源配置工程建设，实现琼北、琼西片区内灌区水源调剂；通过建设昌化江乐亚水资源配置工程，解决琼南、琼西区内水源供给能力不足的问题；通过建设保陵水库供水及引乘济妹等工程，增强琼南地区枯水年及枯水期的水资源保障能力，构建覆盖全岛的水网格局。

2.2.8 水生态空间管控

水生态空间管控格局是海南国土空间管控的支撑条件，水网布局以水生态空间管控为刚性约束，严格落实各类管控措施，维护水域功能的正常发挥。规划提出海南水生态空间主要包括 38 条生态水系廊道，松涛、大广坝、牛路岭等重要湖库，以及其他河湖水系等的水域空间及岸线空间，中部山区江河源头区、水源涵养区以及水土流失重点防治区等。

2.2.8.1 水生态空间布局

规划提出海南水生态空间基本格局为"一心多廊、河湖相串、多区多点"。

"一心多廊"指中部山区水源涵养、水土保持和生物多样性保护绿心区以及南渡江、昌化江、万泉河等 38 条生态水系廊道的重要保护河段；"河湖相串"指生态水系廊道串联的松涛、大广坝、牛路岭等重要湖库水域及岸线；"多区多点"指涉水自然保护区、饮用水水源保护区、水产种质资源保护区、行蓄洪区、重要湿地及湿地公园、重要水土流失重点预防区等的核心生态保护区域。

规划将海南水生态空间分为行蓄洪、水域及岸线保护、饮用水源保护、水源涵养、水土保持等多种功能，结合水生态空间功能保护要求，将海南省水生态空间分为禁止开发区域、限制开发区域进行空间管控，见表 2-2。

表 2-2　海南水生态空间分类管控区域布局

类型	禁止开发区域	限制开发区域
行蓄洪功能、水域及岸线保护	38 条生态水系廊道及重要湖库中具有重要生态保护价值的水域及岸线、涉水自然保护区的水域及岸线、水产种质资源保护区、重要沿河及河口湿地等生物多样性保护区	38 条生态水系廊道、重要湖库划定的禁止开发区之外的水域及岸线，未划入生态保护红线的其他河湖的水域及岸线范围
饮用水源保护	33 个城市(镇)集中式饮用水水源保护区和 199 个乡镇集中式饮用水水源保护区的一级区	未划入生态保护红线的集中式饮用水水源保护区的二级保护区及准保护区，其他乡镇及农村的饮用水水源保护区
水土保持	水土流失重点防治区中的极重要水土保持功能区	未划入禁止开发区的水土流失重点防治区
水源涵养	琼中、五指山、白沙、屯昌、保亭等中部山区极重要的江河源头区及水源涵养区	未划入水源涵养红线区的江河上游、水源补给保护的生态区域

2.2.8.2 水生态空间管控指标

规划以改善水环境质量、促进水生态系统良性循环为核心，以促进水生态空间格局优化、系统稳定和功能提升为主线,从水资源消耗上线、水环境质量底线、水生态保护红线等方面提出综合协同管控指标和目标(见表 2-3)。

表 2-3　海南水生态空间管控指标体系及目标

属性层	要素层	管控指标	2025 年管控目标	2035 年管控目标
水资源	水资源开发利用控制	用水总量	53 亿 m³	56 亿 m³
		再生水利用率	≥20%	
		主要控制断面生态流量保障程度	90%	100%
	用水效率控制	农田灌溉水有效利用系数	>0.60	>0.62
		万元工业增加值用水量	45 m³	38 m³
		万元 GDP 用水量	78 m³	61 m³
水环境	水环境质量改善	全省水功能区水质达标率	≥95%	
		地表水考核断面水质优良率	≥97%	
		重要饮用水水源地水质达标率	100%	
		城镇内河(湖)及独流入海河流水质	不低于地表水Ⅳ类	
	限制排污总量控制	COD 限制排污总量	2.68 万 t/a	
		氨氮限制排污总量	0.1 万 t/a	
水生态	水生态保护格局	水生态保护红线	功能不降低、面积不减少、性质不改变	
		湿地保有面积	≥3 200 km²	
		江河湖库保护与管理范围	严格空间用途管制	
	水生态功能维护	重要湿地保护率	≥85%	≥90%
		生态岸线比例	≥95%	
		生态水系廊道保护与治理率	≥85%	≥95%
管控能力	监测预警能力	重点用水户用水计量率	≥90%	100%
		水资源保护及河湖健康监测评估覆盖率	≥90%	100%
		水资源水环境承载能力监测预警机制	全面建立	
	管控制度体系	最严格的水资源管理制度	全面建立	
		河湖生态管控制度	全面建立	
		水生态空间管控清单	全面建立	
		监督考核与责任追究制度	全面建立	

1. 水资源消耗上线

水资源利用总量指标:2035年全省用水总量按2030年分配的56.0亿 m³ 控制,再生水利用率不低于20%。

河湖生态流量指标:针对海南省8条主要河流,根据各河流水资源条件、水生态系统保护需求等,提出生态流量保障目标;为满足鱼类繁殖生态用水要求,对三大江河下游控制断面提出产卵期(3~7月)适宜生态流量保障目标。

2. 水环境质量底线

河湖水域水环境质量:2035年全省水功能区水质达标率达到95%以上,其中纳入国家考核的15个重点水功能区水质达标率为100%;全省地表水考核断面水质优良比例达到97%以上,地表水体水质明显改善,城镇集中式饮用水源地水质全部达标,城镇内河(湖)及独流入海河流等水体消除劣Ⅴ类、Ⅴ类水质,全面消除黑臭水体。

水功能区限制排污总量:全省66个水功能区COD、氨氮的纳污能力分别为4.4万t/a和0.15万t/a。2035年点源污染物COD、氨氮的限制排污总量分别为2.68万t/a、0.1万t/a。

3. 水生态保护红线

根据《海南省河道和水工程管理保护范围标准》,划定主要河流和水库管理和保护范围。全省湿地保有面积不低于3 200 km²,其中自然湿地面积2 400 km²。2025年前完成退塘还林(湿)任务0.5万亩,新造红树林0.5万亩;2035年全省36处重要湿地保护率达到90%以上。其他涉水的重要生物多样性保护区、重要鱼类"三场"及洄游通道等生态功能区,维持生境面积不减少,维护各类保护对象稳定。

2.2.8.3 水生态空间管控措施

1. 水资源利用管控措施

严格水资源消耗总量和强度控制。制订主要江河流域水量分配方案,严格用水总量指标管理;坚持节水优先,严格用水定额和计划管理;鼓励再生水、雨水集蓄、海水淡化等非常规水资源利用等。

强化河湖生态流量保障及闸坝生态调度。将生态用水纳入流域和区域水资源配置统一管理,严格控制不合理的河道外用水;结合重大水资源配置工程等,强化水库闸坝生态流量调度和管理,合理安排重要断面下泄流量和泄水过程,重点保障枯水期生态基流;开展南渡江、昌化江、万泉河等三大江河控制性水库联合调度,优化现有水库调度运行方式,研究制订满足鱼类产卵期洪水脉冲过程的调度方案;对无生态流量泄放设施的已建水库、水电站及拦河闸坝,逐步改造或增设生态流量泄放设施;加强主要控制断面生态流量监测,强化水电站等调度运行的常态化监测和管理。

2. 水环境质量管控措施

强化水功能区限制纳污红线管理。对未划分水功能区的生态水系廊道补充划分水功能区;加强水功能区监督管理,建立健全水功能区分级分类监督管理体系;强化入河湖排污总量管理,落实污染物达标排放要求,制订陆域污染物减排计划;开展城镇内河(湖)水环境治理,加快推进水源地安全保障达标建设。

加快实施城乡废污水综合治理。对入河排污布局问题突出、威胁饮水安全或水质严重超标区域的排污口实施综合整治;对排污量超出水功能区限制排污总量的地区,限制审批新增取水和入河湖排污口;开展现有污水处理厂提标升级,完善城镇污水收集配套管网,加大雨污分流、清污混流污水管网改造。

开展农村水环境综合整治。实施污水分散处理、就近处理等方式,推广生活污水湿地处理技术,加快农村河道沟塘生态治理。推进生态节水型灌区建设,选择中部山区敏感区域、南繁育种基地、松涛及大广坝等大型灌区开展农业面源污染治理示范。

3. 水生态空间管控措施

严格实施水生态空间分区分类用途管制。对存在河湖过度开发、污染超载、空间占用等导致水生态退化的琼西北、琼东北、琼西等区域的部分河湖,严格控制河湖开发强度,加强水生态修复治理,划定河道采砂禁采区;对水资源水环境承载能力较强水生态空间,划定并预留防洪防潮和供水安全等重大水利基础设施建设用地储备空间,涉及重要民生水利工程的区域按照限制开发区进行管控。

优先实施水生态保护红线保护。优先保护中部山区水源涵养区、重要饮用水水源地、重要水生生物栖息地等生态保护红线区,建立和完善生态水系廊道,提高生态系统完整性和连通性。

4. 正(负)面准入清单

规划依据《关于划定并严守生态保护红线的若干意见》和相关法律法规要求,制定了禁止开发区项目准入正面清单和限制开发区实施项目准入负面清单(见表2-4)。

表2-4　海南禁止、限制开发区项目准入正面、负面清单

生态功能类型	禁止开发区项目准入正面清单	限制开发区项目准入负面清单
水源涵养	生态绿心区的江河源头区及重要水源补给区植树造林、封育保护、水土保持、生态移民等	限制砍伐林草植被、挖沙取土、城镇开发建设、采矿及探矿等破坏性活动
饮用水源保护	隔离防护工程、入河排污口清退、水质净化工程、取水口保护工程、水土保持;宣传警示标识牌及监测设施建设、其他与供水设施相关的工程等饮用水源地安全达标建设工程	严格限制污染企业和工业建设、养殖、围垦及大规模城镇开发建设;保护区内无新建、改建、扩建排放污染物的建设项目,无工业和生活排污口、规模化畜禽养殖场(小区)、毁林开荒行为;分散式畜禽养殖废物全部资源化利用,水域实施生态养殖;农村生活垃圾全部集中收集并进行无害化处置,无危险化学品运输码头;严格限制采矿、采砂等
水域及岸线保护	滨岸带生态护坡及修复工程,退养还滩、退渔还湿;清淤疏浚、采砂区整治、防洪堤防建设与运行维护,小水电生态改造及生态修复;防洪、供水等国家和省重大基础设施建设及运行维护	依法依规办理采砂、水产养殖、入河排污口及取水口设置等许可;针对水质未达标重要江河湖泊水功能区,严格限制新建、扩建入河排污口,改建入河排污口不得增加入河污染量;严禁围垦及城镇开发建设等

生态功能类型	禁止开发区 项目准入正面清单	限制开发区 项目准入负面清单
水土保持	封育保护、水土保持、植树种草、退田还林;生态移民;滑坡泥石流治理及运行维护等	依据《中华人民共和国水土保持法》要求,限制大规模农田开垦、采矿及城镇开发建设等
行蓄洪	防洪治涝工程建设及运行维护、清淤疏浚、采砂区整治;防洪堤防建设与运行维护等重大防洪、供水等国家和省重大基础设施建设及运行维护	依据《中华人民共和国防洪法》要求,严格限制无序采砂;基本农田开垦、高秆作物种植;大规模城镇开发建设等

2.2.9 水资源供需分析与配置

2.2.9.1 河道外需水预测

规划水平年经济社会发展指标主要依据《海南省总体规划(空间类 2015~2030)》,结合用水总量控制和生态需水要求综合确定。

1. 人口及城镇化率预测

现状年海南全省人口 917.1 万人。考虑当前与今后一段时期,海南为人口迁入区,增长率略高于全国平均水平,预测 2025 年和 2035 年常住人口年均增长率分别为 18.5‰、6.8‰,旅游候鸟人口年均增长率分别为 4.5%、1.4%,常住人口分别达到 1 082.3 万、1 158.1 万人,旅游候鸟人口达到 192.0 万、221.4 万人,城镇化率分别为 69%、73%。如图 2-7 所示。

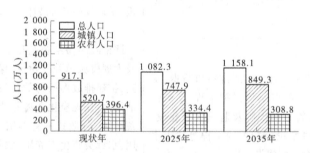

图 2-7 现状年与规划年人口发展对比

今后海南人口仍旧继续向沿海城镇区聚集。其中,琼北区海澄文一体化综合经济圈规划年城镇人口规模预计将达到 310 万~340 万人,琼南大三亚旅游经济圈人口规模达到 160 万~180 万人,分区城镇人口发展规模及城镇化水平见表 2-5 所示。

表2-5　海南规划年分区域人口发展规模及城镇化水平

分区域	城镇人口(万人)	城镇化水平(%)
琼北:海澄文一体化综合经济圈	310~340	80~85
琼南:大三亚旅游经济圈	160~180	75~80
琼西:西部工业服务型城镇发展区	100~120	65~70
琼东:东部旅游服务型城镇发展区	80~90	65~70
琼中:中部农业服务型、生态城镇发展区	80~95	43~48

2.地区生产总值预测

海南正处于全面建设国际旅游岛和自由贸易区的关键时期,预测2025年、2035年GDP分别为7 071亿元和9 658亿元,其中第三产业比重分别为58%和61%。

3.农业灌溉发展预测

规划根据国家热带现代农业基地建设战略要求,提出海南农业发展以国家冬季菜篮子基地、南繁育制种基地、热带水果基地、天然橡胶基地等为建设重点,完善热带特色高效农业生产体系建设。

现状全省有效灌溉面积518万亩,松涛、大广坝等大型灌区续建配套和南渡江引水工程、红岭灌区工程等国家重点节水供水重大工程等在建工程完成后灌溉面积即可达到720万亩以上。在遵循国家及海南省相关规划和国家有关土地管理法规以及退耕还林还草等有关政策的基础上,在不改变土地利用性质条件下,为保障国际旅游岛和国家热带现代农业基地建设,保障国家种子安全、热带农业产业发展及"多规合一"的产业发展目标,结合水土条件,预测全省灌溉面积不宜低于840万亩。2025年、2035年有效灌溉面积分别发展到764.2万亩和802.2万亩,如图2-8所示。

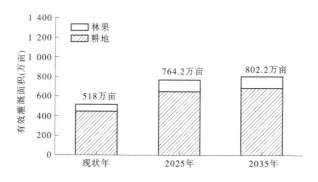

图2-8　现状年与规划年有效灌溉面积对比

4.需水量预测

为加快推进全社会从粗放用水方式向集约用水方式的根本转变,河道外需水预测落实节水型社会建设的要求,规划预测2025年、2035年全省多年平均毛需水量分别为58.61亿 m³、62.74亿 m³。

海南城镇生活用水具有明显的淡、旺季变化规律,人口高峰与低谷相差较大。度假旅游人口现状高峰期可占常住人口的 15%,主要停留时间为每年 11 月至次年 2 月末(高峰期为农历新年前后),需水量 4 181 万 m³/a。

2.2.9.2 河道内生态水量分析

本次规划综合提出海南 8 条主要河流 15 个控制断面生态水量(流量)要求,见表 2-6。经计算,主要河流所需保障生态流量折算水量为 56.8 亿 m³。

表 2-6 海南主要河流控制断面生态流量保障目标

序号	河流	控制断面名称	生态流量(m³/s)
1	南渡江	松涛水库	11 月至翌年 5 月 5.2;6~10 月 15.6
2		迈湾水库	4.8
3		东山坝	14.4
4		龙塘坝	鱼类产卵适宜生态流量:3~7 月期间下泄 60.0 m³/s 并维持连续 7~15 d
5	昌化江	乐东	11 月至翌年 5 月 7.2;6~10 月 20.9
6		大广坝水库	11 月至翌年 5 月 10.2;6~10 月 30.6
7		石碌水库	11 月至翌年 5 月 1.0;6~10 月 3.0
8		宝桥	11 月至翌年 5 月 13.2;6~10 月 39.6 鱼类产卵适宜生态流量:3~5 月期间下泄 32.3 m³/s 并维持连续 7~15 d,6~7 月按汛期生态流量 39.6 m³/s 泄放
9	万泉河	牛路岭水库	11 月至翌年 5 月 7.2;6~10 月 18.0
10		红岭水库	4.72
11		嘉积坝	11 月至翌年 5 月 18.8;6~10 月 47.0 鱼类产卵适宜生态流量:3~5 月期间下泄 43.4 m³/s 并维持连续 7~15 d,6~7 月按汛期生态流量 47.0 m³/s 泄放
12	陵水河	梯村坝	11 月至翌年 5 月 1.1;6~10 月 3.3
13	宁远河	大隆水库	11 月至翌年 5 月 2.3;6~10 月 6.9
14	北门江	天角潭水库	11 月至翌年 5 月 0.9;6~10 月 2.7
15	太阳河	万宁水库	11 月至翌年 5 月 1.9;6~10 月 5.7
16	望楼河	长茅水库	11 月至翌年 5 月 0.55;6~10 月 1.65

2.2.9.3 现状工程条件下供需分析

现状工程条件下,基准年全岛多年平均需水量 48.80 亿 m³,可供水量 44.10 亿 m³,缺水量 4.70 亿 m³,多年平均缺水率约 10%。

目前红岭灌区和南渡江引水工程正在建设,考虑到 2020 年后发挥效益。2025 年、2035 年海南多年平均可供水量分别增加至 47.53 亿 m³、48.42 亿 m³,缺水量为 11.08 亿 m³、14.32 亿 m³,缺水率达到 19%、23%。远期 2050 年缺水量将进一步增加。

缺水分布上,琼北区、琼南区缺水量较大,中部平均缺水率高;在缺水行业上,农业灌溉缺水最大,城镇生产生活缺水率逐年递增。缺水主要原因:一是随着经济社会的快速发展,现状城镇生活生产用水大幅增长,原设计水源工程已不满足用水结构调整的需求;二是现状调蓄能力分布不均,南渡江中下游、昌化江中上游、陵水河干流及独流入海的小河等明显不足;三是输配水工程体系尚未完善,已有工程难以充分发挥效益,如松涛、大广坝、红岭等骨干水库已建设完工,而输配水工程、灌区及反调蓄工程建设进度迟缓。

作为国家重点开发区的海澄文和大三亚两个经济圈所在的琼北区和琼南区缺水矛盾最为集中,2035 年琼北区缺水 7.29 亿 m^3,占全岛总缺水量的 51%;琼南区缺水 3.37 亿 m^3,占全岛总缺水量的 24%。见图 2-9 和表 2-7。

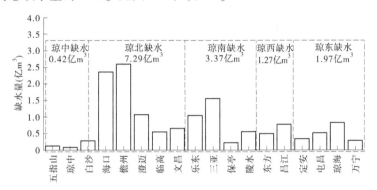

图 2-9　2035 年各市县缺水状况(红岭水库、南渡江引水工程发挥效益后)

2.2.9.4　缺水解决方案

为解决各片区、各行业缺水问题,需落实节水型社会建设的要求,严格用水总量和效率,进一步挖掘已有工程供水潜力,加大再生水等非常规水利用,全岛河道外再生水利用率达到 20% 以上。为保护环境,将地下水作为城乡抗旱和应急备用水源,不再增加地下水开采。在有条件的地方合理利用海水淡化作为应急备用水源。与此同时,规划按照"确有需要、生态安全、可以持续"的原则,优先从提升水质和节水入手,完善海岛型水利设施网络,建设水资源配置工程,解决区域功能性、季节性缺水问题。

1. 水资源消耗总量和强度双控

总量控制:从严控制全岛经济社会用水总量,2025 年全省纳入用水总量考核的控制指标多年平均按 52.0 亿 m^3 控制;2035 年全省纳入用水总量考核的控制指标暂按国家 2030 年分配的多年平均 56.0 亿 m^3 控制。

强度控制:强化农业节水,推进热带高效农业建设,充分挖掘农作物单产潜力,调整种植结构,改变灌溉方式,建设高效输配水工程等农业节水基础设施,对现有灌区进行续建配套和节水改造。全省耕地亩均用水量由现状 990 m^3 降至 491 m^3,灌溉水有效利用系数将由现状的 0.57 逐步提高到 0.62 以上。

抓好工业节水,通过合理调整工业布局和结构,限制高耗水行业发展、淘汰高耗水工艺和高耗水设备,采用新工艺、新设备提高工业用水重复利用率等措施,逐步提高企业节水管理水平。全省工业用水重复利用率提高到 75% 以上,管网漏失由 15% 降低至 10% 以下,万元第二产业增加值净用水量由 39 m^3 下降至 26 m^3。

表 2-7 海南基准年、规划年水资源供需分析表（现状水利设施供需情况下）

（单位：亿 m³）

分区	水平年	需水量						供水量	缺水量						现状水利设施条件下缺水率
		生活	第一产业 灌溉	第一产业 牲畜	第二产业	第三产业	合计		生活	第一产业 灌溉	第一产业 牲畜	第二产业	第三产业	合计	
合计	基准年	5.11	36.26	1.00	4.02	2.42	48.80	44.10	0	4.47	0.02	0.14	0.06	4.70	10%
	2025	8.05	39.06	1.05	5.44	5.02	58.61	47.53	0	8.22	0.03	1.11	1.73	11.08	19%
	2035	9.11	39.98	1.07	6.12	6.46	62.74	48.42	0	10.11	0.02	1.45	2.75	14.32	23%
琼北	基准年	2.62	16.93	0.52	2.86	1.15	24.08	21.99	0	1.88	0.02	0.14	0.06	2.09	9%
	2025	4.07	18.41	0.55	3.95	2.62	29.6	24.16	0	3.86	0.01	0.78	0.8	5.44	18%
	2035	4.57	19.02	0.56	4.45	3.42	32.02	24.72	0	5.07	0.01	1	1.21	7.29	23%
琼南	基准年	1.22	6.35	0.12	0.22	0.89	8.79	7.82	0	0.97	0	0	0	0.97	11%
	2025	2.02	6.31	0.12	0.37	1.49	10.31	7.88	0	1.56	0.01	0.16	0.69	2.43	24%
	2035	2.36	6.64	0.13	0.43	1.82	11.38	8.01	0	1.95	0.01	0.25	1.16	3.37	30%
琼西	基准年	0.32	5.26	0.07	0.62	0.07	6.34	5.67	0	0.67	0	0	0	0.68	11%
	2025	0.52	6.72	0.07	0.72	0.15	8.18	6.91	0	1.16	0	0.09	0.02	1.27	16%
	2035	0.59	6.56	0.07	0.79	0.20	8.20	6.94	0	1.15	0	0.1	0.02	1.27	15%
琼东	基准年	0.78	6.88	0.26	0.28	0.26	8.45	7.68	0	0.75	0.01	0.01	0	0.77	9%
	2025	1.17	6.75	0.27	0.35	0.64	9.18	7.61	0	1.29	0	0.08	0.20	1.57	17%
	2035	1.3	6.86	0.28	0.39	0.86	9.69	7.73	0	1.55	0	0.09	0.32	1.97	20%
中部	基准年	0.17	0.84	0.03	0.04	0.06	1.15	0.95	0	0.20	0	0	0	0.20	17%
	2025	0.26	0.87	0.04	0.06	0.12	1.34	0.97	0	0.34	0	0.01	0.02	0.37	27%
	2035	0.29	0.9	0.04	0.06	0.16	1.45	1.03	0	0.39	0	0.01	0.03	0.42	29%

加强城镇节水,通过供水管网的升级改造,全省集中供水管网漏失率由现状的14%～16%降低至10%以内;全面推广节水器具,同时进一步调整水价,提高居民节水意识,减少水量损失,提高城市供水效率;进一步提高再生水利用率。

主要措施:严格水资源消耗总量和强度控制,及时完善市县水资源消耗"双控"行动方案。完善考核指标和评价方案,实施市县最严格水资源管理制度考核。严格重大规划和建设项目水资源论证,严格取水许可审批管理。加强重大经济社会发展布局规划水资源论证。研究实施水网统一调度方案,实现水资源高效利用。建立重点监控用水单位名录,健全取用排水的水量水质监控体系。按照节水优先、严格用水定额和计划管理,建立覆盖主要农作物、工业产品和生活服务行业的先进用水定额体系。鼓励再生水、雨水集蓄、海水淡化等非常规水资源利用。合理调整水资源费征收标准和范围,推行居民阶梯水价和非居民用水超定额超计划累进加价制度等。建立健全节水激励政策,健全节水财税、价格、投融资、奖励等政策,推进节水型社会建设。

2. 水资源配置工程建设

琼北区:目前主要以松涛水库为水源,南渡江中下游无调节水库拦蓄径流,海口、儋州、澄迈冬春季节缺水严重,各市县水源单一,松涛灌区续建配套未完成,区域耕地灌溉保证率仅为36%。规划水平年需水量较大,在建设迈湾、天角潭等骨干水源工程的同时,还需建设以灌溉渠系和供水管道为主的区域水资源配置工程,对于海口市江东新区、文昌东北部适时启动引龙补红工程。

琼南区:目前水源调蓄能力不足,资源型缺水问题突出,三亚和乐东南部已经连续几年出现城市供水水源不足问题,乐东等沿海区域大量采用地下水,供水安全风险大,南繁育种基地水资源保证标准低,陵水河径流虽大但缺乏调蓄工程。规划针对陵水河径流大,缺乏调蓄能力,建设梯村水坝、保陵水库作为水源,增加陵水河干流供水能力,与现有小妹水库联合调度形成区域水网;针对乐东、三亚沿海片缺水问题,在昌化江干支流建设水源工程,分别引水至长茅、大隆等水库,解决该片区城乡生活、南繁育种基地农业用水需求。

琼西区:目前季节性干旱问题突出,昌江县城及多数乡镇缺水严重,沿海区域大量开采地下水,水质不达标,昌江核电厂供水安全隐患大。规划利用已建的昌化江大广坝水库,建设引大济石工程补充昌江水源。

琼东区:水资源配置体系不完善,红岭、牛路岭水库配套工程尚未完成,耕地灌溉率仅47%,除万宁外,其余3个市(县)为单一水源。规划通过建设红岭灌区解决万泉河以北地区的缺水问题,通过建设牛路岭水库灌区工程解决琼海南部、万宁用水需求。

中部片区:集中了全省95%以上的水源涵养和生态保护面积,水资源量超过全岛的20%,存在局部城乡供水设施不完善的问题。规划以水源涵养保护为主,主要以中小型水源工程分散解决缺水问题。必要时,通过新建南巴河、都总等中小型水库及引乘济妹、藤桥河引水等连通工程,满足局部地区的经济社会用水需求。

2.2.9.5 水资源配置方案

1. 水资源配置原则

生态优先、统筹配置。按照生态立省的要求,在满足生活用水的前提下,优先考虑主要河流的河道内基本生态用水,合理配置生产用水。河道外供水优先次序为城乡生活、特殊农业(南繁育种等)、城镇工业、农业灌溉需求、其他用水等。

节水优先、总量控制。强化河道外各行业的节水管理,把节约用水贯穿于经济社会发展的全过程;严格实行用水总量与定额管理;2035年以前配置水量满足用水总量红线控制指标考核要求。

先近后远、联合调度。全面压采地下水,确保地下水环境安全;合理利用当地径流,优先配置当地地表水水源;其次配置外调水;做到蓄、引、提工程合理配置,大、中、小工程联合调度。

2. 水资源配置方案

2025年、2035年经济社会配置水量分别为55.04亿m³、59.15亿m³,较现状年增加10.08亿m³、14.19亿m³。各行业配置水量见表2-8。

表2-8 规划水平年多年平均水资源配置成果表 (单位:亿m³)

分区	水平年	生活	第一产业		第二产业	第三产业	合计	缺水率
			灌溉	牲畜				
合计	2025	8.05	35.6	1.04	5.38	4.97	55.04	6%
	2035	9.11	36.5	1.06	6.06	6.41	59.15	6%
琼北	2025	4.07	16.84	0.54	3.90	2.57	27.92	6%
	2035	4.57	17.46	0.55	4.39	3.38	30.36	5%
琼南	2025	2.02	5.7	0.12	0.36	1.48	9.69	6%
	2035	2.36	6.00	0.13	0.43	1.81	10.74	6%
琼西	2025	0.52	6.15	0.07	0.72	0.15	7.61	7%
	2035	0.59	6.00	0.07	0.79	0.20	7.65	7%
琼东	2025	1.17	6.14	0.27	0.35	0.64	8.58	7%
	2035	1.30	6.24	0.27	0.39	0.86	9.06	7%
中部	2025	0.26	0.77	0.04	0.06	0.12	1.24	7%
	2035	0.29	0.80	0.04	0.06	0.16	1.35	7%

2035年新增14.19亿m³供水量,非汛期供水增加占57%,汛期供水增加占43%。首先是增加本地工程已有(已建、在建)水资源量7.54亿m³,其次非常规水增供量(沿海含再生水、海水淡化、雨水集蓄)3.08亿m³,最后增加规划新建的重大水资源配置工程增供约水量6.13亿m³。规划新增供水量组成见图2-10。

2025年、2035年蓄水工程多年平均供水量分别为43.27亿m³、46.16亿m³;引水工程供水量分别为4.51亿m³、5.13亿m³;提水工程供水量分别为2.17亿m³、2.24亿m³;地下水供水量分别为2.38亿m³、2.37亿m³;再生水等其他供水量分别为2.72亿m³、3.24亿m³。分片区水资源配置方案见表2-9。

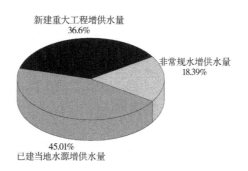

图 2-10　规划新增供水量组成

表 2-9　分区水资源配置思路及方案

分区	水资源配置思路及方案
琼北	基准年供水量 21.99 亿 m^3，2025 年、2035 年配置量 27.92 亿 m^3、30.36 亿 m^3。儋州、临高、澄迈北部、海口西部等松涛灌区、迈湾灌区等要优先利用当地中小水源工程供水，水量不足时利用松涛水库和迈湾水库进行水源补充，通过合理调配，提高反调节水库重复利用率；文昌、海口南部优先利用当地蓄水工程，然后利用红岭水库水源
琼南	基准年供水量 7.82 亿 m^3，2025 年、2035 年配置量 9.69 亿 m^3、10.74 亿 m^3。三亚、乐东区域，优先利用长茅水库、大隆水库、赤田水库等当地蓄水工程供水，水量不足时利用南巴河和昌化江干流引水工程。陵水、保亭区域优先使用当地蓄引工程，再利用引乘济妹等外流域引水工程
琼西	基准年供水量 5.67 亿 m^3，2025 年、2035 年配置量 7.61 亿 m^3、7.65 亿 m^3。东方市充分利用大广坝水库；昌江县首先使用石碌水库进行供水，水量不足时利用引大济石工程进行补水
琼东	基准年供水量 7.68 亿 m^3，2025 年、2035 年配置量 8.58 亿 m^3、9.06 亿 m^3。万宁、琼海南部优先利用当地蓄水工程，再利用牛路岭水库水源；屯昌、定安、琼海北部优先利用当地蓄水工程，然后利用红岭水库水源
琼中	基准年供水量 0.95 亿 m^3，2025 年、2035 年配置量 1.24 亿 m^3、1.35 亿 m^3。中部片区通过中小型水利工程分散供水满足用水要求。陵水、保亭区域优先使用当地蓄引工程，再利用引乘济妹等外流域引水工程

2.2.9.6　水网调配布局与调度

基于海南岛屿型河流水系特征及水资源特点，水网骨干水源工程以水资源承载能力较强的"三大江河"为主，以集水面积 500 km^2 以上的 10 条中小流域水源为补充，按照多源互补原则构建骨干输水工程调配网络体系，见图 2-11。在保障主要江河生态用水的前提下，汛期保障防洪安全，枯水期强化供水安全保障，实现全岛"水多能分，水少能补，以干强支、以大带小"水资源调配格局。

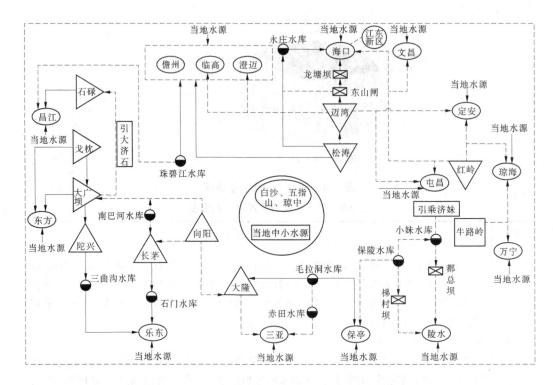

图 2-11 骨干输水工程调配网络体系示意图

1. 骨干输水工程方案

在"三大江河"现有已建大型水库基础上,南渡江中下游布局迈湾水库,昌化江中游布局向阳水库,重点支流及中小流域布局天角潭、南巴河、保陵、南圣河等水库,解决全岛年内、年际时程分布不均的水量调节问题。

在已建、在建的松涛、大广坝、红岭、大隆、石碌、长茅、小妹等灌区骨干渠系工程和南渡江引水工程基础上,续建、新建琼西北供水、引大济石(石碌灌区)、昌化江乐亚水资源配置(大隆灌区、长茅灌区)、牛路岭灌区、保陵(小妹灌区)等骨干输水工程,解决水资源空间分布不均的问题。

在骨干水网调配布局中,充分利用已建调蓄水库、连接渠系等,实施对生态环境影响较小的连通隧洞、渠系,强化对单一水源城市的水源保障和调配需求,解决中小河流断流现象,提升独流入海小流域水资源配置能力。水资源调配骨干方案见表2-10。

2. 水资源与工程调度

规划提出水资源调度应首先保障城乡生活、主要河流的河道内基本生态用水的前提下,再满足特殊农业(冬季瓜菜、南繁育种等)、城镇工业和农业用水要求;水量调度优先次序为城乡生活、河道内水生态功能维护、特殊农业、城镇工业、农业灌溉、其他产业等供水。

表 2-10 水资源调配骨干方案

水网骨干体系	骨干水源工程	骨干渠系及连通工程		设计流量（m³/s）	线路长度（km）	备注	是否为本次水网规划新建工程
		骨干渠系	连通的反调节水库				
南渡江水网系统	松涛水库	松涛东干渠	松涛灌区东部的福山、永庄等水库	71	124	已建	
		松涛西干渠	琼西北的珠碧江、春江、天角潭、红洋等水库	23	57	新建大成分干以下	是
	南渡江引水	南渡江	永庄水库	8	25	正在建设	
	迈湾水库	迈湾东西干渠	松涛白莲东干渠以及迈湾灌区的促进、跃进等水库	33	73	新建迈湾水库及灌区系统，已做水利前期	
	引龙补红	红岭东干渠	红岭灌区			新建引水线路	
昌化江水网系统	大广坝水库	大广坝高干渠、低干渠	大广坝灌区的陀兴水库	8	5	已建	
		引大济石隧洞	石碌灌区的石碌水库	10	40	新建引水线路	是
	南巴河水库	南巴河引水隧洞	长茅灌区的长茅水库	8	7	新建南巴河水库及引水线路	是
	向阳水库	向阳引水隧洞工程	长茅灌区长茅水库、大隆灌区大隆水库	11	40	新建向阳水库及引水线路	是
万泉河水网体系	红岭水库	红岭东西干渠	红岭灌区内的美容、文岭、竹包、八角、铁炉、湖山、加乐潭、七星水、南平、新园、陈占、三旬、高黄、赤纸、天鹅岭等水库	45	192	正在建设	
	牛路岭水库	牛路岭灌区骨干渠系	牛路岭灌区万宁水库、军田及灌区等	14	28	新建牛路岭至万宁水库、至军田水库引水线路	是
	乘坡河	引乘济妹隧洞	都总河的小妹水库及灌区	7	11	新建乘坡河至小妹水库引水线路	

水资源调配本着"三先三后、先近后远、丰枯互济"的原则,制订多年调节水库调度方案,细化调度规程,合理、有效调配水资源;强化"三大江河"流域水资源统一调配研究工作,大型多年调节水库要针对生态流量保障目标制订保障河道内生态用水的调度方案,切实落实生态优先、合理配置水资源的具体调控措施;将全岛作为一个整体,制订水资源统一配置方案,做好水库生态调度、防洪和应急供水调度等预案。

2.2.10 水网建设主要任务

规划从防洪(潮)治涝安全保障、城乡供排水、水资源水生态保护、热带现代农业水利保障4个方面提出水网建设的主要任务。

2.2.10.1 防洪(潮)治涝安全保障

海南降雨量集中且强度大,坡陡流急,沿海地区地势低平,洪涝灾害易发。海南岛现状防洪(潮)体系较为薄弱,区内江河流域防洪标准普遍偏低,海口市防洪标准不足50年一遇,三亚为20~50年一遇,主要城镇仅为10~20年一遇。南渡江流域河口段和出海口美兰、龙华、琼山等地时常遭遇风暴潮侵害,澄迈等县内涝问题突出。规划提出南渡江、昌化江、万泉河三大江河、中小河流、海堤的防洪(潮)与治涝内容,包括新建、加高加固堤防、疏浚河道,整治排涝沟渠,提高小流域山洪灾害预防应对能力,构建工程与非工程措施相结合的防洪体系。见表2-11。

表2-11 防洪(潮)治涝安全保障任务

专项规划	规划任务
防洪(潮)治涝安全保障	(1)实施三大江河中下游防洪除涝及河口综合整治。 (2)重点中小河流治理:①500~3 000 km² 中小河流10条,陵水河、宁远河、望楼河、太阳河、文澜河、藤桥河、北门江、珠碧江、春江及文教河,治理长度约150 km。②200~500 km² 中小河流9条:演州河、三亚河、珠溪河、南罗溪、文昌江、龙滚河、罗带河、感恩河及九曲江。 (3)重点海堤建设:规划建设海口、三亚等12个沿海市县的重点海堤。 (4)重点涝区综合治理:规划治理全省387个重点涝片。 (5)开展石壁河等13条河流山洪灾害治理

三大江河中下游防洪除涝及河口综合整治:南渡江防洪体系为"上蓄、中调、下排",上游利用松涛水库自然蓄洪,中游兴建迈湾水库错峰调洪,重点完善下游海口、定安、澄迈等河段城乡堤防排洪工程,重点治理金江—龙塘段,改建海口龙塘闸坝挡潮泄洪;昌化江防洪体系为"库蓄、控防",上中游依托现有大广坝、石碌水库蓄洪,下游建设城乡防洪工程控导排洪,重点治理下游叉河镇—出海口段;万泉河防洪体系为"支蓄、干防",上游依托支流红岭、牛路岭水库调蓄洪水,下游在万泉镇、嘉积镇、博鳌镇段建设城乡堤防排洪,重点治理石壁镇—博鳌镇段下游干支流河道,改建河口嘉积闸坝挡潮泄洪。三大江河通过河口综合整治,建立通畅稳定的洪潮通道。

重点中小河流治理:南部流域的望楼河等5条河流构建"上蓄、下防"的堤库结合防洪体系,上中游依托现有大中型水库拦蓄洪水,下游在现有防洪堤基础上,结合生态护岸建设,进行堤防延伸封闭;珠溪河实施干支流全线疏浚,文昌江采取"上蓄下防"方案;珠碧江、三亚河等12条河流,以堤防护岸工程为主;望楼河采用堤库结合形式,进行防洪堤延伸封闭。

重点海堤达标建设:按照城镇空间规划要求,以海口、三亚、文昌、万宁为重点,在沿海12个市县建设必要的海堤。对于年久失修、未达标海堤段进行加固重建。

重点涝区综合治理:规划提出重点治理的涝片有南渡江流域36个、昌化江流域3个、万泉河流域2个、东北部流域6个、南部流域14个、西北部流域8个。通过外挡、自排、调蓄、抽排等措施配合,对全省涝区进行综合治理。

2.2.10.2 城乡供排水

海南目前水资源需求与供给匹配性较差,供需峰值矛盾突出,枯水期对工程的依赖程度极高,应对持续干旱和严重干旱的能力较低,冬春季缺水现象严重。全省集中供水率仅为60%,农村人饮供水保证率低,15个县级以上城市和90%中心镇为单一水源。另外,海南污水处理厂布局不合理,城市污水管网覆盖不足、污水收集率不高,大部分市县污水排放未实施雨污分流。

规划2035年新增城乡供水10亿m³,城镇公共供水普及率达到100%,实现城镇供水多水源双管线,构建全省城乡一体化供水体系。规划对于资源型缺水地区(昌江、乐东、海口、三亚、屯昌、儋州、文昌),在强化节水的前提下新建、扩建一批大、中型骨干水源工程,实施引调水及连通工程,解决当地供水水源不足的问题;对于工程型缺水地区(五指山、陵水、琼海、琼中),完善骨干水源配套、建设新的蓄、引工程;对于水质型缺水地区(临高、文昌、澄迈),通过水源置换、取水口调整、强化水源保护措施;对于水源结构不合理,河道引水占比大的地区(白沙、乐东),通过适当增加蓄水工程承担供水任务以解决;对于沿海地下水供水,供水风险大的区域(海口、儋州、昌江、乐东),通过工程措施或水资源调配,实施地表水对原水源的替换,地下水原则转为备用水源。建设骨干水系连通工程,增强水网的互联互通,提升水资源水环境承载能力。

完善海口、儋州、三亚、乐东、陵水、琼海、文昌、昌江等市县城镇多水源供水体系,新建琼海、东方、琼中等市县城镇备用水源及其取水工程;实施屯昌、陵水、三亚、万宁等市县城镇集中供水水厂供水网络连通工程。规划共安排备用水源18处,其中水库为备用水源的有15处,引提水工程为备用水源的有3处,以地下水为备用水源的有2处。

实施水厂新建与改扩建;推进城乡供水一体化,以城镇供水管网延伸为主实施农村人饮安全巩固提升;规划年提高污水处理厂排放标准至一级A,环境敏感地区污水处理厂执行特别排放限值;结合已建及新增污水处理设施能力和运行负荷率要求,采取雨污分流制排水体制,污水收集率达到100%。配套建设污水处理厂污泥处理设施,重点推进海口、三亚、儋州污水集中式再生利用的规模,提高工业比重大的地区和重点旅游开发区的再生水回用率。城乡供排水任务见表2-12。

2.2.10.3 水资源水生态保护

规划强化海南中部山区水源涵养封育和生境保护,筑牢生态安全屏障;开展重要饮用水水源地安全保障达标建设,保障城乡供水安全;推进城镇内河(湖)水环境综合治理,改善城镇人居环境;实施生态水系廊道保护和建设,强化南渡江、万泉河、昌化江等重点流域和松涛、牛路岭、大广坝等重要湖库的水生态保护和修复,推进水土流失综合治理,保障河流生态流量。

表2-12　城乡供排水任务

专项规划	规划任务
城乡供排水	(1)水源工程:新建南渡江引水工程、迈湾水库、天角潭水库、向阳水库等大型骨干水源工程;新建南巴河水库、梯村水库等中型水库。 (2)水资源配置工程:建设红岭灌区、琼西北供水工程、牛路岭灌区、昌化江水资源配置、保陵水资源配置等5处重大水资源配置工程;调整和改建临高、昌江、白沙、澄迈等4座城市取水口;新建引乘济妹工程、藤桥河补水赤田水库、半岭-福源池水库连通、文昌市水源连通等10处水系连通工程。 (3)备用水源工程:实施市县中心城区和乡镇备用水源建设。 (4)农村引水巩固提升工程:解决单村单井村庄供水水源问题,建设集中供水工程。 (5)给水工程:新建、改扩建城镇供水水厂,配套实施水厂管网延伸工程。 (6)污水处理工程:实施中心城区和乡镇污水管网建设,市、县建成区污水集中处理率达到95%以上,市、县建成区污水处理厂污水排放标准全部达到一级A,污泥无害化处理率达到100%;全省再生水利用率达到20%以上

1.水生态系统整体保护与修复

以"流域—水系廊道—规划河段"为单元,提出分流域、分河段、分类型保护和修复措施。流域中上段强化江河源头区水源涵养和土著鱼类生境保护,推动小水电生态改造或逐步退出;实施松涛、大广坝、牛路岭、红岭等大中型水库和重要水源地保护,加强坡耕地水土流失综合治理和灌区面源污染防治;推动上下游水库、闸坝生态调度;下游及河口段重点实施采砂段生境修复和滨河湿地植被缓冲带、生态廊道景观带建设;开展鱼类增殖放流和栖息地保护,对龙塘等闸坝补建过鱼设施;实施海口、三亚、万宁等城镇内河(湖)水环境治理和水系连通工程。

构建"格局优化、生境稳定、水质清洁、绿色亲水"的生态水系廊道,提出水源涵养与保护、峡谷河道生态维护、重要水源地保护、重要水生生境保护与修复、水环境综合治理、绿色廊道景观建设等6种保护与治理类型。

2.重要饮用水水源地保护

针对现有重要饮用水水源地,按照"水量保障、水质合格、监控完备、制度健全"要求,开展"一源一策"安全保障达标建设。

3.城镇内河(湖)水环境综合治理

坚持"水环境质量只升不降""一河一策"的原则,按照"控源截污、水清河畅、岸绿景美、安全宜居"的要求,规划治理城镇内河(湖)共98处,其中城镇内河85处,总长1 084 km;城镇内湖13处,总面积4.62 km^2。

4.水土保持生态建设

规划根据"预防为主、保护优先、全面规划、综合防治"的原则,提出"一心四片六区"的水土保持格局。

水资源水生态保护任务见表2-13,水土保持任务见表2-14。

表 2-13　水资源水生态保护任务

规划内容	规划任务
生态水系廊道保护和治理措施	（1）水源涵养与保护：加强水源涵养和封育保护，建设热带雨林国家公园，适度实施退耕还林，开展水源涵养林建设，有计划、分步骤实施生态移民搬迁，提高水源涵养能力；结合水源地安全保障达标建设，在水土流失较严重的湖库水源地周边及上游区，推进生态清洁小流域建设，加强乡镇污染综合治理，保障供水水源安全。 （2）峡谷河道生态维护：推进绿色水电站评估认证，对丧失使用功能或严重影响生态又无改造价值的水电站，强制退出；对部分拦河闸坝实施生态改造，开展鱼类生境修复、滨岸带植被恢复；完善闸坝生态流量泄放和监控设施，强化生态调度和管理等。 （3）重要水源地保护：针对重要饮用水水源地所在河段，开展水源地安全保障达标建设和库周污染综合治理等，保障城乡供水安全。 植被缓冲带与人工湿地等，改善水环境。 （4）重要水生生境保护与修复：重点对三大江河下游及河口区、江河源头溪流河段实施鱼类资源及栖息生境保护，滨岸及河口湿地修复等，维护水生生物多样性。结合重大水利工程布局建设 5 处鱼类增殖放流站，在三大江河下游拦河闸坝建设过鱼设施。因势利导对 136 km 采砂破坏河段和 144 km 城镇渠化河道开展生态改造和生境修复。 （5）水环境综合治理：重点对水量短缺、水质较差的独流入海河流，实施乡镇污水集中处理、清淤疏浚、入河排污口综合治理，开展农村河道堰塘生态整治，建设河岸。 （6）绿色廊道景观建设：加快推进城镇河段水污染治理，实施硬质护坡生态改造，开展滨河植被景观带亲水平台和湿地公园建设，强化河口红树林保护与修复；针对松涛、红岭、大广坝等大型灌区及南繁育种基地，开展生态节水型灌区建设；推进海口、三亚、陵水等海绵城市建设，因地制宜建设生态湿地和河湖水系连通工程，打造绿色生态水系廊道
重要饮用水水源地安全保障达标建设	（1）保护区划分及隔离防护：针对红岭水库、军田水库、长茅水库等 21 个未划分水源保护区的水源地，划定饮用水水源保护区；实施水源地隔离防护工程，其中物理隔离工程长度 265.2 km，生物隔离面积 60.3 km^2，并在水源保护区边界、关键地段设置界碑、界桩、宣传警示牌等。 （2）点源污染综合整治：对万庄水库、万泉河红星等 15 个水源保护区周边分布的乡镇生活污染实施截污并网，建设污水处理设施及人工湿地等；对分布在重要水源地上游的儋州、白沙、琼中、澄迈等县域城污水处理厂实施提标改造及尾水湿地处理；关闭位于江河源头区或饮用水水源保护区内的 104 个排污口等。 （3）面源、内源污染治理：对水质不达标的临高多莲等 8 个水源地及存在农村生活和面源污染影响的永庄、春江等水库水源地，实施农村环境综合整治、建设沼气池、灌区生态沟渠，推进清洁小流域建设等；对存在畜禽或水产养殖污染的良坡、中南等水库水源地，实施养殖场搬迁及污染限期治理；对松涛水库、南扶水库等存在旅游休闲活动的水源地实施规范化管理等。 （4）水生态保护与修复：对赤田、松涛、美容等 19 个水库水源地周边建设植被缓冲带和防护林带，实施清洁小流域建设，面积 100.0 km^2；对万宁水库等 18 个水源地，通过设置前置库或利用天然低洼地，建设人工湿地 14.2 km^2；对永庄、湖山等存在富营养化风险的水库实施生态浮床、生物治理等措施

规划内容	规划任务
城镇内河(湖)水环境综合治理	(1)污染综合整治:对美舍河、三亚河、双沟溪、石碌河等城区河段,全面开展污染源综合治理,完善城镇污水处理厂及管网设施;对罗带河、塔洋河等 14 处城镇内河(湖)进行畜禽及水产养殖污染治理。对海口、三亚、文昌等城镇郊区的 22 处河段开展农业面源污染治理等。 (2)生态修复与景观建设:对美舍河、保亭河等 46 处城镇内河(湖)实施生态护坡护岸工程;对五源河、海坡内河、文昌江等 32 处城镇内河(湖)开展滨河植被缓冲带及生态湿地构建等;对海口中心城区湖库、霞洞水库等 11 处城镇内河(湖)建设生态河床、生态浮岛,实施水生生物重构等;对美舍河、三亚河、北黎河等 31 处城镇内河(湖),实施河岸景观提升改造、亲水平台及湿地公园建设,打造特色滨水景观长廊;建立健全重要湿地管理体系,推进退化湿地的保护和修复。 (3)河湖水系连通:针对海口、三亚、屯昌等市县城镇内河(湖)和重要湿地,实施河湖水系连通工程 23 项,新建连通工程长度约 110 km

表 2-14 水土保持任务

类型		范围	建设内容
水土流失预防	重要江河源区水土保持	南渡江、昌化江、万泉河、陵水河、宁远河等重要江河源头及主流两岸	封育保护为主,辅以综合治理,实施退耕还林,实现生态自我修复。近期预防面积 1 600 km²,局部治理 80 km²;累计预防面积 2 500 km²,局部治理 130 km²
	重要水源地水土保持	松涛水库等 13 个重点饮用水库和 2 个重要河道饮用水源地保护区及水库上游	保护和建设以水源涵养为主的森林植被,近库(河)及村镇周边建设生态清洁小流域,滨库(河)建设植物保护带和湿地,控制入河(库)的泥沙及面源污染物,维护水质安全。近期预防面积 2 880 km²,局部治理 80 km²;累计预防面积 4 780 km²,局部治理 130 km²
	海南岛环岛海岸水土保持	沿海海岸,包括海岸线变化部分至环线高速公路、环线铁路之间的区域	健全海岸线保护机制,加强海防林带建设,加强湿地修复与保护,实施沟岸、海岸整治,修复海岸自然环境,增加水源涵养和保土功能。近期预防面积 1 600 km²,局部治理 80 km²;累计预防面积 2 600 km²,局部治理 130 km²
	水网建设重点工程水土保持	规划重点工程区域范围内的水库上游水源涵养水质维护区、河道渠道两侧水源保护区、灌区防护区等区域	采取封育与抚育相结合的办法,保护天然林,提高水源涵养能力;营造水源涵养林,营造水土保持防护林,保持水土,净化水质,维护水网饮水安全。近期预防面积 2 320 km²,局部治理 128 km²;累计预防面积 3 670 km²,局部治理 198 km²

类型		范围	建设内容
水土流失综合治理	重点区域水土流失综合治理	省级水土流失重点治理区，包括三大江河中下游、琼西北、海文东部、琼南的沿海片等水土流失相对严重区域	以片区或小流域为单元，山水田林路渠村综合规划，以坡耕地治理、园地和经济林的林下水土流失治理、水土保持林营造为主，结合溪沟整治，沟坡兼治，生态与经济并重，着力于水土资源优化配置，提高土地生产力，促进农业产业结构调整，改善群众生产生活环境。近期综合治理面积 496 km²，累计综合治理面积 786 km²
	耕地水土流失综合治理	坡耕地分布相对集中，水土流失相对严重的区域，包括儋州等 14 个县(市)	适宜的坡耕地改造成梯田，配套道路、灌排水系，推行保土耕作。近期综合治理面积 176 km²，累计综合治理面积 266 km²
	林下水土流失综合治理	以热带农业产业开发重点县为项目县，包括琼海等 12 个县(市)	增加地表覆盖，完善坡面截排水系，合理布设生产道路，控制坡面水土流失和路沟侵蚀，保护土地生产力，减少河道、水库淤积，减轻山洪灾害。近期综合治理面积 48 km²，累计综合治理面积 118 km²

2.2.10.4 热带现代农业水利保障

海南现状耕地灌溉率为 41%，低于全国 60% 的平均水平，旱涝保收农田面积 252 万亩，仅占耕地面积的 23%。灌区渠系建设标准低，骨干渠道防渗配套率仅为 37%，部分灌区渠道建设年代较早，毁损严重，田间工程、排涝工程缺乏管护。

规划围绕建成国家热带现代农业基地要求，加快建设高标准灌溉水利保障设施，中部山区发展节水减排生态型灌溉；丘陵台地及平原区配合南繁育种、冬季瓜菜用水需求，在继续完成灌区续建配套和节水改造的同时，新建一批大中型现代化灌区；按照生态、绿色的理念要求，推进高效节水灌溉区域化、规模化、集约化发展。加强田间工程配套，推进"五小水利"工程建设。

2035 年有效灌溉面积达到 802 万亩，其中农田有效灌溉面积 683 万亩，耕地有效灌溉率达到 64%，高效节水面积达到 190 万亩。北部继续开展松涛灌区节水改造，新建松涛西干渠和迈湾灌区，并完善天角潭水库灌区；东部加快红岭灌区建设，依托牛路岭水库，建设牛路岭灌区；西部全面配套大广坝灌区的同时，扩建石碌灌区；南部重点解决南繁育种基地的灌溉用水，新建乐亚灌区，完善小妹、梯村等灌区节水配套设施。热带现代农业水利保障任务见表 2-15。

表 2-15 热带现代农业水利保障任务

专项规划	规划任务
热带现代农业水利保障	(1)大中型灌区续建配套和节水改造：松涛、大广坝 2 处大型灌区；南扶等 37 处中型灌区，其中琼北 8 处，琼南 15 处，琼西 4 处，琼东 8 处。 (2)新建大、中型灌区：红岭、乐亚、琼西北(松涛西干渠乐园以下)、迈湾、牛路岭等 5 处大型工程，新建天角潭等 4 处中型灌区。 (3)田间高效节水：新增高效节水灌溉面积 202 万亩，其中琼北 115 万亩，琼南 24 万亩，琼西 31 万亩，琼东 30 万亩，中部 2 万亩

2.2.11 规划实施意见

规划提出水网项目要在保护生态环境的前提下,优先安排实施条件成熟的项目,重点解决生态环境及沿海城镇发展缺水问题。

2025 年优先安排国家有关文件中明确要求加快推进、水利基础设施薄弱的少数民族地区、不存在环境制约因素等项目,优先落实生态保护与修复、基本民生保障项目的实施。其中,重大工程包括"三大江河"水生态文明建设及综合治理工程、文昌市防洪防潮治涝综合治理工程、琼西北"五河一湖"水生态文明建设及综合治理工程、海口和三亚城市内河水生态修复及综合整治工程。同时,新建琼西北供水工程、昌化江水资源配置工程(包括乐亚水资源配置工程和引大济石工程)、牛路岭灌区工程、迈湾灌区工程;2035 年,保陵水库及供水工程,引龙补红工程等一批项目根据经济社会发展需要适时开展前期论证工作。海南水网建设规划近期项目汇总见表 2-16。规划重大水网工程分布见图 2-12。

表 2-16 海南水网建设规划近期项目汇总

类型	项目类选	建设内容
重大工程项目	(一) 172 项重大水利工程	继续推进迈湾水利枢纽工程、南渡江引水工程、红岭灌区工程、天角潭水利枢纽工程
	(二) 新增 8 项重大项目	新建琼西北供水工程,昌化江水资源配置工程,牛路岭灌区工程,迈湾灌区工程,"三大江河"水生态文明建设及综合治理工程,文昌市防洪防潮治涝综合治理工程,琼西北"五河一湖"水生态文明建设及综合治理工程,海口、三亚城市内河水生态修复及综合整治工程
面上项目	(一) 防洪(潮)治涝工程	19 条中小河流治理工程、海堤建设工程、387 个重点涝片治理、14 个市县山洪灾害治理、山洪灾害预警等非工程措施
	(二) 城乡供水工程	新建中小型水库 62 座、改扩建水厂取水工程 106 处、新建水系连通工程 9 处、实施城镇备用水源工程 14 处、建设单村集中供水工程 151 宗
	(三) 水资源水生态保护	饮用水水源地保护工程 72 项、城市内河湖水环境综合治理工程 72 项、开展廊道生态保护与修复工程 141 项、开展河湖水系连通工程 19 项、入河排污口与面源污染综合治理工程 67 项、地下水保护工程 6 项、水资源保护监测 3 项。 重要江河源区水土保持、重要水源地水土保持、海南岛环岛海岸水土保持、水网建设重点工程水土保持 4 个水土流失预防项目,重点区域水土流失综合治理、耕地水土流失综合治理、林下水土流失综合治理 3 个水土流失治理项目
	(四) 热带现代农业水利保障建设	新建大中型灌区 8 处、续建改造大中型灌区 39 处、新建五小工程 4 459 处、新增高效节水灌溉面积 202 万亩、新建及改造灌溉试验站 3 座、配套计量设施和信息化建设
	(五) 城市水务	改扩建城镇供水水厂 83 座、新建 42 座、配套延伸和改建管网。新扩建城区污水处理厂 52 座、乡镇污水处理厂 212 座,新建污泥处理处置中心 2 座、新建及改造管网
	(六) 水务改革与管理	提升河湖长效管控能力项目 5 项、健全工程建管体制机制项目 2 项、重点领域体制机制改革创新项目 3 项、行业能力建设项目 3 项、智慧水务建设项目 7 项

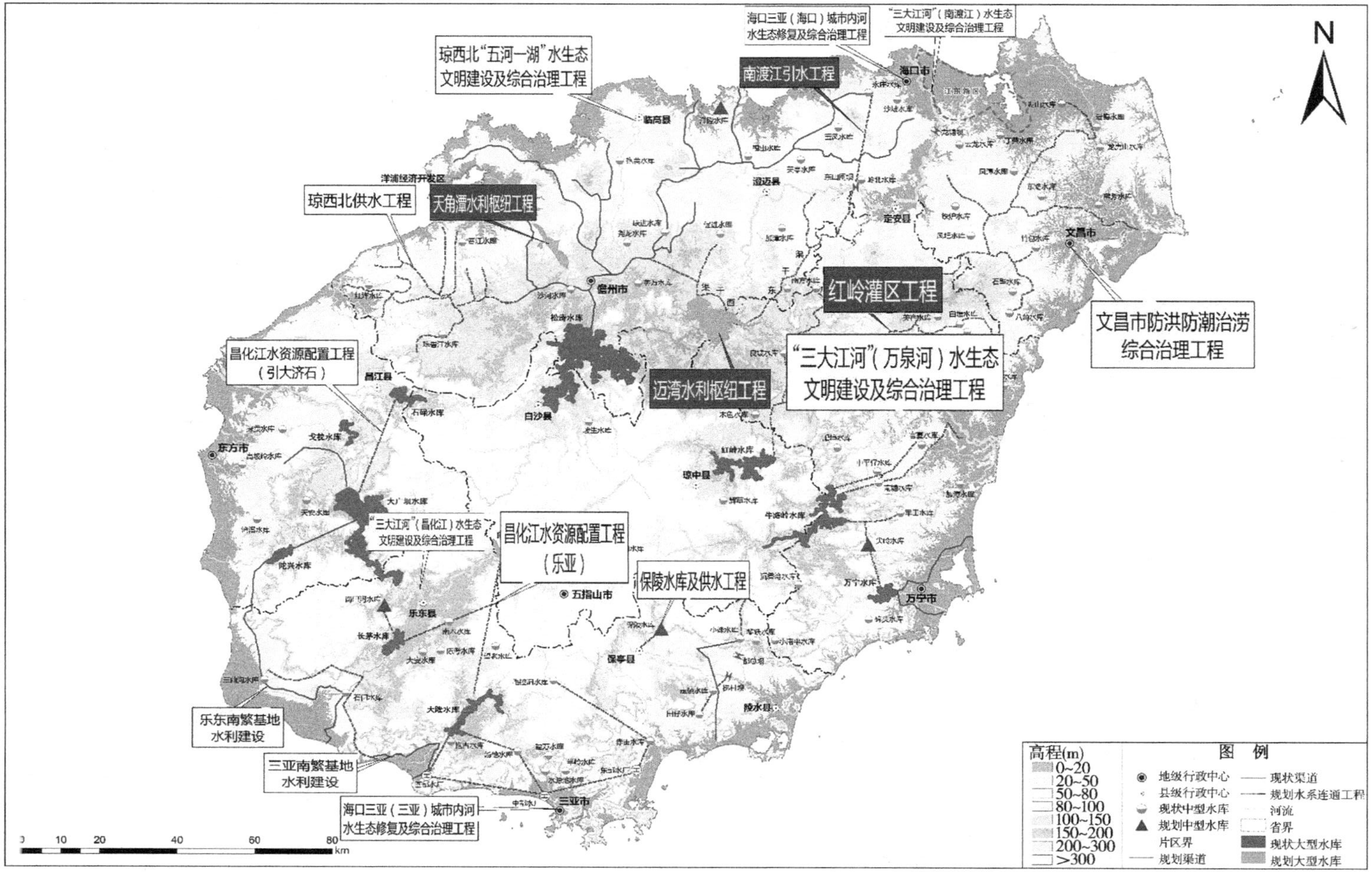

图 2-12　规划重大水网工程分布

2.3 论证研究思路

2.3.1 目的与原则

2.3.1.1 论证研究目的

从有效保护水资源、水生态、水环境和合理利用水土资源、维护生态系统良性循环、促进经济社会可持续发展等方面,论证规划方案环境合理性、预测规划实施的环境影响,提出规划方案优化调整建议和生态环境保护措施。统筹协调开发与保护之间的关系,促进海南社会经济的可持续发展和生态环境的良性维持,推动形成人与自然和谐发展的水网建设新格局。

(1)海南生态环境是大自然赐予的宝贵财富,生态环境质量对海南可持续发展极为重要,海南水网建设规划环评要从国家生态安全、海南生态安全及水资源安全等高度审视水网规划,强化"三线一单"约束,分析水网规划与国家关于海南战略定位、相关规划等的符合性,论证规划方案环境合理性和可行性,识别规划实施可能存在的重大资源环境制约因素,从生态环境保护角度提出规划方案的优化调整意见与建议。

(2)评价海南生态环境现状、回顾已有河湖治理开发的环境影响,系统掌握岛屿型水系特点和生态环境特征,分析海南主要涉水生态环境问题及其成因,识别重要保护目标,预测与评价规划实施对全岛、流域和河口生态系统及环境质量产生的累积性、整体性和长期性影响。

(3)基于海南生态地位特殊、各类环境敏感点较多、生态环境保护要求高等特点,以改善海南岛环境质量和保障生态安全为目标,从合理利用水土资源、维护生态系统良性循环、促进经济社会可持续发展的角度,论证水网规划布局、规模、时序等规划要素的环境合理性和环境效益,协调经济发展与环境保护的关系。

(4)根据海南涉水生态特点,立足于解决现有涉水生态环境影响问题、预防由于水土资源开发带来的生态环境风险,提出环境保护对策和措施、建议和跟踪评价计划,协调规划实施的经济效益、社会效益与环境效益的关系,为水网规划实施和环境保护管理提供决策依据。

2.3.1.2 论证研究原则

海南省位于我国"两横三纵"城市化战略格局沿海通道纵轴的最南端,地处"七区二十三带"农业战略格局中的华南农产品主产区,其中"海南岛中部山区热带雨林生态功能区"是国家重点生态功能区,是我国生态安全战略格局的重要支撑。根据规划环境影响评价要求,结合海南独有的生态环境特点,在规划编制过程中,规划环评同步介入,全过程参与,科学、客观、公正的评价规划实施后对区域生态环境产生的影响。规划环境影响评价遵循的主要原则:

(1)生态保护优先原则。

牢固树立和全面践行绿水青山就是金山银山的理念,依据海南岛生态文明试验区、国际旅游岛、国家热带现代农业基地等国家战略和海南岛生态立省要求,坚持生态优先,以水资源水环境承载能力为依据,建立水资源开发利用的生态保护刚性约束;按照主体功能区和生态保护红线管控要求,避让重要生态敏感区,进一步优化规划布局;以改善环境质量和保障生态安全为目的,合理论证规划规模,优先解决现有涉水的生态环境问题,强化环境管控。

(2)分区与分类评价原则。

立足海南岛独特的地形地貌和水系特点,按照海南岛国土开发格局的功能定位,根据"一心两圈四片区"的空间特征,结合南渡江、昌化江、万泉河等流域分布,合理确定不同流域、区域的开发和保护定位,按照环境要素分类识别水网规划对各分区功能的环境影响,提出生态环境保护措施与生态准入负面清单。

(3)突出重点与综合协调原则。

评价内容突出环境影响回顾性与主要涉水生态环境问题识别、规划方案实施的重大生态环境影响评估、规划方案的合理性论证及优化调整建议等,重点对水资源与水环境、陆生与水生生态、河口生态环境、生态流量、资源环境承载力等开展分析评价。综合分析规划内容与不同层级规划的协调性,依据不同类型、不同层级规划的决策需求,提出相应的宏观决策建议以及具体的环境管理要求。

(4)早期介入与全程互动原则。

在规划编制的早期阶段介入,与规划方案的编制、论证、审定等关键环节和过程充分互动,依据"生态保护红线、环境质量底线、资源利用上线和生态准入负面清单"的要求,从环境角度审视规划方案的环境合理性,提出优化调整建议,将生态环境保护理念与要求贯穿规划方案论证的全过程。

2.4 规划协调性分析

2.4.1 与政策及相关规划符合性分析

《中共中央 国务院关于支持海南全面深化改革开放的指导意见》《国务院关于推进海南国际旅游岛建设发展的若干意见》等相关政策对海南省的水资源开发利用及节约保护提出了明确要求,提出要完善海岛型水利设施网络、形成绿色基础设施体系、解决海南岛的工程性缺水问题。

水网规划是海南水资源开发利用与节约保护的顶层设计,按照"节水优先、空间均衡、系统治理、两手发力"的新时代治水思路,围绕《中共中央 国务院关于支持海南全面深化改革开放的指导意见》对海南新定位新要求,以水生态空间管控为刚性约束,对全岛水利基础设施网络进行统筹规划,加强江河治理骨干工程和防洪薄弱环节建设,实施重要江河湖库水生态修复与治理,构建现代综合立体海岛型水利基础设施网络体系,以解决海南岛工程性和功能性缺水问题。

规划定位、指导思想、方案布局总体与《中共中央 国务院关于支持海南全面深化改革开放的指导意见》《国务院关于推进海南国际旅游岛建设发展的若干意见》等国家政策及《国家生态文明试验区(海南)实施方案》《海南省总体规划(空间类 2015～2030)》《海南省主体功能区规划》关于海南水资源保护和生态文明建设等要求相符合,在规划实施过程中应牢固树立新发展理念,严守生态保护红线,将水资源、水生态、水环境承载能力作为刚性约束,建设绿色水利基础设施体系。本次规划与国家政策相符性分析见表2-17。

表 2-17 本次规划与国家政策及相关规划符合性分析

国家政策及规划等相关要求		本次规划定位及体系		
国家政策	相关要求	规划定位及意义	规划体系	符合性分析
《中共中央 国务院关于支持海南全面深化改革开放的指导意见》	完善海岛型水利设施网络	1. 海南水资源开发利用与节约保护顶层规划; 2.《海南省总体规划(空间类)》的专项规划; 3. 目的是构建现代综合立体海岛型水利基础设施网络体系,解决海南岛季节性缺水、功能性缺水、工程性缺水问题	1. 水域空间管控规划; 2. 水资源供需体系与配置; 3. 水网建设主要任务; ① 防洪(潮)治涝安全保障; ② 城乡供排水; ③ 水资源水生态保护; ④ 热带现代农业水利保障; 4.制度体系与管理能力建设	规划对全岛水利基础设施网络进行统筹规划,加强江河治理骨干工程和防洪薄弱环节建设,实施重要江河湖库水生态修复与治理,构建现代综合立体海岛型水利基础设施网络体系,以解决海南岛工程性和功能性缺水问题,符合国家相关政策及相关规划。 规划实施过程中应牢固树立新发展理念,严守生态保护红线,建设成绿色水利基础设施体系
《国务院关于推进海南国际旅游岛建设发展的若干意见》	1.大力推进水利基础设施建设,基本解决海南岛工程性缺水问题; 2.加强南渡江、昌化江、万泉河流域等水污染防治; 3.加强城镇污水和垃圾处理设施建设等; 4.加强防洪、防潮、防台风设施建设; 5.加快实施农村饮水安全工程			
《国家生态文明试验区(海南)实施方案》	按照确有需要、生态安全、可以持续的原则,完善海岛型水利设施网络,为海南实现高质量发展提供水安全保障。在重点岛礁、沿海缺水城镇建设海水淡化工程			
《海南省总体规划(空间类)》	构建全岛协调均衡生态"水网":建设"以辐射状海岛天然水系为经线、江河连通渠系为纬线、水源控制工程为节点"的工程网; 水资源配置:按照"确有需要、生态安全、可以持续"的原则,因地制宜建设关键性的水源和水系连通工程,形成连通互济的水资源合理配置和高效利用体系			
《海南省主体功能区划》	构建以"二大通道,五大网络"为主体的基础设施战略格局			

2.4.2　与法律、法规符合性分析

　　规划依据《中华人民共和国环境保护法》《中华人民共和国水法》《中华人民共和国防洪法》《中华人民共和国水土保持法》《中华人民共和国水污染防治法》《中华人民共和国野生动物法》《中华人民共和国渔业法》等有关法律、法规,全面贯彻落实党的十九大精神,深入贯彻习近平总书记视察海南重要讲话精神,在"多规合一"的引领下,不仅考虑水资源的开发利用,同时也注重生态环境的保护,规划原则、总体目标、工程布局与规模等总体符合国家相关法律的要求。

　　本次规划重点工程经优化调整后大部分避开了自然保护区等环境敏感区,但规划初步方案新建的吊罗山水库位于吊罗山国家级自然保护区的核心区与缓冲区,保陵水库及供水工程引调水路线穿越吊罗山国家级自然保护区南部的核心区、缓冲区,牛路岭灌区工程的引调水路线穿越上溪、尖岭省级自然保护区核心区、缓冲区、实验区。根据《中华人民共和国自然保护区条例》第三十二条"在自然保护区的核心区和缓冲区内,不得建设任何生产设施"。本次规划环评建议取消吊罗山水库的修建,牛路岭灌区工程引水路线拟以隧洞的形式穿越,同时暂缓保陵水库建设,进一步加强其环境合理性论证。规划采纳了上述建议,在编制过程中进行了优化调整后,规划内容在法律法规层面上基本不存在环境制约因素。

2.4.3　与上位规划符合性分析

2.4.3.1　与《全国主体功能区规划》《全国生态功能区划》符合性

　　根据《全国主体功能区规划》,"海南岛中部山区热带雨林生态功能区"属于国家重点生态功能区,应加强热带雨林保护,遏制山地生态环境恶化;海南西北部属于国家重点开发区"北部湾地区",要合理规划、科学利用滨海资源,建设国际旅游岛;内环台地为国家热带特色产业基地,重要的冬季瓜果菜、热带水果生产基地,农作物种子南繁育种基地,建设以优质高档籼稻为主的优质水稻产业带、甘蔗产业带;对于水资源开发利用,海南岛要提高水资源调配能力,保障城市化地区用水需求,解决季节性缺水。

　　根据《全国生态功能区划》,海南中部属于"海南中部生物多样性保护与水源涵养重要区",要求坚持自然恢复,防止水土流失,保护生物多样性和增强生态系统服务功能;内环属于"海南环岛平原台地农产品提供功能区",应严格保护基本农田、加强水利建设、大力发展节水农业;沿海部分地区位于"东南沿海红树林保护重要区",要求加大红树林的管护,停止一切开发活动等;海南沿海部分地区位于"海口北部城镇群",要求以生态环境承载力为基础,规划城市发展规模、产业方向,提高资源利用效率,加快城市环境保护基础设施建设等。

　　水网规划立足海南岛独特的地形地貌和水系特点,提出了"一心两圈四片区"的空间布局。"一心"即是中部区,是全岛生态安全战略中心,要求加强保护与修复、构建中部水塔安全屏障体系;"两圈"之一——热带特色农业圈,是海南省重要的农业空间,要求限制大规模高强度工业化城镇化开发,保持并提高农产品生产能力。"两圈"之二——沿海城镇发展圈,是海南岛城镇化主体空间,应提升城镇规模经济和产业聚集水平;"四片区"是将中部片区(白沙、五指山、琼中)以外的内环台地丘陵热带特色农业圈和外环沿海平原

城镇发展圈分为琼北、琼南、琼西、琼东四个片,并提出四个片区的水资源开发利用及水生态水环境保护要求。

本次规划提出了"一心两圈四片区"分片布局总体上符合《全国主体功能区规划》《全国生态功能区划》关于海南中部的"海南岛中部山区热带雨林生态功能区"和"海南中部生物多样性保护与水源涵养重要区",海南内环的"华南主产区""海南环岛平原台地农产品提供功能区",海南沿海"北部湾地区"(国家重点开发区)等布局及要求。在规划实施过程中应切实加强中部水源涵养区和沿海河口及红树林保护,确保海南中部生态绿心和沿海生态带安全。

本次规划与《全国主体功能区规划》《全国生态功能区划》符合性分析见表2-18。

2.4.3.2 与《海南省总体规划》《海南省主体功能区规划》符合性

《海南省总体规划(空间类2015~2030)》统筹协调各类空间性规划,优化空间布局,把保护生态环境、完善基础设施等作为规划重点,统筹规划全省产业功能分区、城镇空间结构,提出建设路网、光网、电网、气网、水网"五大基础设施网络"。其中,"水网"建设目标包括完善水资源合理配置和高效利用、防洪抗旱减灾、水资源保护和河湖健康保障三大体系,有效解决工程性缺水问题,明显提高防洪抗旱治涝能力,持续改善水生态、水环境质量,进一步完善城乡供水排水格局;配套建设管理信息系统,加快推进水治理体系和能力现代化,建成"一盘棋统筹、一张网布局、一平台管理"的现代水务体系,如表2-19所示。

《海南省主体功能区规划》构建海南城镇化、农业、旅游业、生态安全、基础设施等五大战略格局,推进形成主体功能区,明确重点开发、限制开发、禁止开发三类主体功能区的功能定位、发展目标、发展方向和开发原则。统筹建设交通、能源、水利、通信、环保、防灾等基础设施,构建完善、高效、区域一体、城乡统筹的基础设施网络,不断完善路、水、电、气、通信等"五大网络",用整体观念和系统工程方法,规划建设全岛基础设施,海南国际旅游岛建设保障和支撑能力明显。

水网规划是海南岛基础设施网络之一,是《海南省总体规划(空间类2015~2030)》提出的基础设施专项规划。规划落实主体功能区战略,加强水生态空间管控,对全岛水利基础设施网络进行统筹,形成丰枯互济的水资源合理配置和高效利用体系,提库结合、蓄泄兼筹、洪涝兼治的防洪(潮)减灾体系,水资源保护和河湖健康保障体系,水利科学发展的水务管理体系,建成"江河湖库连通、生态廊道贯穿、防灾治污并重、水务制度健全"的现代综合立体海岛型水利基础设施网络体系,与海南省总体规划相符合,总体上也符合《海南省主体功能区规划》提出构建以"三大通道,五大网络"为主体的基础设施战略格局。

2.4.3.3 与《全国水资源综合规划》符合性

根据《全国水资源综合规划》,海南岛属于珠江区、东南诸河区水资源一级区,该区域水资源条件总体较好,但区域间差异较大,部分地区缺乏控制性工程和水资源调配工程,工程性缺水问题较突出。其中浙东、闽南、粤东、粤西、桂南及海南岛等沿海地区,供水保证程度不高,枯水年份及枯水季节缺水较为严重,应通过提高水资源调配能力,保障重要城市与工业供水,解决季节性缺水问题。

表 2-18　本次规划与《全国主体功能区规划》《全国生态功能区划》符合性分析

区域	现状水问题	全国主体功能区规划			全国生态功能区划			本次水网规划		
		定位	布局	措施方向	定位	布局	措施方向	定位	布局	措施方向
海南岛	1. 季节性缺水、工程性缺水严重; 2. 中部山区水源涵养功能下降; 3. 城镇内河污染严重、河流及河口水域功能下降; 4. 水域空间及海岸线存在侵占现象	国际旅游岛	1. 海南西北部属于国家重点开发的"北部湾地区"; 2. 中部属于海南岛中部山区热带雨林国家重点生态功能区"; 3. 环岛台地属于国家农产品主产区	建设国际旅游岛,提高水资源配置能力,保障城市化地区用水需求,解决季节性缺水;加强海南岛中部山区热带雨林功能区建设海南热带农产品产业带	生态调节国家重要生态功能区;农产品提供生态功能区、人居保障功能区	1. 海南北部城镇群,北部湾城镇群; 2. 海南中部生物多样性保护与水源涵养重要区,东南沿海红树林保护区; 3. 海南环岛平原台地农产品提供功能区	规划城市核心产业发展方向,加快城市环境保护与基础设施建设;防止中部山区水土流失,保护生物多样性;保护沿海红树林,保护基本农田,加强节水利建设	为国际旅游岛建设、水资源开发利用与节约保护、严格水资源空间管控等提供支撑	"一心两圈四片区"空间布局	构建全岛河湖生态安全新格局,形成丰枯互济的水资源配置利用体系,构建供水保障、蓄泄兼筹、洪涝兼治防洪(潮)减灾体系;建立水资源保护和河湖健康保障体系;建成"江河湖库连通、生态廊道贯穿、防灾治污并重、水务制度健全"的现代基础设施网络体系
一心(中部)	水源涵养功能下降,溪流型生态破坏	国家重点生态功能区	海南岛中部山区热带雨林国家级生态功能区	加强热带雨林保护,遏制山地生态环境恶化	全国重要生态功能区	海南中部生物多样性保护与水源涵养区	禁止开发天然林,坚持自然恢复,防止水土流失,保护生物多样性,增强生态系统服务功能	全岛生态安全战略中心	强化"三大江河"源头区生态保护红线建设管控,构建中部水塔安全屏障体系	开展封育保护、水源涵养等措施,适当拆除、改造对生态环境有影响的小水电项目,修复因小水电站导致开发减流型生态破坏
两圈(内环)	农业供水保障率低,农业面源污染	国家农产品主产区	华南主产区的组成部分,位于环岛阶地与台地	国家热带特色冬季瓜果菜、热带水果生产基地,热带作物种子南繁育种基地,建设以优质稻为主特粮的水稻产业带	农产品提供生态功能区	海南环岛平原台地农产品提供区	严格保护基本农田,加强农田基本建设,加强水利建设,大力发展高效农业	内环台地丘陵热带特色农业圈	建设热带农业水利保障	加快建设高标准灌溉水源保障设施,继续完成现有大中型灌区续建配套和节水改造,按照高效节水灌溉的理念要求,发展绿色生态、节水灌溉,推进高效水灌溉区域化、规模化、集约化发展
两圈(外环)	季节性缺水、防洪标准偏低、内涝严重、内河湖污染严重、水域岸线及农业面源污染、水域岸线及海岸线侵占等	国家重点开发区(北部湾地区)	推进三亚滨海世界级旅游城市、博鳌国家级城市发展中心,构建滨海假期岸,以沿海红树林等为主体构成的沿海生态带	合理规划、科学利用海水资源,提高海水资源调配能力,构建快解决季节性缺水	全国重要生态功能区;全国重点城镇点人居保障功能区	东南沿海红树林保护区、海南沿海城镇带-北部湾城镇群	在红树林分布区停止一切开发活动,包括挖塘、围堤、采种、养殖等,禁止倾倒废弃物或设置排污口	外环沿海平原城镇发展圈	强化区域服务功能,提升城镇规模经济和产业集聚水平,严守生态保护红线(海域),强化河口红树林保护与修复	水资源配置与调理、水域空间管控,防洪、防涝(潮)治涝安全保障,城镇内河(湖)水环境综合治理

续表2-18

区域	现状水问题	全国主体功能区规划			全国生态功能区划			本次水网规划		
		定位	布局	措施方向	定位	布局	措施方向	定位	布局	措施方向
琼北	冬春季缺水严重,部分市县及市内河湖单一;城镇、河流及河口水域境内河流域数能力下降,水域空间被占现象严重	国家重点开发区、国家农产品主产区	推进文昌航天城建设,重化工业严格限定在洋浦等工业园区,建设以海南红树林为主体的沿海生态带	提高水资源调配能力,保障城市化地区用水需求;解决季节性缺水,加强防御台风和风暴潮能力建设;构建以海南红树林、港湾湿地为主体的沿海生态带	国家重点城镇群;全国重要生态功能区;农产品提供功能区	海南北部城镇群;东南沿海红树林保护重要区;海南岛中部山区为主的农产品提供功能区	以生态环境承载力为基础,规划城市发展规模、产业方向;建设生态城市,提高水资源利用效率;加快城市环境保护基础设施建设等	海南省政治、文化中心,人口密集,经济发达	在优先保护南渡江流域生态环境的前提下,解决海口、儋州、澄迈等重点缺水地区高资源用水,解决防洪标准、水生态保护不足问题	严格落实用水总量控制和强度,按照区域供水资源,保障合理配置水资源;提高南渡江中下游防洪标准,开展南渡江干流生态修复与保护;文澜江、北门江等生态修复与保护;开展内河湖综合治理;城市内河湖绿色生态廊道保护体系
琼南	水源调蓄能力不足,遇丰枯年或变季枯发变状况,沿海供水以保障;沿海地区使用地下水,供水安全风险隐患;城镇市内河湖污染严重	国家重点开发区、国家农产品主产区、国家繁育种基地	推进三亚世界级热带滨海度假旅游城市建设	保障城市化地区用水需求;建设海南热带农产品产业带;构建以沿海红树林、港湾湿地为主体的沿海生态带	全国重要生态功能区;农产品提供功能区	海南中部生物多样性保护区;东南沿海红树林保护重要区;海南岛中部为主的农产品提供功能区	增强生态服务功能,严格保护基本农田;加强水利建设,大力发展节水农业	"大三亚"旅游经济圈;海南繁育种南旅游基地,度假旅游游人数最多,人口最集中地区	保障冬季旅游高峰繁育种海南用水及生活灌溉用水河湖需求,加快海水体系建设	解决三亚东沿海生活用水及海南繁育种基地农业灌溉用水;增强蓄水河水河道调配能力,开展水体整治,改善河河口红树林等湿地水环境;保障海水期建设,开展生态城市河河湖硬质河段河道改造
琼西	季节性干旱问题突出,沿海使用地下水现状,供水水质不达标,河口生态环境破坏严重	国家重点开发区、国家农产品主产区	重化工业严格定在东方等工业园区	严格保护基本农田,加强农田基本建设,加强水利建设,大力发展节水农业	海南环岛平原台地农产品提供功能区	海南环岛平原台地农产品提供功能区	严格保护基本农田,加强农田基本建设,加强水利建设,大力发展节水农业	海南省西部粮食、油料等产品生产基地,也是海南岛核电基地	保障昌化江河口地区生态安全、防洪安全,满足农业及核电工业用水需求,修复和保护昌化江下游主要独立入海河流的生态环境	保障区内昌化江河口地区生态用水,满足热核工业及农业生活用水需求;修复和保护昌化江下游形成以下强支干流,加快独立下游干流,逐步形成河等支干以多补少的琼西供水安全保障网
琼东	水资源配套体系不完善,城镇内河湖污染,防洪标准低,河口生态环境破坏,存在海市内河污染现象	国家重点开发区、国家农产品主产区	推进博鳌亚洲论坛中心建设,将海南东部建设打造成国家级纺织海岸假度	提高水资源配套能力,保障城镇化地区用水需求;完善城镇内河湖污染,防洪排涝治理;建设海南热带海农产品产业带	海南环岛平原台地农产品提供功能区	海南环岛平原台地农产品提供功能区	严格保护基本农田,加强农田基本建设,加强水利建设,大力发展节水农业	国际经济合作和文化交流的重要平台,国际旅游医疗先行区	提高海东城乡防洪标准,解决城镇供水与生活农业灌溉供高,水能力不足问题,提高万泉河及独流入海河流的生态系统稳定性和服务功能	提高海东区域防洪标准,解决城镇乡生活与农业灌溉供高,该区域城乡生活农业灌溉用水需求及入海河口生态用水,修复万泉河及独流入海河流生态系统稳定性和服务功能

本次水网规划针对海南岛季节性缺水，水资源配置工程体系不完善，水资源调配能力弱的现状，在充分挖掘节水供水潜力前提下，对全岛水利基础设施网络进行统筹规划，通过建设关键性的水源和渠系输配水工程，形成丰枯互济的水资源合理配置和高效利用体系，全面构建覆盖全岛的水网格局，与《全国水资源综合规划》提出应解决海南岛季节性缺水问题相符合。

2.4.3.4 与《海南国际旅游岛建设发展规划纲要》符合性

为保障国际旅游岛建设，《海南国际旅游岛建设发展规划纲要（2010~2020）》提出，开工建设红岭水利枢纽，做好灌区工程前期工作；做好迈湾、天角潭等水库工程的前期准备工作，论证后适时开工建设，基本解决海南岛的工程型缺水问题。完善城乡和旅游区供水设施，新建、扩建水厂，满足城乡居民和旅游业发展需要。有效防范治理灾害，建设重要城市防洪排涝工程、中部山区地质灾害防治工程、沿海海堤工程、防台风基础设施工程、病险水库除险加固工程，加强海洋防灾减灾和应急管理基础设施建设，完善防洪、防潮、防台风指挥系统和灾害监测预警系统，提高抗御自然灾害能力。

水网规划继续推进迈湾、天角潭等水利工程建设，新增琼西北供水工程、昌化江水资源配置工程、牛路岭灌区工程、迈湾灌区工程、保陵水库及供水工程，解决海南岛工程型缺水问题。同时明确了防洪（潮）治涝、城乡供水、城市水务、水土保持等重点任务，构建水资源合理配置和高效利用、防洪（潮）减灾、水资源保护和河湖健康保障、水务综合管理等四大体系，与《海南国际旅游岛建设发展规划纲要》提出的强化水资源保障，集中推进重大水利工程建设，构建开源与节流并重、保护与开发相结合的水资源利用体系和监测预报与预警先行、防范与治理为一体的水灾害防治体系相符。

2.4.3.5 与《海南省国民经济和社会发展第十三个五年规划纲要》符合性

规划纲要提出海南省在"十三五"期间，严守生态红线，促进经济社会发展与人口、资源、环境相协调，实现人与自然和谐共生。着力打造现代服务业、热带特色高效农业、新型工业等绿色低碳特色产业体系，加快建设全国生态文明示范区，形成经济社会发展与生态环境保护互促共赢的良好局面。建设全岛协调均衡生态"水网"，在缺水问题突出的区域新建一批蓄水、引水等大中型水资源配置工程；加快实施海岛江河湖库水系连通工程；继续实施松涛、红岭、大广坝等现有大中型灌区续建配套与节水改造；实施大江大河、重点中小河流的城镇、农村段防洪工程及沿海市县海堤工程建设；加大中山洪灾害防治力度；实行最严格水资源管理制度，完善水价水市场机制，创新水利投融资机制，健全水利工程管理制度，提升水务现代化管理能力。

水网规划立足经济社会可持续发展的要求，统筹协调开发与保护、兴利与除害、整体与局部、近期与长远的关系，加快完善水利基础设施网络建设，推进水治理体系和水治理能力现代化，增强水安全保障综合能力，规划方案与《海南省国民经济和社会发展第十三个五年规划纲要》提出的建设全岛协调均衡生态"水网"相符，为实现海南国际旅游岛建设、全国生态文明建设示范区建设提供保障。

本次规划与《海南省主体功能区规划》《海南省总体规划》符合性分析见表2-19。

表 2-19　本次规划与《海南省主体功能区规划》《海南省总体规划》符合性分析

区域	现状水问题	海南省主体功能区规划			海南省总体规划（空间类 2015—2030）		本次水网规划		
		定位	布局	措施方向	定位	措施方向	定位	布局	措施方向
海南岛	1. 季节性缺水、工程性缺水严重； 2. 中部水源涵养功能下降； 3. 城镇内河湖污染重、河流及河口水域功能下降； 4. 水域空间及海岸线段占现象严重	国际旅游岛	1. 以"双核一环"为主体的城市化战略格局； 2. 以"四区"为主体的农业战略格局； 3. 以"六大组团"为主体的旅游业战略格局； 4. 以"一区两圈三河"为主体的生态安全战略格局； 5. 以"三大通道、五大网络"为主体的基础设施战略布局	构建城镇化、农业、旅游业、生态安全等五大战略格局，推进重点开发区，限制开发区，禁止开发区各主体功能区的发展发挥	延续并深化国际旅游岛战略定位，突出"一点、两区、三地"的职能	1. 构建"生态廊道+生态屏障"的城域+生态岸段结构； 2. 构建"一环、两极、多点"的城镇空间结构； 3. 建设"以天然水系为经线、江河连通渠系为纬线、水源控制工程为节点"的水网空间布局	为国际旅游岛建设、水资源开发利用与节约保护、严格水空间管控等提供支撑	"一心两圈四片区"空间布局	构建全岛河湖生态安全新格局，形成丰枯互济的水资源合理利用格局；构建堤库岸结合、蓄泄兼筹、洪涝潮旱（咸）灾害综合防治体系；建立水资源保护和河湖湖健康保障体系；建设江河湖库连通、生态廊道贯穿、防灾治污并重、水务制度健全的现代化大型海岛型基础设施体系
一心（中部）	水源涵养功能下降，溪流湿型生境破环	国家重点生态功能区	主要包括五指山、琼中、白沙等全部，形成点状开发、面上保护的空间格局，构建生态安全战略格局，改善低效利用用地和集约利用用地，提高生活生产用地效率，增加用于生态保护和涵养加强的多样化生态空间	实施严格的天然林保护，加强生态环境恢复和治理，生物多样性保护，建立完善城镇乡农村污染处理设施，加强农村环境综合整治，建立环境监控体系	生态绿心	生态保护与水土涵养的核心空间，包括五指山、黎母岭等40个重要山体 5456 km² 热带天然林和11个自然保护区。生态保护核心空间，严格管控制人类活动的核心与热带雨林生态系统的干扰等	全岛生态安全战略中心	强化"三大江河"源头区生态保护红线管控，构建中部水源安全屏障体系	开展封育保护、水源涵养、水土保持生境修复等措施，适当改善对生态环境有影响的小水电项目，修复复对已造成的减流型生境破坏的小水电发展级现代型小水电
两圈（内环）	农业供水保障率低，农业面源污染	国家级重点主体产区——华南生产区	建设以"四区"为主体的海南国家农产品主产区，包括平原农业区、丘陵农业区、山区林业经济区、海洋渔业养殖区、沿海水渔区	严格保护基本农田，加强水利设施建设，优化农业生产布局，加强农业品种和结构，加强农业面源污染防治	农、林业生产空间，重要生态空间	优化耕地产业布局，严守耕地保护，北部平原地区主要保护南繁育种、花卉园艺等，南部丘陵地区主要发展热带水果、中部丘陵地区主要发展橡胶等热经济作物	内环台地区热带特色农业圈	建设热带现代农业水利保障	加快建设高标准灌溉水利保障设施；继续完成现有大中型灌区续建配套和节水改造，按照生态绿色的理念要求，发展高效节水灌溉，推进高效节水灌溉；大力推进规模化、集约化发展

· 66 ·

续表 2-19

区域	现状水问题	海南主体功能规划			海南省总体规划(空间类 2015—2030)		本次水网规划		
		定位	布局	措施方向	定位	措施方向	定位	布局	措施方向
两圈外环（两圈、外环）	季节性缺水、防洪问题、内河湖污染、水域岸线及海岸线占等	国家重点开发区、省级重点开发区	以海口、三亚两市为中心，形成沿海点轴发展的"项链状"城镇圈	统筹规划国土空间，健全全城市规模结构，促进人口加快集聚，完善基础设施，保护生态环境，把握开发时序	"一环、多极、多点"的城镇空间	集中集约发展，改善生态环境，控制开发强度，塑造风貌特色。突出绿色发展理念。建立底线思维，保护生态环境	外环沿海平原城镇发展圈	强化区域服务功能，提升城镇业聚集水平，严守生态保护红线（海域），强化红河红树林保护与修复	水资源配置与调度，水域空间管控，防洪（潮）治涝安全保障，城镇（海）水环境综合治理
					生态海域	面积不减少、性质不转化、功能不降低。生态岸段：包括河流入海口、红树林等重要海岸带类型。生态海域：包括珊瑚礁、海草床、红树林等近岸海域			
琼北	冬春季缺水严重，部分市县水源单一，城镇内河湖污染，河流及河口水域功能下降，水域空间破坏及岸线占用严重	国家（省级）重点开发区、国家农产品主产区	国家重点开发区、洋浦经济开发区（含三都），文昌文城镇、龙楼镇、木兰镇，那大镇、临高临城镇、博厚镇，澄迈老城镇，省级重点开发新盈镇、金江镇、澄迈金江镇；水发展：国家级农产品主产区：文昌、临高、澄迈市县除重点开发镇以外的城镇	做强做优中心城市，全面加快推以海口为中心的省会经济圈建设，推动儋州——洋浦融合发展，发展冬季瓜菜	海澄文一体化综合经济圈	打造以海口为中心城市的现代服务业和高新技术产业合作战略支点；全力建设海口国家级新区，加快推进红岭灌区，南渡江引水工程，迈湾及天角角水利枢纽工程，建设琼西北供水工程；新建南渡湾灌区工程；建设江东市海文库工程；解除琼西北防洪问题，实施琼西北"五河一库"水生态修复工程；内河水生态修复及综合整治工程	海南省政治经济文化中心，经济发达	在优先保护生态环境的江流域，南渡江下游，解决海口、儋州、澄迈等严重缺水地区用水，解决防洪水达标，水生态保护不足问题	严格落实用水总量和强度双控，按照区域供水保障，合理配置水资源，开展南渡江中下游、文澜江、北门江等水生态修复与保护，开展海口城市内河湖综合治理，完善城乡北绿色生态廊道保障体系

续表2-19

区域	现状水问题	海南省主体功能规划			海南省总体规划(空间类2015—2030)			水及水网规划	
		定位	布局	措施方向	定位	措施方向	定位	布局	措施方向
琼南	水源调蓄能力不足,遇到特枯水年或突发状况,供水难以保障,沿海地区使用地下水,供水风险大,城镇内河湖污染	国家(省级)重点开发区,国家农产品主产区,南繁育种基地	国家重点开发区城:三亚市,陵水黎安镇,乐东九所镇;省级重点开发区城:陵水椰林镇,新村镇,藤桥镇,乐东抱由镇,乐东黄流镇歌海镇;国家级农产品主产区:陵水、乐东市县除重点开发以外的错区	支持三亚建设成为世界级热带滨海度假旅游城市,发展冬季瓜菜,南繁育制种	大三亚旅游经济圈	打造以三亚为中心城市的海上合作战略支点;南繁育种基地,加快推进昌江水资源配置工程,保障水库及大隆水库等县水网连通工程	"大三亚"旅游经济圈,南繁育种基地,度假旅游人数最多地区集中地区	保障冬季旅游用水和海南繁期生活用水和繁育种基地,繁育种植用水需求,加快构建河湖生态水系统道	解决三亚、乐东沿海生活用水及南繁基地农业灌溉用水;增强蓄水能力,开展三亚市内河干流调配蓄水及改善市内河口红(湖)黑臭水体综合治理,保障市饮用水源地生态流量,开展市政建设,开展酸碱市河段硬质护岸地进行安全达标建设;望楼河等下游河段河湖质改造生态改善
琼西	季节性干旱问题突出,沿海使用地下水,水质不达标,河口生态环境严重	国家(省级)重点开发区,国家农产品主产区	国家重点开发区城:东方市,昌江石碌镇,又图镇;省级重点开发区城:东方八所镇;国家级农产品主产区:东方,昌江市县除重点开发以外的错区	构建昌江工业区和东方工业园区等临海工业区域,工业区为发展支撑及工业空间开发格局,发展冬季瓜菜	工业基地,海南岛西部粮食,油料等农产品生产基地	现代化热带滨海宜居城市,东方边贸城,化工基地,海南互动特色旅游目的山海互动特色旅游基地,新能源基地,矿业城市;油气产业严格限定在东西部区域内	海南岛西部粮食,油料等农产品生产基地,也是海南岛核电基地	保障昌化江河口地区生态安全,满足热带高效农业用水需求及核电工业用水及核电,修复和保护昌化江下游及建立人海河流生态环境,要建立人海河流的独立下游主要的	保障区内昌化江河口地区生态安全,防洪安全,满足农业高效农业用水及核电工业用水需求,修复和保护昌化江下游及环境,逐步形成以昌化江为主要供水河流生态安全保障网
琼东	水资源配套体系不完善,城镇内河湖污染,防洪标准低,存在城市内涝现象	国家(省级)重点开发区,国家农产品主产区	国家重点开发区城:琼海市,博鳌镇,定安定城镇;省级重点开发区城:万宁万城镇,兴隆镇,乐东龙门镇,定安龙门镇,屯昌屯城镇;国家级农产品主产区:琼海,万宁,定安,屯昌市县除重点开发以外的错区	将博鳌建设成为世界级国际旅游医疗先行区,推动海—博鳌,琼水—国际旅游岛发展,试验区融合发展,发展冬季瓜菜	国际经济合作文化交流的重要平台,国际医疗旅游先行区	依托博鳌亚洲论坛对外交流平台,将海南建设成为我国立足亚洲,面向世界国际经济合作和教育文化交流平台及大力发展热带现代农业;新建牛路岭灌区	国际经济合作和文化交流的重要平台,国际医疗旅游先行区	提高防洪标准,解决城镇乡生活与农业灌溉供水不足问题,提升万泉河及独流入海河流生态系统稳定性和服务功能	提高琼东区域防洪标准,解决该区域城乡生活与农业灌溉供水能力不足与万泉河及独流入海河流的生态系统稳定性和服务功能

2.4.4 与同位规划协调性分析

2.4.4.1 与《海南省土地利用总体规划(2006~2020年)》协调性

根据《海南省土地利用总体规划(2006~2020年)》，土地利用政策导向是发挥热带农业资源优势，大力发展热带现代农业。海南农垦率先建成热带现代特色农业示范基地；突出海南"大旅游"产业功能，为建设世界一流热带海岛度假胜地和国际旅游岛，提供必要的土地保障；优先保障生态建设用地，突出生态保护功能，确保海南"生态省"建设目标的实现。在基础设施建设方面，"水利设施建设布局，保障大广坝二期工程、红岭水库、迈湾水库等重大水利设施，以及农村饮水安全、病险水库除险加固、大中型灌区续建配套与节水改造和小型农田水利设施建设为重点的农田水利设施建设用地。"在重点项目用地保障工程方面，"水利设施用地中保障大广坝二期工程、红岭水库、小妹水库扩建、天角潭水库、迈湾水库等重点水利设施用地。

目前大广坝二期工程、红岭水库等工程已经建成，迈湾水库、天角潭水库等已开展前期工作，本次水网规划的水利设施布局、灌区节水改造、农田水利设施建设等工程基本与《海南省土地利用总体规划》(2006~2020年)布局一致，规划新建的琼西北供水工程、昌化江水资源配置工程、迈湾灌区和牛路岭灌区等工程，也基本符合规划的土地利用政策导向。本次规划确定的农田有效灌溉面积为802万亩，总体与《海南省土地利用总体规划(2006~2020年)》的相关要求相协调。

2.4.4.2 与《海南省热带特色高效农业发展规划》协调性

《海南省热带特色高效农业发展规划》结合全省经济发展和城镇化水平等条件，坚持抓"两头"带"两线"，促"中间"，以北部和南部产业基础条件好的区域为重点，梯次推进，进而带动东部、西部热带特色高效农业发展，促进中部产业发展，形成"点上突破、两头发展、两线拓展、中间带动、面上推进"的空间发展格局。基本农田主要分布在儋州、澄迈、海口、文昌、乐东、临高、定安、东方、琼海、屯昌、昌江、万宁、陵水等13个市(县)。中部生态保护用地区，土地利用的主导功能是生态保护，鼓励生态型产业发展，提升区域生态资产价值和生态服务功能。

水网规划以重大水资源配置工程和灌区工程建设为依托，遵循海南农业资源地域分异规律，加大谋划项目建设力度，中部山区围绕扶贫攻坚，发展节水减排生态型灌溉；丘陵台地及平原热带特色农业基地是灌溉发展的重点区域，配合冬季瓜菜基地、粮油基地、休闲观光农业、南繁育种基地用水需求，在继续完成现有大中型灌区续建配套和节水改造的同时，新建一批大中型现代化灌区，与《海南省热带特色高效农业发展规划》提出的海南热带高效农业产业发展方向、布局相协调。

2.4.4.3 与《海南省现代农业"十三五"发展规划》的协调性

《海南省现代农业"十三五"发展规划》提出坚持建设国家热带现代农业基地在国际旅游岛建设中的战略定位不动摇。高水平、高标准建成国家冬季瓜菜基地、南繁育制种基地、热带水果基地、热带作物基地、海洋渔业基地和无规定动物疫病区"五基地一区"，强力支撑国际生态旅游岛发展。规划的主要任务是夯实物质装备基础，巩固提升农业生产能力。加强农田水利基础设施建设，解决"最后一公里"问题，推广应用高效节水灌溉技术,提高农田灌溉保证率。

水网规划通过热带现代农业水利建设规划,加强灌区骨干渠系节水改造、末级渠系建设、田间工程配套和新建灌区建设,优化全岛农田灌溉体系,形成大型灌区与中小水源工程协同、各级渠道有效联结的灌溉格局。本规划的热带现代农业水利建设规划方案、任务基本与《海南省现代农业"十三五"发展规划》相协调。

2.4.5 资源环境保护"三线"符合性分析

水网规划围绕海南省水资源开发利用和保护实际需求,依据《海南省总体规划(空间类 2015~2030)》,提出的规划指标和规划方案总体符合"三线"资源环境管控要求。规划环评从量(用水总量)、质(水环境质量)、域(生态保护红线)、效(用水效率)等方面分析了资源环境红线管控指标的符合性。

2.4.5.1 与生态保护红线的符合性

海南划定陆域生态保护红线总面积为 9 392 km²(占国土面积的 27.3%);划定海南岛近岸海域海洋生态保护红线总面积 8 317 km²(占全省所辖近岸海域总面积的 35.1%),总体形成"生态绿心+生态廊道+生态岸段+生态海域"的生态空间结构,划定结果明确了海南的生态空间边界和海南未来开发的底线。

本次规划工程基本避开海南生态保护红线,然而经识别部分水资源配置工程输配水路线、防洪减灾等工程穿越红线区,具体包括:

(1)引大济石工程引水线路以隧洞形式穿越水源涵养、水土保持陆域生态保护红线区。

(2)乐亚水资源配置工程引水线路以隧洞形式穿越水土保持、生物多样性维护、水源涵养陆域生态保护红线区。

(3)保陵水库位于水源涵养陆域生态保护红线区,其供水工程引水路线穿越生物多样性维护、水源涵养保护陆域生态保护红线区。

(4)牛路岭灌区工程引水线路以隧洞形式穿越生物多样性维护陆域生态保护红线区。

(5)迈湾水利枢纽淹没范围涉及水源涵养陆域生态保护红线区。

(6)防洪减灾、水生态保护等工程涉及 38 条生态水系廊道等。

根据《海南省生态保护红线管理规定》(2016 年),对经依法批准的国家和省重大基础设施、重大民生项目、生态保护与修复类项目建设实行正面准入。本次规划提出的防洪(潮)减灾、城乡供水、水生态保护与修复等水网基础设施建设、河湖保护与治理等工程,符合《海南省陆域生态保护红线区开发建设管理目录》(琼府办〔2016〕239 号)相关管控要求。

2.4.5.2 环境质量底线指标符合性

按照水环境质量持续改善的目标,规划提出 2035 年海南水功能区水质达标率达到95%以上,纳入国家考核的 15 个重点水功能区水质达标率为 100%,全省地表水考核断面水质优良比例达到 97%以上,地表水体水质明显改善,饮用水源地水质全部达标,城镇内河(湖)等水体逐步消除劣 V 类、V 类水质。

全省 66 个水功能区 COD、氨氮的纳污能力分别为 4.4 万 t/a 和 0.15 万 t/a。点源污染物 COD、氨氮的限制排污总量分别为 2.68 万 t/a、0.1 万 t/a,较现状入河量分别减少 13% 和 47.4%。

经分析,规划河湖水域水环境质量、水功能区限制排污总量指标与《国务院关于实行最严格水资源管理制度的意见》《海南省总体规划(空间类 2015~2030)》提出的相关指标相衔接,符合海南环境质量底线的管控要求,见表 2-20 及图 2-13。

表 2-20　环境质量底线指标符合性分析

水环境质量底线	符合性分析
河湖水域水环境质量:2025 年、2035 年全省水功能区水质达标率均达到 95% 以上,其中纳入国家考核的 15 个重点水功能区水质达标率为 100%,地表水考核断面水质优良比例达到 97% 以上,城镇集中式饮用水水源地水质达标率为 100%,城镇内河(湖)及独流入海河流等水体不低于地表水 IV 类	符合《国务院关于实行最严格水资源管理制度的意见》《海南省总体规划(空间类 2015~2030)》,海南省 2020 年、2030 年水功能区水质达标率为 95%; 依据《海南省总体规划(空间类 2015~2030)》,2020 年、2030 年全省地表水考核断面水质优良比例分别达到 94% 和 97% 以上,城市(镇)饮用水水源地水质 100%,达标城镇内河、内湖等水体逐步消除劣V类、V类水质
水功能区限制排污总量:2025 年、2035 年点源污染物 COD、氨氮的限制排污总量分别为 2.68 万 t/a、0.1 万 t/a	符合《全国水资源保护规划》确定海南省 2020、2030 年 COD、氨氮限制排污总量为 2.68 万 t/a、0.1 万 t/a

2.4.5.3　资源利用上线指标符合性

规划提出 2025 年全省用水总量控制指标按 53.0 亿 m^3 控制,2035 年控制指标暂按国家 2030 年分配的多年平均 56.0 亿 m^3 控制。2025 年、2035 年万元工业增加值用水量不大于 45 m^3/万元、38 m^3/万元,农田灌溉水有效利用系数大于 0.6、0.62,有效灌溉面积达到 764 万亩、802 万亩。

依据《国务院关于实行最严格水资源管理制度的意见》《海南省总体规划(空间类 2015~2030)》,结合海南实际情况,规划提出的用水总量、用水效率、土地利用目标与指标符合环境质量底线要求,见表 2-21。

2.4.6　规划不协调性分析

本次水网规划涉及面广、综合性强。包括水生态空间管控、水资源供需分析与配置、防洪(潮)治涝规划、城乡供排水规划、水资源水生态保护规划、热带现代农业水利保障规划、制度体系与管理能力建设等。其中,水生态空间管控、水资源水生态保护属生态环境保护与修复类规划,城乡供排水、热带现代农业水利保障等属水资源开发利用规划,各个规划之间是相辅相成、相互关联的,各专项规划之间既具有互补性,也存在叠加影响的不协调性。

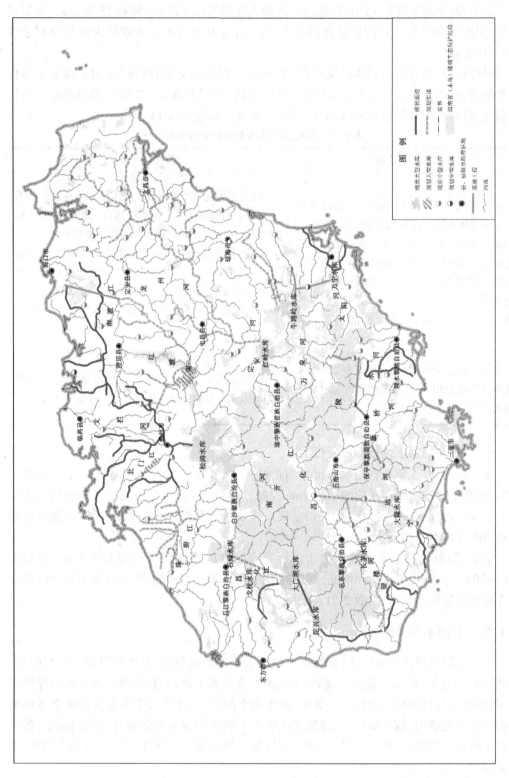

图 2-13 规划工程与海南本岛陆域生态保护红线叠加

表 2-21　资源利用上线指标符合性分析

资源利用上线	符合性分析
用水总量:2025 年全省用水控制总量为 53 亿 m³,2035 年全省用水控制总量为 56 亿 m³	符合《国务院关于实行最严格水资源管理制度的意见》《海南省总体规划(空间类 2015~2030)》,海南省 2020 年、2030 年用水总量控制在 50.3 亿 m³、56 亿 m³
用水效率:2025 年、2035 年万元工业增加值用水量为 45 m³/万元、38 m³/万元;农田灌溉水有效利用系数大于 0.60、0.62	符合《国务院关于实行最严格水资源管理制度的意见》《海南省总体规划(空间类 2015~2030)》,海南省 2020 年、2030 年万元工业增加值用水量控制在 52 m³/万元、38 m³/万元以内,农田灌溉水有效利用系数大于 0.57、0.6
土地利用:2025 年、2035 年有效灌溉面积达到 764 万亩、802 万亩	符合《海南省总体规划(空间类 2015~2030)》,2020 年耕地保有量不低于 1 072 万亩,永久基本农田 909 万亩

鉴于各子规划之前的不协调性,本次水网规划以水生态空间管控为刚性约束统筹协调各项子规划,强化生态整体保护、系统修复,综合治理,坚守生态保护红线、环境质量底线、资源利用上线,通过水生态空间管控和综合水网建设提升全省水安全保障能力,为国际旅游岛、海南自由贸易区建设提供水利支撑和保障。

本规划内部的矛盾主要集中在水资源开发与生态环境保护之间。

(1)根据水资源配置结果,2035 年农业、生活、工业用水均有所增加,其中农业配置水量 37.56 亿 m³(较现状增加 4.47 亿 m³),农业灌溉占总用水量的 64%,仍占有最大的用水份额。规划年有效灌溉面积增加到 802 万亩,较现状增幅达 54.8%。在海南水资源供需矛盾大的地区、水资源短缺地区增加有效灌溉面积,一方面挤占生态水量,另一方面增大了灌溉回归水量,可能会对水环境造成一定影响,与国家生态文明试验区、国际旅游岛的定位不相符。

(2)海南水资源丰枯悬殊,枯水期缺水矛盾日益凸显,重大水资源配置工程实施后,在一定程度上改变了开发河段及下游水文情势,枯水期河道下泄流量减少,对海南岛河口等典型敏感区的水生态环境将造成影响,与海南生态岛建设存在矛盾。

(3)规划在南渡江新建迈湾水库,在昌化江干流、支流新建向阳水库、南巴河水库,在北门江新建天角潭水库、在陵水河新建保陵水库,均会对河道造成进一步的阻隔,珍稀保护鱼类重要生境的留存率将会受损。此外,水资源配置工程部分引调水路线涉及自然保护区、生态保护红线等环境敏感点,破坏珍惜保护动植物生境,与生态文明试验区建设要求有冲突。

(4)现状年海南河流湖库水质优良,但水功能区水质达标率仅为 53%,未达标的水功能区集中位于南渡江、昌化江、藤桥河、宁远河等源头水保护区,现状水质为Ⅱ类,满足不了Ⅰ类水质目标要求,超标因子为溶解氧、总磷等,该类未达标水功能区占全省不达标水功能区的 68%。由于源头水大部分位于海南岛"生态绿心"内,受人为干扰较小,本底水质达不到Ⅰ类水,与规划年水功能区水质达标率要求达到95%的水网规划目标与指标存在一定差距,与国家相关环保要求等不协调。

以上与水资源水生态保护规划提出的生态建设与环境保护目标具有不协调性。通过规划环评的开展,控制开发规模,优化工程布局,使得规划的不协调性尽可能减免或降低,在采取一定的生态环境保护措施后,各规划之间基本相协调。

2.4.7 总体符合性分析

2.4.7.1 规划定位与国家政策符合性

海南水资源时空分布不均、年内年际丰枯悬殊,与经济社会布局不相适应,且水资源配置工程体系不完善,存在季节性缺水、功能性缺水、工程性缺水问题。《中共中央 国务院关于支持海南全面深化改革开放的指导意见》《国务院关于推进海南国际旅游岛建设发展的若干意见》等相关政策提出要完善海岛型水利设施网络、形成绿色基础设施体系,解决海南岛的工程性缺水问题。

水网规划是《海南省总体规划(空间类(2015~2030))》提出的专项规划,围绕国家对海南新定位新要求,对全岛进行水资源供用耗排水务一体化的基础设施网络规划,构建"以辐射状海岛天然水系为经线、灌溉渠系为纬线、水源控制工程为节点"的骨干水网和工程网、生态水系网、管理网等统筹结合的现代综合立体水网体系,以解决海南岛工程性和功能性缺水问题,符合《中共中央 国务院关于支持海南全面深化改革开放的指导意见》《国务院关于推进海南国际旅游岛建设发展的若干意见》等相关政策要求。

在规划实施过程中应切实加强中部生物多样性与水源涵区保护,高度重视水资源开发可能对河口红树林、珍稀濒危特有鱼类栖息生境的不利影响,确保海南中部生态绿心和沿海生态带安全。

2.4.7.2 规划布局与国家规划及区划符合性

水网规划提出了"一心两圈四片区"的空间布局。规划环评从区域层面分析各分区规划定位、开发任务与国家及地方经济社会发展规划、主体功能定位、生态功能定位等的总体符合性。

1. 一心两圈

1) 一心:中部山区

海南中部山区位于国家重点生态功能区,是热带雨林、热带季雨林的原生地,是我国最大的热带植物园和最丰富的物种基因库之一。目前,中部水源涵养功能下降,生物多样性受到威胁。

规划提出中部通过封育保护、水源涵养、水土保持、生境修复等措施,保护水生态环境,并适当拆除、改造对生态环境有影响的小水电项目,修复因小水电站梯级开发造成的溪流型生境破坏,强化"三大江河"源头区生态保护红线管控,构建中部水塔安全屏障体系。符合《全国主体功能区规划》《全国生态功能区划》《海南省总体规划》对该区域加强热带雨林保护,遏制山地生态环境恶化,防止水土流失,保护生物多样性,增强生态系统服务功能的生态保护要求。

2) 两圈(内环):台地丘陵热带特色农业圈

热带特色农业圈是海南重要的农业空间,《海南省主体功能区划》提出严格保护基本农田,加强水利设施建设,优化农业生产布局和品种结构,加强农业面源污染防治,《海南省总体规划(空间类2015~2030)》提出北部平原地区主要发展反季节瓜菜、粮食作物等,南部丘陵地区主要发展热带水果、南繁育种等,中部丘陵地区主要发展橡胶等热带经济作物。但目前内环台地丘陵区域的耕地灌溉普遍存在季节性缺水、缺乏调蓄工程、农业供水保证率低、农业面源污染等问题。

水网规划根据南繁育种基地、冬季瓜菜基地等用水需求,加快建设高标准灌溉水利保障设施,继续完成现有大中型灌区续建配套和节水改造,新建一批大中型现代化灌区,按照生态、绿色的理念要求,发展高效节水灌溉,推进高效节水灌溉区域化、规模化、集约化发展,定位符合海南省相关规划要求。

3) 两圈(外环):沿海平原城镇发展圈

沿海城镇发展圈是海南城镇化的主体空间,其布局以海口、三亚北南两市为中心,形成沿海点轴发展的"项链状"城镇圈,属国家级、省级重点开发区。该区域重要江河河口分布有红树林,是珍稀鱼类的洄游通道。《海南省主体功能区规划》提出该区域统筹规划国土空间,健全城市规模结构,促进人口加快集聚,完善基础设施,保护生态环境。目前区域存在季节性缺水、防洪问题、内河湖污染、水域岸线及海岸线侵占等问题。

水网规划依据区域提升城镇规模经济和产业聚集水平的用水需求、生态环境保护要求,主要在该区域布局水资源配置工程,防洪(潮)治涝安全保障,完善基础设施建设、水域空间管控、城镇内河(湖)水环境综合治理等,提升城镇水资源保障能力和水环境质量,强化河口红树林的保护与修复,总体符合《海南省主体功能区划》《海南省总体规划(空间类2015~2030)》要求。

2. 四片区

1) 琼北区

琼北区属于北部湾国家重点开发区和华南农产品主产区,为国家自贸区及主枢纽港区,是海南省政治经济文化中心,布局有国家级经济开发区洋浦经济开发区,人口密集、经济发达。该区规划年需水量较大,但目前区域主要以松涛水库为水源,南渡江中下游无调节水库拦截径流,海口、儋州、澄迈冬春季节缺水严重,各市县水源单一。

规划通过在琼北区建设迈湾、天角潭水利枢纽、琼西北供水工程等骨干工程、依托红岭灌区、松涛灌区等渠系工程,实现南渡江水资源的优化配置,解决海口、儋州、澄迈等严重缺水地区用水,解决水生态保护不足问题。规划定位及开发任务符合海澄文一体化综合经济圈发展定位。

2) 琼南区

琼南区位于国家重点开发区、国家南繁育种基地、农产品主产区,属于海南省"大三亚"旅游经济圈,是度假旅游人数最多、人口最集中的地区。琼南区水源调蓄能力不足,资源型缺水问题突出,南繁基地水资源保证标准低。

规划提出在昌化江干支流分别建设向阳水库和南巴河水库,提高供水保障程度,形成昌化江为主要水源的乐亚水资源配置体系,在陵水河建设保陵水库,增强陵水河干流枯水期水资源调配能力,对三亚、陵水等城市内河湖黑臭水体进行综合整治。规划将改善"大三亚"旅游经济圈和城乡供水水源供水条件,保障冬季旅游高峰期生活用水和南繁育种基地的灌溉用水需求,改善城市内河生态环境,与区域旅游经济发展需求、南繁育种基地保障的需求总体协调。

3)琼西区

琼西区是海南岛西部粮食、油料等农产品生产基地,也是海南岛核电基地,未来将逐步发展为海南省香蕉、芒果产业带以及东方石化工业基地。琼西是全岛降雨量最少的地区,季节性干旱问题突出,沿海区域大量开采地下水,昌江核电厂供水安全隐患大。

规划保障昌化江河口地区生态安全、防洪安全,满足热带高效农业的用水需求及核电工业用水需求,修复和保护昌化江下游及主要独立入海河流的生态环境,总体符合区域发展定位。

4)琼东区

琼东是海南省国际经济合作和文化交流的重要平台、国际医疗旅游先行区。区域水资源配套体系不完善,城镇内河湖污染,防洪标准低,存在城市内涝现象。

规划重点是提高区域防洪标准,通过建设牛路岭灌区工程解决城乡生活与农业灌溉供水能力不足问题,提升万泉河及独流入海河流的生态系统稳定性和服务功能。提高区域水资源的整体调控能力,建设连接琼海、万宁等东部区域中小型水库的输水工程,形成琼东地区供水安全保障网,符合区域发展方向的需求。

第 3 章　环境现状调查与回顾性评价

3.1　水资源现状调查与评价

3.1.1　水资源量及时空分布

3.1.1.1　水资源量总体评价

根据 1956~2015 年长系列资料,海南多年平均地表水资源量 316.25 亿 m³,地下水资源量 88.05 亿 m³,其中地表、地下水资源不重复计算量 3.56 亿 m³,水资源总量为 320.26 亿 m³,人均水资源量约为全国平均水平的 1.6 倍。

汛期与非汛期地表水资源量分别为 220.19 亿 m³(占比 69%)、96.51 亿 m³(占比 31%)。水资源可利用量 117.64 亿 m³,占多年平均水资源量的 36.73%(见表 3-1)。

表 3-1　海南水资源量与水资源可利用量

区域		水资源量(亿 m³)			水资源可利用量(亿 m³)		
		多年平均水资源量	汛期地表水资源量(6~10 月)	非汛期地表水资源量(11 月至翌年 5 月)	多年平均水资源可利用总量	地表水资源可利用量	地下水不重复可利用量
海南省		320.26	220.19	96.51	117.64	106.89	10.75
三大江河	南渡江	71.29	49.49	21.21	33.67	30.37	3.30
	昌化江	45.28	31.57	13.53	22.32	22.06	0.26
	万泉河	54.87	33.98	20.82	15.31	15.16	0.15
其他中小河流		148.82	105.15	40.95	46.34	39.30	7.04

3.1.1.2　水资源年内时空分布

海南水资源多由台风引起的暴雨产生,8~10 月台风暴雨期占全年降水量的一半,5~10 月降雨量占全年的 80%,11 月至翌年 4 月是海南的旱季,降雨少。

海南岛河流均为降水补给性河流,台风雨的降水特征使得全省各河流均呈现径流与降水的年内分配一致的特性。汛期水资源量占全年总量的 70% 以上,非汛期仅占 30%,1~3 月径流量最小,一般占全年径流总量 10% 以下。特别在西部地区,旱季断流的间歇性河流甚为普遍。海南主要河流流量年内变化见图 3-1。

受中部山地抬升的阻挡和热带气旋的影响,海南岛中部及东北部雨量多,西南部雨量少,水资源量由东中部向西南部递减;而蒸发则由中部山区向西南部递增,遇枯水期或枯水年西部地区干旱特征明显。多年平均条件下,琼北、琼南、琼西、琼东、琼中水资源量分别为92.3亿 m³、56.03 亿 m³、22.26 亿 m³、73.2 亿 m³、59.94 亿 m³。海南水资源空间分布见图3-2。

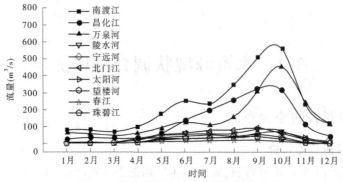

图 3-1 海南主要河流平均流量年内变化

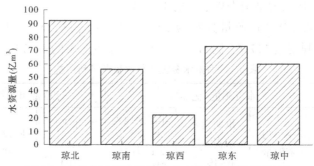

图 3-2 各片区水资源空间分布(多年平均数据统计)

3.1.1.3 水资源年际变化

海南径流年际变化大、丰枯悬殊,实测最大地表年径流量约为497 亿 m³,而最小地表年径流量只有115 亿 m³。径流丰枯现象以年为单位交替出现,大旱出现的频率约为10年一遇。近50年大旱年份分别为1959~1960 年、1969~1970 年、1977~1978 年、1988~1989 年、2003~2004 年。海南地表径流量及三大江河年际变化见图3-3 和图3-4。

3.1.2 水资源开发利用

3.1.2.1 供用水状况

根据《2016 年海南省水资源公报》,全省总供水量44.96 亿 m³(见表3-2),其中地表水源供水量41.88 亿 m³,占总供水量的93.1%;地下水源供水量2.92 亿 m³,占总供水量的6.5%;其他水源(污水处理回用)供水量0.16 亿 m³,占总供水量的0.4%。在地表水源供水量中,蓄水工程占71%,引水工程占21%,提水工程占8%。海水利用量20 亿 m³,主要用于火电厂冷却水。

总用水量44.96 亿 m³,其中农业用水量33.09 亿 m³,工业用水量3.14 亿 m³,生活用水量8.27 亿 m³,生态环境用水量0.46 亿 m³。农业用水是海南水资源消耗的主体,且耗水量大,水资源利用率偏低。现状海南用水结构比例及与全国水平对比见图3-5。

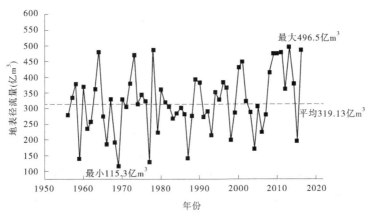

图 3-3 海南地表径流量年际变化

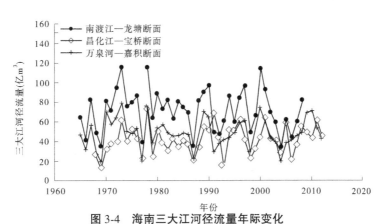

图 3-4 海南三大江河径流量年际变化

表 3-2 海南现状分区域(流域)年供水量

(单位:亿 m³)

片区与流域		供水总量	汛期供水量 (6~10 月)	非汛期供水量 (11 月至翌年 5 月)
五片区	琼北区	22.42	8.68	13.74
	琼南区	7.97	3.32	4.65
	琼西区	5.78	2.33	3.45
	琼东区	7.83	3.07	4.76
	中部区	0.97	0.39	0.58
三大江河	南渡江	11.01	4.26	6.75
	昌化江	5.5	2.22	3.28
	万泉河	2.97	1.16	1.81
总计		44.96	17.79	27.17

各行政分区中,农业用水量所占比例较高的为乐东县、临高县、东方市、保亭县和陵水县,均占其总用水量的85%以上。工业用水量所占比例较高的为澄迈县(老城经济开发

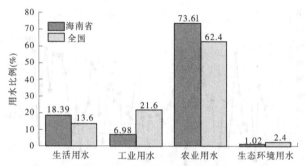

图 3-5 现状海南用水结构比例及与全国水平对比

区)、儋州市(洋浦经济开发区)、昌江县(昌江工业园区与核电)和海口市,占其总用水量的 16.6%~11.4%,其他市(县)工业用水占比很小。生活用水量占比较高的为三亚市和海口市,分别占其总用水量的 56.3% 和 33.5%(见图 3-6)。

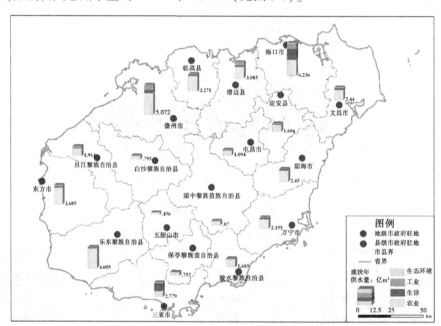

图 3-6 海南各市县用水量分布

3.1.2.2 缺水状况分析

鉴于岛屿型河流水系,海南年内、年际、分区域水资源丰枯悬殊。现有工程体系无法抵御连续干旱年及特枯干旱年的持续性缺水,在遭遇枯水年各地区均出现不同程度的缺水,城镇供水保证率与国际旅游岛建设需要的高等级供水保证程度尚有较大的距离。

2016 年全省需水量 48.80 亿 m³,实际供水量 44.10 亿 m³,缺水 4.70 亿 m³,缺水率约 10%。海南现状水利设计基本可满足生活用水需求,然而城镇生活用水挤占农业用水,缺水量主要集中在农业,其缺水程度达到 96%,工业与服务业也存在一定程度的缺水。根据《海南省总体规划(空间类 2015~2030)》提出的国土空间格局和功能定位,以及"一心两圈四片区"的空间需求特征,规划年随着海南社会经济加速发展,城乡生活供水也将有缺口。

1. 时间缺水状况

2015年海南为枯水年,地表水资源量仅为159.9亿m³(较2016年减少59.7%),海南省内大部分市(县)遭遇了严重旱情,昌江县等部分市(县)出现人畜饮水困难,三亚市生活用水告急,定安县、文昌市、五指山市已经连续几年出现城市水源不足问题。

海南现状非汛期水资源量、可利用水资源量相对较小,然而供(需)水量要大于汛期,水资源年内分布与供需存在一定的矛盾,见图3-7。

在用水时段方面,海南第三产业以旅游业为主,度假旅游人口众多,旅游旺季正好是海南的枯水季,存在用水高峰期与枯水期的矛盾,度假旅游人口停留时间一般为1个月至半年不等,平均为3.5个月,主要停留时间为每年11月至翌年2月末,高峰期为农历新年前后,第三产业需水过程与旅游人数年内分配过程均在枯水期达到高峰(见图3-8)。同时,全省60%以上的农业灌溉需水在11月至翌年4月(见图3-9),而枯水期降雨量仅占全年的20%,该时段需求与供给耦合性较差,供需峰值矛盾突出。

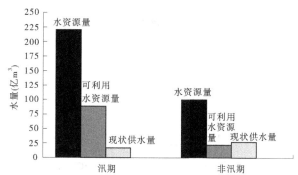

图3-7　海南现状汛期与非汛期水资源与供水矛盾

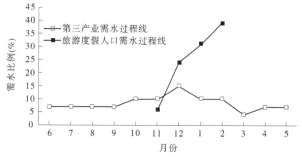

图3-8　第三产业和度假旅游人口需水过程线

2. 空间缺水状况

现状年,供需矛盾最突出的地区为海口市,其次为乐东县,缺水量分别为0.84亿m³和0.66亿m³。

以分区进行统计,琼中、琼北、琼南、琼西、琼东分别缺水0.2亿m³、2.09亿m³、0.97亿m³、0.7亿m³、0.77亿m³。海南现状缺水量最大的区域为琼北区,缺水量占全省总缺水量的44%,其次为琼南区,占总缺水量的21%,中部区缺水量最少,占全省的4%,各分区缺水情况见图3-10及表3-3。

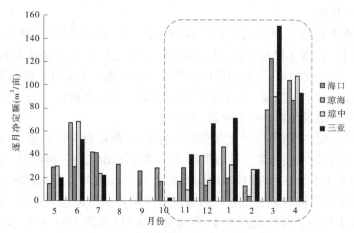

图 3-9　海南典型灌区逐月灌溉定额

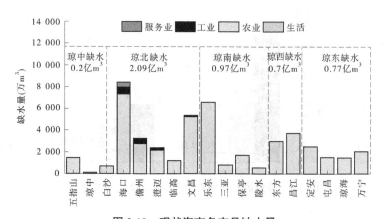

图 3-10　现状海南各市县缺水量

表 3-3　现状年水资源供需矛盾及缺水情况统计表　　　　（单位:亿 m³）

分区	需水量						供水量	缺水量						缺水率
	生活	第一产业		第二产业	第三产业	合计		生活	第一产业		第二产业	第三产业	合计	
		灌溉	牲畜						灌溉	牲畜				
合计	5.11	36.26	1.00	4.02	2.42	48.80	44.10	0	4.47	0.02	0.14	0.06	4.70	10%
琼北	2.62	16.93	0.52	2.86	1.15	24.08	21.99	0	1.88	0.02	0.14	0.06	2.09	9%
琼南	1.22	6.35	0.12	0.22	0.89	8.79	7.82	0	0.97	0	0	0	0.97	11%
琼西	0.32	5.26	0.07	0.62	0.07	6.34	5.67	0	0.67	0	0	0	0.68	11%
琼东	0.78	6.88	0.26	0.28	0.26	8.45	7.68	0	0.75	0.01	0.01	0	0.77	9%
中部	0.17	0.84	0.03	0.04	0.06	1.15	0.95	0	0.20	0	0	0	0.20	17%

3.1.2.3　用水水平分析

全省现状年用水水平见表3-4。海南气温高蒸发量较大,人均用水量、农村人均生活用水量高于全国平均水平,城镇人均生活用水量与广东省持平;工业用水效率、农业用水效率低于全国、广东省、珠江流域平均水平,用水粗放现象突出,工业和农业仍有节水潜力,资源环境效益提升空间较大。河南工业用水效率与国内对比见图 3-11。海南农业亩均灌溉用水量与国内外对比见图 3-12。

表 3-4   2016 年海南主要用水指标与全国及临近地区比较

区域	人均用水量（m³/人）	城镇人均生活用水量（L/d）	农村居民人均生活用水量（L/d）	万元 GDP 用水量（m³/万元）	农田亩均灌溉用水量（m³/亩）	农田灌溉水有效利用系数
海南省	490	196	110	111.2	990	0.565
全国	438	220	86	81	380	0.542
广东省	398	193	136	55	748	—
珠江流域	449	189	114	63	681	—

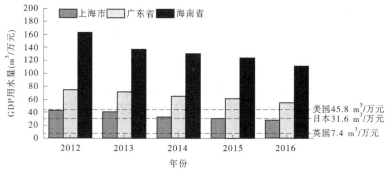

图 3-11   海南工业用水效率与国内外对比

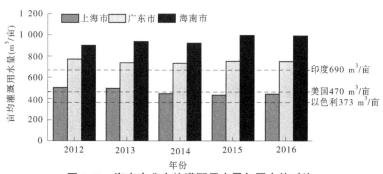

图 3-12   海南农业亩均灌溉用水量与国内外对比

3.1.2.4   水资源开发利用状况

根据《2016 年海南省水资源公报》,海南省水资源开发利用率 9.2%,低于全国 18.6%的平均水平。按多年平均水资源量统计,全省水资源开发利用率 14.6%,按水资源分区统计,南渡江流域、昌化江流域、万泉河流域、海南岛东北部、海南岛南部、海南岛西北部分别为 15.8%、12.8%、5.5%、14.7%、14.9%、28.3%(见图 3-13)。全省用水量占水资源可利用量的比例为39.9%,评价认为海南全省水资源开发利用程度总体较低,在做好水生态环境保护的前提下,尚具有一定的开发潜力。

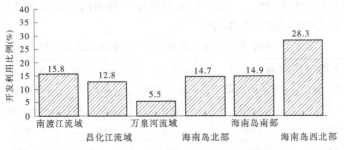

图 3-13　多年平均水资源开发利用率(水资源分区)

海南省水资源时空分布不均,与经济社会布局不完全匹配,造成不同区域和河段水资源开发程度也不尽相同。昌化江、春江、太阳河、宁远河、陵水河开发利用程度平均为10%左右。其中,南渡江主要集中在松涛水库河段,昌化江集中在大广坝和戈枕水库河段,春江集中在春江水库河段,太阳河集中在万宁水库河段,宁远河集中在大隆水库河段。相对比,望楼河水资源开发利用率较高,为28%,集中在长茅水库河段;北门江水资源开发利用率为18.3%,主要在天角潭水坝以上河段。万泉河水资源开发利用率最低,仅为5.4%。海南岛主要河流不同河段水资源开发利用程度见表3-5。

表 3-5　海南岛主要流域不同河段水资源开发程度

河流类型	主要河流	河流与河段划分	现状水资源开发利用率
三大江河	南渡江	上游	64%
		中游	6%
		下游	5%
		流域合计	15.8%
	昌化江	上游	0.1%
		中游	15%
		下游	0.4%
		流域合计	12.1%
	万泉河	上游	1%
		中下游	3%
		流域合计	5.4%
其他独流入海河流	陵水河		14%
	北门江		18%
	春江		11%
	太阳河		13%
	宁远河		9%
	望楼河		28%

3.2 水环境现状调查与评价

海南河流水质和集中式饮用水源地水质总体优良,现状满足及优于Ⅲ类的河长比例达到96%,但城镇内河湖及部分地表河段水质出现不同程度的污染。

3.2.1 水功能区划

海南省地表水功能区划涉及18条河流的66个水功能区。水功能区划定协调了水资源开发利用与保护的关系,一级区划包含22个保护区,22个开发利用区,6个保留区,无缓冲区(见图3-14);二级区划具有饮用、工业、农业用水功能的河长分别为226.4 km、352.5 km、446.3 km。

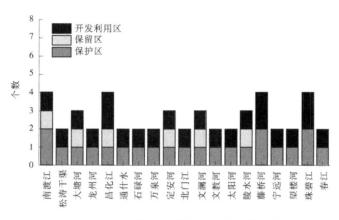

图3-14 水功能一级区划分布(以个数统计)

3.2.2 水质现状评价

3.2.2.1 河湖水质现状

1.水功能区水质

1)年度水质评价

根据近三年66个水功能区水质评价结果(见图3-15),现状水质满足及优于Ⅲ类河长比例达到96%,Ⅳ~Ⅴ类水质占4%。水功能区水质达标率为66.7%,不达标的水功能区主要分布在各流域的源头水保护区(见表3-6),由于江河源头水功能区水质目标为Ⅰ类,水质现状Ⅱ类不能满足功能区水质目标要求;其他不达标的水功能区主要分布在珠碧江、文教河和文澜江等河流,由河流上游及本河段现存的大量畜禽养殖、糖厂、橡胶厂等排污口滥排所致,超标因子为溶解氧和氨氮等。重要江河湖泊水功能区水质达标率为87.5%,不达标的水功能区包括南渡江、昌化江和藤桥西河的源头水保护区。

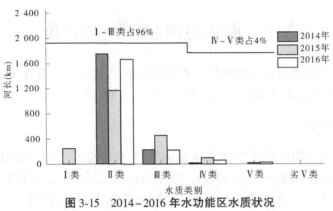

图 3-15 2014~2016 年水功能区水质状况

表 3-6 不达标水功能区统计 (2016 年全年水质评价)

水功能区类型	水功能区名称	水质评价类别	水质目标	超标项目 (超标倍数)
源头水保护区 (13 个)	南渡江源头水保护区	II	I	溶解氧、总磷 (0.5)
	昌化江源头水保护区	II	I	溶解氧、总磷 (1.0)
	腾桥西河源头水保护区	II	I	溶解氧、高锰酸盐指数 (0.25) 、总磷 (0.5)
	宁远河源头水保护区	II	I	溶解氧
	珠碧江源头水保护区	III	I	溶解氧、高锰酸盐指数 (0.6) 、氨氮 (0.07) 、总磷 (4.5)
	春江源头水保护区	II	I	溶解氧、高锰酸盐指数 (0.85) 、总磷 (2.0)
	大塘河源头水保护区	III	II	总磷 (0.3)
	龙州河源头水保护区	II	I	溶解氧、高锰酸盐指数 (0.95) 、氨氮 (0.34) 、总磷 (1.5)
	通什水源头水保护区	II	I	溶解氧、总磷 (1.0)
	定安河源头水保护区	II	I	溶解氧、高锰酸盐指数 (0.25) 、总磷 (1.5)
	文澜江源头水保护区	IV	I	溶解氧、高锰酸盐指数 (0.65) 、氨氮 (8.13) 、总磷 (11.0)
	太阳河源头水保护区	II	I	溶解氧、总磷 (0.5)
	陵水河源头水保护区	II	I	溶解氧、总磷 (0.5)
开发利用区 (6 个)	珠碧江白沙农业用水区	III	II	总氮 (0.58)
	龙州河屯昌饮用农业用水区	III	II	高锰酸盐指数 (0.1) 、总磷 (0.6)
	龙州河屯昌-定安工业农业用水区	III	II	高锰酸盐指数 (0.08)
	文澜江临高工业农业用水区	IV	III	氨氮 (0.17)
	文教河文昌农业用水区	IV	III	高锰酸盐指数 (0.18)
	太阳河万宁水库万宁饮用农业用水区	III	II	总磷 (0.2) 、总氮 (0.04)

2）分水期水质评价

2016年，全省水功能区按照汛期、非汛期进行评价表明，汛期Ⅱ~Ⅲ类水河长占总评价河长的96.7%，其中Ⅱ类水河长占83.3%，Ⅲ类水河长占12.9%，Ⅳ类水河长占3.3%；非汛期Ⅰ~Ⅲ类水河长占总评价河长的93.2%，其中Ⅰ类水河长占6.3%，Ⅱ类水河长占77.3%，Ⅲ类水河长占9.6%，Ⅳ类水河长占5.4%，劣Ⅴ类水河长占1.4%。汛期Ⅰ~Ⅲ类水河长比例较非汛期提高3.5个百分点，主要是汛期Ⅱ~Ⅲ类水河长增加，而Ⅰ类水只有在非汛期出现。

2. 国控断面水质

根据《海南省国家控制断面水质月报》（2015年8月、2016年2月），南渡江、昌化江、万泉河、石碌河等10个国控断面汛期、非汛期水质在Ⅱ~Ⅲ类，水质优良率达100%（见表3-7）。

表3-7 国控断面水质评价结果

河流名称	断面名称	水质类别		水质状况	
		非汛期	汛期	非汛期	汛期
南渡江	山口	Ⅱ	Ⅱ	优	优
	后黎村	Ⅲ	Ⅲ	良	良
	龙塘	Ⅱ	Ⅲ	优	良
	儒房	Ⅲ	Ⅱ	良	优
万泉河	龙江	Ⅱ	Ⅱ	优	优
	汀洲	Ⅱ	Ⅱ	优	优
昌化江	乐中	Ⅱ	Ⅱ	优	优
	跨界桥	Ⅱ	Ⅱ	优	优
	大风	Ⅲ	Ⅲ	良	良
石碌河	叉河口	Ⅲ	Ⅲ	良	良

本次水网规划重大水资源配置工程调水河流主要涉及南渡江、昌化江、万泉河。南渡江山口、后黎村、龙塘、儒房是迈湾水利枢纽工程减水河段的代表国控断面，现状水质处于Ⅱ~Ⅲ类，水质优良。万泉河龙江、汀洲是牛路岭灌区工程减水河段的代表国控断面，现状水质为Ⅱ类，水质总体为优。昌化江乐中、跨界桥是乐亚水资源配置工程减水河段的代表国控断面，现状水质为Ⅱ类；大风是乐亚水资源配置工程与引大济石工程累积影响的减水代表断面，现状水质为Ⅲ类。

3. 湖库水质评价

根据2014~2016年海南省22座水库水质评价（见图3-16），海南湖库水质总体优良，但个别水库存在富营养化现象。水质满足Ⅱ~Ⅲ类的水库数量占95.5%；Ⅳ类水库占

4.5%（珠碧江与万宁水库），主要超标项目为总磷。春江水库、珠碧江水库在4~9月呈轻度富营养化状态，其余水库呈中营养状态。

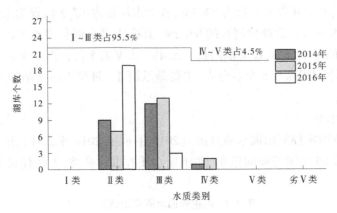

图 3-16　2014~2016 年湖库水质状况

3.2.2.2　城镇内河湖水质评价

受城市生活污水和城市面源废水影响，海南城镇内河湖水质问题不容乐观，污染较为严重。其中，2016 年 60 条重点治理城镇内河（湖）水体的 64 个评价河段，水质优良河段占 18.8%，水质轻度污染的占 15.6%，水质中度污染的占 7.8%，水质重度污染的占 57.8%。黑臭水体见表 3-8。

海南城镇内河湖水质较差主要是污水处理厂布局不合理、城市污水管网覆盖不足、污水收集率不高造成的。此外，海南 18 个市县主要采用雨污合流制排水系统，污水收集管网与水系连通，部分管网有河水渗入，导致进水浓度偏低影响污水处理厂效能。全省目前仅有海口云龙镇、三亚崖城镇、琼海官塘镇、琼海博鳌镇、临高新盈镇、昌江昌化镇等 6 个建制镇已建或在建污水处理厂，其他建制镇污水处理设施的建设仍存在较大空缺。

3.2.2.3　集中式饮用水水源地水质

现状年海南共划分 33 个城镇集中式饮用水水源地，文昌市、屯昌县、东方市等 15 个县级以上城市和 90% 以上中心镇为单一水源，定安县、乐东县、东方市主要以河道提水为主，供水安全风险大。现状市（县）饮用水水源地见表 3-9。

根据 2014~2016 年 18 个市（县）（不含三沙市）的城镇集中式饮用水源地水质评价（见图 3-17）表明，全省城镇饮用水水源地总体优良，水源地水质达标率达到 96.4% 以上。临高县文澜江多莲水源地和定安县南渡江饮用水水源地水质存在不达标现象，其中 2014 年 2 月、9 月文澜江多莲水源地水质超标因子为 COD；2016 年 10 月定安县南渡江饮用水水源地不达标，超标项目为铁，主要受地质背景和连续强降雨影响。

3.2.3　污染源调查

3.2.3.1　污染物排放量

根据《2016 年海南省环境状况公报》，全省废污水排放总量为 4.41 亿 t，其中工业废水占 12%，生活污水占 88%。相对于岛屿面积、人口数量而言，污水排放量偏大。污染物

COD、氨氮排放量为 19.6 万 t、2.3 万 t,其中,COD 主要以农业面源和城镇生活排放为主,氨氮以城镇生活排放为主。海南现状各业 COD、氨氮排放比例见图 3-18。

表 3-8　海南城镇黑臭水体名录

片区	所在市县	河流名称	断面名称	水质现状	片区	所在市县	河流名称	断面名称	水质现状
中部	五指山	小溪 1	冲山二桥	劣Ⅴ	琼北	文昌市	文昌河	人民桥	Ⅴ
		小溪 2	冲山一桥	Ⅴ			霞洞水库	霞洞水库	劣Ⅴ
	琼中县	营盘溪	琼中中学	Ⅴ	琼南	三亚市	三亚东河	*临春桥	劣Ⅳ
琼北	海口市	美舍河	美舍河 3 号桥	劣Ⅴ			三亚东河	*白鹭公园西边小桥	Ⅳ
		五源河	五源河出海口	劣Ⅴ			三亚西河	*月川桥	劣Ⅳ
		大同沟	大同沟	劣Ⅴ			鸭仔塘水库	鸭仔塘水库	劣Ⅴ
		龙昆沟	龙昆沟	劣Ⅴ		保亭县	保亭河	抄茂桥	劣Ⅴ
		电力沟	电力沟	劣Ⅴ		陵水县	溪仔河	椰林镇	Ⅴ
		龙珠沟	龙珠沟	劣Ⅴ			小溪 3	勤丰	劣Ⅴ
		海甸沟	海上都小区	劣Ⅴ	琼西	东方市	内湖	疏港加油站旁	劣Ⅴ
		秀英沟	市二十七小	劣Ⅴ		昌江县	保梅河	银河宾馆	Ⅴ
		东西湖	东西湖	劣Ⅴ		定安县	小溪	见龙大道	劣Ⅴ
		金牛湖	金牛湖	劣Ⅴ			潭榄溪	潭榄桥	劣Ⅴ
		工业水库	工业水库	劣Ⅴ			水渠	莫村路	劣Ⅴ
		东坡湖	东坡湖	劣Ⅴ		屯昌县	吉安河	屯昌中学	劣Ⅴ
		丘海湖	丘海湖	劣Ⅴ			文赞水库	文赞水库	劣Ⅴ
		鸭尾溪	海达路	劣Ⅴ	琼东	琼海市	双龙溪	大春坡桥	劣Ⅴ
		白沙河	海达路	劣Ⅴ			双龙溪	嘉积中学分校	劣Ⅴ
		响水河	铁桥村	劣Ⅴ			黄塘溪	黄塘溪	劣Ⅴ
	澄迈县	黄龙岭小溪	头下村	Ⅴ		万宁市	一分渠	万城一分渠	劣Ⅴ
	临高县	水利渠	县人民医院下游	劣Ⅴ			三分渠	万城三分渠	劣Ⅴ

注：*为海水水质标准。

表3-9   现状市(县)饮用水水源地

区域	市县(供水量,万 m³):地表饮用水水源地
琼北区	海口市(14 038):松涛水库、永庄水库、龙塘坝 澄迈县(1 404):南渡江 临高县(842):文澜江 儋州市(3 790):松涛水库 文昌市(1 348):竹包水库
琼南区	乐东县(983):昌化江 三亚市(10 810):大隆水库、赤田水库、福万水库、水源池水库 保亭县(449):藤桥东河 陵水县(1 404):小南平水库
琼西区	东方市(2 808):戈枕水库 昌江县(421):石碌水库
琼东区	定安县(562):南渡江 屯昌县(505):良坡水库 琼海市(2 527):万泉河嘉积坝 万宁市(4 212):牛路岭水库、万宁水库
中部区	白沙县(281):南叉河 五指山市(421):太平水库、南圣河 琼中县(281):百花岭水库

3.2.3.2   污水处理与污染物超载状况

全省已建成投入运营的城镇污水处理厂30余座,设计处理能力达108.4万 m³/d,与废污水产生量基本匹配。共铺设污水管网119 km,城镇污水处理率为80%,污水处理厂平均运行负荷率为77.5%。污水再生利用设施主要分布于海口、三亚及部分市县旅游区,再生水设施规模17.88万 m³/d,占已运行污水处理规模的15.4%。再生水回用量为906.67万 m³,回用率仅3.8%。

废污水入河量共计8 401.12万 t/a,主要污染物 COD、氨氮入河量分别为18 195.83 t/a、1 226.73 t/a。开发利用区承纳了大部分的废污水和主要污染物入河量,所占比例达到80%以上。分析表明,现状污染物入河量大于水功能区纳污能力的超载水功能区有20个,占全省水功能区总数的30%。其中,COD超标的水功能区有15个,占22.7%;氨氮超标的水功能区有19个,占28.8%。超载水功能区包括南渡江澄迈工业、农业用水区,珠碧江儋州农业用水区,大塘河临高农业用水区,北门江儋州工业农业用水区,文澜江临高工业农业用水区,太阳河万宁水库万宁饮用农业用水区等。

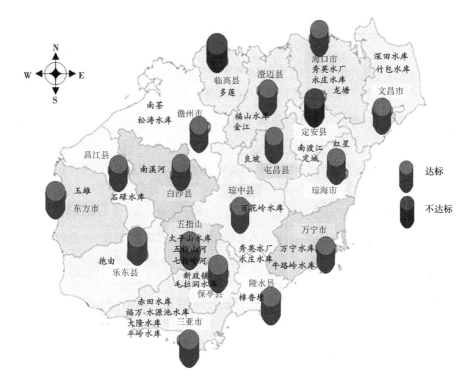

图 3-17 海南岛近三年城市(镇)集中式饮用水源地水质状况

图 3-18 现状各业 COD、氨氮排放比例

3.2.3.3 农业种植结构与面源污染来源

海南种植的常规作物主要包括早晚水稻、番薯、大豆、花生、芝麻、甘蔗、蔬菜、瓜类等。现状种植面积最大的为水稻,为双季稻或稻-稻-薯、稻-稻-菜、花-稻-菜等一年三熟模式,播种面积为467万亩。其次为蔬菜类,种植面积为373万亩。另外,水果包括菠萝、荔枝、橙柚、香蕉、龙眼、芒果等;热带作物为橡胶、椰子、咖啡、槟榔、腰果、剑麻、胡椒等。现状年农作物复种指数为202.3%,高于全国150%的平均水平。

热带高效农业种植期一般为每年的11月至翌年4月,灌溉期一部分水量供植物生长所需、田间蒸发,一部分渗入地下后有少量的农田回归水退入到地表河流。现状海南各区种植结构分布见表3-10。

表 3-10　海南分片区种植结构

地区	种植结构
琼北区	冬季瓜菜种植基地和荔枝、莲雾等热带水果种植基地,区域社会资本活跃,椰子、槟榔、胡椒、畜产品等加工业相对发达,优质农产品需求量大,农业信息化程度高
琼南区	国家南繁育种基地,水稻、瓜菜等种子种苗培育基地,龙眼、菠萝蜜、芒果等热带特色水果种植和加工地
琼西区	昌江、东方农业基础条件优越,产业化程度较高,是全省重要的标准化瓜菜、热带水果、肉蛋生产集中区
琼东区	生态绿色热带水果、冬季瓜菜生产基地,胡椒、槟榔等热带作物种植和加工地
琼中区	农业基础设施相对薄弱,特色瓜菜和柑橘、荔枝、龙眼、红毛丹等水果种植地

1. 化肥及农药使用情况

根据《海南省统计年鉴》,2016 年全省化肥施用量(实物量)约 130.43 万 t(见图 3-19),比 2010 年增加了 11%,其中氮肥 39.2 万 t、磷肥 27.59 万 t、钾肥 17.63 万 t、复合肥 46.01 万 t,化肥亩均用量约为全国的 1.6 倍;化学农药使用量 3.4 万 t,亩均用量约为全国的 2 倍。

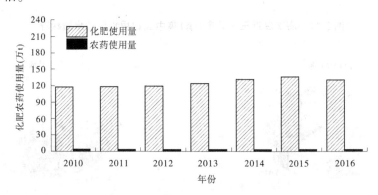

图 3-19　历年海南化肥农药使用量

由于海南降雨丰沛,化肥农药的流失量比较大。肥料中的氮、磷在农田中并不会造成污染,但其通过农田的地表径流和农田渗漏流入自然水体可能会对江河的水质产生不利影响。

2. 分散式畜禽养殖污染物排放

全省畜禽养殖粪便排放量约 3 964 万 t,配套建设粪污处理设施并达到排放标准的规模化养殖场仅占 24%,其余大部分畜禽粪便未得到及时处理利用,造成农业面源污染。

3. 水产养殖污染物排放

现状年海南淡水养殖面积为 56 万亩。其中,文昌市养殖面积最大,为 13 万亩;海口市以 7 万亩的养殖面积位居第二;五指山市养殖面积最小,仅为 0.5 万亩。海南高位池和工厂化水产养殖较多,用药行为普遍,养殖水产产生的排泄物及使用的饲料等,进入水体会造成水环境污染。

根据《海南省生态环境承载力专题研究报告》,海南省农业面源污染物入河量中,污染物 COD 入河量以水产养殖占比最高,达到 51%,其次是种植业和畜禽养殖,分别占 29% 和 20%;氨氮入河量中,水产养殖、种植业和畜禽养殖分别占 74%、7% 和 19%。

3.2.4 水质超标原因分析

3.2.4.1 废污水入河量超载

海南大小河流普遍承受着较大的污染压力。珠碧江、龙州河、文澜江、太阳河等水质较差,不能满足水功能区水质目标要求,这些河流城镇生活以及制糖、胶厂等排污口较多,且河流本身水量较小,纳污能力低,现状年废污水排放量超过其纳污能力。

3.2.4.2 城镇污水管网布局不合理

海南城市污水管网等基础设施建设不完善,污水收集配套管线覆盖度不高,未向城镇周边等区域倾斜,仍存在雨污合流等现象,城镇生活污水直排入河现象仍未全面改善,导致大部分城镇内河湖水质较差。

3.2.4.3 水产养殖等面源污染

海南文昌水产养殖面积大,文教河水质不达标源于水产养殖产生的未经处理的废水直接排入河流,造成水环境污染。此外,农村生活污水排放随意且分散,农药化肥使用量高,通过地表径流进入河流和水库而产生的污染,更是难以统计。

3.2.4.4 环保投入未得到高效利用

现状年海南省废水排放总量为 4.41 亿 t,全省设计污水处理能力达 108.4 万 m^3/d,与废污水产生量相匹配。城镇污水处理率为 80%,再生水设施规模占已运行污水处理规模的 15.4%,但实际回用率仅 3.8%。

3.2.4.5 江河源头区水质目标要求高

南渡江、昌化江、藤桥河、宁远河、珠碧江、春江、龙州河、通什水、定安河、文澜江、太阳河、陵水河源头水保护区水质目标确定为 Ⅰ 类,现状水质优良,总体为 Ⅱ 类,仍不能满足水质目标要求。部分分布在水库、河流上游村镇的农业面源、生活污染源,对源头水水源 Ⅰ 类水质目标的实现形成一定制约。

3.3 陆生生态调查与评价

海南地处热带,拥有全国唯一的岛屿热带雨林生态系统,森林生态系统丰富、生物种类繁多,是我国丰富的物种基因库,在生物多样性维护方面具有十分重要的作用。全省森林覆盖率达到 62.1%,生态环境状况总体优良。

3.3.1 生态功能重要性和敏感性地区分布

3.3.1.1 生态功能区划

根据《全国生态功能区划(修编版),2015 年》,海南生态功能区涉及海南中部生物多样性保护与水源涵养重要区、东南沿海红树林保护重要区、海南环岛平原台地农产品提供功能区和海南北部城镇群。

海南中部生物多样性保护与水源涵养重要区和东南沿海红树林保护重要区属于全国重要生态功能区,具有生态调节功能,生物多样性保护功能极重要。海南重要生态功能区基本情况见表3-11。

表3-11 海南重要生态功能区基本情况

生态功能区名称	属性	生态系统主要服务功能	主要生态问题	保护方向
海南中部生物多样性保护与水源涵养重要区	生态功能调节区	生物多样性保护、水源涵养	天然森林遭受破坏,野生动植物栖息地减少,水源涵养能力降低,局部地区水土流失加剧	禁止开发天然林;坚持自然恢复,实施退耕还林,防止水土流失,保护生物多样性和增强生态系统服务功能
东南沿海红树林保护重要区	生态功能调节区	生物多样性保护	红树林面积锐减,红树林生态系统结构简单化,多为残留次生林和灌木林,生态功能降低,一些珍贵树种消失,防潮防浪、固岸护岸功能较弱	加大红树林的管护,恢复和扩大红树林分布范围;禁止砍伐红树林,在红树林分布区停止一切开发活动;禁止在红树林分布区倾倒废弃物或设置排污口

3.3.1.2 生态功能重要性和敏感性地区分布

根据《海南省生态保护红线划定方案》(2018),海南岛生物多样性维护功能极重要区的总面积约占海南岛陆域国土面积的26.47%;水源涵养功能极重要区、水土保持功能极重要区的面积分别约占全岛陆域国土面积的20.04%、17.90%。水土流失极敏感区域的面积约占全岛陆域国土面积的1.85%。生态功能极重要区和生态极敏感区叠加(扣除重叠面积)总面积占海南岛陆地面积的40.49%。中南部的黎母山、五指山、吊罗山、霸王岭、尖峰岭等天然林集中分布的中山和高山地区是海南生物多样性维护、水源涵养功能极重要区的分布区域。海南岛生态功能重要性评估图见图3-20。

分区域评价表明,海南中部五指山、琼中等山区是地质灾害和水土流失易发生区,是海南岛生态环境极敏感区;琼西,琼南的乐东、东方、昌江等市(县)湿度小,土壤贫瘠,昌化江等河流下游及出海口可能受潜在地质灾害和土地沙化的影响,是生态环境高度敏感地区;琼北、琼东以及琼南沿海城镇文昌、万宁、三亚、儋州等近岸海域市(县)受赤潮和土地沙化的潜在影响,也是生态环境中度敏感区;琼北澄迈、临高、海口等市(县)沿海地区海岸带容易发生海岸侵蚀,是生态环境轻度敏感区。

3.3.2 土地利用及变化

3.3.2.1 土地利用空间格局特点

海南省资源禀赋和产业结构特色鲜明。全省土地利用的主要特点是:中部高、四周低

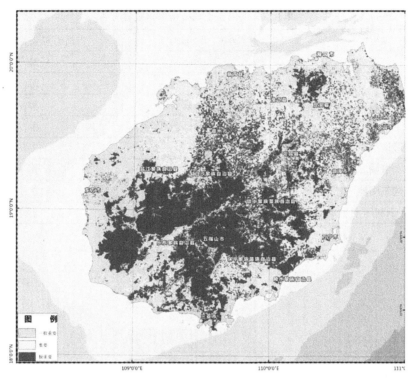

图 3-20 海南岛生态功能重要性评估图

的岛屿地貌形态,决定了圈层分布的土地利用空间格局。农用地的多宜性特征明显,林地和园地面积比重大;以旅游业为主导的产业特点,客观上要求土地利用保持低容积率、低建筑密度和高植被覆盖率,土地节约集约利用总体水平还较低;滨海平原地区既是优质耕地和基本农田集中的地区,也是人口集中和产业集聚的地带,保护耕地与保障发展用地的矛盾较为突出。

海南省林地主要分布在中部、西南部和东南部的五指山、霸王岭、尖峰岭、吊罗山、黎母岭等山地。园地主要分布在丘陵台地区,果园和其他热作园主要分布在坡度较小的低丘、台地或滨海平原地带。耕地主要分布在滨海平原、台地、河谷及山间盆地,尤以北部和西部平原台地区最为集中,中部山区分布较少。

3.3.2.2 土地利用结构特征

海南岛土地利用总体以林地、园地和耕地为主,林地面积约占全岛总面积的35%,大多分布于中部山区,也是三大江河的主要水源涵养区。耕地面积约占全岛总面积的1%,主要分布于滨海平原、台地、河谷及山间盆地,中部山区分布较少,以北部和西部平原台地区最为集中,滨海平原地区既是优质耕地和基本农田集中的地区,也是人口集中和产业集聚的地带。园地约占全岛总面积的27%,主要分布于平原到山区的台地、丘陵等过渡地带。草地集中分布于白沙、琼山、东方、五指山和保亭等市(县)。建设用地空间差异明显,其中,海口市的建设用地面积最大,文昌、儋州、三亚、琼海、万宁、澄迈、乐东等市(县)次之,处于中等偏上水平,五指山市建设用地规模最小。根据《海南省总体规划(空间类2015~2030)》,海南岛现状土地利用情况见表 3-12、图 3-21。

表 3-12   海南省土地利用面积统计

地类	面积(万 hm²)	占所有地类比例(%)
耕地	71.76	21
园地	93.90	27
林地	120.33	35
草地	4.34	1
交通运输用地	6.02	2
水域	20.61	6
建筑用地	25.28	7
未利用	2.01	1

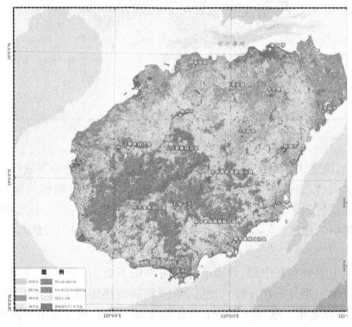

图 3-21   海南岛土地利用现状

3.3.2.3   土地利用变化趋势

根据对 1990 年、2000 年、2016 年卫星影像解译数据,近 30 年海南省土地类型整体稳定,土地利用结构未发生大的变化。耕地、林地、草地面积有一定程度的减少,园地面积持续增加。随着海南岛水资源的开发利用,水库蓄水使水域面积有所增大,但增幅不大。

其中,耕地面积在 1990~2000 年减少了 10.19 万 hm²,10 年间减少了 11.26%,2000~2016 年减少了 8.56 万 hm²,减少比例为 10.65%。园地面积 2000 年较 1990 年增加了 16.07 万 hm²,增幅为 22.59%,2016 年较 2000 年又增加了 7.65%。主要原因是随着农村产业结构调整和经济发展的需要,当地加强了经济作物的引种,大量耕地转变为园地,建设用地也占用部分耕地。此外,实施退耕还林政策,将大量坡耕地转变为林地也是耕地减少的主要原因之一。

林地面积 2000 年较 1990 年减少了 9.8 万 hm²,减少比例为 7.65%,2016 年林地面积有所增加,较 2000 年增加了 1.64%,但总体仍比 1990 年少 6.13%。20 世纪 90 年代,海南省森林砍伐相对较为严重,林地面积减少,2000 年以后当地封山育林、水土保持措施的加强、人工采伐量的减少,以及在当地优越的水热条件下,很多灌木林又发展成次生林,使林地面积在一定程度上得到恢复。近 30 年海南岛土地利用变化见图 3-22。

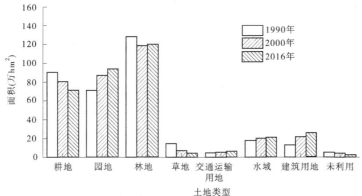

图 3-22 近 30 年海南岛土地利用变化

3.3.3 生态系统结构与功能

3.3.3.1 生态系统类型

海南地处热带,生态系统类型主要包括森林、草地、农田、河流湿地及红树林、城镇等生态系统类型(见表 3-13),其中以农田生态系统、森林生态系统为主,草地比例较少,呈零星分布。由于其热带性、特有性和完整性,海南陆地生态系统在中国及世界植被中占有重要地位。

表 3-13 海南岛各生态系统类型

生态系统类型	面积(万 hm²)	占全岛比例(%)	服务功能
农田生态系统	165.66	48	农产品提供
森林生态系统	120.33	35	生物多样性维护、水源涵养、水土保持
城镇/村落生态系统	25.28	7.4	社会经济服务功能
水体和湿地生态系统	20.61	6	供水、生物多样性维护、调节洪水
其他类型生态系统	8.03	2.3	—
草地生态系统	4.34	1.3	涵养水源、改良土壤、防风固沙

1. 森林生态系统

森林生态系统是海南重要的生态系统类型,主要分布在中部山区和丘陵地带。从滨海沙滩到中部山地,依次分布有沿海红树林、低地热带雨林、丘陵常绿阔叶林、山地热带季节性雨林等。其中,对海南生态安全起关键作用的天然林主要分布在海南岛中部、西南部和东南部的山区,最主要的为五大热带林区,即五指山热带原始林区、尖峰岭林区、霸王岭林区、吊罗山林区和黎母山林区。该生态系统是在湿润、半湿润的环境条件下发育形成的,在维持物种多样性、水源涵养、水土保持等方面具有重要作用。

2.草地生态系统

海南草地生态系统是在热带干旱条件下形成的生态系统类型,多为旱中生性草丛,分布广泛,以西部沿海东方市北黎至感城一带(北黎河以南、感恩河以北)典型和常见。该草丛植被是由于人类活动的影响,原有森林植被破坏后所形成的次生植被。该生态系统在防止土地风蚀沙化、水土流失、盐渍化等方面具有重要作用。

3.农田生态系统

海南热带农业生态系统在中国农业生态系统中占有重要地位。海南农田生态系统主要包括水田、旱地和园地。其中,水田主要分布在南渡江、万泉河、昌化江等几条大河流域和大中型水库的下游,作物种类主要为水稻;旱地主要分布在乐东、昌江、儋州、澄迈、安定等市县的山间周围的广阔台地、河流阶地和海成阶地上;园地主要分布于平原到山区的过渡地带,主要功能是农产品提供、种质基地等。

4.红树林湿地生态系统

海南红树林资源较为丰富,红树林面积39.3 km²,约占中国红树林面积的17.9%,主要分布在东寨港、清澜港、红场、新盈、彩桥、新英、三亚河口、青梅港等地。其中东寨港和清澜港是海南岛最大的红树林分布区,占海南岛现有红树林面积的75%。海南红树林物种组成相对丰富,群落组成与结构复杂,保存也较为完整,具有热带性、古老性、多样性和珍稀性等特征。

5.城镇生态系统

海南城镇/村落生态系统主要分布于各市县城区区域。其中,海口、三亚等城市是海南省人类活动规模、强度较大的区域。城镇中大量的人工建筑物改变了原有的地面形态和自然景观。绿化的乔灌木树种种植于路边、河流两岸作防护林等,常见有芒果、木麻黄、马占相思和椰子树等。

3.3.3.2　生态系统结构

根据对海南岛景观结构的优势度、破碎度等参数评价,海南森林生态系统、农田生态系统的景观优势度较大,分别为46.19%和17.70%,是海南岛主要的景观类型。农田生态系统和城镇村落生态系统破碎度较高;森林生态系统、草地生态系统和水体湿地生态系统生境破碎度较小(见表3-14)。

表3-14　海南生态系统优势度、破碎度评价

类型	密度 R_d （%）	频率 R_f （%）	景观比例 L_p （%）	优势度 D_o （%）	破碎度 C_i （个/km²）
森林生态系统	61.12	32.11	45.77	46.192 5	1.545 6
农田生态系统	15.21	11.21	22.18	17.695	0.200 1
草地生态系统	0.67	1.22	0.56	0.752 5	0.002 1
水体湿地生态系统	9.12	18.2	5.34	9.5	0.021 1
城镇/村落生态系统	10.1	13.25	5.32	8.497 5	1.544 4
其他	2.19	7.09	0.31	2.475	0.002 3

3.3.3.3 生态系统功能

海南中部山区生物多样性保护功能和水源涵养功能极为重要,环岛平原台地为提供极具特色农业产品。海南自然生态系统比较稳定,但生态区域相对较小且相对独立,生态系统一旦破坏,恢复难度很大。根据阻抗稳定性和恢复稳定性评价指标,海南岛香农多样性指数为 0.876 6(见表 3-15),与香农多样性指数最大值(H_{max})相比,占 46.88%,说明评价区的生态系统阻抗稳定性较弱。海南森林生态系统净初级生产力(NPP)略高于全国水平(见表 3-16),农田生态系统 NPP 略低于全国水平。

表 3-15 海南岛生态系统多样性统计

类型	比例 P_i(%)	物种丰富度 $-P_i \ln P_i$
森林生态系统	8.87	0.089 9
草地生态系统	1.21	0.001 2
农田生态系统	56.76	0.410 2
水体和湿地生态系统	6.23	0.092 25
城镇/村落生态系统	5.87	0.001 7
其他	5.65	0.002 1
H	0.876 6	
H_{max}	1.87	

表 3-16 CASA 模型模拟估算植被净初级生产力(NPP)统计

生态系统类型		评价区 NPP $[gC/(m^2 \cdot a)]$	中国 NPP 平均值 $[gC/(m^2 \cdot a)]$	全球 NPP 平均值 $[gC/(m^2 \cdot a)]$
一级类型	二级类型			
森林生态系统	热性针叶林、季雨林	621.22	584.3	960
	灌草丛	312.21	379.9	
草地生态系统	稀树草原	291.25	323.6	550
农田生态系统	旱地、水田	557.34	573.1	650
水体和湿地生态系统	水域	—	—	—
	湿地	401.45	513.9	1 180
其他生态系统类型	沙地、裸地、其他	26.18	38.8/83.6	

3.3.4 动植物资源及分布

海南为一个与大陆隔绝的岛屿生态系统,经过长期的进化,已形成许多海南特有的动植物种类,动植物资源丰富,是我国珍稀的热带动物和植物宝库。2017 年 6 月 20 日至 7 月 6 日,结合规划骨干水网工程方案布设样点进行实地样方调查。调查路线及样方分布见图 3-23。

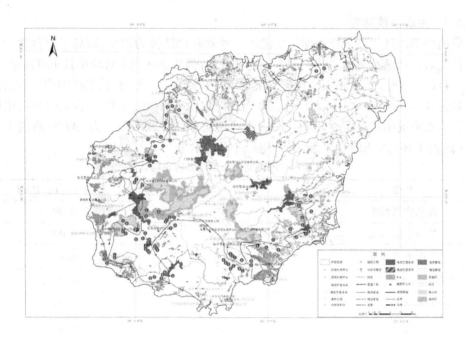

图 3-23　陆生生态调查路线及样方分布

3.3.4.1　陆生植物及分布

1.植被区划及分布

海南岛基质多样、地貌类型复杂,植被类型较为多样。全岛属于热带季雨林、雨林区域,植被分属于琼雷台地半常绿季雨林、热性灌丛和琼南丘陵山地季雨林、湿润雨林区 2 个植被区。

琼雷台地半常绿季雨林、热性灌丛地处海南北部,地带性典型植被为热带季雨林,因自然植被受人为经济活动干扰严重,现状植被大面积的以次生植被类型为主。琼南丘陵山地季雨林、湿润雨林区分布于文昌、琼海、儋州和东方等县以南的海南岛南部地区。海南植被分区情况见表3-17。

表 3-17　植被分区系统

植被区域	植被亚区域	植被地带	植被区	分布范围
V热带季雨林、雨林区域	ⅧA 东部(偏湿性)季雨林、雨林亚区域	ⅧAi 北热带半常绿季雨林、湿润雨林地带	ⅧAi-3 琼雷台地,半常绿季雨林、热性灌丛区	临高、海口、昌江、澄迈、定安等地
		ⅧAii 南热带季雨林、湿润雨林地带	ⅧAii-1 琼南丘陵山地,季雨林、湿润雨林区	文昌县、琼海、儋州市、东方县等一线以南的海南岛南部地区

2.植被类型及分布

海南岛位于热带区域,属于热带季风气候,具有充分的光热和丰富的水分等物质基础,其植被的生态特征既富于热带性,又具有季风热带植被的特点。海南岛生长的雨林位于亚洲雨林的北缘,典型的生态系统为季节性雨林生态系统。由于地形多样,水热条件优越,故具有丰富多样的热带性植被类型,其水平分布规律和垂直分布规律也明显。

1)植被垂直分布

海南岛山地海拔一般为500~1 000 m,最高峰为五指山1 879 m。在山系周围有环状分布的海拔150~300 m的丘陵地,以后经过台地平原逐渐下降到海岸。从沿海至高山分布着红树林—常绿季林—热带雨林—山地常绿林—山地矮林。

平地(500 m以下的丘陵、台地)的原生植被为热带季节性阔叶林,包括半落叶季雨林和落叶季雨林等。在东南部一些山前郁闭地形内,较原始的乔木群落可以发育成热带雨林。在平地季雨林区内,还分布有受水分或基质因子制约较显著的群落类型,如沼泽、湿生草丛等。由于东南季风区的水湿条件较好,常绿季雨林、低地雨林分布面积最大。现状植被以人为影响下的次生群落和栽培群落为主,包括次生林、灌丛、种植园、人工林与农田等。

山地(500~600 m及以上)的天然植被为热带山地雨林。群落的结构、外貌和组成与低地雨林有很明显的差异。在现状植被中,较原始的群落仅散见于深山局部地方,而以次生群落特别是森林迹地灌丛和草丛所占比最大。在现状植被中,原始乔木群落已减少,仅在深山中有一定面积存在,除一定面积的人工植被外,大部分地表为天然林的次生林、灌丛和各种森林迹地草本群落等。

海南的山顶(苔藓)矮林一般分布于海拔1 500 m的山顶上,尤以五指山、鹦哥岭、猴狝岭的苔藓矮林面积较大,发育较好,主要以杜鹃花、广东松和壳斗科的植物为主,树干上、地上都铺满了苔藓,与附生的兰花和蕨类植物相映成趣,极为壮观。

2)植被水平地带分布

琼北地区气候具有海洋性热带季风气候特点,地带性典型植被为热带季雨林,因人为活动干扰严重,现状植被以次生植被类型为主。分布于台地上的次生植被主要以桃金娘、银柴、打铁树等组成的热性灌草丛占优势,局部水土流失地区则出现由岗松、鹧鸪草等组成的旱生性的草丛群落。滨海地带广泛分布着的红树林,以东寨港红树林较为典型。滨海砂生植被主要是刺篱木、仙人掌、露兜树等组成的刺灌丛和草丛,沿海滨呈带状分布,分布面积广。栽培植物中粮食作物以双季稻为主,次为番薯、玉米,经济作物以甘蔗、花生、黄麻及豆类为主。

琼南地带性植被类型为热带季雨林、雨林,植被的组成成分以热带植物区系为主,并同东南亚的植物区系成分有密切的联系。从低海拔到高海拔是季雨林、雨林、高山云雾林。海滨有热性刺灌丛和草丛及海滩红树林等。红树林中具有水椰组成的半红树林;海滨热带刺灌丛和旱中生性草原也很典型。农作物以水稻、甘蔗、番薯、花生及黄麻等为主。经济林以橡胶树林为主,还有油棕、芒果、菠萝蜜、凤梨、香蕉、槟榔等。

海南的西部气候干旱,为热带旱性落叶季雨林,主要以耐旱的刺桑、叶被木、海南榄仁等为主。滨海分布有刺灌丛和砂生植被等。

3.植物资源及分布

海南是我国森林生物多样性最好的地区之一。海南岛陆地面积仅占全国的0.35%。据文献(《海南植物图志》,1~14卷,杨小波主编)记载,野生维管植物有285科1 875属约

5 900 种,其中海南特有种约 483 种。

海南岛中南部特有程度也很高,有中国特有种 944 种,占海南植物种数的 25.49%,特有程度较高。其中,海南中部山区及东南部沿海的丘陵谷地植物区系组成较为丰富,海南岛的特有属几乎均分布于该区域。

4.珍稀濒危保护植物及分布

据《海南珍稀保护植物》(杨小波主编,2016 年),海南各类珍稀濒危植物共有 512 种,隶属于 86 科 254 属。其中,被《国家重点保护野生植物名录(第一批)》收录的有 48 种(其中 10 种为海南特有植物),包括 I 级重点保护植物 9 种,II 级重点保护植物 39 种。I 级重点保护植物为海南苏铁、伯乐树、坡垒、铁凌、葫芦苏铁等,II 级重点保护植物主要有蛇足石杉、水蕨、苏铁蕨等,多分布于五指山、霸王岭等海拔 500 m 以上的山地雨林地区。

3.3.4.2　陆生动物及分布

海南岛东南部山地为热带季雨林,自然条件有利于动物的滋生繁衍。

生态地理的区域变化呈现从滨海至中部山地的环状分布,动物群落呈相应变化。以五指山主峰为中心的中南部山地林区,山地气候垂直变化明显,动物群从上至下分为热带沟谷雨林动物群、热带山地雨林动物群、山顶苔藓矮林动物群和山地草坡动物群。

海南岛陆栖脊椎动物共有 648 种。其中,两栖类 39 种,爬行类 116 种,鸟类 355 种,兽类 76 种。列入国家 I、II 级重点保护的野生动物有 102 种,其中 I 级保护动物有海南坡鹿、海南长臂猿、云豹、巨蜥、海南山鹧鸪等 15 种,II 级保护动物 87 种,省级保护野生动物有 206 种,如海南湍蛙、脆皮蛙、细刺蛙、海南臭蛙、大绿蛙、海南溪树蛙。

3.4　水生生态调查与评价

海南岛淡水及河口鱼类资源丰富,种类繁多,具有岛屿特色。同时,特定条件为鱼类分化提供了外在环境,形成了海南淡水鱼类特有种,具有重要保护价值。

为客观反映海南岛水生生态现状,本次规划环评在充分利用已有调查研究资料基础上,对海南 38 条生态水系廊道(重点对南渡江、昌化江、万泉河等主要河流)鱼类及生境状况开展了现场调查,共设置调查断面 46 个(见表 3-18)。

3.4.1　鱼类种类及分布

3.4.1.1　海南岛鱼类分布特征

海南岛地形中间高四周低,以五指山、鹦哥岭为隆起核心,向外围逐级下降,由山地、丘陵、台地、平原构成环状圈层地貌,梯级结构明显,海南省人口分布、经济发展布局基本形成"一心两圈"的空间结构。由于海南中高周低"斗笠型"的独特地形条件,天然形成了放射状的岛屿型水系河流。经过漫长的发展与演变,全岛鱼类生态习性与地理特点、河流生境也相适应,同样大致表现出"一心两圈"的分布特征。

溪流性鱼类主要分布在"一心",即中部山地、丘陵区的河流源头和上游,水量较小、流速较急,一般生存的为中小型鱼类,喜流水生境,在流水中产黏沉性卵,种类多样性、特有性高,包括野鲮亚科、鲃亚科、平鳍鳅科、鮡科等,是海南岛鱼类组成的主体。

表3-18　海南岛水生生态现状调查河流及断面名称

河流	断面数	断面名称
南渡江	12	干流:南开河、松涛库尾、松涛库中、迈湾、九龙滩、金江库中、东山、河口 支流:腰子河、大唐河、龙州河、巡崖河
昌化江	10	干流:向阳、大广坝库尾、大广坝库中、戈枕库尾、昌化江下游 支流:通什水、乐中水、南巴河、石碌库尾、石碌坝下
万泉河	8	干流:牛路岭库尾、牛路岭坝下、定安河汇口下、嘉积坝下 支流:咬饭河、定安河、加浪河、塔洋河
陵水河	4	干流:什玲、保亭水汇口下、陵水 支流:保亭水
春江	2	春江上游、春江下游
珠碧江	2	珠碧江上游、珠碧江下游
望楼河	2	望楼河上游、望楼河下游
宁远河	2	宁远河上游、宁远河下游
三亚河	2	三亚河上游、三亚河下游
太阳河	2	太阳河上游、太阳河下游

内环区——热带特色农业圈,即河流中游的台地区,水量较大、流速相对较缓,鱼类组成的主体为江河平原鱼类,包括雅罗鱼亚科、鮈亚科、鲢亚科、鲌亚科、鲴亚科、鲤亚科等,以产黏沉性、黏性、漂流性卵为主。其中,产漂流性卵鱼类对产卵场要求比较严格,需要有一定的洪峰刺激和较大流量的紊流环境及足够长的流水河段,才能提供受精卵的漂流孵化流程,但鉴于海南岛河流源短流急,大多数河流难以满足产漂流性卵鱼类产卵的生境需求,产漂流性卵鱼类种类较少。

外环区——沿海城镇发展圈,河流下游及河口区,即平原区,海拔低,河流比降小,感潮河段较长,鱼类生境多样性较高,饵料丰富,鱼类种类多样,既有淡水鱼类,也有丰富的河口及洄游性鱼类。

3.4.1.2　鱼类种类及组成

根据《海南岛淡水及河口鱼类志》《广东淡水鱼类志》《中国动物志硬骨鱼纲鲤形目(中卷、下卷)》《中国动物志硬骨鱼纲鲇形目》等文献资料,结合现状调查结果,整理复核可知:海南岛淡水及河口鱼类共有197种,其中淡水鱼类103种,河口鱼类91种,洄游性鱼类3种(日本鳗鲡、花鳗鲡、七丝鲚)。在海南岛淡水鱼类中,以鲤形目为最多,有70种(鲤科60种、鳅科4种、平鳍鳅科6种),占68.0%;其次为鲈形目,有20种,占19.4%;鲇形目10种,占9.7%;鳉形目2种,占1.9%;合鳃鱼目1种,占1.0%。

2016年5月、2017年6月,分别对南渡江、昌化江、万泉河、陵水河等河流开展了鱼类资源现状调查,具体见表3-19。

表 3-19　海南岛主要河流鱼类资源现状调查

河流	现状调查情况
南渡江	共采集到鱼类 712 尾、60 种(详见水生专题报告)
昌化江	共采集到鱼类 229 尾、30 种(详见水生专题报告)
万泉河	共采集到鱼类 117 尾、13 种(详见水生专题报告)
陵水河	共采集鱼类鲤、马口鱼、尼罗罗非鱼、南方白甲鱼、尖头塘鳢、攀鲈、大刺鳅等鱼类 7 种
其他河流	在太阳河下游采集到尼罗罗非鱼、奥里亚罗非鱼、鲨
	宁远河下游采集到鲤、大刺鳅
	望楼河下游采集到鲤、鳜、尼罗罗非鱼、七丝鲚
	春江上游采集到子陵吻鰕虎鱼、横纹南鳅、小银鮈
	珠碧江中游采集到纹唇鱼、鲮、鲤、鲨、鲫、中华花鳅、尖头塘鳢、唇鲭等

　　总体上看,中小型河流由于河流短、水量少,生境多样性低,致使鱼类多样性也较低。现状调查来看,由于中小型河流均已梯级开发,承担了供水、灌溉、发电等任务,河流上游一般残存少量自然溪流,以小型山溪鱼类为主,如横纹南鳅、小银鮈,而下游由于水量减少、水污染、外来鱼类入侵等,鱼类种类单一,主要为鲤、鲫、鲨以及外来鱼类罗非鱼等。

3.4.1.3　主要河流鱼类种类及分布

　　海南岛淡水鱼类在各水系分布不尽相同,表现了鱼类种类组成区域分化的现象。对主要河流鱼类种类数量进行整理显示,南渡江 87 种,昌化江 71 种,万泉河 73 种,陵水河 41 种,龙首河 15 种,太阳河 27 种,藤桥河 25 种,望楼河 28 种,珠碧江 17 种,北门江 48 种。其中,南渡江鱼类种类最多,其次是昌化江、万泉河、北门江、陵水河等,各河流鱼类种类数与河流长度、流域面积呈一定的正相关,且鱼类种类数与河长的相关性较与流域面积的相关性更高。但对于淡水鱼类的物种密度而言,陵水河密度最高,其次是北门江、龙首河等。

　　海南岛 103 种淡水鱼类广泛分布的有 28 种,即南方拟鲿、鲤、鲫、南方波鱼、马口鱼、唇鲭、纹唇鱼、斑鳢、攀鲈、叉尾斗鱼、大刺鳅、海南华鳊、细鳊、光倒刺鲃、倒刺鲃、青鳉、黄鳝、南鳢、条纹小鲃、中华花鳅、胡子鲇、子陵吻鰕虎鱼、高体鳈鲅、台细鳊、细尾白甲鱼、鲮、泥鳅、美丽小条鳅。以上淡水鱼类在南渡江、昌化江和万泉河三大水系均有分布。其中,南方拟鲿、鲤、鲫 3 种广泛分布鱼类在南渡江、昌化江、万泉河、陵水河等 10 条河流中均有分布。

　　现场调查中,南渡江渔获物中共发现广泛分布鱼类 21 种,分别是南方拟鲿、鲤、鲫、马口鱼、唇鲅、纹唇鱼、斑鳢、攀鲈、叉尾斗鱼、大刺鳅、海南华鳊、光倒刺鲃、倒刺鲃、黄鳝、南鳢、胡子鲇、子陵吻鰕虎鱼、细尾白甲鱼、鲮、泥鳅、美丽小条鳅,其余 7 种暂未发现;昌化江发现广泛分布鱼类 12 种,分别是鲤、马口鱼、唇鲭、纹唇鱼、大刺鳅、光倒刺鲃、倒刺鲃、子陵吻鰕虎鱼、台细鳊、鲮、泥鳅、美丽小条鳅;万泉河发现广泛分布鱼类 4 种,分别是南方波鱼、纹唇鱼、大刺鳅和鲮;陵水河共采集到鲤、马口鱼、攀鲈、大刺鳅等广泛分布鱼类

4 种。

3.4.1.4 特有鱼类及分布

据相关文献,海南岛淡水鱼类特有种类比例较高,共计 18 种(占比 17.5%),其中仅分布于南渡江的有 3 种、昌化江 2 种、万泉河 1 种、陵水河 2 种(见表 3-20)。本次现场调查仅在南渡江发现 1 种特有鱼类(高体鳑),其余河流暂未发现相关特有鱼类。

表 3-20 海南岛及主要河流特有鱼类

区域或流域	种类(文献及历史)	种类(本次调查)
海南岛 (18 种)	海南异鱲、大鳞鲢、锯齿海南鳘、小银鮈、无斑蛇鮈、大鳞光唇鱼、盆唇华鲮、海南瓣结鱼、海南墨头鱼、保亭近腹吸鳅、琼中拟平鳅、海南原缨口鳅、海南纹胸鮡、弓背青鳉、高体鳑、海南黄黝鱼、项鳞吻鰕虎鱼、多鳞枝牙鰕虎鱼	高体鳑、小银鮈
南渡江(3 种)	大鳞鲢、无斑蛇鮈、高体鳑	高体鳑
昌化江(2 种)	大鳞光唇鱼、海南原缨口鳅	未发现
万泉河(1 种)	海南黄黝鱼	未发现
陵水河(2 种)	保亭近腹吸鳅、多鳞枝牙鰕虎鱼	未发现

注:大鳞鲢、弓背青鳉等分布于海南岛及越南红河水系,从我国境内来看将其列为特有种。

3.4.1.5 自然保护区鱼类及分布

海南岛自然地理条件优越且独特,生物多样性高,特别是在中部山区的自然保护区内,鱼类多样性较高,特有鱼类分布较多。根据文献资料整理,在黎母山、鹦哥岭、吊罗山、五指山、尖峰岭、佳西、南林、上溪、鹿母湾等 9 个保护区中共调查记录到淡水鱼类 78 种,隶属于 6 目 17 科 61 属,占海南岛淡水鱼类总数的 75.73%。其中有 31 种山区溪流鱼类,这包括了海南岛全部的溪流淡水鱼类,且特有鱼类的种类丰富,约占全岛特有鱼类总种数的 70%。而未在保护区分布的 25 种海南岛淡水鱼类均是广泛分布于海南岛江河湖泊内的鱼类,以广布性的江河平原鱼类为主。这说明保护区保护了大多数的淡水鱼类,在海南岛淡水鱼类多样性保护中具有十分显著的作用。

海南岛主要河流流经各自然保护区。其中:南渡江水系经过黎母山保护区、鹦哥岭保护区等保护区,昌化江水系经过鹦哥岭保护区、五指山保护区、尖峰岭保护区和佳西保护区,万泉河水系经过吊罗山保护区、黎母山保护区、五指山保护区和上溪保护区,陵水河水系经过吊罗山保护区,太阳河水系经过南林保护区。万泉河、陵水河、太阳河位于海南中部山脉的东面,而南渡江和昌化江发源于中部山脉的西部,由于中部山脉为全岛海拔最高的山脉,该山脉的阻挡造成了两大单元山地溪流淡水鱼类种类的总体差异。根据相关资料,分析得出自然保护区所在水系内淡水鱼类的多样性空间分布格局:万泉河、陵水河和太阳河内的保护区淡水鱼类为一单元,南渡江、昌化江内的保护区淡水鱼类为一单元。通过对海南岛自然保护区内的淡水鱼类进行保护,可以有效提高海南岛淡水鱼类的多样性。

3.4.2　鱼类区系组成及特点

3.4.2.1　区系组成

海南岛地处热带季风区域,鱼类组成以热带暖水性鱼类为主。淡水鱼类区系属于东洋区华南亚区的海南岛分区,由五个区系复合体组成:

(1)热带平原区系复合体,为原产于南岭以南的热带、亚热带平原区各水系的鱼类,包括鲤科的鲃亚科、雅罗鱼亚科、鲌亚科的部分种类,鲈形目的鮨科、塘鳢科、鰕虎鱼科等,鲇形目的胡子鲇科、长臀鮠科等,共63种,占纯淡水鱼类总数的61.17%。

(2)江河平原区系复合体,为第三纪由南热带迁入我国长江、黄河流域平原区,并逐渐演化为许多我国特有的地区性鱼类,包括鲤科雅罗鱼亚科的大部分种类、鲴亚科、鲢亚科、鳊亚科的大部分种类,鮈亚科、鳢科、鮨科的部分种类,共25种,占纯淡水鱼类总数的24.27%。

(3)中印山区鱼类区系复合体,为南方热带、亚热带山区急流生活的鱼类,包括鲃亚科的墨头鱼属、鳅科的条鳅亚科、平鳍鳅科、鲱科等,共7种,占纯淡水鱼类总数的6.80%。

(4)上第三纪鱼类区系复合体,为第三纪早期在北半球温带地区形成,包括鲤亚科、鮈亚科的麦穗鱼属、鳅科的泥鳅属、鲇科等,共7种,占纯淡水鱼类总数的6.80%。

(5)北方平原鱼类区系复合体,为北半球北部亚寒带平原地区形成的种类,仅花鳅属鱼类1种,占纯淡水鱼类总数的0.97%。

3.4.2.2　区系特点

海南岛淡水鱼类具有明显热带平原性质,以热带平原鱼类区系复合体的种类最多,江河平原鱼类区系复合体次之,其余鱼类区系复合体种类较少。

海南岛是中新世、上新世才与大陆隔开,其鱼类区系与大陆很相似。与珠江水系相同的多达78种,其中拟细鲫等5种只见于海南岛和珠江水系;与元江及红河水系相同的有62种,其中大鳞鲢、锯齿海南鳖、爬岩鳅、海南纹胸鲱只产于海南岛和红河水系而不分布于大陆其他水系;与闽江水系相同的有55种,与钱塘江水系和长江水系相同的各43种。由此可见,海南岛水系与珠江、元江及红河水系十分接近,共有种及相同种颇多,关系颇为密切。

3.4.3　鱼类生态学特征

对海南岛103种土著鱼类从栖息习性、食性、繁殖习性等方面进行了类群划分与统计。从栖息习性来看,流水依赖型和半流水依赖型占多半,达51.46%,说明海南岛土著鱼类中需完全在流水生境中生存和关键生活史阶段需要流水生境的种类占多数;从繁殖习性来看,产漂流性卵种类较少,仅7种,占6.80%;以产黏沉性卵为主,这些种类以山区溪流性鱼类为主;其他产卵类型鱼类较少;从食性来看,以杂食性为主,其次是肉食性和底栖动物食性,草食性和滤食性种类较少。

3.4.3.1　栖息习性

根据鱼类的栖息特点及其完成生活史对生境条件的需求,将海南岛淡水鱼类分为以下三种类群,流水依赖性、半流水依赖性、非流水依赖性。海南岛主要河流上游多为石砾、卵石河床,这种独特的地理环境比较适宜于急流、石隙岩洞生活的鱼类生长,鱼类以山区溪流性鱼类(流水依赖性)为主;中下游地势平坦,河床坡度缓,鱼类以半流水依赖性为主;湖库等主要分布有非流水依赖鱼类。海南岛鱼类栖息习性见表3-21和图3-24。

表3-21　海南岛鱼类栖息习性

分类	习性	分布
流水依赖类群	完全或主要生活在河流的流水环境中,对流水生境的依赖度很高,基本上整个生命史都在流水生境中完成,这些种类一般体长形,体柱状或略侧扁,均呈流线形,游泳能力强,适应于流水生活。该类群种类主要有鲃亚科、野鲮亚科、平鳍鳅科等的鱼类,如倒刺鲃、东方墨头鱼、广西华平鳅等	主要分布于河流中上游山区水流较湍急河段
半流水依赖类群	既能适应流水生境,又能适应宜生活于静缓流水体中,但生命史的部分阶段需要在流水生境中完成,如必须在流水生境中产卵繁殖。这一类群种类包括产漂流性卵的鳙、鲢、草鱼、鮈亚科对流水生境依赖度不是很高的一些小型种类等,如唇鲷、银鮈等	主要分布于河流中下游丘陵或平原区域水流较平缓河段
非流水依赖类群	对流水生境无依赖度,整个生命史都可在静缓流生境中完成,也可在流水生境中完成。这些种类主要包括鲤、鲫、泥鳅、麦穗鱼、棒花鱼等	主要分布于河流中下游水量较平缓河段或沟汊等静水水域

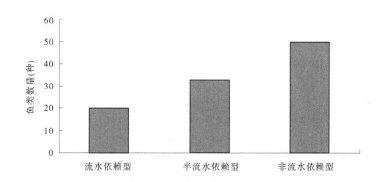

图3-24　海南岛鱼类数量统计(依据栖息习性)

3.4.3.2　繁殖习性

　　根据亲鱼产卵位置的选择以及受精卵的性质,参考易伯鲁编著的《鱼类生态学讲义》等文献,将海南岛鱼类划分为4个繁殖生态类群,如图3-25和表3-22所示。

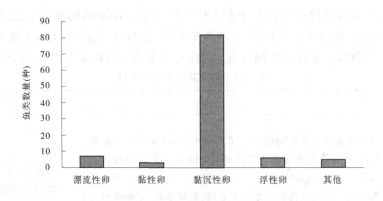

图 3-25　海南岛鱼类数量统计（依据繁殖特性）

表 3-22　海南岛鱼类繁殖习性

分类	习性	分布
产漂流性卵类群	这类鱼一般产卵水温需求较高，在夏季洪峰刺激下产卵，受精卵比重略大于水，吸水膨胀后，出现较大的卵间周隙，但比重仍略大于水，在水流的翻滚作用下，悬浮于水中漂流孵化。主要包括大鳞鲢、青鱼、草鱼、鲢、鳙、赤眼鳟等鱼类	主要分布在南渡江、昌化江、万泉河、陵水河、珠碧江等较大河流的中下游
产黏性卵类群	一般在春季水温上升、河流水位上涨后，鱼类在近岸、静缓流浅水区产卵，卵具黏性，黏附在水草、底质上孵化。这一类型鱼类对产卵场要求不严格，一般在近岸河汊等水草较多的浅水区即可产卵繁殖。主要包括鲤、鲫、麦穗鱼、鳅科鱼类等	主要分布在河流的中下游水流平缓河段或静缓流沟汊等
产黏沉性卵类群	这一类型大致又可以分为两类，一类是流水产黏沉性卵鱼类，一般在砂砾底质的缓流水浅滩产卵繁殖，受精卵具弱黏性，黏附于砾石或沉入砾石缝中孵化，有的甚至有在沙石底质上筑巢产卵的习性，受精卵在流水冲刷刺激下孵化，主要包括鲃亚科、野鲮亚科等鱼类；一类是流水或静水产黏沉性卵鱼类，其对产卵场条件要求不高，如鲿科、鲈形目等的一些种类	主要分布在河流中上游流水、砾石或砂质底质河段
其他产卵类群	其他产卵类群主要是产卵于软体动物外套腔中的鱊亚科等鱼类；叉尾斗鱼繁殖期雄鱼在水草丛中于水面吐泡筑巢，雌鱼产浮性卵于泡沫中；食蚊鱼为卵胎生鱼类	零星分布于河流上中下游该种鱼类适宜的小生境

3.4.3.3　迁徙类型

根据鱼类迁徙特点，海南岛鱼类可划分为河海洄游型、河道洄游型与定居型三种类型，见表 3-23。

表 3-23　海南岛鱼类迁徙类型

分类	习性
河海洄游型	主要是鳗鲡、花鳗鲡为降海洄游鱼类,其在繁殖期洄游至深海产卵繁重,幼苗上溯至淡水河流中生长。七丝鲚也具有的河海洄游习性,繁殖期沿河口上溯洄游产卵
河道洄游型	由于生命史过程中生殖、索饵、越冬的需求,鱼类在河道中有短距离的洄游习性,一般在春夏季鱼类繁殖期间上溯至上游或浅滩繁殖,仔幼鱼顺水而下觅食生长,冬季时下降至下游深水区越冬。这也类群的种类主要有产漂流性卵的鲢、鳙、草鱼等,以及鲌亚科、鮈亚科等的一些种类
定居型	定居型鱼类主要能够在相对狭窄水域内完成全部生活史的种类。这些种类通常产黏性、沉性卵,产卵时的水文条件要求不严格,如鲤、鲫、棒花鱼、麦穗鱼、泥鳅、鲇等

3.4.3.4　食性

海南岛流域鱼类按食性可划分为 5 个类群,见表 3-24。

表 3-24　海南岛鱼类食性特征

分类	习性
肉食性类群	肉食性鱼类主要有翘嘴鲌、海南鲌、高体鳜等,这些鱼类口裂大,栖息于水体中上层,以小型鱼类为食
草食性类群	主要以水生维管束植物等为主要食物的植食性鱼类,如草鱼、鳊等
底栖动物食性类群	鱼类的口部常具有发达的触须或肥厚的唇,用以吸取食物。所摄取的食物,除少部分生长在深潭和缓流河段泥沙底质中的摇蚊科幼虫和寡毛类外,多数是急流的砾石河滩石缝间生长的毛翅目和蜉蝣目昆虫的幼虫或稚虫。这一类群有青鱼、鲇形目的鳍科鱼类等
滤食性类群	这一类群主要以鳃耙滤食水体中的浮游生物,这一类群主要是大鳞鲢、鲢、鳙等
杂食性类群	海南岛大部分鱼类都是杂食性,此类群部分种类既摄食水生昆虫、虾类、软体动物等动物性饵料,也摄食藻类及植物的碎片、种子,有时还吞食其他鱼类的鱼卵、鱼苗,随所处水域环境的食物组成不同有差异。这一类群有鲤、鲫、泥鳅、高体鳍鲅、棒花鱼等

3.4.4　鱼类重要生境

鱼类重要生境主要包括"三场一通道",由于海南岛属热带地区,不存在越冬问题,因此鱼类重要生境主要包括产卵场、索饵场、洄游通道。

3.4.4.1　产卵场

海南岛土著鱼类产卵类型主要分为两大类型,一是产黏沉性卵鱼类,如鲤形目野鲮亚科、鲃亚科,鲇形目、鲈形目等鱼类,其产卵场主要分布在河流中上游流水、砾石或砂质底质河段;二是产漂流性卵鱼类,如大鳞鲢、鲢、鳙、草鱼、赤眼鳟、鲌亚科的一些种类等,其产卵场主要分布在南渡江、昌化江、万泉河、陵水河、珠碧江等较大河流的中下游。海南岛鱼类产卵场分布见图 3-26。

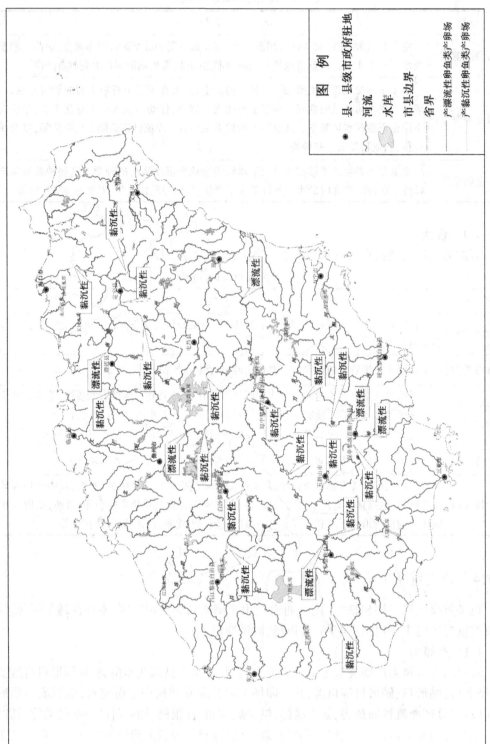

图 3-26 海南岛鱼类产卵场分布示意图

1. 产黏沉性卵鱼类产卵场

产黏沉性卵鱼类,其受精卵密度大于水,一般黏附于水草和砾石或沉于砾石缝中孵化。产黏沉性卵的鱼类对产卵场要求并不严格,符合繁殖的生境条件较为普遍,鱼类产卵场也较为分散,一般规模不大。通过海南岛生境调查并结合鱼类资源调查结果来看,产黏沉性卵鱼类的产卵场主要分布于流速 0.5~1.5 m 的浅滩、支流等处。其中,海南岛主要江河可能存在的产卵场见表 3-25。

表 3-25 海南岛主要河流产黏沉性卵鱼类产卵场分布情况

河流	产卵场	产卵鱼类
南渡江	上游:南开河及其支流; 中游:腰子河及其河口至谷石滩库尾干流、南坤河; 下游:金江坝下至龙塘库尾江段、龙塘坝下江段等,大塘河、龙州河、巡崖河等下游主要支流。另外,金江至龙塘库尾江段产卵规模可能较小而且分布比较零散	马口鱼、唇鲭、拟细鲫、纹唇鱼等
昌化江	上游:向阳库尾以上河段; 中下游:石碌库尾及主要支流通什水、南巴河等生境条件较好的支流上游	台细鳊、光倒刺鲃、纹唇鱼等
万泉河	上游:乘坡水库库尾以上河段、红岭库尾以上河段及主要生境条件较好的支流上游	海南似鳡、纹唇鱼等
陵水河	上游:主要集中于上游浅水、砾石底质的流水溪流河段,主要是保亭以上河段、什玲以上河段(主要支流都总河、金冲河上游分别建有小妹水库、小南平水库,对流水鱼类生境淹没较大,无较集中的产卵生境)	马口鱼、南方白甲鱼等

2. 产漂流性卵鱼类产卵场

产漂流性卵鱼类繁殖需要湍急的水流条件,通常在汛期洪峰发生后在洪水刺激下产卵繁殖,受精卵比重略大于水,但卵膜吸水膨胀后,在水流的外力作用下,鱼卵悬浮在水层中顺水漂流,一般流速要求在 0.2 m/s 以上,否则受精卵会沉入水底死亡。因此,产漂流性卵鱼类的产卵场要求比较严格,一是需要有一定的洪峰刺激和较大流量的紊流环境,二是需要有足够长的流水河段提供受精卵的漂流孵化流程。海南岛河流源短流急,产漂流性卵鱼类种类较少,仅 7 种,占 6.80%,其产卵场主要分布在较大的江河。根据现状调查、历史资料及文献记录等整理海南岛目前可能满足产漂流性卵鱼类产卵生境需求的河段见表 3-26。

3.4.4.2 索饵场

海南岛由于地处热带,生物生产力高,饵料资源丰富,鱼类索饵场即是其分布区域,十分分散。南渡江相对较为集中的鱼类索饵场即鱼类分布较为集中的区域主要在迈湾河段、定安河段、龙塘坝下至河口等;昌化江较集中的鱼类索饵场主要分布在大广坝库尾、乐东至向阳河段等;万泉河较集中的鱼类索饵场主要分布在大边河汇口区域、加积坝至博鳌等河段;陵水河鱼类索饵场主要分布在保亭水汇口、梯村坝址至陵水县城段、陵水河河口等。

表 3-26   海南岛主要河流产漂流性卵鱼类产卵场分布情况

河流	产卵场		产卵鱼类
南渡江	中游:迈湾江段		鲮、赤眼鳟、鲢、鳙等
	下游:金江至龙塘库尾江段		
昌化江	中游:抱由水电站至向阳水电站之间		鲮、鲢等
万泉河	上游:大边河汇口一带		鲮、青鱼、草鱼、鲢、鳙等
陵水河	上游:保亭县城以上河段、什玲镇八村河段		青鱼、草鱼、鲢、鳙等

3.4.4.3   洄游通道

海南岛鳗鲡等洄游鱼类在主要河流洄游通道分布情况:

(1)南渡江鱼类洄游通道目前基本上仅限于龙塘坝以下河段。

(2)昌化江仅限于戈枕坝下河段。

(3)万泉河主要是嘉积以下河段,烟园以下至河口段也应作为万泉河鱼类重要洄游通道。

(4)陵水河鱼类洄游通道目前仅限于梯村坝址以下河段。

3.4.5   主要保护鱼类及生态习性

本评价重点关注的鱼类包括国家级保护鱼类、列入《中国濒危动物红皮书(鱼类)》和《中国物种红色名录》的种类、海南岛特有鱼类、河海洄游性鱼类及重要经济鱼类等,见表 3-27。

表 3-27   评价重点关注鱼类

类别		种数	种类
国家级保护	二级	1	花鳗鲡
中国濒危动物红皮书(鱼类)	濒危(E)	2	花鳗鲡、小银𩽽
	易危(V)	2	台细鳊、海南长臂鮠(亚种)
	稀有(R)	2	锯齿海南鳘、保亭近腹吸鳅
中国物种红色名录	濒危(EN)	3	花鳗鲡、小银𩽽、多鳞枝牙鰕虎鱼
	易危(VU)	6	海南异鱲(亚种)、台细鳊、海南长臂鮠(亚种)、锯齿海南鳘、青鳉、保亭近腹吸鳅
海南岛特有鱼类		18	海南异鱲、大鳞鲢、锯齿海南鳘、小银𩽽、无斑蛇𩽽、大鳞光唇鱼、盆唇华鲮、海南瓣结鱼、海南墨头鱼、保亭近腹吸鳅、琼中拟平鳅、海南原缨口鳅、海南纹胸鮡、弓背青鳉、高体鳜、海南黄黝鱼、项鳞吻鰕虎鱼、多鳞枝牙鰕虎鱼
河海洄游鱼类		3	花鳗鲡、日本鳗鲡、七丝鲚

海南岛珍稀濒危特有鱼类共计22种,加上日本鳗鲡、七丝鲚等主要河海洄游鱼类,本评价重点关注种类共计24种。海南岛重点关注鱼类的生物学特征及其资源现状见表3-28,海南岛重要鱼类分布见图3-27。

表3-28 重点关注鱼类生态习性、分布与资源现状

序号	种类	生态习性	分布（历史及文献）	海南岛资源现状
1	花鳗鲡	河海洄游性鱼类，幼鱼生长于河口、沼泽、河溪、湖、塘、水库内，长成年的花鳗鲡于冬季降河洄游到江河口附近性腺才开始发育，而后进入深海产卵繁殖。摄食小鱼、虾、贝类，为较凶猛肉食性鱼类。花鳗鲡能溯游可攀越入山溪河谷。10~11月成熟个体即开始入海繁殖。海南岛的南渡江、万泉河等河口10月至翌年3月均有花鳗鲡出现，高峰期是12月至翌年2月，鳗苗游泳能力较差，一般在涨潮时随潮水进入河流	我国长江下游及以南的钱塘江、灵江、闽江、台湾到广东、海南及广西等入海江河	在海南岛大小河流下游均有分布，但基本上被阻隔于河流最下一级坝下，种群规模较小，部分水库亦有较少数分布
2	日本鳗鲡	河海洄游性鱼类，与花鳗鲡习性相似	中国沿海及河流，洄游习性强，沿长江能洄游至金沙江、沿黄河能洄游至渭河	与花鳗鲡相似
3	七丝鲚	暖水性溯河洄游鱼类，栖息于浅海中上层及河口，也进入江河中下游江段。食物以甲壳类为主，其中以桡足类最为重要。七丝鲚群体组成以1龄鱼为主，亲鱼当年便成熟怀卵，每年8~9月各繁殖1次。繁殖季节亲个体成群洄游溯游至江河，在沙底水流缓慢处分批产卵	广泛分布于中国近海及河流。我国产于南海、台湾海峡及东海沿岸及河流	在南渡江、望楼河等河口采集到，数量极少
4	台细鳊	生活于水质清澈的缓流或静水的小河、小溪中	分布于台湾、海南、珠江水系	在昌化江石碌水库库尾以上流水河段采集到12尾，可能在海南岛各河流上游有一定规模
5	青鳉	集群生活于淡水静水小水域表层的小型鱼类，喜栖息于水草丛生处，体长20~26 mm。主食浮游动物，亦食鱼卵、鱼苗。产卵期为4月下旬到7月中旬，分批产卵。一次可产6~30粒。体长在17 mm左右的个体怀卵量为180~250粒	中国东部。在我国华南、华东各省、东北各省均有分布	在局部受干扰较小的小型静水水体中可能有一定种群

续表 3-28

序号	种类	生态习性	分布(历史及文献)	海南岛资源现状
6	海南长臀鮠	河溪底层鱼类，喜清澈流水环境，善游，以虾类、小鱼等为食。生殖期从6月中上旬开始	海南岛南渡江、昌化江、万泉河水系、云南元江水系	原为产地次要经济鱼类，个体较大，肉味鲜美。由于过度捕捞及生境破坏，分布范围缩小，种群规模下降，在南渡江龙塘坝下采集到少量样品
7	海南异鱲	对于栖息环境具有较高的要求，喜在水流清澈的水体中活动，一般多在河流的小支流、小溪中游弋，觅食。小型凶猛鱼类，食小鱼、虾	分布于海南岛南渡江、昌化江、万泉河等河流	小型稀有鱼类，估计在河流上游有一定种群规模
8	大鳞鲢	多栖息于水流缓慢，水质较肥，浮游生物丰富的开阔水面，进入繁殖季节时，当降雨、水位上涨时，则集群至江河上游做产卵洄游，进行自然繁殖。在生殖季节，当降雨或水涨时，集群上溯产卵，生殖盛期为6月，有时可延至8月中旬	海南岛南渡江水系	1970年前，大鳞白鲢在松涛水库年产量10万～25万kg，后来由于水库建设的一座小型水库破坏了大鳞白鲢的产卵洄游，导致其种群规模缩小，目前大鳞白鲢已难以发现
9	锯齿海南鳘	生活在清澈水体，喜在水体上层活动	分布于海南岛南渡江、昌化江、万泉河等河流	属于稀有种类，资源现状不详
10	小银鮈	生活在江河小支流和池塘等小水体中，栖息条件为静水或微流水环境的浅水地带	分布于海南岛南渡江、昌化江、万泉河等河流	现状调查在昌化江乐东、石碌坝下，春江上游采集少量个体
11	无斑蛇鮈	生活于水体底层	分布于南渡江水系	在南渡江中下游有少量分布
12	大鳞光唇鱼	喜栖息于石砾底质，水清流急之河溪中，常以下颌发达之角质层铲食石块上的苔藓及藻类。在浅水急流中产卵	分布于昌化江水系	在昌化江上游及主要支流上游流水生境中可能有少量分布

序号	种类	生态习性	分布（历史及文献）	海南岛资源现状
13	盆唇华鲮	喜生活在流较急的清澈、底栖生活，以着生藻类和有机物碎屑为食	分布于海南岛各水系	在海南岛主要河流的上游河段可能有少量分布
14	海南瓣结鱼	底栖流水性鱼类，杂食性	分布于海南岛各水系	在海南岛主要河流的上游河段可能有少量分布
15	海南墨头鱼	底栖流水性鱼类，杂食性	分布于海南岛昌化江、万泉河等水系	在海南岛主要河流的上游河段可能有少量分布
16	保亭近腹吸鳅	栖息于水质清澈的流水，常在山溪小支流，尤其是具有泉水的山洞溪流，以藻类为食，个体很小，体长30 mm即达性成熟	仅分布于海南保亭县陵水河的山溪中	估计数量极少，具体不详
17	琼中拟平鳅	底栖流水性鱼类，杂食性	分布于海南岛各水系	可能在万泉河等上游流水生境中有一定种群
18	海南原缨口鳅	底栖流水性鱼类，杂食性	分布于海南岛昌江水系	可能在昌化江及主要支流上游有少量分布
19	海南纹胸鮡	底栖性小型鱼类，适应山溪流水生活，主要以底栖动物为食。产卵期在4月中下旬	分布于海南南渡江、万泉河等水系	可能在南渡江、万泉河等上游流水河流有少量
20	弓背青鳉	小型鱼类，栖息于水草潭、水塘和流速缓慢的溪流。卵胎生，3月开始产卵，一年多次产卵	分布于海南岛	可能在丘陵和平原区域的静缓流小水体中有一定种群
21	高体鳑	多生活于山地溪流，底质为砾石的清水环境，肉食性，以小鱼、小虾等为食	分布于南渡江水系	在南渡江迈湾、松涛库尾以上等流水江段有少量分布
22	海南黄黝鱼	小型鱼类，栖息于小水潭、水塘等静缓流水体	分布于海南万泉河水系	可能在万泉河中下游静缓流小水体中有一定种群
23	项鳞吻鰕虎鱼	暖水性底层鱼类，栖息于淡水河川中	分布于海南岛各水系	在南渡江、昌化江、万泉河、藤桥河等河流上游可能有一定种群分布
24	多鳞枝牙鰕虎鱼	主要栖息于清澈流水，砂和砾石底质的溪流中	分布于陵水河下游河口	在陵水河上游溪流中可能有一定种群分布

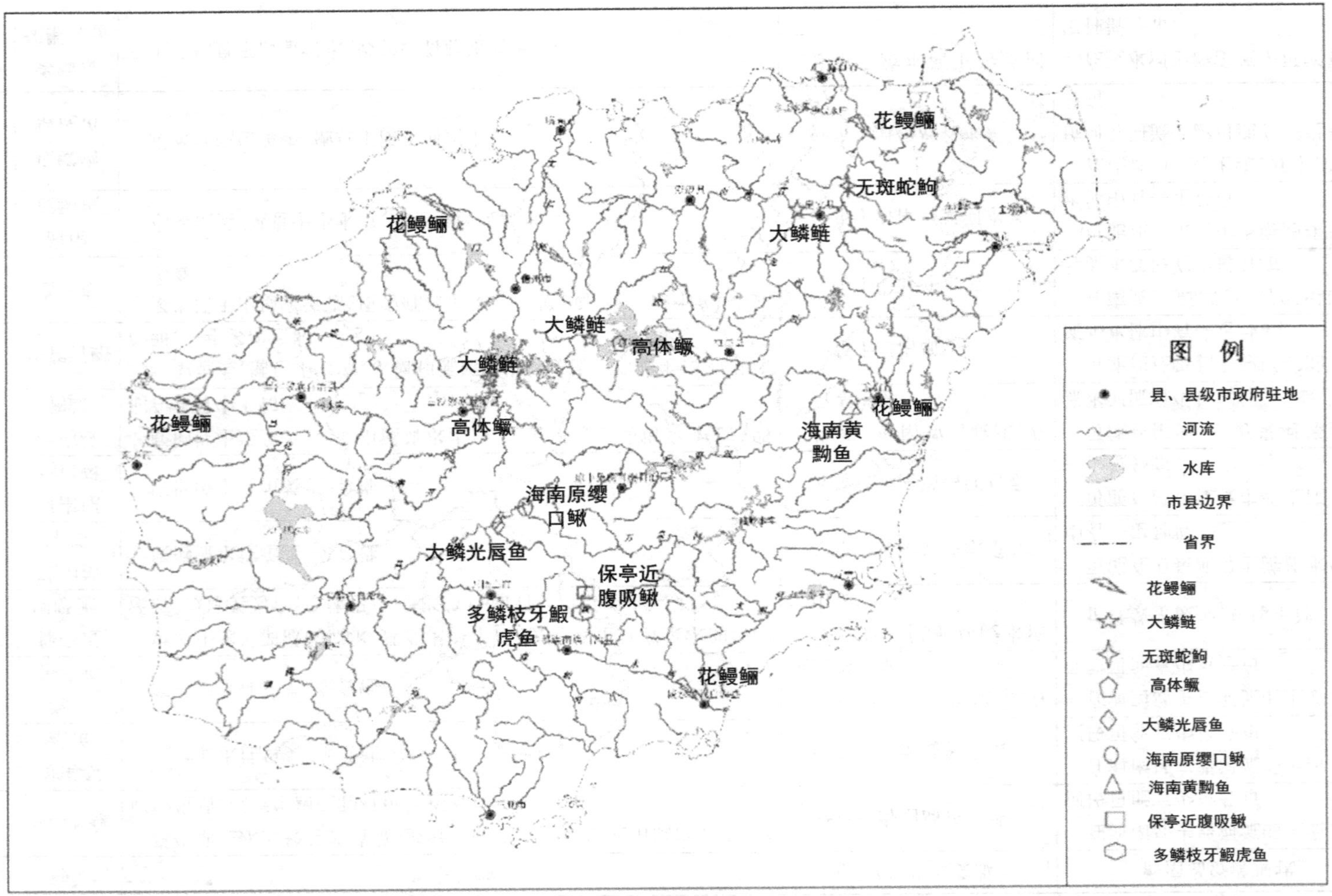

图 3-27 海南岛重要鱼类分布示意图

3.4.6 水生生境状况及威胁因子

小水电梯级开发、拦河闸坝、水库水利工程建设、岸线利用、采砂、水污染、过度捕捞等人类活动对海南岛水生生境造成了较大破坏,主要表现在以下四个方面:一是由于水电站、闸坝等建设导致河流连通性下降,鱼类洄游通道受阻,如花鳗鲡、鳗鲡等洄游性种类目前一般仅分布在河流最下一级坝址以下河段;二是水库运行后水文情势改变,一些流水性鱼类适宜生境大幅缩小,退缩至河流上游或源头区域,种群规模下降;三是河流自然岸线和底质破坏,鱼类等水生生物赖以生存的近岸浅滩、产卵场等面积缩小;四是水体污染导致水生生境质量下降,局部河段污水、垃圾等对水生生境破坏严重。海南岛主要流域水生生境现状见表3-29。

表 3-29 主要流域水生生境现状调查

河流	水生生境现状
南渡江	(1)水电等梯级开发破坏河流连通性。 南渡江流域有小水电90座。南渡江干流已建松涛、谷石滩、九龙滩、金江、龙塘等梯级严重破坏了河流连通性,其中松涛水库大坝基本阻断了南渡江上下游河流水力联系,减少了向下游下泄径流量,对流域水生生态影响巨大;龙塘大坝距河口仅 26 km,阻隔了洄游鱼类及河口鱼类上溯的通道,致使大部分洄游鱼类和河口鱼类被阻隔于龙塘坝下,栖息地大幅缩小,大坝的阻隔也使原本连续的河流生态系统被分割为片段化的异质生境,影响河流生态系统的结构和功能。 (2)水库运行改变水文情势。 松涛水库等运行导致库区流动的河流生态系统转变为静水的湖泊生态系统,流水性鱼类的适宜生境大幅缩小,急流、缓流、浅滩、深潭等多样化的河流生境趋于均一化,库区鱼类种类组成也均一化、简单化。另外,一些需要特殊水文条件完成生活史的鱼类,如大鳞鲢、鲮等,由于大坝阻隔、水库形成,繁殖所需要的大流量刺激和漂流流程无法满足,导致其无法完成生活史,种群规模大幅缩小甚至消失。 (3)采砂影响鱼类栖息环境。 由于城镇化建设的需要,南渡江流域,特别是中下游,采砂活动十分频繁,采砂不仅破坏河流底质,影响底栖动物等的生存,从而影响鱼类饵料生物来源,对鱼类栖息地干扰和破坏,而且采砂导致水体浑浊度升高,影响河流水质,对鱼类的生存也造成一定的影响。 (4)生物入侵对土著鱼类产生威胁。 南渡江流域调查到的外来鱼类有罗非鱼、食蚊鱼、露斯塔野鲮、短盖巨脂鲤、革胡子鲇等12种,其中罗非鱼在南渡江流域甚至全海南岛分布十分广泛。入侵成功的外来鱼类一般都具有较强的耐受力和生命力,且繁殖能力强(如罗非鱼、食蚊鱼等),能迅速扩张种群并占领生态位,直接挤占土著鱼类生存空间、食物竞争,甚至捕食土著鱼类的幼鱼和鱼卵、携带病菌、基因渗透等,对土著鱼类产生巨大威胁,甚至造成部分种类的濒危和灭绝

河流	水生生境现状
昌化江	（1）昌化江流域共有水电站74座。大广坝、戈枕、石碌水库等大中型水库以及昌化江干支流上游建有多级小水电站及拦河坝,破坏了河流连通性,阻隔了洄游鱼类的洄游通道。 （2）大广坝、石碌水库等运行使库区及坝下水文情势发生改变,对流水性鱼类等造成一定影响。 （3）下游河段采砂严重,河漫滩湿地及岸边带植被破坏,河口湿地生态功能受损,水生生物多样性下降。 （4）昌化江下游由于梯级水库的调蓄、引水,下游河道水量减少,部分河段河岸带及河口甚至出现了沙化现象,河流生态廊道功能受损,鱼类等水生生物生存条件恶劣,资源量缩小,河流生态功能降低
万泉河	（1）万泉河流域共有水电站63座。上游多级水电站阻隔河流纵向连通性,引水式电站存在脱水段,鱼类生境遭受破坏。 （2）万泉河最下游已建加积水库坝址距河口仅约22 km,对洄游鱼类和河口鱼类的阻隔影响较大,花鳗鲡等河海洄游性鱼类基本上被阻隔于坝下。 （3）流域内砍伐山林,种植橡胶、槟榔等经济作物,使原生态林和植被遭到破坏,水土流失加剧,水源涵养能力减弱。流域内橡胶厂、糖厂、水泥厂、造纸厂、淀粉加工厂等小型、污染重的企业较多,向万泉河排放大量的污水,对万泉河水环境、水生态造成一定影响。 （4）城镇化及旅游地产发展,外来人口的大量涌入,加大了城镇污水、生活垃圾等排放量,对流域生态环境带来威胁
陵水河	（1）陵水河流域共有水电站28座。目前流域内无调蓄型水库,但上游及主要支流建有多级小水电站,纵向连通性受阻,部分河段存在脱水段,溪流性鱼类生境遭受破坏,土著鱼类资源减少。 （2）干流最下游梯级梯村坝址距河口约30 km,几乎将河流拦腰截断,对河流连通性破坏较大,同时也阻隔了花鳗鲡等洄游鱼类的洄游通道;坝址以下河段水量减少,对水生生态影响较大。 （3）上游保亭县城河段、下游陵水县城至河口约12 km河段两岸修建有硬质护岸,导致河槽收窄,河道几近渠化,河滨带生境条件受损严重
其他重要河流	（1）除南渡江、昌化江、万泉河和陵水河4大流域外,海南岛其他河流流域内还有134座水电站。海南岛其他中小型独立入海河流基本上都有水电开发,且大部分河流在河口区域设有挡潮坝、滚水坝等,对河流的连通性造成较大破坏,河流生境片段化,影响鱼类种群交流,且中小型独立入海河流均有花鳗鲡、鳗鲡等河海洄游性鱼类,对洄游鱼类阻隔影响较大。 （2）春江水库、万宁水库等水库坝下及引水式电站减水河段减脱水严重,对河流生境和水生生态造成较大影响。部分小型河流由于本身水量较小,但随着水资源开发利用程度的提高,导致下游及河口水量减小,河口河滩地裸露、沙化严重。 （3）中小型河流一般具有水量小、流速低、水深浅等特点,捕捞难度较小,特别是电鱼、毒鱼等非法捕捞方式的使用更便捷,其酷渔滥捕现象较大江大河更严重,鱼类资源破坏十分严重

为客观评价海南岛水生生境状况,本次采用纵向连通性、采砂扰动状况、生态岸线比例指标对海南主要河流的水生生境进行评价(见图3-28),评价表明:

纵向连通性评价为差的河段有27段,占评价河段的44%。经统计,海南岛共有水电站389座,其中位于南渡江、昌化江、万泉河、陵水河4大流域内的水电站有255座,占比65.6%。主要河流已建有数量众多的小水电、拦河坝、水库等闸坝,中部山区拦河闸坝的修建改变了溪流性河流的水文特征和上下游物质、能量输送和鱼类迁徙;南渡江、万泉河、

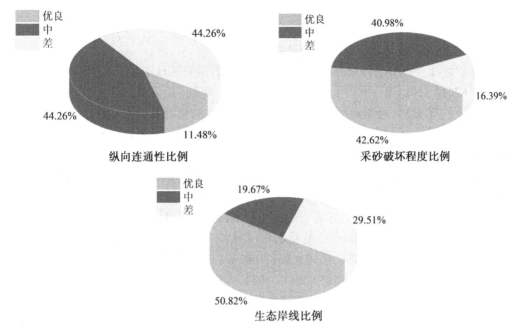

图 3-28　典型河段水生态状况评价结果

陵水河、文澜江等14条入海河流的下游及河口建有拦河闸坝,均未建设过鱼设施,上游山区溪流性鱼类、中下游江海洄游鱼类的洄游通道遭受阻隔。

采砂破坏程度评价为差的河段10段,占评价河段16%。采砂破坏扰动的河长136 km,占评价河长的5.0%,主要分布在南渡江、昌化江、万泉河等流域的中下游地区。南渡江支流龙州河、昌化江支流石碌河等,非法采砂现象严重,一些采砂河段未按要求及时开展滩槽平整和植被恢复,造成河床紊乱、河漫滩湿地和植被破坏。

生态岸线比例评价为差的河段18段,占评价河段的29%。其中,南渡江的大塘河入口至巡崖河入口段、龙塘至入海口段的城镇河段,昌化江的向阳坝址至大广坝库尾抱由镇段、陵水河陵水县城等河段的河岸带为直立岸坡挡墙,既影响了生态水系廊道的横向连通性、破坏了河滨带生物栖息地,又造成了景观生态带的破碎化,降低了河流的亲水性和生态景观服务功能。河流岸线、河口岸线等开发造成自然岸线和底质破坏,鱼类等水生生物适宜生境面积缩小。

总体分析,由于海南省一些河流水电开发、过度捕捞、废污水排放、河道采砂等人类活动对鱼类资源及栖息生境产生较大破坏,分布范围收窄,种群规模下降,如花鳗鲡、鳗鲡等洄游性种类目前仅分布在河流最下一级坝址以下河段,而流水性鱼类主要分布于河流上游或源头区域;由于生境丧失、过度捕捞等,部分鱼类种群濒危程度加剧,如大鳞鲢多年未采集到;此外,外来鱼类也对土著鱼类造成了极大威胁。规划编制及规划工程实施过程中,不仅要加强南渡江、万泉河、昌化江等38条生态水系廊道的保护与修复,禁止新建小水电,加强已建水闸坝生态调度和小水电生态改造,逐步修复受损的水生态系统;同时要按照"以新代老"原则,在重大规划工程建设或改扩建时,针对上下游相关的水利水电工程提出生态保护与修复的措施和要求,逐步推进生态水利工程建设。

3.4.7 生态水量现状分析

3.4.7.1 主要河流生态流量满足程度及断流情况

根据南渡江、昌化江、万泉河等主要河流 8 个断面实测逐日流量资料,分析可知,8 断面近 5 年(2010~2014 年)平均生态流量满足率(按日统计)最低可达到 81% 以上,8 个断面平均每年约有 333 d 可满足生态基流要求,满足率达 90% 以上。

根据历史资料,在 2015 年大旱状况下,海南岛共有 44 条小河流出现断流,119 座小型水库和小山塘干涸,约有 15 万人畜出现临时饮用水困难。个别市(县)出现 60 d 以上无有效降雨的严重干旱天气,三亚市也遭遇了自 1959 年有气象记录以来历史上最干旱的一年。除三亚以外,海南岛除北部外的地区均遭遇了不同程度的干旱。其中,昌江和三亚为特重气象干旱,乐东、五指山、琼海、东方、保亭和陵水 6 个市(县)为中度气象干旱。统计主要江河近 5 年(2010~2014 年)及枯水年、特枯年实测逐日流量资料显示,部分河段出现断流现象。如南渡江上游的松涛水库长年断流,仅在汛期偶尔有洪水下泄;太阳河万宁水库近年来均出现断流现象,其中 2011~2014 年平均断流天数达到 40 d 以上;望楼河下游由于过度引水也近年来已出现断流现象;一些独流入海河流上的中小型水库下游,枯水期均存在不同程度的河道断流问题。

3.4.7.2 生态水量现状挤占量分析

南渡江、昌化江、万泉河等主要河流 8 个断面实测逐日流量资料,结合各控制断面相应生态基流要求,计算各断面的生态基流缺水量。据计算结果可知,现状条件下各断面生态水量均有不同程度的挤占现象。其中,松涛水库坝下生态缺水量达到 3 亿 m^3 以上;昌化江宝桥断面近 5 年平均生态缺水量可达 4 164 万 m^3;南渡江嘉积坝断面近 5 年平均生态缺水量达 3 545 万 m^3;太阳河万宁水库坝下近 5 年平均生态缺失量达 1 400 万 m^3。

3.5 河口生态调查与评价

海南河口区具有陆海物质交汇、咸淡水混合、水盐过程复杂等特征,不仅拥有众多的珍稀物种和丰富的渔业资源,也是许多海洋生物的重要栖息地,是鱼、虾、蟹等主要海洋经济物种产卵、育幼和索饵场所。按照海南水网规划分区,海南岛河口区主要分为琼北片区河口(南渡江、北门江、珠碧江和文教河)、琼南片区河口(陵水河、望楼河、三亚河和宁远河)、琼西片区河口(昌化江)和琼东片区河口(万泉河、太阳河)。按河口形态及地貌,海南岛河口分为沙坝—潟湖型河口(万泉河、陵水河、宁远河、珠碧江、太阳河、望楼河等河口)、港湾溺谷型河口(北门江、春江、文教河等河口)、三角洲型河口(南渡江河口)等类型,见图 3-29。

海南岛河口海湾众多,平均盐度在 10‰~20‰,在旱季海水基本控制了河口区,河口鱼类呈现海洋鱼类的特点。河口现状水文情势已逐步调整至相对稳定状态,但人类开发活动对河口生境影响较大,尚未完全调整达到平衡;三大入海河流河口段及近岸海域水质现状良好;根据岸线资源调查统计,南渡江河口区人类开发活动达到较高水平、昌化江较低,万泉河人类开发活动具有明确的导向性。

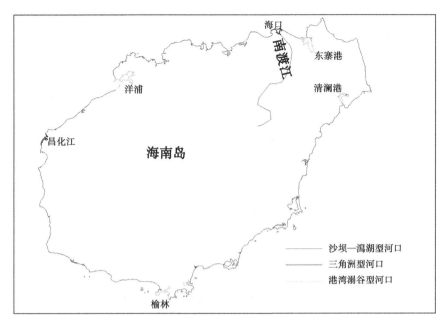

图 3-29　海南岛河口类型分布

3.5.1　入海水量

海南省 1956~2015 年平均入海水量为 287.25 亿 m³,占地表水资源量的 90.7%。其中,南渡江、昌化江、万泉河多年平均入海水量分别为 59.91 亿 m³、39.92 亿 m³、53.27 亿 m³,分别占流域年径流量的 86.3%、93.1%、98.8%(见图 3-30)。

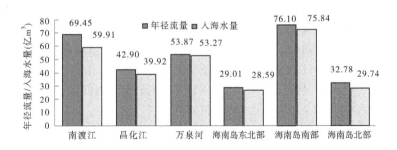

图 3-30　海南岛多年平均年径流量与入海水量统计

3.5.2　河口水环境状况

3.5.2.1　近海水质

根据近三年海南省近岸海域水环境状况统计表明,全省近岸海域水质总体为优。海南岛近岸海域一、二类海水占 95.03%,97.6% 功能区水质达到水环境功能区管理目标要求。三、四类海水主要出现在海口秀英港、万宁小海、三亚河入海口、清澜港红树林近岸海域,主要受城市生活污水和港口废水影响,污染指标为石油类、无机氮和 COD(见图 3-31)。

图 3-31　海南省近岸海域水质状况

3.5.2.2　入海河段水质

根据近三年海南省主要河流入海断面水质监测信息、海南省环境状况公报等资料统计表明,所监测的 20~24 条主要河流入海河段中,水质符合或优于地表水Ⅲ类标准的河段占 78.03%,Ⅳ类水质主要分布在海甸溪、文教河、文昌河、东山河、罗带河、珠溪河的入海河段,污染指标为 COD、氨氮和高锰酸盐指数,主要受城市(镇)生活污水、农业及农村面源污染影响。

3.5.2.3　盐度现状

近三年主要河流入海断面水质监测数据显示,南渡江河口(儒房断面)盐度在 2.9‰~20.9‰,变化范围相对较大。据 2015 年观测结果,南渡江河口枯季,河道内出现了明显的盐水楔,但是受到中上游径流的顶托作用,盐水楔的前缘被强烈压缩,锋面处的垂向梯度很大。在距离河口 15 km 处监测断面盐度值为 0,而相距最近(3 km)的下游站位的盐度值,从表层到底层变化范围为 2‰~11‰,由此推算南渡江的潮流界线在此两站之间,也就是距入海口 12~15 km 处(见图 3-32)。

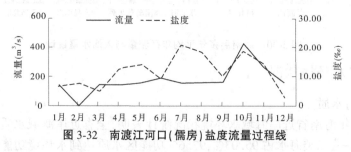

图 3-32　南渡江河口(儒房)盐度流量过程线

万泉河(汀洲断面)、昌化江(大风断面)河口的盐度基本在 3‰以下,变化幅度相对较小。其中昌化江具有典型海岛型河流特征,距离昌化江河口不远处,地形迅速抬升。自河口昌化江港地区至大新村处,河床平缓,该处距河口约 8.0 km,自大新村处上溯,河床迅速抬升,在该处以上约 4 km 的小居候处,河床高程达到 3.8 m,而昌化江河口属中潮河口,历年最高潮位为 3.3 m(56 榆林,m)。根据昌化江河口的感潮情况及河口附近地势,昌化江河口的咸潮上溯的距离主要受到河口地势的制约,而受昌化江上游来流量甚微。见图 3-33、图 3-34。

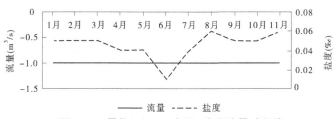

图 3-33　昌化江河口(大风)盐度流量过程线

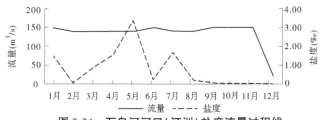

图 3-34　万泉河河口(汀洲)盐度流量过程线

根据南京大学海岸与海岛开发教育部重点实验室对万泉河口潮汐和盐度的观测结果:万泉河枯水期大潮(上游来流 60 m³/s)、小潮(上游来流 40 m³/s)和洪水期大潮(上游来流 360 m³/s)实测潮位、潮流同步观测资料,枯季大潮高潮位时潮区界大致在龙池村附近,距河口约 16 km;小潮时潮区界向河口下移约 2 km;洪季潮区界则在枯季小潮潮区界以下约 0.6 km 处,因距河口 10~18 km 的上寨至乐城河段河道坡降较大,海洋潮汐动力难以影响到龙池以上的河段。相比于海洋潮汐动能传递,海洋物质输移距离应小于动能传递影响范围。另外,洪枯季之间,潮区界变化范围很小,万泉河河口咸潮上溯距离主要受制于潮汐动力与河道坡降,潮区界位置变幅较小。

综合以上分析,海南岛洪季及台风季上游流量较大,河口区咸潮上溯弱,枯季咸潮上溯略有增强,但海南岛河口咸潮上溯的主要控制因子为潮汐动力及河口地形,径流量的微小变化对河口咸潮上溯的影响不显著。

3.5.3　河口岸线状况

海南河口岸线分为人工岸线、砂质岸线、生物岸线、淤泥质岸线。《海岸带调查技术规程》及遥感影像解译结果表明,各河口区岸滩形态及岸线资源类型均有一定程度的变化,主要表现在河口岸滩向海方向的推进、下游河道堆淤减少、淤泥质岸线向生物岸线或人工岸线的转变等方面。其中,河口区岸滩整体形态发生较大变化的有陵水河、珠碧江、宁远河、望楼河;变化相对较小的有人为治理开发较早的三亚河、太阳河,也有人类活动干预较少的文昌河、春江;其余的河口区均受河道整治、围填造陆、围塘工程等人为因素的影响,局部区域的岸滩形态及岸线资源持续发生变化。主要河口岸线具体状况分析见表 3-30。

表 3-30 海南岛主要河口岸线状况

河口	岸线状况	受人类影响程度	现状建设工程
南渡江河口	岸线总长141.6 km,其中人工岸线82.6 km,占58.3%,主要分布在上游南渡江右岸及口门段;砂质岸线长22.8 km,占16.1%,主要分布在河口东侧;生物岸线15.5 km,占10.9%,主要分布在河口区上游左岸;淤泥质岸线20.7 km,占14.6%,主要分布在河口区上游右岸	人类开发活动达到较高水平	一般性围垦工程11处、围填鱼塘10处、码头27处、闸坝1处、旅游用地2处
昌化江河口	岸线总长89.0 km,其中淤泥质岸线74.1 km,占比83.2%,分布在昌化江上游两岸及口门段;生物岸线长6.6 km,占7.4%,分布在河道下游两岸;人工岸线长5.5 km,占6.2%,分布在河口口门段北岸;砂质岸线2.8 km,占3.1%,分布在入海口北侧。人工岸线占比不足10%	人类开发活动水平较低	一般性围垦工程24处、围填鱼塘11处、码头3处、闸坝3处
万泉河河口	岸线总长126.4 km,其中人工岸线78.8 km,占62.3%,主要分布在中、上游河道两岸及口门段;生物岸线长27.4 km,占21.6%,主要分布在河口段江心洲两侧;砂质岸线11.9 km,占9.4%,主要分布在入海口两侧。人工岸线南侧分布在江心洲沿岸及部分河道沿岸;砂质岸线8.3 km,占6.6%,主要分布在入海口口门段,开发类型多为高尔夫球场及别墅。人工岸线虽然仅占比21.6%,但集中分布在河口口门段	人类开发活动具有明确的导向性	一般性围垦工程24处、围填鱼塘5处、码头7处、旅游用地(高尔夫度假村)2处
陵水河河口	岸线总长19.4 km,其中人工岸线11.2 km,占57.8%,主要分布在陵水河上游两岸;砂质岸线长4.5 km,占23.1%,主要分布在河道下游两侧;生物岸线长3.7 km,占19.1%,主要分布在入海口东海两侧的江心洲。河口段人工岸线占比近60%	人类开发活动达到较高水平	一般性围垦工程10处、码头2处、闸坝3处
春江、北门江河口	岸线总长126.8 km,其中淤泥质岸线长96.1 km,占75.8%,分布在春江及北门江河道沿岸;生物岸线长16.7 km,占13.1%,分布在儋州湾北岸部分区域及零星分布的江心洲沿岸;人工岸线长14.0 km,占比11.1%,分布于新英港及儋州湾湾口沿岸。河口段人工岸线约占11%	人类开发活动水平较低	一般性围垦工程4处、围填鱼塘31处、港口2处、码头16处
宁远河河口	岸线总长41.7 km,其中人工岸线长13.7 km,占32.9%,分布在河道中、上游两岸;砂质岸线长5.8 km,占14.0%,分布于河口段江心洲沿岸。淤泥质岸线长21.8 km,占52.3%,分布于河口区东、西岸外侧;生物岸线长0.4 km,占0.9%,分布在河口区江心洲沿岸。河口段人工岸线占52.3%	人类开发活动水平较高	一般性围垦工程9处、围填鱼塘23处、港口2处、码头5处、闸坝1处

续表 3-30

河口	岸线状况	受人类影响程度	现状建设工程
三亚河河口	岸线总长 38.9 km,其中生物岸线长 18.0 km,占 46.3%,主要分布于三亚河上游河道及临春河两岸;人工岸线长 17.3 km,占 44.4%,主要分布在河道下游及口门段;砂质岸线长 3.5 km,占比 9.1%,主要分布于三亚湾及三亚市南边海路沿线;淤泥质岸线长 0.1 km,占比 0.2%,分布于三亚河西岸一小片滩涂上。河口段人工岸线及经人为规划的生物岸线均占 40% 以上	人类开发活动达到较高水平	一般性围垦工程 1 处,围填鱼塘 1 处,码头 22 处,闸坝 1 处,旅游用地 2 处
太阳河河口	岸线总长 32.0 km,其中淤泥质岸线 21.2 km,占比 66.3%,主要分布于河道中、下游沿岸以及上游北岸;生物岸线 7.9 km,占比 24.7%,主要分布在河道上游两岸及中游南岸;砂质岸线 2.2 km,占比 6.8%,主要分布于口门区两岸;人工岸线长 0.7 km,占比 2.3%,主要分布在口门区提坝。河口段人工岸线占 2.3%	人类开发活动水平较低	4 处常规工程,均为闸坝
望楼河河口	岸线总长 36.8 km,其中淤泥质岸线最长,长度 24.1 km,占比 65.4%,主要分布于口门区两岸及河道上游沿岸;砂质岸线 6.1 km,占比 16.5%,主要分布在口门区两岸外侧;人工岸线 6.7 km,占比 18.1%,主要分布于河道下游沿岸。河口段人工岸线占 12.9%	人类开发活动水平较低	围填鱼塘 6 处,码头 1 处
文昌河、文教河河口	岸线总长 102.7 km,其中生物岸线长 42.2 km,占 41.1%,主要分布于文昌河沿岸及口门区、文教河北岸、八门湾北岸以及沙头港;淤泥质岸线长 27.2 km,占 26.5%,主要分布于文教河河道下游及口门区;人工岸线长 24.6 km,占 23.9%,主要分布在清澜大桥两岸港口及邦塘湾人工岛;砂质岸线长 8.7 km,占 8.5%,主要分布于高隆湾沿岸。河口段人工岸线约占 25%	人类开发活动水平相对较低	围填鱼塘 8 处,码头 13 处,闸坝 2 处,旅游用地(高尔夫度假村)2 处
珠碧江门河口	岸线总长 29.5 km,其中人工岸线长 13.2 km,占比 44.7%,分布在口门区两岸内侧,东岸外侧及上游沿岸;砂质岸线长 12.5 km,占比 42.3%,主要分布于口门区河道中,上游沿岸、西岸口门区外侧;生物岸线长 3.4 km,占比 11.7%,主要分布于口门区东,两岸沿岸;淤泥质岸线长 0.4 km,仅占比 1.3%,主要分布在口门区面积较小的江心洲。河口区江心洲	人类开发活动水平相对较高	一般性围垦工程 9 处,围填鱼塘 10 处,码头 3 处

3.5.4 河口鱼类及生态习性

海南河口属于河流生态系统与海洋生态系统生态交错区域,生态环境的梯度性特征明显,生物种类繁多,生态系统结构和功能复杂,具有各异的环境特征和生物群落,主要包括河口水生生物、红树林等生态系统。海南近岸海域水质状况为优,海洋生物群落结构总体稳定。

3.5.4.1 河口鱼类区系及分布

海南岛由于降水量时空分布不均,雨季旱季河流流量差异显著,汛期大量淡水流向河口,旱季则不少河流几乎干涸,因此河口区盐度变化很大,平均盐度在 20‰ 左右,在旱季海水基本控制了河口区,海潮侵入内河距离较远,咸淡水界限变化范围大,因此呈现了海南岛河口鱼类中有大量海洋鱼类在内的特点。根据《海南岛淡水及河口鱼类志》记载,海南岛河口鱼类共有 14 目 43 科 91 种,洄游性鱼类现知有 2 目 2 科 3 种,即日本鳗鲡、花鳗鲡和七丝鲚。由于海水鱼类与河口鱼类之间的界线较难划分,特别是海南岛河流的径流量小,河口盐度较大,许多海水鱼类可以进入盐度较高的海南岛各河口,因此海南岛河口鱼类区系组成与大陆各江河河口有其相同及不同之处,具有本岛的特点。海南岛河口鱼类区系特点如下:

(1)河口鱼类以鲈形目的鰕虎鱼亚目占优势。海南岛河口鱼类包括洄游性鱼类为 94 种,以鲈形最多,有 49 种,约占河口鱼类总数的 52.1%;其中鰕虎鱼亚目有 25 种,占鲈形目总数的 51%,为海南岛河口鱼类组成的明显特点之一。此外,鲱形目 10 种(占 10.6%),鳗鲡目 8 种(占 8.5%),鲻形目和鲽形目各 7 种,颌针鱼目 5 种,其他各目种类较少,仅各有 1~2 种。

(2)绝大部分为暖水性种,具有明显的热带性质。海南岛河口鱼类属暖水性的有 89 种,占河口鱼类总数的 94%,只有少数种类为暖温性鱼类,无温水性、冷温性和冷水性鱼类。

(3)河口鱼类的种类及数量在海南岛各江河中不尽相同。南渡江的种类最多,为 57 种,以鲻鱼、多鳞鱚、眶棘双边鱼、紫红笛鲷等较为常见;万泉河口区水较深,海潮可达朝阳附近,进入河口的海水鱼类多达 37 种,以尖吻鲈、鲻鱼、眶棘双边鱼、灰鳍鲷等较为常见;昌化江口以大海鲢、鲻鱼、长棘银鲈、弹涂鱼等较为常见;陵水河以鲻鱼、紫红笛鲷、中国须鳗及其他鳗形目鱼类较为常见。海南岛河口鱼类的特有种为斑纹栉鰕虎鱼和花斑副平牙鰕虎鱼 2 种,均记录于南渡江河口。

(4)河口鱼类大部分与珠江口相同,关系颇为密切,相同种达到 70 种,占河口鱼类总数的 74%,常见的有大海鲢、鳗鲶、尖吻鲈等。由于受暖流的支流影响,与闽江水系关系亦为密切,相同种有 45 种,常见的有大海鲢、花鳗鲡、鳗鲶等。与长江口相同种大为减少,仅 25 种,大部分为见于我国沿海的广泛分布的种类,如日本鳗鲡、海鳗、多鳞鱚、弹涂鱼等。随着地理位置的变化越大,河口区系相似点越来越少,其关系也愈加疏远。

3.5.4.2 主要保护鱼类及生态习性

河口主要经济鱼类有遮目鱼、鲻鱼、鳗鲡、尖吻鲈、黄鳍鲷等;花鳗鲡、遮目鱼、尖吻鲈、黄鳍鲷等为岛上名贵鱼类。通过构建海南河口近海水域生态系统食物链及营养级结构关系,识别出以花鳗鲡(国家二级保护动物)为代表的河海洄游性鱼类对河口近海水域生态系统的结构和功能具有关键性支撑作用,是该区域优先保护的对象。

1. 栖息习性

花鳗鲡(隶属鳗鲡目、鳗鲡科),属热带降河性洄游鱼类,有喜暗怕光、昼伏夜出的习性。其适应能力很强,能在恶劣环境中生存。当环境不适时,它们会成群结队地离开原来的水域,经过长途跋涉,进入其他水域生活。它们能用湿润的皮肤进行呼吸,即使离水时间较长也不会窒息而死,且具有较强的攀爬能力。

花鳗鲡在海洋出生,淡水成长,最后又回到海洋的出生地结束一生。在淡水中,多生活在水库、湖泊、池沼和江河中,以水库的分布密度最大。

2. 繁殖规律

花鳗鲡在淡水中性腺不发育,性成熟年龄的亲鳗,只有在降河入海洄游到河口水域才开始发育,待性腺发育成熟时,进入海洋进行生殖。降河洄游期间停止摄食,消化器官逐渐退化,肝脏变小,体脂减少,体内营养物质为性腺发育和生殖洄游所消耗。产卵期始于早春,延续时间大约 5 个月。产卵和孵化在水深 400~500 m 处进行,一尾雌性鳗鱼可产卵 700 万~1 300 万粒,卵呈浮性,卵大小约 1 mm。产卵后亲本鳗鱼即死亡。产出的卵子 10 d 之内,在深海的中层随流漂浮孵化,孵出仔鱼 5~6 mm,仔鱼长到 15 mm 时多分布在水深 100~300 m 的水层处,随着生长上升到水深 30 m 水层处。此时白天在 30 m 水层,夜间游至水表层,做昼夜垂直移动,同时随海流漂游,发育成为叶状幼体,似柳树叶,称为柳叶鳗。

3. 食性

花鳗鲡是一种肉食性鱼类,以捕食小鱼、虾、蟹、蚌、田螺、沙蚕、蜕、蛆则、水生昆虫等动物性饲料为主,偶尔也摄食少量浮游植物和水生维管束植物。仅在食物缺乏时,会有大鱼吃小鱼的现象发生。从春至秋,其摄食量逐渐增大,冬季和降河泅游期间停止摄食。花鳗鲡为凶猛动物食性,以追赶方式取食。

4. 适宜盐度(范围)

鳗鲡属(Anguilla)鱼类为繁殖洄游性生物,具有较强的盐度耐受性,广泛分布于淡水、咸水及半咸水地区(Edeline 等,2004),不同种类的鳗鲡有相似的生活史(邓岳松等,2001),即受精卵、柳叶鳗、玻璃鳗、幼鳗、黄鳗及银鳗共 6 个阶段。鳗鲡在受精卵和柳叶鳗时期,生活在海水环境;玻璃鳗生活在半咸水的河口地区;幼鳗和黄鳗溯河进入江河湖泊,进行淡水生活;银鳗向产卵场做降海洄游,环境盐度不断上升,直至进入海洋。盐度与鳗鲡的生长、存活、洄游以及耗氧率等一系列生态、生理过程关系密切。Ade Yulita Hesti Lukas 等(2017)对体重为 0.15~0.23 g 的双色鳗鲡 Anguilla bicolor bicolor 玻璃鳗进行盐度适应性试验研究,结果表明,玻璃鳗的最适盐度为 10 g/L。邓伟霞(2011)选取平均规格为 0.67 g 的花鳗鲡白仔鳗进行盐度适应性试验研究,结果表明其生长的最适盐度范围 10‰左右。在盐度为 10‰时,玻璃鳗的相对增重率、特定生长率、饲料转化率及存活率都达到最大值。夏保密(2016)以日本鳗鲡(505.1 g±35.7 g)为研究对象,研究结果表明,日本鳗鲡在高渗条件下,呼吸频率增加,水分流失增多,鱼体通过一定的渗透调节机制,最终能调节水盐代谢达到新的平衡。

通过以上研究,大致可以判断,鳗鲡对盐度的变化具有很强的适宜性和自我调节能力。盐度变化对鳗鲡的影响大致可以从鳗鲡生命史的两个不同阶段分析,一是鳗苗(玻璃鳗)由海洋进入河流的过程中,主要在河口咸淡水区生存,其最适盐度在 10 g/L 左右,过高或过低的盐度对其生长和存活率均不利;二是对于鳗鲡幼鱼和成鱼,由于其主要在淡水中生存,主要适应淡水或低盐度环境,但其对盐度变化的适宜性较强,能够通过自身调节,迅速适应盐度变化。

5. 栖息地分布

根据现场调查、走访当地渔民和历史资料,海南岛主要河流洄游通道分布情况如下:

南渡江鳗鲡等洄游性鱼类历史上可上溯至松涛库区河段,但目前由于干流梯级开发,特别是最下游一级龙塘坝的阻隔,大部分洄游鱼类和河口鱼类被阻隔于龙塘坝址以下,少部分在龙塘坝洪水期溢流时上溯至金江至龙塘河段。因此,南渡江鱼类洄游通道目前基本上仅限于龙塘坝以下河段。

昌化江最下游一级戈枕水库为大(2)型水库,坝高 34 m,且未建过鱼设施,因此目前昌化江鱼类洄游通道仅限于戈枕坝下河段。

万泉河鳗鲡等洄游鱼类可洄游至牛路岭河段。万泉河最下游一级梯级嘉积坝坝高6.8 m,额定水头 3.5 m,高水位时水流溢坝而过,小部分洄游鱼类可通过嘉积坝上溯至烟园水电站。因此,万泉河鱼类洄游通道主要是嘉积以下河段,烟园以下至河口段也应作为万泉河鱼类重要洄游通道。

陵水河最下游一级梯村坝对河流阻隔影响较大,鳗鲡等洄游性鱼类被阻隔于坝下,近坝河段成为鱼类聚集区域,也是渔民捕捞的重点区域。因此,陵水河鱼类洄游通道目前仅限于梯村坝址以下河段。

3.5.5　河口红树林

海南岛是我国红树林的分布中心,绵长的海岸线和众多的港湾、河口为红树林的生存繁衍提供了优越的条件,使之成为我国红树林植物种类最丰富、分布和保存面积最大的地区之一。海南红树林在我国乃至世界红树林中占有重要位置,具有极为重要的保护价值。

3.5.5.1　红树林及自然保护区分布

海南红树林主要分布在北部的海口市、临高县、文昌市、儋州市,南部的三亚市;望楼河、宁远河、昌化江河口也有零星红树林分布。目前,海南共设有 9 个红树林保护区,是我国红树林保护区分布最多的地区。

1. 海南省红树林及自然保护区

海南岛红树林区共有真红树植物 11 科 24 种,有半红树植物 10 科 12 种。海南丰富的红树植物资源中,有许多国家珍稀濒危物种,如水椰、红榄李、海南海桑、卵叶海桑、拟海桑、正红树、尖叶卤蕨等均为珍贵树种;海南海桑为海南特有物种;水椰、红榄李、海南海桑、拟海桑已载入《中国植物红皮书》,红榄李、海南海桑已被《中国生物多样性保护行动计划》列入"植物优先保护名录"。

海南省岸线长 1 823 km,大小港湾 84 处,滩涂面积大。海南省东北部的海口美兰区东寨港和文昌清澜港是海南省红树林最大分布区,生长着嗜热红树种类瓶花木(*Scyph-*

iphora hydrophyllacea)、水椰(*Nypa fruticans*)、红榄李(*Lumnizera littorea*)和红树(*Rhizophora apiculata*)等；海南西部沿海多为沙岸和岩岸，红树林面积小、组成简单。

海南省9个红树林自然保护区的概况及具体分布区域见表3-31和图3-35。其中：省级以上的自然保护区有2个，分别是东寨港国家级红树林自然保护区和清澜港省级红树林自然保护区；市(县)级红树林保护区7个，分别是三亚市亚龙湾青梅港红树林保护区、三亚市铁炉港红树林自然保护区、三亚河红树林自然保护区，儋州新英湾红树林自然保护区、临高新盈红树林自然保护区、彩桥红树林自然保护区和澄迈花场湾红树林自然保护区。据2009年红树林资源调查统计，海南岛红树林自然保护区内的红树林面积约有3 000.0 hm²。

表3-31 海南省红树林自然保护区概况

所在区域	红树林保护区	级别	红树林面积（hm²）	涉及河流	与规划工程布局关系
海口市美兰区	东寨港红树林自然保护区	国家级	1 559	珠溪河	不涉及
文昌市八门湾	清澜港红树林自然保护区	省级	984	文教河、文昌江等	不涉及
三亚市田独镇亚龙湾	青梅港红树林自然保护区	市(县)级	57.5	独流入海小河	不涉及
三亚市林旺镇	铁炉港红树林自然保护区	市(县)级	4.32	独流入海小河	不涉及
三亚市	三亚河红树林自然保护区	市(县)级	12.5	三亚河	乐亚水资源配置工程受水区
儋州市	新英湾红树林自然保护区	市(县)级	114.6	北门江	天角潭水库下游河口区
临高县与儋州市交界处	新盈红树林国家湿地公园	市(县)级	79.1	独流入海小河	不涉及
临高县新盈镇	彩桥红树林自然保护区	市(县)级	78.2	独流入海小河	不涉及
澄迈县	花场湾红树林自然保护区	市(县)级	153.9	独流入海小河	不涉及

注：表中自然保护区红树林面积按2009年统计。

1) 东寨港国家级自然保护区

东寨港国家级自然保护区是我国第一个红树林类型的湿地自然保护区，位于海南省东北部海口和文昌交界处，保护区总面积3 338 hm²，其中红树林面积1 559 hm²，占海南现有红树林面积的50%以上，红树林种类丰富，分布的无瓣海桑、秋茄属于人工林，其余树种是常见种。

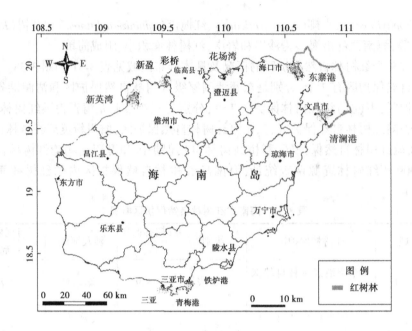

图 3-35　海南省红树林保护区主要分布区

红树林生态系统属于生态脆弱带,近年来由于水体富营养化,团水虱暴发,导致红树林面积一再减少。

2) 清澜港省级自然保护区

海南省清澜港红树林省级自然保护区(19°15′N~20°9′N,110°30′E~110°2′E)位于海南省文昌市境内,有文昌河、文教河等 8 条大小河流汇入保护区,是典型的潟湖—河口湿地生境。该保护区于 1981 年建立,是我国建立的第二个红树林自然保护区。该保护区内的红树林分布区可以被划分为 3 个片区,第一个片区位于文昌市东南的八门湾沿海岸,毗邻文城镇、东郊镇、文教镇、龙楼镇、东阁镇,距文城镇约 4 km,简称会文片区;第二个片区位于文昌市北部的铺前港、罗豆海域沿海一带,简称铺前片区;第三个片区位于文昌市南部冠南沿海一带,简称冠南沿海片区。

清澜港省级自然保护区红树林面积 984 hm²,占海南省红树林总面积的 33%以上,红树植物种类丰富,真红树植物 23 种,半红树 8 种,是我国红树林植物种类最多的自然保护区,红树群落以海桑和海莲为优势种。近年来,围塘养殖和海堤建设是威胁清澜港红树林湿地健康的主要因子。

3) 三亚市亚龙湾青梅港红树林自然保护区

三亚市亚龙湾青梅港红树林自然保护区(市级)位于三亚市田独镇亚龙湾国家级旅游度假区内,109°36′36″E,180°14′43″N,1989 年经三亚市人民政府批准设立,核定面积 92.6 hm²,其中红树林面积 57.5 hm²,群落类型以榄李、角果木、红树和桐花树为优势种。

由于长期受砍伐等人为干扰,原有的正红树群落、榄李群落和角果木群落面积严重萎缩,林相退化,现以榄李和角果木群落等多种优势种混合矮灌状群落为主。青梅港是亚龙湾较低的地方和主要的咸淡水交汇处,降雨产生的地表径流主要通过该港湾进入大海。

该地区的土壤为沙土,植被群落破坏后势必造成水土流失严重,过多的泥沙汇聚港湾内被红树林截留下来,抬高红树林分布区的滩面,最后造成潮位发生变化而使红树林退化。

4) 三亚市铁炉港红树林自然保护区

三亚市铁炉港红树林自然保护区(109°42′~109°44′E,18°15′~18°17′N)位于海棠湾滨海旅游度假区内,现有红树林面积 4.32 hm²,为典型的热带红树林,保护区红树植物种类较为丰富,以红树、白骨壤、榄李为优势种。铁炉港红树林自然保护区红树林的面积明显偏小,部分红树植物种类种群数量远远小于最小维持种群,珍稀濒危种比例高。

铁炉港保护区位于海棠湾滨海旅游度假区内,现有红树林退化严重。保护区周边将面临高强度的旅游开发等一系列开发活动,对红树林湿地生态系统造成一些潜在威胁。

5) 三亚河红树林自然保护区

三亚河红树林自然保护区位于海南省三亚市,北纬 18°19′~18°37′,东经 108°36′~109°46′,红树林面积 12.5 hm²。属于河岸红树林,三亚河是流经市区的主要河流,位于三亚市主城区的核心位置,为强感潮河,流经市区后分为三亚西河和三亚东河,西两河交叉南汇于入海口,北汇于月川中岛端。

三亚河流域红树林优势树种类型共有 26 种,其中以正红树、白骨壤和海桑分布面积最大。三亚河地处三亚市区内,人为影响程度较大。烧薪柴导致的人为砍伐,筑堤、开辟盐田、高位池养虾等引起的红树林生存环境的改变使得三亚河红树林面积不断减少。

6) 儋州新英湾红树林自然保护区

新英湾红树林自然保护区(县级)位于海南省儋州市 109°10′~109°19′E,19°42′~19°44′N 内,1986 年成立,该区的红树林主要集中在新英湾西海岸靠近洋浦一侧和盐丁岸段。儋州新英湾红树林面积 114.6 hm²,红树林群落以罕见而珍贵的红海榄为优势种,次优势种为桐花树、白骨壤。

7) 临高新盈红树林自然保护区

新盈红树林湿地位于海南省临高县与儋州市交界处(109°3′~109°53′E,19°34′~20°02′N),北濒琼州海峡。受到泊潮村的阻挡,新盈港为形状类似于喇叭的半封闭式港湾,面积达 4 300 hm²,主要分为三大区域即珊瑚礁保护区、黑脸琵鹭保护区和红树林保护区。其中,新盈红树林自然保护区面积 79.1 hm²,红树林植物主要以角果木、海莲和桐花树等为主。

8) 临高彩桥红树林自然保护区

临高县彩桥红树林自然保护区位于临高县新盈镇,于 1986 年成立。新盈镇西濒后水湾,距县城 22 km,面积 350 hm²,其中红树林面积 78.2 hm²。彩桥红树林自然保护区的红树林群落类型为红海榄群落、桐花树+白骨壤群落,以红海榄占优势。近年来该区出现围垦现象,导致红树林局部受到破坏。

9) 澄迈花场湾红树林自然保护区

花场湾红树林自然保护区位于澄迈县境内,红树林面积 153.9 hm²,红树植物分布稀疏,红树植物以灌木从林居多;花场湾红树林接近亚热带性质,红海榄在花场湾广泛分布。由于此地红树林受围垦养殖的影响,红树群落已经表现出退化。

根据国务院印发的《全国海洋主体功能区规划》(国发〔2015〕42号),海南岛附近海域属于优化开发区域,包括海南岛周边及三沙海域,需要加强红树林、珊瑚礁、海草床等保护。经识别,三亚市作为本次规划的乐亚水资源配置工程的受水区,新增供水和城镇退水会对三亚河红树林造成间接影响;天角潭水利枢纽工程建设将对北门江河口新英湾红树林造成不利影响。

2.本次水网规划涉及自然保护区——新英湾红树林自然保护区

依据海南大学完成的2008年国家海洋局"908"项目中的海南海岸植被调查结果、北门江流域规划陆生生态影响评价专题研究及天角潭水利枢纽环评中对北门江河口区红树林的专题调查结果,发现该地区红树林的植物组成主要有红树科的红海榄、木榄、海莲、角果木、秋茄树;大戟科的海漆;紫金牛科的桐花树;马鞭草科的白骨壤;使君子科的榄李;卤蕨科的卤蕨;爵床科的老鼠簕等11个红树林树种,占全国红树林树种的42.3%。

北门江流域的红树林的分布区域主要在新英湾、河口和部分河道滩涂上。其中新英湾内主要分布有红海榄、木榄、海莲、角果木、秋茄、海漆、桐花树、白骨壤、榄李等9种。红海榄、木榄、桐花树、白骨壤、榄李等5种红树林是构成不同潮位带红树林生态系统的优势种。北门江河口红树林主要组成植物的种类及生态习性见表3-32。

表3-32　北门江河口红树林主要组成植物的种类及生态习性

序号	名称	生态习性
1	红海榄 *Rhizophora stylosa*	灌木或小乔木,对环境条件要求不苛刻,除沙滩和珊瑚岛地形外,沿海盐滩都可以生长,对抵御海浪冲击比其他同属种要强。花果期秋冬季,胎生苗至翌年6~8月成熟,红海榄胚轴萌根的最佳盐度条件为20‰左右的高盐度。在新英湾红海榄常出现在滩涂前沿及出海河滩,土壤深厚,有细沙淤泥,盐度9.5‰~24‰
2	木榄 *Bruguiera gymnorrhiza*	乔木或灌木;花果期几乎全年。10‰~15‰的低盐度海水对木榄胚轴萌根和发芽有明显促进作用,大于15‰,不利于木榄胚轴萌根和发芽
3	海莲 *Bruguiera sexangula*	乔木或灌木,花果期秋冬季至翌年春季。结果表明,生长基盐度20‰以上,海莲繁殖体的萌苗时间推迟,成活率降低,随着盐度的提高,幼苗高生长量降低,叶片变小,海莲幼苗适宜生长的盐度范围在15‰以下,盐度为5‰的处理下,幼苗生长最旺盛,盐度超过25‰后生长受到抑制
4	角果木 *Ceriops tagal*	常绿灌木,夏末秋初开花,盛花期在秋季,翌年1~4月为盛果期,6~8月为胚轴成熟脱落期。角果木嗜热、喜光,耐盐性中等,胚轴萌根发芽的最适盐度在10‰左右。适合生长于淡水河口受海水浸淹的泥滩或微带黏性的砂质壤土,在只有大潮、特大潮才淹及的高潮岸带也能生长。不同苗期的幼苗对盐度的适应能力有差异,通常4片叶以下的幼苗盐度宜控制在10‰以下,4片叶以上的幼苗盐度控制在15‰以下,因此幼苗前期应该适当增加淡水浇灌次数和用量

序号	名称	生态习性
5	秋茄 *Kandelia obovata*	灌木或小乔木,花果期几乎全年。喜生于海湾淤泥冲积深厚的泥滩,在一定立地条件上,常组成单优势种灌木群落,它既适于生长在盐度较高的海滩,又能生长于淡水泛滥的地区,且能耐淹,往往在涨潮时淹没过半或几达顶端而无碍。但其胚轴在淡水和 5‰~35‰ 盐度范围内发芽率和生根率都很高,在 90% 以上,没有明显的差异,但高浓度的人工海水(35‰)对芽的生长有一定的抑制作用淡水条件下,秋茄胚轴的生根数较少。其幼苗的最适生长盐度为 5‰~10‰,10‰~20‰ 盐度可生长,20‰~30‰ 盐度或淡水处理下,秋茄幼苗生长明显受抑
6	白骨壤 *Avicennia marina*	灌木,花果期 7~10 月。对土壤适应性较好,可在河口湾泥滩,也可分布到半泥沙至沙质海滩,自然分布多在土壤盐度 5‰~20‰ 的环境中,个别可达 25‰ 左右;在盐度 25‰ 以上的海滩,可适合种植白骨壤
7	桐花树 *Aegiceras corniculatum*	灌木,花果期 12 月至翌年 1~2 月。桐花树苗木比白骨壤的苗木适应高盐度环境更差一些,桐花树苗木在盐度为 30‰ 时,会出现死亡,反而是在淡水环境中能存活和生长,表现出桐花树对淡水环境较强的适应性。进一步的试验结果表明桐花树苗木在盐度为 0~5‰ 时,生长良好,在盐度 5‰ 时长势最好,幼苗在 20‰ 盐度处理下,苗木出现死亡,增高小,叶片有脱落,生长缓慢
8	海漆 *Excoecaria agallocha*	常绿乔木,花果期 1~9 月。盐度为 5‰ 最好,15‰ 明显下降,25‰ 以上很差。不同盐度下海漆种子萌发的试验,发现在低盐度下发芽各项生理指标与淡水培育下差别不大;在中等盐度时各项指标低于低盐度的;而高盐度培育下萌发率最低,最终抑制生长导致死亡
9	榄李 *Lumnitzera racemosa*	常绿灌木或小乔木,花果 12 月至翌年 3 月。喜生长于海滩偏向陆域一侧,要有海水,但是又不能太深。榄李苗木在盐度 7.5‰~15‰ 条件下苗木综合生理指标和生长较好,在盐度为 0 或 30‰ 苗木综合生理指标和生长较差
10	老鼠簕 *Acanthus ilicifolius*	直立灌木(草本),花期:4~5 月,果期:5~6 月等。如果提高盐度会推迟老鼠簕种子的萌根及萌苗时间,幼苗在盐度 5‰ 时发育较好,盐度 15‰~25‰ 时,萌根率与萌苗率降低,幼苗根系活力下降,幼苗生物量明显下降
11	卤蕨 *Acrostichum aureum*	草本,植株高可达 2 m。根状茎直立,顶端密被褐棕色的阔披针形鳞片,为海岸潮汐带间沼泽植物。有的学者把它归入半红树林植物,有的归入红树林植物,有一定的争议。因此,也可看出它需要一定的盐分,但也能生长在淡水环境中。目前,在北门江流域主要是生长在被盐渍化的弃荒农田中

从以上分析,分布在北门江河口区域内的红树林植物对盐度的适应性由强到弱依次为:白骨壤、红海榄、角果木、榄李、秋茄、桐花树、木榄、海莲、海漆、老鼠簕、卤蕨。有学者进一步研究,桐花树在海湾和淡水域均生长良好,但在真正的淡水环境中却不能良好生长,主要的原因是,桐花树在淡水域生长的另一个基本条件是 pH7.0;海漆、榄李和老鼠簕3 种非胎生红树植物适应盐度的能力由强到弱依次是海漆、榄李和老鼠簕。另外,半红树

林植物水黄皮、海芒果等可以在盐分浓度(盐质量/土壤质量)低于8‰时维持生长,黄槿等可在盐分浓度(盐质量/土壤质量)低于4‰时生长。水黄皮、海芒果耐盐性优于黄槿。

新英湾是海南西部海岸面积最大的红树林自然保护区,目前处于濒危状态。根据相关调查,该区有一种名为鱼藤(*Derris trifoliata*)的植物迅猛繁殖,鱼藤是红树林常见攀援类伴生物种,常生长于红树林靠岸林缘区域。鱼藤暴发性地生长繁殖覆盖,抑制原有红树林群落植物进行光合作用,导致了小花老鼠簕、木榄、海莲、角果木、榄李、杨叶肖槿等种群的个体数量急剧下降。

3.5.5.2 红树林动态变化及驱动因素

海南岛20世纪50年代中期共有红树林面积9 992 hm²,至1983年面积减少到4 836 hm²,至1998年红树林面积减少到4 772 hm²。自20世纪80年代起,海南兴起大规模的毁林围塘养殖,造成红树林大规模破坏,例如临高县马袅红树林在1996年时约有120 hm²,为了发展种植业,如今已砍伐将尽,20世纪90年代以来,高速公路和滨海道路等的建设侵占了红树林林地,2009年调查发现青梅港红树林中有大面积施工的现象,围垦严重的花场湾红树林已经显现出显著的退化和破坏,新英和新盈均有不同程度的围垦现象。三亚、昌江、乐东等地原有的红树林面积减少较多;琼海、万宁、儋州、澄迈等市县红树林由于长期不合理开发和利用,导致红树林生长质量下降,面积减少,残次林比重增大。在海南省几个国家级和省级红树林保护区,以及临高等地的地方红树林保护区,近些年红树林资源得到了较好的保护。

红树林湿地景观动态变化的影响因素十分复杂,涉及自然因素、人为因素等诸多方面。其中,自然因素主要包括降水量、水文、海啸、台风、潮汐、河流冲积、底质、太阳辐射和植被演替等不可抗的自然动力因子;人为因素主要是指人类活动对红树林湿地的影响,可以是正效应(红树林湿地恢复),也可以是负效应,如交通建设、工业生产、农业活动、城乡生活污水排放等。王胤等(2006)对近50年以来海南东寨港红树林湿地的面积变化的原因做了探讨,认为东寨港红树林减少的原因主要是转化为经济林种植田、水产养殖塘、城镇基础设施建设用地等,同时旅游业的开发对红树林生态系统存在一定程度的干扰。目前,海南部分红树林自然保护区存在的主要问题见表3-33。

表3-33　海南红树林生态环境存在的问题

红树林自然保护区	存在的主要问题
东寨港红树林自然保护区	虾塘、海鸭养殖废水导致水虱暴发,影响红树林的正常生长
清澜港红树林自然保护区	围塘养殖与海提建设对生境的破坏极为突出
新英湾红树林自然保护区	岸边强开发带来的工业及农田污染,海鸭养殖的污染;鱼藤植物迅猛繁殖,抑制原有红树林群落植物进行光合作用
花场湾红树林自然保护区	主要受围垦养殖影响,群落已经变现出明显的退化
青梅港红树林自然保护区	植物物种组成相对简单,大部分处于幼龄林、残次林较多
铁炉港红树林自然保护区	人为破坏和垃圾污染严重,红树林群落正受到威胁,红榄李种群处于濒危状态

本次基于 Landsat 系列卫星多光谱影像(融合后,空间分辨率 15 m)解译北门江、万泉河、陵水河河口红树林分布。目标获取各河口 2000 年、2010 年、2016 年三个时间段解译成果,各河口在三个时段的红树林面积统计结果见表 3-34。

表 3-34　河口红树林面积年际统计　　　　　　　　　　(单位:km²)

年份	北门江	万泉河	陵水河
2000 年	5.84	1.83	0.15
2010 年	4.00	2.18	0.21
2016 年	4.38	0.78	0.07

其中:

(1)北门江:红树林主要分布在儋州湾沿岸及江心洲鱼塘附近。根据 Landsat-7 多光谱影像解译,2000 年前后该区域红树林面积为 5.84 km²。随后,因城区开发建设和水产养殖活动,红树林面积有所减少。至 2010 年,约为 4.00 km²,主要减少区域在洋浦客运站以东沿岸及北门江入海鱼塘附近。近期,红树林面积略有增加,洋浦滨海公园和入海口鱼塘的淤泥滩上有小面积的红树林发育。

(2)万泉河:红树林主要分布在河口段上游浅滩及博鳌亚洲论坛景区附近。2000 年至 2010 年期间,红树林面积由 1.83 km² 增加至 2.18 km²,增加区域主要在河口段上游河道淤积的浅滩。随后,因河道整治和东屿岛景区规划,红树林面积明显减少。

(3)陵水河:红树林在该区域分布较少,主要集中在河道沿岸和椰子岛临水浅滩。除河口段上游河道沿岸淤泥滩零星变化外,2010 年红树林面积的主要增加区域还有陵水河在上溪村附近的分叉河段。至 2016 年,陵水河沿岸人类开发建设活动已经达到较高的水平,岸线类型大多由淤泥质转为人工岸线,红树林面积明显减少,主要分布区域集中在联丰村河堤向水一侧和椰子岛东北向河道叉口。

北门江、万泉河、陵水河口红树林历史演变如图 3-36 所示。

(a)北门江河口红树林分布示意图(2000年)

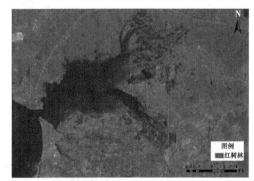
(b)北门江河口红树林分布示意图(2007年)

图 3-36　北门江、万泉河、陵水河口红树林历史演变

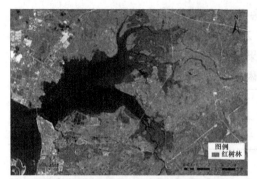

(c)北门江河口红树林分布示意图(2015年)

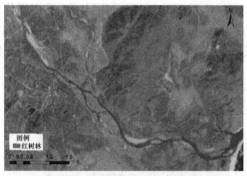

(d)北门江河口红树林分布示意图(1999年)

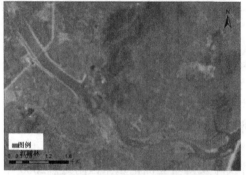

(e)陵水河河口红树林分布示意图(2008年)

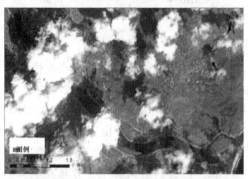

(f)北门红河口红树林分布示意图(2008年)

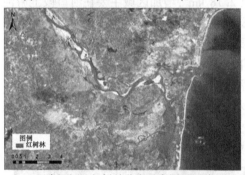

(g)万泉河河口红树林分布示意图(2000年)

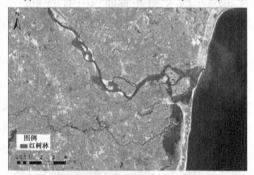

(h)万泉河河口红树林分布示意图(2007年)

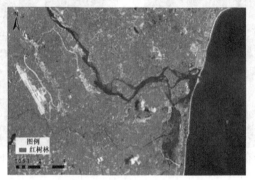

(i)万泉河河口红树林分布示意图(2016年)

续图 3-36

综上可知,河口红树林湿地退化和生物多样性丧失是自然和人类共同干扰的结果。由于红树林生态系统具有开放性、脆弱性和复杂性,人类社会活动对其面积、分布、生长和发育影响显著。人为干扰对海南红树林造成了难以逆转的破坏,尤其是长期不合理地开发利用滩涂林地,肆意砍伐红树植物,过度捕捞,围田造塘,甚至在红树林滩涂内进行咸水鸭养殖等,这些行为严重侵占和危害了红树林的生存空间,使红树林的生境受到了不同程度的污染,导致红树林原滩涂生境破坏、地形地貌改变,导致了红树林生态系统的完整性缺失,稳定性降低,生物多样性减少,红树林生长品质下降,面积锐减,残次林比重增大。

3.5.5.3 红树林生态习性及保护要求

红树林是生长在热带、亚热带地区海岸潮间带或河流入海口,以红树科植物为主、周期性受到海水浸淹的木本植物群落,属于常绿阔叶林,主要分布于淤泥深厚的海湾或河口盐渍土壤上,具有防浪护堤和保护滨海城市功能。红树林种类组成以红树科植物为主,包括真红树植物和半红树植物。

红树植物具有特殊的根系,分为支柱根、板状根和呼吸根,还具有奇特的“胎生”现象(种子可在树上果实中萌芽成小苗后,再脱离母株,下坠插入淤泥中发育为新株)。除此之外,红树植物还具有泌盐和高的细胞渗透压现象。红树林最明显的特征就是其适应潮汐环境的气根(呼吸根)系统。这些气生根系统在一天之中有一定时间部分或全部暴露于空气中,在高潮位时被海水淹没,其主要的功能是交换气体,将树木固定在泥泞土壤中,吸收养分。红树林主要特性及生理适应性见表3-35。

表 3-35 红树林主要特性及生理适应性

特性及生理适应性		主要内容
主要特性	根部特性	红树植物很少具有深扎和笔直的主根,而多靠近地表生长,或是呈水平分布的缆状根,或是露出地表的表面根,还有特别适应泥滩环境的从枝上向下垂的气生根、扩大固着能力的板状根和拱状支柱根以及有利于吸收氧气、在地面横走、膝状或垂直向上的笋状呼吸根等。由于这些根具有数量多,扎得牢,铺得远,地上地下都有的特点,就使得红树植物能在松软的、漂移的砂泥地上固定不动。同时由于地面上的气生根和地下的根系可以互相交换气体,就使得红树植物不会因陷于淤泥缺氧而窒息
	胎生现象	胎生现象是红树科植物显著的特征。部分的红树林植物果实成熟后并不脱落,而是形成具有胚芽与根的胎生幼苗,继续自母株吸取养分,待成熟后再掉落。能借重力作用插入软泥中,很快发展出侧根。若无法固着,亦可借本身漂浮组织随海波漂流至适当的地点固着生长,同时拓殖其生育地。而其于海水中漂流甚至可以二三个月不死,乃由于含有单宁不易腐烂的缘故。 一般盐生植物叶片特征具有紧密且多数之栅状组织,叶片角皮层厚、气孔下陷且数量少,解剖红树林植物叶片发现其均具有厚角质层、环胞气孔型下陷、富含单宁层及贮水组织等特性,有些种类叶背有腺毛。这些特征有助于红树林植物忍受盐度之环境

特性及生理适应性		主要内容
生理适应性	蒸散作用之适应性	盐度对红树林的蒸散作用具有显著的影响。研究指出,盐度增加时,红树林相对蒸散率将减少
	根部的生理适应	红树林栖地含有大量有机腐质土,不论在涨潮或退潮时,红树林之栖地均充满水分,并有高量的盐分。因此,红树林无法自栖地的土壤中获取充分的氧气。为应付此种缺氧状况,红树林发展出特殊的构造,以适应特殊的环境。在地上根与地下根之间借着气管(air tube)互相联系以交换气体;若缺少支柱根或呼吸根,则其主干接近地表面的部分亦有皮孔。然若地上根(支柱根、呼吸根或主干基部)的皮孔密封,则红树林根部的氧浓度降低,而二氧化碳的浓度相对提高,对红树林将造成伤害。故海水长期的泛滥、油污长期的滞留与深深的污泥等,均会造成红树林的皮孔堵塞而死亡。除交换气体外,红树林的根部尚有过滤各种离子的功能,尤其是拒盐种的红树林更为显著。不论是拒盐种或是泌盐种,红树林对各类离子的调节功能远较其他陆生植物为佳
	耐盐性生理	面对含有高量盐分的生长环境,红树林之所以能取得优势地位,在于能够通过自身进行盐分代谢,把多余的盐分排出体外。依排盐机制的不同将红树林区分为拒盐种(salt-excludingspecies)与泌盐种(salt-secretingspecies)两大类。但所有的红树林可能都具有此两种排盐机制与其他的辅助方法,只是各种机制所能发挥的功能因种类不同,而有程度上的差异。 红树植物的这种生境适应形态主要表现在叶片的旱生结构、叶片的高渗透压、植株具有抗盐泌盐组织、树皮富含丹宁等方面。

水系分布对红树林分布具有重要的指示作用,潮汐和浸没是红树林生长的必要环境条件之一。红树林生长发育所具备的基本条件是:热带型温度,细质颗粒沉积物,受掩护的静浪海岸,咸水及宽阔的潮间带。不同种类的红树林植物对环境的要求不一样,但要形成较大规模的红树森林,必须满足以下相关条件,见表 3-36。

综上所述,红树林的生长发育必须满足气温、土壤、地形、盐度和潮区等条件要求。其中:最适宜生长的温度为最冷月平均温度不低于 20 ℃,年均气温 25~30 ℃,年均海水温度 24~27 ℃;最适宜的土壤是淤泥潮滩,河口沉积物及其上发育的土壤是红树林生长发育最重要的环境因素之一;最适宜的盐度条件是红树林带外缘的海水含盐量为 3.2‰~3.4‰、内缘的含盐量为 1.98‰~2.2‰,红树林沿河上溯分布仅达咸水影响范围内;最适宜的潮区是潮间带的中潮滩上。红树林为鸟类、鱼类和其他海洋生物提供了丰富的食物和良好的栖息环境,在维护和改善河口地区生态环境,防浪护岸,净化陆地径流,防治近海水域污染,维护近海渔业的稳定高产,保护沿海湿地生物多样性等方面具有不可替代的重要作用。

表 3-36　红树林生长发育条件及要求

序号	生长条件	具体要求
1	气温	红树林宏观分布的纬度界限主要受温度(气温、水温或霜冻频率)控制,因为过低的温度会使红树植物冻死或阻止其开花结果、种实萌发、幼苗生长,从而限制红树林向高纬度扩展。 红树林生长最适宜的温度为最冷月平均温度不低于 20 ℃,年均气温 25~30 ℃,年均海水温度 24~27 ℃。随纬度提高温度下降(特别是最冷月平均气温)是影响红树林分布和生长的主要因子,在不受人为干扰的自然分布区,随纬度升高,温度降低,红树植物种类减少,群落结构趋于简单,生产力下降
2	土壤	红树林可以生长在泥质、砂质和基岩海岸上,以淤泥潮滩最普遍且生长最好,也能生长在玄武岩铁盘层、巨砾潮滩上。沉积物及其上发育的土壤是直接影响红树植物生长发育最重要的环境因素之一,沉积物粒径>0.02 mm 且含量>50%时,多为高或中红树林,含量<50%时多为矮红树林。 由于红树林生长的潮间带受到周期性潮水的淹没,因此红树林土壤与陆地森林土壤有着完全不同的特点。表现为:含水量高,有的甚至是沼泽化或半流体状态;含盐量高,海水的平均含盐度 32%~38%,土地平均盐度 6%~22%;含硫化氢、石灰物质但缺乏氧气,含有丰富的腐殖质但植物残体多处半分解状态,故难以吸收利用;酸度大,pH 为 3.5~7.5,多数在 5 以下。 红树林生长与地质条件也有关系,因为地质条件可能影响滩涂底质。如果河口海岸是花岗岩或玄武岩,其风化产物比较细黏,河口淤泥沉积,适于红树林生长。如果是砂岩或石灰岩的地层,在河流出口的地方就形成沙滩,大多数地区就没有红树林生长
3	地形	红树林通常分布于隐蔽海岸地形,或者与常风相平行的海岸。如河口或河—海沉积形成的三角洲,海湾、港湾、潮汐、波浪、河流共同作用而形成的沉积物丰富的潟湖,海水入侵的溺谷地等海岸地貌上。这类地区有内陆河流携带大量泥沙的沉积且风浪小。在以上河口海湾,红树林可以沿河上溯到内地几十千米的地方。 在平直或陡峭的海岸和沙滩或砂砾滩,很少有红树林
4	盐度	红树林生长的区域是海水周期浸没的区域,因此海水的温度、盐度对红树林的生长均有影响。海水盐度决定着该地区滩涂的土壤含盐量及红树林的种类。 红树林可在相当大的盐度范围内(0~90‰)生长,但在河口湾和潮汐河上溯的分布受盐度控制,沿河上溯分布仅达咸水影响范围(咸水界)内。由于红树植物的生长发育需要有一定的盐度条件,大片红树林只能出现在下游全年以咸水为主的河段(夏季盐度常<2‰,冬季盐度可达 15‰~20‰)。据测定,红树林带外缘的海水含盐量为 3.2‰~3.4‰,内缘的含盐量为 1.98‰~2.2‰
5	潮区	红树林主要分布在平均海面与回归潮平均高的高潮位(相当于正规半日潮型的大潮平均高潮位)之间的滩地上。受潮汐的影响较大。红树林海岸成带分布的特点与海滩潮汐的成带特点相一致,红树林大多数分布于潮间带的中潮滩上,少数延伸到低潮滩和高潮滩上

3.6 环境敏感区调查与评价

采用叠图和实地查勘等方法,以对生态环境影响较大的水网开发建设工程为重点,确定规划布局与环境敏感区的位置关系。

3.6.1 自然保护区

海南共建立生态系统、野生动植物、自然景观等自然保护区 49 个,陆域保护区面积占全省陆地总面积的 7%。其中,国家级自然保护区 10 个,占全国国家级自然保护区个数的 2.2%。

全岛自然保护区分布相对孤立,现状保护状况指数总体等级为"优"。其中,生态保护状况指数(NEI)最高的为五指山国家级自然保护区,最低的为大田国家级自然保护区,见表 3-37。

表 3-37 海南自然保护区保护状况

自然保护区名称	保护区面积（hm²）	核心区面积(hm²)	面积适宜指数	生境质量指数	干扰指数	NEI指数	等级
海南霸王岭国家级自然保护区	31 140	10 533	33.82	98.61	0.00	86.21	优
海南保梅岭省级自然保护区	4 185	1 256	30.00	98.81	0.02	85.51	优
海南大田国家级自然保护区	1 215	532	43.80	22.39	0.10	57.68	良
海南吊罗山国家级自然保护区	18 343	7 693	41.94	94.60	0.01	86.22	优
海南甘什岭省级自然保护区	1 839	694	37.72	89.16	0.36	83.06	优
海南猴猕岭省级自然保护区	13 367	5 066	37.90	92.92	0.01	86.25	优
海南尖峰岭国家级自然保护区	24 444	11 915	48.74	99.50	0.01	89.54	优
海南黎母山省级自然保护区	13 174	4 184	31.76	96.68	0.15	83.46	优
海南五指山国家级自然保护区	13 554	7 986	58.93	99.28	0.01	91.49	优
海南鹦哥岭国家级自然保护区	50 671	19 760	39.00	97.77	0.01	86.91	优
综合	171 932	69 620	40.49	96.89	0.02	86.84	优

经识别本次水网规划直接或间接涉及的自然保护区约 10 个,具体见表 3-38。

此外,据调查个别早期建设的水电站位于自然保护区内,如吊罗河一、二级电站、枫果山一级电站位于吊罗山国家级自然保护区,东六一级水电站、东六二级水电站、南叉河一级水电站、南叉河二级水电站、大炎水电站位于霸王岭国家级自然保护区,吊灯岭水电站、天河一级电站、天河二级电站、阳江一级电站、龙江一级电站位于黎母山自然保护区,小水电运行对保护区内的生态环境已造成一定程度的破坏,应对保护区内的水电站开展清理整治或退出关停处理。

表 3-38　规划建设工程涉及自然保护区一览表

涉及保护区名称	保护对象	规划工程	工程性质	说明
吊罗山国家级自然保护区	热带雨林生态系统	吊罗山水库工程	规划拟建水库	吊罗山水库位于吊罗山国家级自然保护区范围内
		保陵水库及供水工程	规划拟建水库	保陵水库坝址临近吊罗山国家级自然保护区的缓冲区,同时规划引水渠道以隧洞形式穿越保护区
上溪省级自然保护区	热带季雨林生态系统	牛路岭灌区工程	规划拟建灌区工程	总干渠进水口位于上溪省级自然保护区的实验区
尖岭省级自然保护区	热带季雨林生态系统	牛路岭灌区工程	规划拟建灌区工程	琼海干渠、万宁干渠以隧洞形式穿越尖岭省级自然保护区的核心区
清澜港省级自然保护区	红树林生态系统	红岭灌区工程	在建工程	清澜港省级自然保护区位于文昌,距离文教分干渠较近,距离约900 m;保护区位于珠溪河干流段疏浚工程末端
屯昌白鹭鸟自然保护区	鸟类	红岭灌区工程	在建工程	屯昌白鹭鸟自然保护区位于屯昌,距离西干渠较近,距离约500 m
文昌名人鸟类自然保护区	鸟类	红岭灌区工程	在建工程	文昌名人鸟类自然保护区位于文昌,距离公坡支渠较近,距离约500 m
新英湾红树林市级自然保护区	红树林生态系统	天角潭水库工程	已开展前期论证	新英湾红树林保护区位于拟建天角潭水库下游25 km 的河口处;北门江井村—中和镇段防洪工程新建堤防工程、河道疏浚工程位于保护区内
青皮林、茄新、南林、六连岭省级自然保护区	青皮林及其生境、热带季雨林生态系统	牛路岭灌区工程	规划拟建灌区工程	灌区范围及渠道临界自然保护区范围

3.6.2 风景名胜区

海南省省级以上风景名胜区有 19 个,分别是三亚热带海滨风景名胜区、陵水海滨风景名胜区、神州半岛风景区、石梅湾海滨风景旅游区、东山岭风景名胜区、万泉河风景名胜区、琼海万泉河口海滨风景旅游区、铜鼓岭旅游区、东郊椰林风景名胜区、南丽湖风景名胜区、石山风景名胜区、琼山森林公园、东寨港红树林地区、临高角风景名胜区、云月湖风景名胜区、木色旅游度假风景区、百花岭风景名胜区、五指山风景名胜区、七仙岭风景名胜区。

本次规划水网建设工程均不位于海南省省级以上风景名胜区内。

3.6.3 森林公园与地质公园

海南省现有 27 处森林公园,其中国家森林公园 9 处,为尖峰岭森林公园、蓝洋温泉森林公园、吊罗山森林公园、海口火山森林公园、七仙岭温泉森林公园、黎母山森林公园、新盈海上森林公园、霸王岭森林公园、兴隆侨乡森林公园;另外还有省级森林公园 16 处、市县级森林公园 2 处。

评价范围内分布有地质公园 10 处,分别是海南海口石山火山群国家级地质公园、海南石花水洞、东方猴猕洞、海南儋州石花洞、万宁市东山岭、白沙陨石坑、海南保亭七仙岭、儋州峨蔓火山海岸、儋州蓝洋观音岩、琼中县城坡河石臼群省级地质公园。

规划拟建吊罗山水库位于吊罗山森林公园内,在各级地质公园内未布置水网建设工程。

3.6.4 饮用水水源保护区

海南城镇集中式地表饮用水水源保护区 33 个,乡镇集中式饮用水水源保护区 199个。本次规划重点针对现有饮用水水源地开展安全保障达标建设,结合不同类型饮用水水源地存在的问题,实施"一源一策"综合保护。对龙塘饮用水水源保护区、赤田水库饮用水水源保护区、水源池水库饮用水水源保护区、百花岭水库饮用水水源保护区、毛拉洞水库等饮用水水源保护区提出了改造建设水源保护塑料钢丝隔离网、水土保持、生态建设和污染治理等多项保护要求。

3.6.5 水产种质资源保护区

根据《国家级水产种质资源保护区名单》,海南省仅在万泉河流域存在有"尖鳍鲤、花鳗鲡水产种质资源保护区"1 处。该保护区地处海南省万泉河琼海段,位于烟园水电站与万泉河出海口之间,基本上包括了万泉河中下游全部河段及河口。

万泉河干流中下游防洪除涝综合整治工程建设包括嘉积城区堤防改造工程、万泉镇防洪工程、官渡—东环铁路防洪工程、国际医疗先行区防洪工程、万泉河下游河道疏浚工程等,该工程均在"尖鳍鲤、花鳗鲡国家级水产种质资源保护区"内。另外,红岭灌区与牛路岭灌区工程分别从万泉河上游的红岭水库、牛路岭水库引水,对下游"尖鳍鲤、花鳗鲡水产种质资源保护区"的河流水文情势也将产生一定影响。

3.6.6 重要湿地

根据《海南省主体功能区规划》,海南岛分布国家级重要湿地 6 处,其中 4 处位于本次评价范围内,分别为新盈国家湿地公园、南丽湖国家湿地公园、东寨港国际湿地、清澜港湿地。

规划按照水生态保护总体格局及生态空间管控要求,结合海南主要江河水系水生态存在的问题和保护要求,提出湿地生态保护与修复等保护与修复工程措施。经识别,个别灌区渠道距离重要湿地较近,红岭灌区东干渠距离南丽湖国家湿地公园最近距离仅约0.4 km。

3.7 环境影响回顾性评价

3.7.1 水利工程建设情况

3.7.1.1 城乡供水工程

海南现有各类水利供水设施7 461处,其中蓄水工程2 985处。大、中、小型水库共计1 105座(见表3-39),大型水库10座。总库容112亿 m³,兴利库容72亿 m³,占总径流量的22%。

表3-39 海南各片区水利工程设施统计

规划分区	大中型水库				小型水库			
	数量	总库容（亿 m³）	兴利库容（亿 m³）	有效灌溉面积（万亩）	数量	总库容（亿 m³）	兴利库容（亿 m³）	有效灌溉面积（万亩）
琼北	21	40	24	140	237	3	2	27
琼南	20	12	9	67	250	3	2	20
琼西	8	22	16	63	55	1	0.5	5
琼东	33	18	10	89	413	5	3	45
中部	4	8	5	13	64	1	0.5	2
合计	86	99	64	371	1 019	12	8	99

规划分区	塘坝		机电井		引水工程		提水工程	
	数量	总库容（亿 m³）	数量	流量（万 m³/h）	数量	流量（m³/s）	数量	流量（m³/s）
琼北	497	3 584	2 199	4.6	28	20.2	34	12.1
琼南	368	971	642	0.7	15	11.4	7	1.3
琼西	86	301	157	0.6	19	7.1	45	10.1
琼东	724	2943	1 232	2.9	25	18.4	24	9.7
中部	205	625	42	0.08	5	0.5	2	0.1
合计	1 880	8 425	4 272	8.9	92	57.5	112	33.3

基于海南径流疾丰疾枯的水资源特点,目前主要以蓄水工程维系基本供需平衡。已建 10 座大型水库,分布于南渡江、昌化江、万泉河、宁远河、望楼河、太阳河等河流,对全岛水资源配置起主要作用,见表 3-40。基于松涛、大广坝等大中小灌区渠系工程和大隆、长茅水库等城乡供水工程,海南初步形成了覆盖全岛的 8 个独立灌溉、供水调配系统,见图 3-37。

表 3-40   海南岛已建大型水库概况

规划分区	水库名称	所在河流	总库容(亿 m^3)	建成时间(年)	设计灌面(万 hm^2)	功能
琼北	松涛水库	南渡江	33.4	1969	14.5	城镇供水和农业、发电、防洪
琼西	大广坝水库	昌化江	17.1	1994	6.73	城镇供水和农业灌溉、发电、防洪
	戈枕水库		1.45	2009	4.3	
	陀兴水库	感恩河	1.43	1977	0.27	城镇供水和农业灌溉
	石碌水库	石碌河	1.41	1980	1	城镇供水和农业灌溉
琼东	红岭水库	定安河	6.62	2014	8	城镇供水和农业灌溉
	牛路岭水库	万泉河	7.79	1982	0	城镇供水、发电
	万宁水库	太阳河	1.52	1968	0.8	城镇供水、农业灌溉
琼南	大隆水库	宁远河	4.68	2006	0.66	城镇供水、农业灌溉
	长茅水库	望楼河	1.44	1964	1.2	农业灌溉

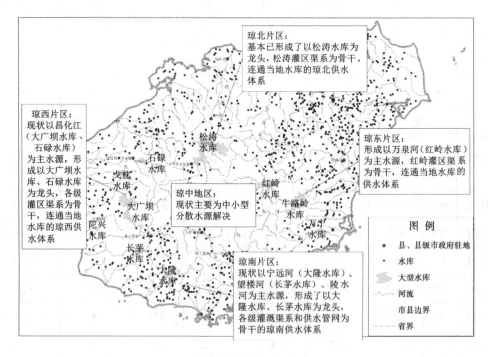

图 3-37   海南岛现状分区域供水体系

南渡江流域的松涛水库、昌化江流域的大广坝水库、万泉河流域的红岭水库和牛路岭水库等骨干工程构成了海南岛水利工程体系的核心。海南水资源分布及其蓄存条件的空间差异及局部地区水土资源组合不平衡,其中松涛、大广坝、红岭、牛路岭和大隆五座水库兴利库容即达46.33亿 m^3,占全岛总兴利库容的64.7%,而这五座水库控制径流量为74.87亿 m^3,库容系数高达0.62;其他片区径流量229.13亿 m^3,而兴利库容仅25.32亿 m^3,库容系数仅为0.11。海南岛调蓄能力分布严重不均,使得部分水资源分区内部及相互之间都需要引水、提水。但现状条件下,各水资源分区内的蓄水工程配套程度较低,特别是松涛灌区和大广坝水利枢纽,还远未达到设计规模。此外,引水工程及提水工程大多数属小型规模,与三大流域的相关骨干工程没有形成水量合理调配关系的完整系统。

3.7.1.2 农业灌溉工程

海南耕地面积1 088万亩(占海岛陆域总面积的21%),基本农田面积909万亩,包含26.8万亩南繁育种基地。现状有效灌溉面积518万亩,其中耕地有效灌溉面积445万亩,耕地的有效灌溉率仅为41%,低于全国60%的平均水平。海南基本农田与大型灌区分布见图3-38。

图 3-38 海南基本农田与大型灌区分布

现状依托松涛水库与大广坝水库建有大型灌区2座、中型灌区67座(见表3-41),各类渠道2.83万 km。大中型灌区整体配套率不高,松涛灌区续建配套尚未完成,大广坝灌区骨干渠系工程已建成,但田间配套工程建设进展迟缓,其余中型灌区普遍存在配套工程不完善现象;此外,灌区整体渠系建设标准低,农田灌排问题长期未能有效解决。

表 3-41　海南大中型灌区基本情况

规划分区	大型灌区	中型灌区
琼北	松涛灌区	加潭、南方、南渡江引水枢纽、门板、云龙、凤圮、铁炉、凤潭、丁荣、东路、湖山、龙虎山、八角、爱梅、宝芳、竹包、石壁、珠碧江、东湖等 19 处灌区
琼南	—	长茅、大安、陈考、保显、头塘、泰隆、山荣、德霞、抱邱、雅隆、坡角、大隆、赤田、三亚河、梯村、小妹东、三道等 17 处灌区
琼西	大广坝灌区	天安、探贡、高坡岭、石碌等 4 处灌区
琼东	—	合水、塔洋、泮水、美容、文岭、南塘、北岸、南扶、白塘、龙州河、麻罗岭、良世、加乐潭、木色、高山、大同、良坡、满昌园、万宁、军田、碑头、加坦、黄山、香车、袁水等 25 处灌区
中部	—	南伟、坡生等 2 处灌区

3.7.1.3　防洪减灾工程

海南初步建成了以泄为主,蓄泄相结合的防洪工程体系。大江大河及其主要支流的防洪工程体系框架基本形成,重要城镇已基本建成 10~50 年一遇的防洪堤。完成了 794 座小型病险水库除险加固;建成江海堤防工程总长 527 km,其中达标堤防长度为 334 km,达标率为 63%;完成中小河流治理 52 条、河道整治长度 307 km,建成了全岛山洪灾害监测预警系统和群策群防体系,最大限度地减轻洪涝(潮)灾害的影响。

3.7.2　水资源开发利用回顾性分析

3.7.2.1　用水量变化分析

海南用水量总体呈增长趋势,由 1980 年的 24.8 亿 m^3 增加到 2016 年的 44.91 亿 m^3,增加了 81%。海南建省后,用水量呈现快速增长态势,至 2000 年增加了 19.22 亿 m^3,增幅为 77.5%;2000 年以后,全省用水总量总体呈现缓慢上涨趋势,现状年海南用水总量较 2000 年增加了 2.0%。根据国家对海南自由贸易试验区、国际旅游岛等发展定位,预计今后新增用水量将大幅增加,主要集中于城镇生活需水部分。海南 1980~2016 年历年用水过程见图 3-39。

农业用水量由 1980 年的 21.70 亿 m^3 增加到 2016 年的 33 亿 m^3,1980~1990 年用水量增长最快,年均增长率为 19.5%,1995~2005 年达到峰值,为 35.5 亿 m^3,2005 年以后,农业用水量呈现基本稳定趋势,这与农业产业结构调整、农业节水灌溉技术推广及红岭灌区等配套工程尚未建成等情况相关。目前,海南耕地的有效灌溉率仍低于全国水平。

工业用水量从 1980 年的 0.83 亿 m^3 增加到 2016 年的 3.14 亿 m^3,1980~1995 年为用水增长期,自 1995~2000 年,随着生产工艺提高和节水技术推广,工业用水逐年下降,2000 年以来基本保持在 3.8 亿 m^3 左右。

由于人口增加、城镇化快速发展,城镇用水水平提高等因素,城镇生活用水量呈现逐

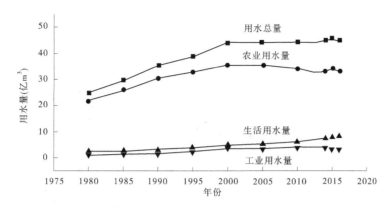

图 3-39 海南历史用水过程

年增长的态势,据统计 1980 年仅为 0.37 亿 m³,2016 年增加至 8.27 亿 m³,增长约 22 倍。

3.7.2.2 用水效率变化分析

海南农田亩均灌溉用水量由 1980 年的 733 m³/亩提高到 1995 年的 1 128 m³/亩,而随着节水灌溉的发展至 2016 年又降至 990 m³/亩,约为珠江流域的 1.45 倍,全国平均的 2.6 倍。人均综合用水量由 1980 年的 445 m³ 逐步增加到 2000 年的 580 m³,然后又逐步回落到 2016 年的 490 m³,基本与珠江流域和全国平均持平。万元 GDP 用水量由 1980 年的 4 695 m³ 减少至 2016 年的 111.2 m³,呈显著减少。主要是工业节水水平的显著提高所致,但仍低于全国和珠江流域的工业节水水平。

3.7.2.3 水资源开发利用程度变化分析

全省水资源开发利用程度一直维持在较低的水平。水资源开发利用率 1980 年为 8.1%,现状年为 9.2%,多年平均为 14.6%。然而,枯水年由于来水量少,水资源开发利用率较高,据统计 2004 年、2015 年分别达到 26.7%、23.1%。根据《海南省水资源公报》,1998~2016 年海南水资源开发利用率变化见图 3-40。

3.7.3 水文情势影响回顾性评价

评价选取南渡江福才、松涛水库、龙塘坝;昌化江大广坝水库、宝桥;万泉河红岭水库、牛路岭水库、嘉积坝;陵水河梯村坝、北门江天角潭、宁远河大隆水库、望楼河长茅水库、太阳河万宁水库为主要控制断面,结合水利工程建成年份,分不同时段分析已建水利工程对河流水文情势的影响。

3.7.3.1 昌化江

昌化江多年平均径流量 41.7 亿 m³,水资源开发集中在中下游的大广坝水库和戈枕水库区间,随着大广坝二期灌区工程的实施,戈枕、大广坝水库联合向流域内供水量有较大增幅。两库建设及发电运行改变了大广坝址河段的水文情势,使得坝址汛期径流减少,枯水期下泄径流增加。其中,大广坝水库建设前(1993 年)、戈枕水库建设前(1993~2009 年)、戈枕水库建设后(2009 年),大广坝坝址汛期 6~10 月月均径流量占全年的比例分别为 84%、57%、24%,其余非汛期径流量比例相应有所提升(见图 3-41)。

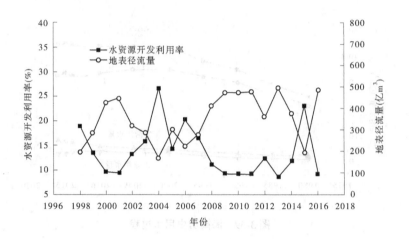

图 3-40　1998~2016年海南水资源开发利用率

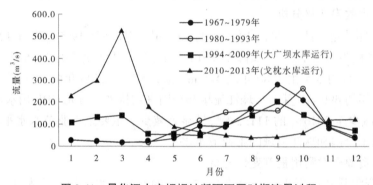

图 3-41　昌化江大广坝坝址断面不同时期流量过程

河口宝桥断面年最大径流量 85.39 亿 m³(1964 年),最小径流量 11.21 亿 m³(1969年)。径流年内分配不均匀,5~10月径流占年径流量的77%,尤以9月居多,11月至翌年4月径流量仅占全年的23%。由于下游区间汇水等因素以及戈枕水库反调节作用,大广坝与戈枕水库运行前后宝桥断面径流过程呈现7月增加,8月、9月减少的趋势。不同时期月均流量见图3-42。

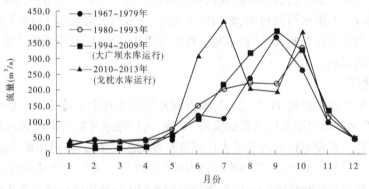

图 3-42　昌化江宝桥断面(河口断面)不同时期流量过程

3.7.3.2 万泉河

万泉河多年平均径流量 54.1 亿 m³,径流年际变化较大,最大变差 8.9 倍;年内分配也极不均匀,6~11 月水量占年总量的 76.6%,其中 9 月占 16.7%;12 月至翌年 5 月占 23.4%,3 月最少,仅占 2.6%。

流域已修建的水利工程主要包括红岭水库、牛路岭水库和嘉积坝,其中位于支流定安河上的红岭水库于 2014 年完工,其配套红岭灌区工程目前尚未建成;干流上游牛路岭水库(1982 年建成)任务以发电为主,河道外供水量相对较少。

红岭水库、牛路岭水库和嘉积坝断面多年平均流量分别为 32.9 m³/s、46.3 m³/s、155.5 m³/s,由于流域现状水资源开发利用程度相对较低,对主要控制断面的水文情势影响均不明显,故地表与天然径流过程基本保持一致。万泉河主要控制断面不同时期月均流量见图 3-43~图 3-45。

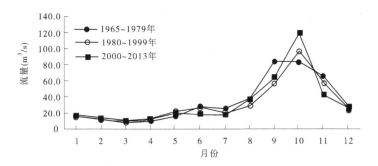

图 3-43　万泉河红岭水库坝址断面不同时期流量过程

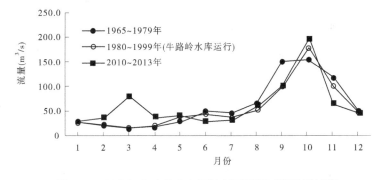

图 3-44　万泉河牛路岭水库坝址断面不同时期流量过程

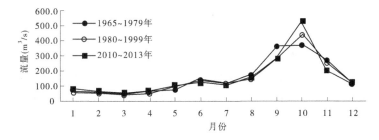

图 3-45　万泉河嘉积坝断面(河口断面)不同时期流量过程

3.7.3.3 陵水河

陵水河多年平均径流量 14.1 亿 m³,现状供水量 1.75 亿 m³,以农业灌溉供水为主,水资源开发利用程度相对较低。

流域径流年际变化较大,年际最大变差 7.7 倍;年内分配也极不均匀,6~10 月水量占年总水量的 85%,其中 9 月水量占年水量的 18.6%;11 月至翌年 5 月仅占年水量的 15.0%,1 月水量最少,占年水量的 0.7%。流域现状无大型水利枢纽工程,已建 28 座小型水电站,基本无调蓄能力,地表径流过程与天然保持一致。陵水河控制断面不同时期月均流量见图 3-46、图 3-47。

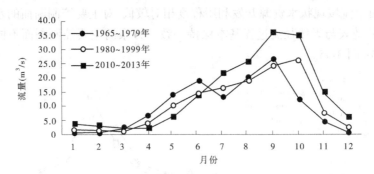

图 3-46 陵水河梯村坝断面不同时期月均流量过程

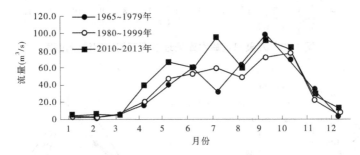

图 3-47 陵水河河口不同时期月均流量过程

3.7.3.4 北门江

北门江流域多年平均径流量 4.25 亿 m³,现状供水量 0.54 亿 m³,水资源开发利用程度相对较低。流域径流年际变化较大,年际最大变差达 9.3 倍;年内分配也极不均匀,6~11 月水量占年总量的 89.9%,其中 9 月水量占年总量的 27.0%;12 月至翌年 5 月占年总量的 10.1%,3 月水量最少,仅占年总量的 1.0%。

干流从上游至下游相继建成沙河水库、天角潭水陂两处水利工程和 9 座水电工程,除沙河水库坝后电站为多年调节外,其他电站均为径流式电站。天角潭断面、北门江河口多年平均流量分别为 8.94 m³/s、13.86 m³/s。由于现状无大型水利调蓄工程,北门江地表径流过程基本与天然保持一致。典型控制断面不同时期月均流量见图 3-48 和图 3-49。

3.7.3.5 宁远河

宁远河多年平均径流量 6.47 亿 m³,径流年际变化较大,最大变差 7.2 倍;年内分配也极不均匀,6~10 月水量占全年总量的 88%,其中 9 月水量占年总量的 16.8%;11 月至

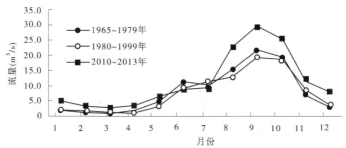

图 3-48 北门江天角潭断面不同时期月均流量过程

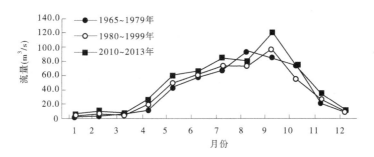

图 3-49 北门江河口不同时期月均流量过程

翌年 5 月占年总量的 12.%,1 月水量最少,仅占年总量的 1%。

干流建有大隆水库(2007 年建成)、抱古水库等,现状供水量 0.95 亿 m³。大隆水库坝址多年平均流量 24.3 m³/s,河口多年平均流量 38.2 m³/s。2007 年前,大隆水库坝址和河口断面的水文情势总体与天然径流保持一致。2008 年大隆水库建成后,水库非汛期下泄流量增加(主要满足下游河道的取用水)、汛期减少,与天然径流过程变化明显。受区间汇流河道径流增加影响,河口的月均流量过程较 2007 年之前变化不明显。宁远河主要控制断面不同时期月均流量见图 3-50 和图 3-51。

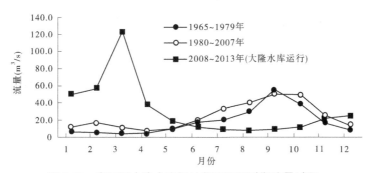

图 3-50 宁远河大隆水库坝址断面不同时期流量过程

3.7.3.6 望楼河

望楼河多年平均径流量 3.9 亿 m³。年际和年内径流过程不均匀,其中年际最大变差 8.1 倍以上;年内 6~10 月径流占全年的 73.0%,9 月和 10 月径流最大;11 月至翌年 5 月

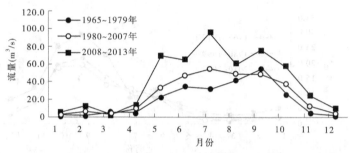

图 3-51　宁远河河口不同时期流量过程

径流仅占 20% 左右, 1 月径流最少。

　　流域现状供水量为 1.56 亿 m³, 以农业灌溉用水为主。望楼河上游建有长茅水库(1964 年建成), 中游建有石门水库。长茅水库坝址和河口断面年均流量 5.4 m³/s、18.6 m³/s, 由于水库调蓄能力有限, 望楼河典型断面不同时期月均流量过程相对保持一致, 见图 3-52 和图 3-53。

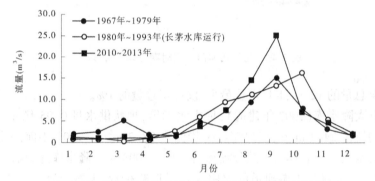

图 3-52　望楼河长茅水库坝址断面不同时期流量过程

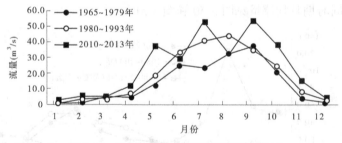

图 3-53　望楼河河口不同时期流量过程

3.7.3.7　太阳河

　　太阳河多年平均径流量 8.41 亿 m³, 流域现状供水量 1.2 亿 m³, 以城镇供水和农业灌溉用水为主。太阳河上游建有沉香湾水库, 中游建有万宁水库。

　　万宁水库于 20 世纪 60 年代建成, 由于水库调蓄能力有限, 水库运行前后不同时期太阳河各典型断面月均流量过程基本保持一致, 见图 3-54、图 3-55。

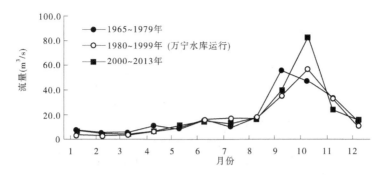

图 3-54   太阳河万宁水库坝址断面不同时期流量过程

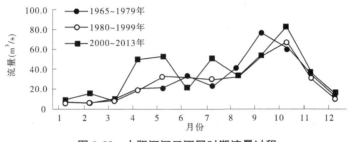

图 3-55   太阳河河口不同时期流量过程

3.7.4   水环境影响回顾性评价

海南岛已初步形成了以水功能区管理为基础,以入河排污口监督、城市饮用水水源地安全保障和水生态修复为重点的综合水资源保护体系。海南岛主要江河湖库水质总体保持稳定,城镇饮用水水源地水质状况良好。

3.7.4.1   废污水排放量变化

2006~2015 年统计数据表明,海南废污水排放总量 10 年间变化不大,废污水排放量为 3.62 亿~4.23 亿 m³,平均为 3.82 亿 m³。其中,工业污水排放量为 0.68 亿~2.38 亿 m³,生活污水排放量为 1.64 亿~3.22 亿 m³。从 2012 年开始,工业污水排放量呈现逐渐降低的趋势,生活污水排放量逐年增加,见图 3-56。

3.7.4.2   城镇废污水处理规模变化

2008 年前,海南省建成的污水处理厂仅 2 座,设计总规模 38 万 m³/d,其中海口 1 座,规模 30 万 m³/d,三亚 1 座,规模 8 万 m³/d,处理规模满足不了城镇废污水的排放量。通过“十一五”期间的大规模建设,2010 年底,全省已建成 29 座污水处理厂,设计总规模 105.9 万 m³/d,配套建设污水管网 361 km。“十二五”期间,又新建成 8 座污水处理厂,设计总规模 14.2 万 m³/d;完成升级改造污水处理厂 2 座,规模为 38 万 m³/d,建成污水配套管网 1 088 km,可基本满足城镇生活及工业废污水收集处理需求。

然而,由于截污纳管覆盖率不高,仍有大量废污水直接排入河道,导致海南城内内河湖水质为Ⅴ类或劣Ⅴ类,内源污染十分严重。海南城镇内河湖水质“历史欠账”太多,河湖黑臭现象依旧存在。

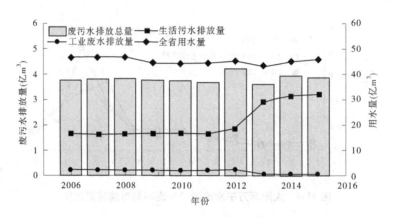

图 3-56 2006~2015 年海南省废物水排放量统计

海南农村污水处理率极低,2010 年行政村污水处理率不足 3%,至 2016 年提高到 12%。绝大部分农村环境问题突出,生活污水处理设施不健全,村庄生活污水、畜禽养殖废水直排入河现象较为明显。

3.7.4.3　江河湖库水质变化趋势

1. 主要河流、水库

根据《海南省水资源公报》2000~2015 年海南岛主要河流评价结果,Ⅰ~Ⅲ类水河长占总评价河长的比例为 94.4%,近年来总体变化不明显,但Ⅰ、Ⅲ类水体有一定程度增加,Ⅱ类水体有所减少。其中,Ⅰ类水河长占总评价河长的比例由 2000 年的 3.6%增加到 2015 年的 12.5%,Ⅱ类水的比例由 2000 年的 79.5%减少为 2015 年的 58.8%,Ⅲ类水的比例由 2000 年的 17.8%提升到 2015 年的 23.1%;2015 年海南岛Ⅳ类、Ⅴ类水河长占总评价河长的 5.6%,基本和 2000 年的比例保持一致,但较 2000 年而言,基本消除了劣Ⅴ类水体。

南渡江、昌化江、万泉河三大流域用水保持稳定。其中,南渡江 2013 年以来用水量平均为 10.80 亿 m³,昌化江为 5.46 亿 m³,万泉河为 3.05 亿 m³,未出现明显增高。三大江河水质总体保持良好态势,水质评价结果均达到Ⅰ~Ⅲ类,多数年份水质维持在Ⅱ类水平,出现Ⅲ类河段主要位于三大江河的支流,如南渡江支流大塘河和龙州河、昌化江支流石碌河等。2006~2015 年三大江河水质类别变化趋势如图 3-57 所示。

近 10 年全岛 20 座水库水质总体优良,多年平均达到Ⅲ类以上水库比例为 87.16%,水质Ⅳ类水库占比 11.06%。2009~2015 年期间,水库水质均达到Ⅳ类水以上,消除了Ⅴ类水体,水质呈现总体向好的方向发展,见图 3-58。

松涛水库、大广坝水库、牛路岭水库等 15 个湖库水质达到或优于国家地表水Ⅲ类标准;受氮磷营养盐及高锰酸盐指数的影响,春江水库、珠碧江水库、湖山水库、万宁水库、高坡岭水库、探贡水库水质稍差,其中春江水库、珠碧江水库在 4~9 月营养状态评价呈轻度富营养化状态。

2. 城镇内河湖

近年来,海南城镇内河湖水体污染较为严重,2015 年前海南岛城镇内河湖水质污染呈现逐渐加重趋势,其中现状年 60 条重点治理城镇内河(湖)水体中,水质中度污染的占 7.8%,水质重度污染的占 57.8%。

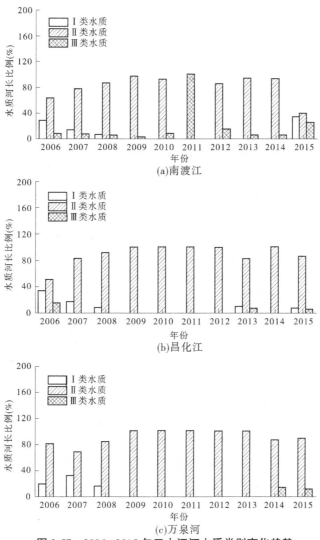

图 3-57　2006~2015 年三大江河水质类别变化趋势

3.7.4.4　主要水污染成因

海南近 10 年用水总量和废污水排放总量均较为平稳,水资源开发利用量变化不大,主要江河湖库水质总体保持稳定,珠碧江、春江、太阳河等河流和主要城镇内河湖水质相对污染较重。主要受沿河非法采砂与洗砂、河道中圈养或固定位置畜禽养殖、村庄生活污水与垃圾直排入河及农业面源的影响。虽然近年来城镇污水处理规模已由 2008 年的 30 万 m³/d 提高至 120 万 m³/d,但由于截污纳管覆盖率不高,仍有大量废污水直接排入河道,导致海南城镇内河湖水质较差,内源污染十分严重。

根据海南岛主要湖库水质评价和河流水文情势分析,全岛已建的松涛水库、大广坝水库、牛路岭、红岭水库等主要湖库水质基本达到或优于国家地表水Ⅲ类标准,已建水利工程使得河流下游径流量减少,但主要江河湖库水质未出现由于水利工程建设而呈恶化的现象。

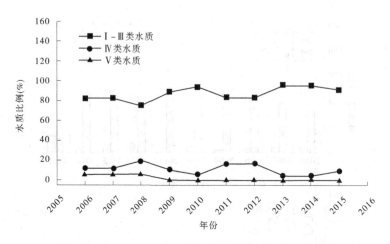

图 3-58   2006~2015 年主要水库水质类别比例变化趋势

3.7.5   生态环境影响回顾性评价

3.7.5.1   陆生生态系统回顾性评价

海南省耕地面积自 1990 年以来一直呈减少趋势,主要原因是随着农村产业结构调整和经济发展的需要,当地加强了经济作物的引种,大量耕地转变为园地,建设用地也占用部分耕地。此外,实施退耕还林政策,将大量坡耕地转变为林地。20 世纪 90 年代,海南省森林砍伐相对较为严重,林地面积减少。2000 年以后,由于海南省生态环境建设力度加大,当地封山育林、水土保持措施的加强,人工采伐量的减少,植被减少的趋势得到一定的抑制,在当地优越的水热条件下,很多灌木林又发展成次生林,使海南省林地面积一定程度上得到恢复。至 2016 年森林覆盖率达到 62.1%。但全省天然林面积仍持续减少,人工林面积持续增大。据调查,大广坝水库周围区域分布着大量人工桉树,牛路岭水库周围人工林也处于生态系统的控制地位。

总体来看,近几十年海南岛植被演变方向主要是在大的环境背景下人为生产、生活活动干扰所致,与水利工程建设关联性不大。

3.7.5.2   水生生态影响回顾性评价

河流生态系统中生物群落与生境具有一致性,生境是生物群落的生存条件,生境的多样性是生物群落多样性的基础。影响河流生态系统的因素有自然因素和人类社会活动因素两类,其中人类社会活动是影响河流生态系统的最主要因素。人类活动对河流生态系统的影响首先是河流生境条件的改变,主要表现在以下三个方面:一是河流水文条件的改变,如水量、水位、流速、径流过程等;二是河流地貌特征的改变,如河流纵向形态、横向形态、河流泥沙情况、河岸土壤及地质条件等;三是水环境条件的改变,如水质、水温等。河流的水文条件、环境条件及地貌特征直接影响到河流生物栖息地质量,进而决定了河流生态系统的生物多样性水平。河流生境因子及其对河流生态系统引起胁迫的主要原因与影响,见表 3-42。综合分析可知,河流小水电梯级开发、水利工程建设(水库、拦河坝)、过度捕捞、水污染等都是影响水生生态系统的主要因素。

1. 水电站建设影响分析

海南水电站对河流的截留和阻隔效应明显,在运行中未充分考虑和保障生态用水,出现河床下游河段减水、脱水甚至干涸等现象,对流域水生生态系统已造成损害。

表 3-42　河流生境因子及其对河流生态系统引起胁迫的主要原因与影响

生境因子		引起胁迫的主要原因	对河流生态系统的主要影响
水文条件	流量	超量取水	河道物理特征的改变,满足不了河流生态需水量的要求,生态功能退化,生物多样性减少
	径流过程	水库调蓄	改变了自然河流丰枯变化的水文模式,打破河流生物群落和生长条件和规律,导致有些靠丰枯变化抑制的有害物种暴发
地貌特征	纵向蜿蜒性	河流纵向自然形态直线化	生境异质性减少,导致生物多样性降低
	纵向连通性	水库、闸坝等水利工程建设	河流纵向水流、营养物质输送及生物通道的不连续,导致生物多样性降低
	横向断面多样性	河流横断面规则化、渠道化	生境异质性减少,导致生物多样性降低
	横向连通性	堤防、刚性硬质不透水护坡等水利工程建设	河流横向水流、营养物质输送及生物通道的不连续,导致生物多样性降低
	泥沙冲淤及河势状况	森林砍伐、山地开垦等导致水土流失及水流对河岸的冲刷	河流泥沙冲淤失衡,河势发生变化
	河岸植被覆盖率	河岸土壤的物理化学性质(如土质、渗透性等)及人类的干扰(如对河岸带土地的开垦,采用硬质护坡等)	降低河岸带生物栖息地质量及河流系统的水质自净化能力及美学价值,影响河岸带功能
	河岸与地下水的交换性	防渗水利工程(如高封闭率防渗墙工程)	阻碍了河道水与近水域陆地区域地下水间的交换,导致近水域陆地区域水环境恶化
水环境条件	水质	工业、生活废水排放的点源污染及农业造成的面源污染	生物生存条件恶化,生物数量种类减少,河流功能退化
	水温	水库底孔下泄、河岸及河内遮蔽物的减少	控制着许多水生冷血动物的生化和生理过程,进而影响生物的多度和丰度
	底泥污染	排入河流中的污染物质被底泥吸附	泥沙对污染物质的吸附和解析作用影响水生环境

1) 已建水电站情况

据相关资料统计,海南省已建水电站389座,主要分布在南渡江、昌化江、万泉河和陵水河等四大流域,水电站在流域上中下游的分布比例分别为60%、30%和10%。海南省水电站分布见图3-59,各流域水电开发利用情况见表3-43。

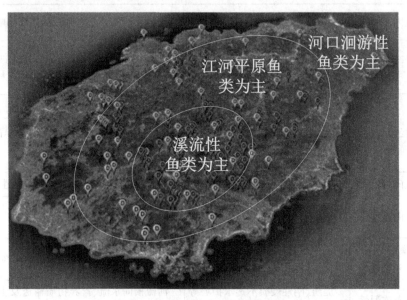

图3-59 海南省水电站及水生生境分布

表3-43 海南水电开发利用各流域分布情况

流域	总水电站		中型电站		小(1)型电站		小(2)型电站	
	装机(MW)	数量(座)	装机(MW)	数量(座)	装机(MW)	数量(座)	装机(MW)	数量(座)
南渡江	109.285	90	0	0	24.9	1	84.385	89
昌化江	480.335	74	322	2	20	2	138.335	70
万泉河	149.16	63	80	1	0	0	69.16	62
陵水河	27.275	28	0	0	0	0	27.275	28
宁远河	13.495	13	0	0	0	0	13.495	13
珠碧	3.04	4	0	0	0	0	3.04	4
望楼河	3.97	6	0	0	0	0	3.97	6
藤桥河	20.34	24	0	0	0	0	20.34	24
太阳河	6.255	11	0	0	0	0	6.255	11
其他流域	37.846	76	0	0	0	0	37.846	76
合计	851.001	389	402	3	44.9	3	404.101	383

调查发现,海南岛大量早期建设的水电站由于历史原因未开展环评工作也无任何环保措施,近期建设的水电站环保措施也落实不到位,如南渡江干流早期建设的松涛、九龙滩等梯级基本无水生生态保护措施,金江、谷石滩等近期建设的梯级虽有环保要求,但均未落实。

2)对鱼类生境影响

水电开发工程的实施会对河流生态系统的格局产生影响。水电工程建设改变了河流的自然水文过程,对水质、水温、水位以及流速等均造成影响和改变,对河流的形态和走向也产生一定影响,水中生物群落也会随之改变或大幅度减少。尤其是水电站大坝拦截河流,破坏了河流连通性,阻隔了鱼类洄游的路径,影响鱼类产卵场的分布,从而影响了鱼类(尤其是适应溪流型生境的产漂流性卵鱼类)的繁殖生境,进而影响河流生态系统的生物多样性。

海南水电站及水生生境分布见图3-59。

3)对鱼类产卵场影响

经识别,海南岛约有11座水电站位于鱼类产卵场或产卵场附近河段,对鱼类正常繁育造成不利影响。涉及鱼类栖息地的小水电统计情况见表3-44。

表3-44　涉及鱼类产卵场及重要栖息地的小水电统计

流域	上游		中游	
南渡江	南伟电站	黏沉性卵鱼类产卵场	阳江十三队电站	黏沉性卵鱼类产卵场
昌化江	什文贴电站	黏沉性卵鱼类产卵场	波峰电站	黏沉性卵鱼类产卵场
	什牙力电站	黏沉性卵鱼类产卵场	金波农场电站	黏沉性卵鱼类产卵场
	春雷电站	黏沉性卵鱼类产卵场	南域电站	黏沉性卵鱼类产卵场
	—	—	保定水电站	漂流性卵鱼类产卵场
陵水河	石带水电站	黏沉性卵鱼类产卵场	—	—
	毛定水电站	黏沉性卵鱼类产卵场	—	—
合计	6座	均位于产黏沉性卵鱼类产卵场	5座	4座位于产黏沉性卵鱼类产卵场;1座位于产漂流性卵鱼类产卵场

4)减(脱)流情况

海南小水电大多为引水式开发,部分小水电站在规划建设阶段未充分考虑和保障坝下河段生态用水,缺乏相应的泄水建筑物和合理的生态调度方案,没有下泄生态水量,导致下游河段出现减水、脱水甚至河床干涸的现象,河流上下游水生生态系统受到毁灭性的破坏。海南省水电站下游减(脱)水河段调查情况见表3-45。

表 3-45 水电站下游减(脱)水河段情况调查

电站名称	减(脱)水河段长(km)	电站名称	减(脱)水河段长(km)
南圣河牙冲	2	南漫河空伦	2
南漫河初保	2.8	琼中万泉	1.5
红沟一、二级	10	五指山毛组河	1.2
临高道谈	0.1	琼中毛西	2.5
昌江大炎	1.7	琼中什晏一级	0.4
琼中大浪	1.2	琼中三合	1.2
琼中白水岭	2.3	琼中黎母山吊灯岭	4.7
琼中和平隆丰	0.2	琼中新村	3.5
琼中明发	1.9	保亭南春一级	3.5
保亭南春三级	0.91	乐东红水河富光	6.8
保亭响水南梗	4	保亭响水南春二级	1.1
保亭保城镇南只	0.8	保亭加茂镇石弄	0.3
儋州同兴	1.65	保亭毛感南好	1.85
琼中什育水库朝阳	1.2	平均	2.27

注:摘自《小水电资源区域开发环境影响回顾性评价案例分析》[1674-6139(2010)01-0170-06]。

目前,海南岛小水电在自然保护区、鱼类重要栖息地及产卵场区域均有分布,已有小水电站在大、中河流干流筑坝时未设置过鱼设施,也没有充分考虑河流生态系统的需求,未设计生态流量下泄口和考虑下泄生态流量,造成减(脱)水河段水流量锐减,同时未考虑替代生境保护等生态保护措施,鱼类的生境条件和生存空间已受到较大影响。

2. 水利工程开发影响分析

天然河流水生生物系统比较复杂,在天然河流中修筑的水库、大坝等水利工程,会对水生物系统造成一定程度的破坏,简单的会使鱼类特别是洄游性鱼类的正常生活习性受到影响,使它们的生活环境被破坏。严重的会使水生物系统的个别物种造成灭绝。

目前,大多数开展实施和运作的水利工程,都设置了各种截取设施和通道,对河流本身的形态造成了影响,除产生阻隔影响、改变原有的河流水文情势外,水利建设最后直接影响了河流的生态格局,会引起河流生境、生物多样性等河流生态系统变化。水利工程筑坝蓄水可导致河流水力滞留时间增加,水体分层,透明度和初级生产力提高,并将改变下游水体的水文和水质特征,影响河流的物质循环过程和生物多样性;库坝建设会造成河流生境发生改变,从而影响生物的繁殖和生存。其中,受库坝影响较大的生物主要包括:需要在流动水体中生存的生物,需要相对连续的河流栖息地的生物以及需要到河流上游产卵的洄游鱼类。库坝可改变河流的流态,使大量适应在流动水体中生活的鱼类消失,而对环境适应能力更强的生物或外来物种的数量将会增加。

海南岛已建的大部分水利工程,如松涛水库,在项目设计阶段未考虑河流生态系统的需求,未设计并下泄生态流量,也未开展生态调度、未采取栖息地保护和替代生境保护等措施,导致大坝上下游生境条件变化较大,对河流水生生态系统(尤其是适应溪流型生境、漂流型生境以及河口洄游鱼类)产生较大影响。近年来开工建设的大型水利工程,如红岭水库及灌区、南渡江引水工程等,工程环评批复中强化了鱼类资源及生境的保护工作,提出了鱼类栖息地保护与修复、增殖放流等措施,在具体工程建设运用中应做好落实工作,并定期跟踪监测评估实施效果,尽可能减缓减少水利工程建设对土著鱼类栖息生境的影响。

3. 防洪工程建设影响分析

海南已建防洪工程重点考虑了防洪安全,没有很好地兼顾鱼类栖息生境需求,从而影响了周边生态环境,特别是动植物的生存环境,打破了地域生物链,对生态环境造成了一定破坏。已建堤防工程大部分采用硬质护坡,南渡江、文昌江、文澜江、望楼河、陵水河等河流城区段和河口段,河段堤防硬化;五指山、乐东、昌江等城市江段堤防或护岸工程,多为混凝土硬质护坡,与生态文明试验区建设要求有较大差距。

海南水网规划可在水域空间管控、鱼类重要栖息地等工程设计中充分考虑生态堤防建设。

4. 总体影响评价

水电站梯级开发、水库及拦河闸坝等建设造成流水生境缩小、生境破碎化等,致使原有连续的鱼类群落结构转变成大量小型群落结构,生境多样性下降,大部分流水性鱼类分布范围缩小,退缩至河流上游和源头;河海洄游鱼类被阻隔于河流最下游梯级以下河段,分布范围相对缩小。

此外,采砂、河流污染和过度捕捞,严重影响了鱼类的生存环境,鱼类多样性受到很大影响。随着河流中氨、氮、磷等物质的增加,水体发生富营养化,某些鱼类赖以生存的有机饵料大量减少,鱼类生存发展受到严重威胁;人类对鱼类资源采集强度大,致使河流中鱼类物种数目降低;引入养殖经济种类的同时,也会造成外来物种的入侵,危及土著鱼类生存。统计海南岛珍稀濒危特有鱼类受影响情况见表3-46。

总体来看,海南岛水生生态保护工作十分薄弱,如鱼类栖息地保护、过鱼设施、增殖放流站、生态流量泄放与生态调度等措施严重不足,水产种质资源保护区仅有万泉河1处;水电站及拦河闸坝等水利水电工程建设改变了河流上中下游的水生生境条件,部分产漂流性卵鱼类的适宜生境消失、河海洄游鱼类适宜生境缩小,进而影响了水生生态系统健康发展及鱼类正常生长繁育情况,海南岛珍稀濒危特有鱼类种群规模均有一定程度的下降。其中,大鳞鲢已多年未采集到;花鳗鲡、海南长臂鮠等曾经的重要经济鱼类种群规模下降;海南异鱲、无斑蛇鮈、大鳞光唇鱼、盆唇华鲮、海南瓣结鱼、海南墨头鱼、保亭近腹吸鳅、琼中拟平鳅、海南原缨口鳅、海南纹胸鮡、项鳞吻鰕虎鱼、多鳞枝牙鰕虎鱼等生境缩小,渔获物中难以发现;台细鳊、小银鮈、锯齿海南鲅、高体鳡等在局部流水生境亦成为少见种;青鳉、弓背青鳉、海南黄黝鱼等生存在静缓流小水域的鱼类受梯级开发等影响较小,但受过度捕捞、水污染等影响,成为偶见种。

表 3-46　海南岛珍稀濒危特有鱼类受影响情况

类型	种类	生态特点	主要影响
河海洄游鱼类	花鳗鲡	在深海繁殖,幼鱼洄游至淡水索饵生长	水电站、水利工程等拦河建筑物的阻隔等致使索饵育肥空间大幅缩小,种群规模下降
产漂流性卵鱼类	大鳞鲢	产漂流性卵鱼类,产卵需要洪水刺激,受精卵需一定的漂流流程	水电站、水库建设运行使得水文情势改变,大坝阻隔影响繁殖洄游,带来产卵生境改变,目前已难以发现
山溪流水性小型鱼类	台细鳊、海南异鱲、小银鮈、无斑蛇鮈、大鳞光唇鱼、盆唇华鲮、海南瓣结鱼、海南墨头鱼、保亭近腹吸鳅、琼中拟平鳅、海南原缨口鳅、海南纹胸鮡、项鳞吻鰕虎鱼、多鳞枝牙鰕虎鱼	中小型溪流底层鱼类,一般分布于河流中上游急流或流水生境,对流水生境依赖度较高	流水生境缩小、河流纵向连通性破坏影响种群交流,种群规模下降,部分种类已较难发现
江河平原鱼类	海南长臀鮠、锯齿海南鳘、高体鳑	一般分布于河流中下游,喜流水生境,但在静缓流生境中亦能完成生活史	生境破碎化、过度捕捞等致使种群规模下降
静缓流小型鱼类	青鳉、弓背青鳉、海南黄黝鱼	分布于局部静缓流的小水域,数量较少	分布于局部小水域,本身种群规模较小,过度捕捞、水污染等导致种群规模下降

3.7.6　河口环境影响回顾性分析

海南岛河口受波浪动力影响显著,除南渡江河口外,多为沙坝潟湖型河口。另外,流入铺前湾的珠溪河、流入清澜湾的文昌河、文教河,流入三亚榆林的三亚河,流入洋浦湾的北门江、春江为溺谷湾内河口,海洋动力较弱,潮滩发育,受径流季节变化影响较大。

主要河流控制性水利枢纽工程大多建于 20 世纪 60~70 年代,经过近 50 年的自动调整,河口动力达到相对平衡。总体来看,当时的工程建设未大规模围垦潮滩,减小纳潮面积;工程主要布置在上游,未对口外浅滩和口门进行封堵,河口沙坝—潟湖体系未遭受破坏,河口形态未发生大的变化,已建水利工程对河口水动力环境影响较小。仅局部区域(流入小海的太阳河、龙尾河等)河流改道,导致水流对拦门沙的冲刷能力减弱,口门趋于封闭。

3.7.6.1　河口入海水量

海南省 1956~2014 年平均入海水量为 281.6 亿 m^3,1980~2000 年、2001~2014 年年均入海水量比 1956~1979 年年均入海水量均略有减小,分别减小 2.39%、0.6%,减小趋势不明显。20世纪50年代、70年代高于多年均值的3.5%、8.5%,20世纪60年代、80年代低于多年均值的6.2%、5.4%,20世纪90年代和21世纪初期接近于多年均值。

南渡江1980~2014年年均入海水量与1956~1979年年均入海水量相比,减小趋势明显,为5.4%,其主要原因是上游建成松涛水库外调水量使得南渡江入海水量明显减小。万泉河和昌化江多年平均入海水量减少趋势不明显,源于现状用水量占流域总水量比例较低;海南岛西北部1980~2000年年均入海水量比1956~1979年年均入海水量增加了2.54%,主要原因是松涛水库跨流域引水灌溉的回归水增加所至,2000年以后年均入海量又较1956~1979年降低了0.5亿 m^3,这是该区域生产生活用水量和耗水量增加所致。海南省多年平均径流量与入海量情况见表3-47。

表3-47　海南岛入海水量变化趋势分析表　　　　　（单位:亿 m^3）

分区	1956~1979年	1980~2000年	2001~2014年	1956~2014年
南渡江	61.05	57.77	57.33	59.00
昌化江	40.21	39.06	45.89	41.15
万泉河	53.93	52.43	52.11	52.97
海南岛东北部	27.72	27.31	26.71	27.38
海南岛南部	73.58	72.4	70.85	72.63
海南岛西北部	28.30	29.02	27.79	28.48
全省	284.8	278.00	280.68	281.60

3.7.6.2　河口水质

海南海域的水质一直处于优良状况,但部分地区水质呈下降趋势,局部海域存在受污染的状况。具体反映在紧邻人口密集和用海活动频繁区域的城镇沿岸港湾,如海口湾和洋浦沿岸海域2010年前后水质主体水平由Ⅰ类下降到了Ⅱ类,并出现了Ⅳ类及劣Ⅳ类的情况;海口湾顶部尤其是东侧龙昆沟入海口处邻近海域的水质长期为Ⅳ类或劣Ⅳ类;东寨港增养殖区水质长期处于较差的水平,水质常为Ⅳ类或劣Ⅳ类。

根据《海南省入海河口断面水质月报》数据,进行水质状况评价,2015年11月全省20条主要入海河流河口断面水质监测结果显示,85%的监测断面水质优良,其中20%监测断面水质为Ⅱ类,65%监测断面水质为Ⅲ类,15%监测断面水质为Ⅳ类。文教河、文昌河和东山河的入海河口断面水质为Ⅳ类,污染指标为高锰酸盐指数、化学需氧量和氨氮,主要受城镇生活污水、农业及农村面源废水影响。

由此可见,海南岛入海河流河口水质总体良好,部分受城镇生活污水、农业及农村面源废水影响较大的河流河口污染物超标。

3.7.6.3　主要河口咸潮(盐度)变化分析

1. 南渡江

根据《南渡江流域综合规划(修编)环境影响补充研究报告》,南渡江干流5个已建工程中,谷石滩、九龙滩和金江水电站均无径流调节能力,也不涉及跨流域引水调水,均按来水多少发电多少的方式向下游泄水,对河口水环境基本无影响。松涛水库与龙塘水电站差不多同时期运行,南渡江河口水环境受该两工程共同作用,其中松涛水库截流引水减少了流域径流量,龙塘站多年平均流量减少了 51.4 m³/s,年内各水期流量均减少,使海水上溯距离更远。根据相同外海边界计算成果,松涛水库建设前,多年平均流量(225 m³/s)情况下咸水上溯距离约 5.9 km,松涛运行后多年平均流量(173 m³/s)情况下咸水上溯距离约 6.3 km,上溯距离增加不明显。根据河口区域地形资料和海口站潮汐特性,大潮期间海水上溯的最远距离约 26 km,但龙塘水电站的建设运行阻隔了海水上溯,感潮河段控制在河口约 25.6 km 范围内。根据走访龙塘电站管理人员,龙塘电站运行至今仅出现过 1 次由于台风致使海水上溯至龙塘坝址并漫坝的现象。

综上所述,松涛水库导致的流量减少致使河口盐水入侵强度增加,河口区域盐度分布发生一定变化,但上溯增加距离不明显,其他已建工程对河口感潮河段长度影响较小。

2. 昌化江

感潮河流为防止枯水期潮水上溯,保持河口地区不受海水入侵的影响,必须保持河道一定的防潮压碱水量。《昌化江流域综合规划(修编)》认为,由于昌化江现状咸水入侵问题不突出,防潮压咸不是被关心的生态问题,且前期缺少最基本的咸潮观测资料,昌化江河口咸潮上溯情况难以定量分析。

3. 万泉河

万泉河形态完全呈现海岛河流特征,距离河口不远处,地形迅速抬升。自河口博鳌地区至中举村处,河床平缓,该处距河口约 6.4 km,自中举村处上溯,河床有迅速抬升,在该处以上约 2 000 m 处,河床高程达到 3.4 m。而万泉河河口属中潮河口,历年最高潮位为 2.6 m,历年平均高潮位为 2.03 m,而中举村处的河床高程为 2.2 m,二者比较接近,这也与当地居民介绍的海水上溯情况相符合。

从河口的感潮情况及河口附近地势分析可知,万泉河河口的海水上溯的距离主要受到河口地势的制约,而受万泉河上游来流量甚微,因此修建水库后上游来流虽然减小,但受河口地势的制约,且牛路岭水库修建后,枯季来流量略有增大,对抑制咸潮上溯有一定的作用。因此,万泉河口咸潮上溯最远距离基本稳定,未进一步向上游扩展。

3.7.6.4 河口红树林

海南河口红树林变化是自然和人类共同作用的结果,其中造地、围海养殖、城镇基础设施建设用地等人为因素占主要原因,同时旅游业的开发对红树林生态系统存在一定程度的干扰,人类社会活动对红树林的面积、分布、生长和发育影响显著。

3.7.7 社会环境效益回顾性分析

3.7.7.1 防洪减灾效益

海南岛初步建成了以泄为主、蓄泄相结合的防洪工程体系,有效改变了"大雨大灾,小雨小灾"的局面。大江大河及其主要支流的防洪工程体系框架基本形成,建成了 18 个市县山洪灾害监测预警系统和群策群防体系,从被动抗汛转变为主动防汛。通过防洪工程与非工程措施相结合,对减免因洪涝灾害致亡人数、减少洪涝受灾人口、减淹耕地等发挥了极大的效益。

3.7.7.2　城乡供水效益

以城市供水和农村饮水安全为重点,实施惠及民生的中小微型水利工程和供水管网配套建设,初步形成了以江河引提水和蓄水工程为主,其他水源为辅的供水体系。形成了北有松涛、南有大隆、西有大广坝、东有红岭的水资源配置体系,水库总容量比建省之初增加了 33.4 亿 m³,部分缓解了长期以来存在的工程型缺水问题,改善水资源时空分布不均的实际情况。目前,建成城镇集中供水工程 136 处,设计供水能力 266 万 t/d,供水受益人口 485 万人。建设农村人饮供水工程 5 822 处,解决了 418 万农村人口的安全饮水问题。

3.7.7.3　热带现代农业效益

围绕"打造热带特色高效农业王牌"的总体要求,大力发展热带现代农业。依托陆续建成的松涛、大广坝等灌区工程,实施了一批灌区续建配套与节水改造,开展了 18 个市(县)小型农田水利重点县建设等工作,灌溉基础设施不断完善,耕地灌溉率、节水灌溉率有较大提高,有效改善了农业生产条件。自 20 世纪 90 年代起,海南着力发展冬季瓜菜、热带水果和热带作物生产,冬季瓜菜已成为海南农业支柱性产业。

3.7.7.4　生态环境效益

海南全面启动 60 条城市内河(湖)水环境整治,水质状况持续恶化的趋势有所控制,主要江河Ⅲ类以上水体占 96%,重要饮用水源地水质达标率 96.4%;推进了儋州等重点区域水土流失治理,加快坡耕地综合整治和生态清洁小流域建设,完成水土流失综合治理面积 332 km²,初步建成水土保持监测网络体系和信息系统;现状全岛水库总面积 5.6 万 hm²,对改善局地小气候产生了积极且长远影响,如大广坝水库建成后有效缓解了昌化江流域中下游干旱、沙化的面貌,增加了空气湿度与降雨,有利于库周植被的生长,增加了动物的栖息地与觅食空间。

3.7.8　典型流域环境影响回顾性评价

3.7.8.1　流域水资源开发利用现状

南渡江是海南岛最大河流,流域面积 7 033 km²,流经白沙、屯昌、澄迈、定安、海口等市(县)。流域水资源开发始于 1958 年,干流上已陆续建成松涛水库(1968 年)、龙塘水电站(1970 年)、九龙滩水电站(1976 年)、谷石滩水电站(2010 年)、金江水电站(2013 年)等,目前南渡江引水工程的水源工程东山坝正在建设。各支流开发历史也已较久,建设了众多的小水电或拦河坝。大部分已建水利工程缺少必要的环境保护措施,已经对流域水文情势、水资源利用、鱼类及其栖息地等产生了较显著的影响。

南渡江流域水系及工程布局图如图 3-60 所示。

南渡江流域梯级开发改变了河流形态。松涛水库的建设运行使南渡江上游形成一个水面面积约 144 km²、回水长度约 51 km 的湖泊型水库;中下游干流河段已建的谷石滩、九龙滩、金江、龙塘 4 个水电工程使原长 197 km 的南渡江连续天然河段被划分为 3 段天然河段及两段河道型水库,库区河段长度总共约 81 km,约占南渡江中下游干流总长的 41.1%,其中谷石滩、九龙滩和金江水电站组成一个相互衔接的梯级水库群,库区河段总长约 52 km。松涛水库大坝无泄水构筑物,坝下至腰子河汇合口约 3 km 干流河段已逐步退化为沼泽林地(见图 3-61)。

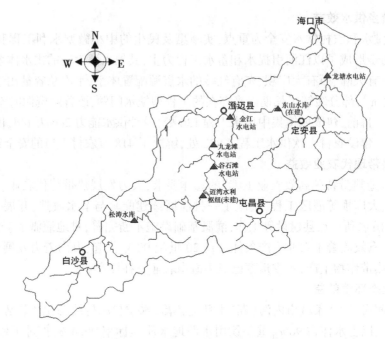

图 3-60　南渡江流域水系及工程布局

图 3-61　松涛水库坝下现状

3.7.8.2　流域水文水资源回顾性评价

1. 流域水资源影响评价

根据《海南省水资源综合规划》,南渡江地表水多年平均径流量为 69.07 亿 m^3。松涛水库建设后,松涛水库坝址以上水量完全拦截供松涛灌区,龙塘水电站库区取水口的水量为海口市区用于生活耗水和周边灌区农业灌溉。其中,松涛水库向外流域调水,多年平均减少了流域 12.87 亿 m^3 的地表水资源量,占流域地表水资源总量的 18.6%,是流域水资源量减少的主要因素。龙塘取水口跨流域调出 1.04 亿 m^3,减少了流域 1.04 亿 m^3 的地表水资源量,约占流域地表水资源总量的 1.51%。

2. 流域水利工程对南渡江水文情势影响

松涛水库坝址上游人类活动相对较少,20 世纪 50 年代至今,坝址上游河道不同时期的径流过程基本保持不变,福才断面(位于南渡江上游,松涛水库回水末端以上)不同时期流量过程见图 3-62。

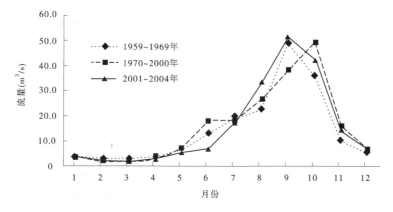

图 3-62　南渡江干流福才断面不同时期流量过程

松涛水库坝址径流受水库发电、灌溉等运行方式影响,坝址输水径流较建设前而言,年内分布相对较为均匀。南渡江松涛水库大坝不同时期流量过程见图 3-63。

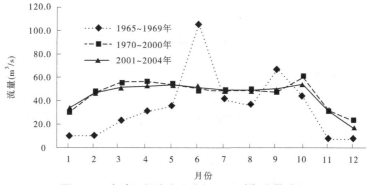

图 3-63　南渡江松涛水库大坝不同时期流量过程

松涛水库自 1968 年投入运行至今,除 1971 年、1973 年、1978 年、1990 年和 2011 年溢洪道出现过泄洪外,其余年份均未下泄流量。松涛水库坝址以上流量基本全部由南丰洋库区取水工程经由松涛灌区总干渠给儋州、临高、屯昌、澄迈、海口等琼北地区的生产和生活用水供水。

松涛水库建设也对南渡江下游入海口的龙塘站水文情势产生影响。松涛水库建设前,龙塘站年均径流量占南渡江流域的 86.9%,松涛水库建设后,龙塘站年均径流量占全流域的 81.4%,多年平均流量由 225 m^3/s 减少为 173 m^3/s;南渡江 1980~2000 年、2000~2014 年平均入海水量与 1956~1979 年平均入海水量相比,减小趋势明显,为 5.4% 左右。

龙塘站不同时期流量过程见表 3-48 和图 3-64。

表 3-48　南渡江流域和龙塘站多年平均径流对比

年份	南渡江流域(天然)		龙塘断面(实测)		龙塘径流量 占流域比值
	流量(m³/s)	径流量(亿 m³)	流量(m³/s)	径流量(亿 m³)	
1956~2000	219.0	69.07	184.4	58.16	84.2%
1956~1979	217.8	68.68	189.1	59.65	86.9%
1971~2000	226.9	71.55	184.7	58.25	81.4%
1980~2000	220.4	69.52	179.0	56.46	81.2%
2000~2014	—	—	177.6	56.02	—

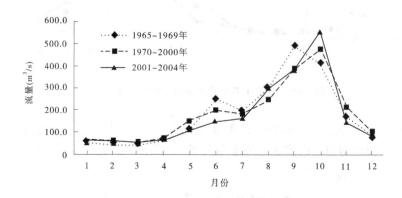

图 3-64　南渡江龙塘(河口断面)不同时期流量过程

3.7.8.3　流域水环境影响回顾性评价

通过 1993~2015 年南渡江流域水质变化趋势分析,松涛水库断面和龙塘断面处于Ⅰ~Ⅱ类标准之间,满足水功能区水质目标要求。总体上,南渡江水质基本处于优良状态,水质演变总体保持平稳的态势。20 世纪 90 年代,九龙滩水电站建成,但无径流调节能力,均按来水发电的方式向下游泄水;仅松涛引水使得下游径流量减少,但南渡江流域水质没有表现出由于水利工程建设而呈恶化的现象。松涛、九龙滩水库建成后,水质基本满足地表水功能要求,未发现水库富营养化现象。1993~2000 年南渡江典型断面水质因子逐月变化趋势见图 3-65。

3.7.8.4　流域陆生生态影响回顾性评价

南渡江流域土地利用类型以林地、园地和耕地为主,近 10 年景观生态多样性指数和均匀度都有所上升,但是相对优势度指数下降。

松涛水库已建成多年,周边已陆续成立番加自然保护区、鹦哥岭国家自然保护区和黎母山国家自然保护区,已形成较为稳定的植物和动物群落。库区周围现状植被有经自然恢复的次生林、次生灌丛和草丛,以及人工林,群落结构基本稳定。此外,水库蓄水后,水域面积增加,在一定程度上增加了湿地鸟类取食范围,营造了适合鸟类栖息的生境,对促进鸟类种群数量的增加起到了积极的作用。同时两栖类和爬行类动物在种类和数量上都

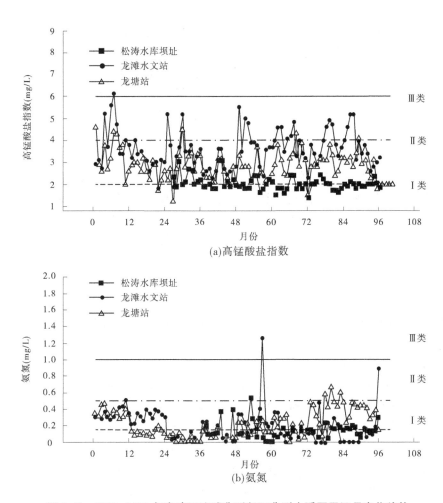

(a)高锰酸盐指数

(b)氨氮

图 3-65 1993~2000 年南渡江流域典型断面典型水质因子逐月变化趋势

有增加的趋势,重点保护动物松雀鹰、领角鸮、褐翅鸦鹃等很多物种形成当地的优势类群。

3.7.8.5 流域水生生态影响回顾性评价

1. 对水生生境的影响

1)河流连通性受阻,生境破碎化严重

南渡江干流水电梯级开发严重破坏了河流连通性,特别是松涛大坝使南渡江上游 137 km 的上游河段几乎完全与本流域隔绝,对流域水生生态影响巨大且深远;龙塘大坝距河口仅 26 km,阻隔了洄游鱼类及河口鱼类上溯的通道,致使大部分洄游鱼类和河口鱼类被阻隔于龙塘坝下,栖息地大幅缩小。大坝的阻隔也使原本连续的河流生态系统被分割为片段化的异质生境,影响河流生态系统的结构和功能。

2)水文情势改变,流水生境缩小

松涛水库的建成,不仅破坏河流连通性和完整性,同时也使原本的热带山区型河流转变为多年调节的大型山谷型水库,水库淹没面积约 15.65 km²,库容 33.45 亿 m³,水深一般为 30~40 m(最深约 70 m),原有的河流生境彻底发生了改变,原本窄浅的山区溪流流水生境转变为大型深水、静水的水库生境,水体交换率大幅下降,水体溶解氧减小;水体容量变大,深水区出现水温分层现象。

其他已建谷石滩、九龙滩、金江、龙塘虽调节能力不强,但也形成大小不一的水库生境,其中谷石滩、九龙滩、金江基本上库区首尾相连,导致原河流流水生境大幅缩小。同时由于电站的调节,坝上坝下水位较天然情况下波动的频率和幅度增加,河流生境不稳定性增加。

3)防洪工程破坏了河滨带

流域内澄迈、定安、海口等城镇堤防工程量大且绝大多数采用传统的硬质护岸。河滨带是水生生物、鱼类、两栖爬行类、鸟类等重要的栖息地,并具有净化水质的重要生态功能,对维持河流生态系统健康具有重要作用。防洪工程的建设破坏了自然的河滨带,影响河流横向连通性,鱼类等的重要栖息地面积缩小,河滨带湿地的净化功能削弱,影响了河流生态系统的健康。

4)采砂影响鱼类栖息环境

由于城镇化建设的需要,南渡江流域,特别是中下游,采砂活动十分频繁,采砂不仅破坏河流底质,影响底栖动物等的生存,从而影响鱼类饵料的生物来源,对鱼类栖息地干扰和破坏,而且采砂导致水体浑浊度升高,影响河流水质,对鱼类的生存也造成一定的影响。

2. 对鱼类资源的影响

从鱼类种类组成来看,松涛水库形成后,原河道中的流水性种类基本消失,取而代之的是适应静缓流水体的种类,有利于养殖业的发展,鲮、鲢、罗非鱼等在水库中比例较高。

水库形成初期,大鳞鲢在松涛水库中的资源量很大,但是南伟水电站修建后破坏了大鳞鲢等鱼类上溯至流水河段产卵繁殖的洄游通道,影响鱼类产卵繁殖,鱼类资源量急剧下降。该现象说明,水库形成后,如果能在库尾或较大型支流保留足够的流水河段,为需要在流水生境中产卵繁殖的鱼类提供产卵场,且流水河段与水库共同形成的多样性生境,在一定程度上流水河段既能满足某些鱼类产卵繁殖的需求,水库生境又能为鱼类提供生长育肥的场所,鱼类种群规模是可以得到维持的。

3.7.8.6 流域河口环境影响回顾性评价

以下主要评价南渡江河口岸线演变状况。

南渡江河口岸段的变化主要表现在老河口废弃三角洲,由于得不到泥沙的补给,在NE向浪的影响下,原突出的河口堆积区和曲折的岸线逐渐被夷平,以每年2~4 m的速率被侵蚀,海岸线呈不自然的直线状。1973~1990年间,岸线类型单一,除河口岸线外均为砂质岸线;1990~2013年间,岸线类型新增了人工岸线,废弃三角洲的老河口几乎全部消失,基本被围填养殖所替代,养殖面积新增3.2 km²;由于砂质海岸不断受到潮流和波浪作用,泥沙几乎侵蚀殆尽(见图3-66)。

南渡江河口岸线不断侵蚀主要有以下原因:一是本区的波浪作用,根据观测资料统计,口门外以NE向波浪为主导,出现频率66.7%,可直接作用于海岸,使泥沙向西输送。在潮流与波浪共同作用下,废弃河口区前缘的堆积区逐渐被侵蚀。二是上游松涛水库、龙塘大型滚水坝等工程的建设,松涛水库和龙塘大型滚水坝分别始建于1958年和1970年。龙塘水文站统计资料显示,上游两水库建成后河流输沙减少约52%,是南渡江海岸及水

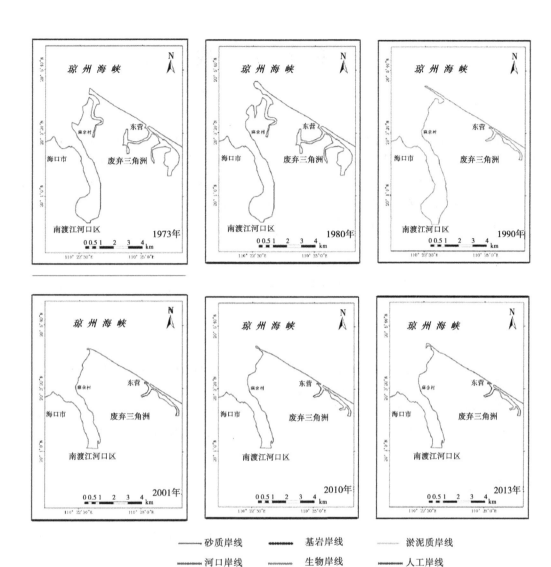

图 3-66　南渡江河口各时期海岸线分布

下沙坝侵蚀的原因之一。三是近年来河口区因建筑挖沙逐年增加,挖沙点分布密集,泥沙补给不足,海岸在供沙失衡情况下,河口区便发生了侵蚀。

　　分析可知,自 1970 年代以来南渡江河口段岸滩整体保持稳定,局部岸线发生变化:岸线资源类型发生了一定改变,人工岸线增加显著;河口东侧岸线侵蚀后退,新埠岛和海甸岛岸线向海推进显著,上游灵山镇段岸滩淤积并岸。从变化原因来看,上游水库建设导致的来沙减少是东侧岸线侵蚀后退的原因之一,但不会造成河口段海岛岸线向海推进和上游边滩的淤积并岸。因此,上游水库的运行对河口段岸线变化产生一定影响,但并不是主要因素,河口区的人类活动是近期岸滩发生变化的决定性因素。

3.8 资源环境保护"三线"评价

3.8.1 生态保护红线

2016年海南生态保护红线划定后,基本形成"一心多廊、山海相连、河湖相串"的基本生态保护红线空间格局,其中松涛、大广坝、牛路岭等湖库为重要空间节点。经识别,54座已建小水电位于陆域生态保护红线区内。其中,引水式占67%、混合式占11%、闸坝式占22%,该水电站建设导致下游河道脱流,对海南水生态环境影响较大。位于生态保护红线内的小水电分布情况见图3-67。

3.8.2 环境质量底线

海南2016年水质总体优良,然而水功能区水质达标率较低,城镇内河湖水质污染严重。琼北、琼南、琼西、琼东、中部片区水功能区水质达标率分别为79%、80%、100%、44%、50%;城镇内河湖水质重度污染的占57.8%,中度污染的占7.8%,不满足环境质量底线。

现状66个水功能区的COD、氨氮总纳污能力分别为44 071.97 t/a、1 486.35 t/a。主要污染物COD入河量为18 195.83 t/a,氨氮入河量为1 226.73 t/a。根据水功能区纳污能力和现状污染物入河量的关系,分析表明,超载的水功能区有20个,占海南省水功能区总数的30%。其中,COD超标的水功能区有15个,占22.7%;氨氮超标的水功能区有19个,占28.8%。

3.8.3 资源利用上线

3.8.3.1 用水总量

海南省2016年用水总量为44.96亿 m^3,符合用水总量控制指标49.58亿 m^3 的上线要求。其中,琼北、琼南、琼西、琼东、中部地区用水量分别为21.29亿 m^3、9.22亿 m^3、5.54亿 m^3、7.12亿 m^3、1.79亿 m^3,也均满足各片区用水总量控制指标(见图3-68)。

3.8.3.2 用水效率

现状年海南全省万元工业增加值用水量为65.5 m^3/万元。其中,琼北、琼南、琼西、琼东地区分别为157 m^3/万元、81 m^3/万元、157 m^3/万元、125 m^3/万元、96 m^3/万元。全省农田灌溉水有效利用系数0.57。其中,琼北、琼南、琼西、琼东地区灌溉水有效利用系数为0.57、0.59、0.55、0.57、0.59。

海南现状用水粗放,效率较低。万元工业增加值用水量、灌溉水有效利用系数不满足用水效率指标。

3.8.3.3 生态流量保障程度

根据环境现状调查评价,海南岛各江河建成较早的水利工程均未建设专用的生态流量泄放设施、无下泄生态流量调度方案,水电站通常利用发电尾水下泄流量,引水式电站导致下游河段存在河道脱水现象。

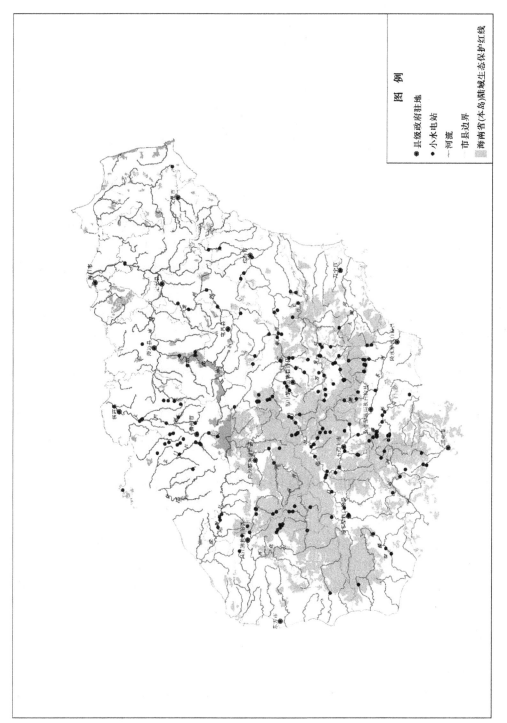

图 3-67　位于生态保护红线内的小水电分布情况

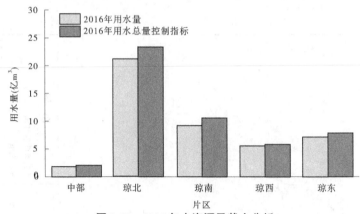

图 3-68　2016 年水资源承载力分析

分区对海南岛现状主要河流断面生态流量满足程度进行评价表明,主要断面流量基本可以满足生态需水目标要求,但部分枯水时段生态流量满足程度不高。

琼北区:南渡江河口龙塘断面现状生态流量满足程度年均为 98%、汛期 100%、非汛期 96%;北门江河口满足程度年均为 81%、汛期 95%、非汛期 71%。

琼南区:望楼河长茅水库断面现状生态流量满足程度年均为 85%、汛期 89%、非汛期 82%;宁远河大隆水库断面满足程度年均为 93%、汛期 90%、非汛期 96%;陵水河梯村坝断面满足程度年均为 83%、汛期 99%、非汛期 71%。

琼西区:昌化江河口宝桥断面现状生态流量满足程度年均为 89%、汛期 94%、非汛期 95%;石碌河石碌水库断面满足程度年均为 91%、汛期 93%、非汛期 90%。

琼东区:万泉河河口嘉积断面现状生态流量满足程度年均为 97%、汛期 95%、非汛期 99%;太阳河万宁水库断面生态流量满足程度年均为 93%、汛期 88%、非汛期 97%。

3.9　面临的环境问题与解决方向

通过现状与回顾性评价表明,海南省生态环境总体优良,现状森林覆盖率达 62.1%,由植被处于主导地位的生态系统,总体上属于健康、良好的生态系统。然而,已建水库大坝建成后,河流水文条件发生了改变,在一定程度上影响或破坏了鱼类的栖息、索饵和生殖(产卵场)条件,洄游性鱼类通道受阻,鱼类组成改变。此外,对水环境质量也有间接影响,其质量优劣主要取决于污染治理和面源的污染控制力度。

3.9.1　面临的主要环境问题

(1)以森林为主体的自然生态系统逐步衰退,中部山区生态服务功能下降。

海南近 100 年热带雨林及其他天然林面积减少并不断破碎化,逐渐从平原、台地、丘陵山地退缩,人工林面积增加,森林生态系统生物群落结构变化,甚至出现单一化,导致生物多样性减少。海南岛东北部的琼山、文昌、琼海一带,开发较早,原始植被早已消失。房地产等城市建设无序开发导致自然保护区、脆弱山体遭受破坏。现存天然林主要分布于霸王岭和尖峰岭,耕地和天然阔叶林大幅度转化为热带园林,由于天然林的持续减少,人工林面积持续增大,草地质量总体趋差,生态服务功能降低。

(2)城镇内河湖污染较为严重,部分河段为黑臭水体,水质不容乐观。

全省 18 个市县的城市内河湖水质中重度污染比例占 66%,主要分布在海口市、三亚市、琼海市等市县的内河水体。局部紧邻人口密集和用海活动频繁区域的城镇沿岸,受城市生活污水、港口船舶废水影响,海口市秀英港、海口湾顶部、三亚市三亚河入海河口、三亚港等港口、城市附近水质常年污染。东寨港增养殖区水质长期处于较差的水平。城镇化快速发展使全岛水环境恶化的潜在风险因素增加,水资源保护的难度日益增大。

(3)小水电站等梯级开发现象严重,水生生境遭受破坏。

小水电站梯级开发造成了阻隔、减水、脱流等,对河流及水生生境造成了严重破坏,尤其对流水型鱼类、产漂流型鱼类及河口洄游鱼类影响较大,目前流水性鱼类主要分布于河流上游或源头区域,河口洄游鱼类如花鳗鲡、鳗鲡等洄游性种类目前仅分布在河流最下一级坝址以下河段;同时,已有小水电站和水利工程建设时未考虑生态用水和下泄生态流量,缺乏相应的泄水建筑物和合理的生态调度方案,在运行和管理中没有考虑维护河流基本功能的生态流量,造成梯级开发集中河段及下游河流水流连续性及纵向连通性遭到破坏。

(4)现有水利工程未实施生态调度,部分河段生态流量保障程度不高。

海南现有水库建设多未考虑坝下生态流量泄放设施,运行期间无生态调度方案,坝下河道枯水时段生态流量满足程度不高。南渡江松涛水库自蓄水后坝下河段已断流,干流金江坝及龙州河等支流引水式电站建设运行,导致多个河段存在河道脱水现象;昌化江流域内大广坝、戈枕、石碌等水库尚未建立生态流量调度管理体系,流域上游干支流已建大量引水式电站,如昌化江干流上游、通什河下游,石碌河上游存在脱水河段。万泉河牛路岭水库在水电站停机时会出现坝下断流。望楼河、宁远河、太阳河等主要控制断面汛期生态流量基本可以满足生态流量目标要求,但枯水期生态流量满足程度不高。

(5)局部区域生态退化持续,人为开发活动对海岸带生态破坏严重。

多年来由于过度开发导致植被破坏、水土流失和土壤侵蚀加重,水土流失面积从 1.44 万 km^2 增加到 1.71 万 km^2,增幅为 18.46%,重度以上侵蚀面积 10 年内增加了 5.5%。昌江、乐东、文昌、临高、海口沙化土地面积增幅较大,沙化面积大约有 177 km^2。昌化港至棋子湾一带长十几千米、宽一千米的海岸带分布有典型的风沙地貌,沙化面积 22.88 km^2,沙化率为 65.24%。自 20 世纪 80 年代起,海南兴起大规模的毁林围塘养殖,造成红树林大规模破坏;90 年代以来,高速公路和滨海道路等建设侵占了一些红树林林地。目前,海产养殖长期无序发展侵占海岸带现象明显,防护林放任企业随意占用,造成沿海防护林破坏严重。

3.9.2 环境问题的解决方向

海南目前工程型缺水尚未根本扭转,水资源调配能力与供水格局矛盾凸显,抵御洪(潮)涝等灾害能力不高,河湖健康保障体系尚不健全。人类活动造成水污染环境风险因素多,与人口经济集聚度高度重叠;闸坝建设造成河流连通性受损,水生生境遭受破坏;生物多样性保护体系不完善,特有生态系统、物种资源保护不足,红树林生境萎缩面积锐减等。

海南岛现有诸多环境问题的解决当务之急,应将寻求环境问题的解决方向作为规划的前提与基础,统筹开发和保护的关系,以生态保护与修复为前提条件,实施水资源高效配置与利用工程。

3.9.2.1　生态服务功能退化问题的解决方向

结合国土空间开发利用格局、经济社会活动对水生态空间保护和利用功能需求,根据涵养水源、保持水土、保护生物多样性、保障河湖生态系统完整性和稳定性等要求,划定水生态空间管控范围,按照禁止开发区、限制开发区分类实施管控;采取预防保护和综合治理措施进行水土流失综合治理,提升水源涵养和保护能力。

3.9.2.2　水污染问题的解决方向

关注城镇内河湖水质污染问题,以改善城镇内河(湖)水环境质量为目标,按照"控源截污、水清河畅、岸绿景美、安全宜居"的要求,加强水环境综合整治,加快完善城乡污水处理系统建设,推进污水处理提质增效,开展农业种植、畜禽养殖、水产养殖污染源治理,强化地表水环境监测基础设施建设。

3.9.2.3　涉水生态环境问题的解决方向

优先解决涉水生态环境问题,明晰水资源消耗上线、水环境质量底线、水生态保护红线,建立水生态空间用途管控体系。加强水资源保护与水生态修复,划定鱼类栖息地保护区,完善水生态空间保护与管控的措施,强化中部山区水源涵养封育和生境保护,加强生态廊道保护与修复,有效防止红树林、重要湿地等生态系统退化;加大水源涵养与水土保持生态建设。

3.9.2.4　生态流量保障问题的解决方向

落实河流生态流量保障措施,恢复河流的纵向连通性。对小水电站及拦河闸坝实施生态化改造,确保河道生态流量满足相关功能要求,强化水利工程生态流量调度和监测管理。相关政府部门推动实施小水电生态改造,水电工程退役后应及时予以拆除,加快推进绿色水电站建设和评估认证。

3.10　制约因素分析

3.10.1　生态环境功能定位和生态保护要求的制约因素

海南气候条件优越,旅游资源丰富,生物物种种类及特有种群均居全国之首,是中国乃至世界的天然基因库,有着重要的保护价值。海南中部山区是全国重要生态功能区,也是我国陆地11个具有全球意义的物种和特有种丰富及生物多样性关键区中的一个,是海南岛主要江河源头区、重要水源涵养区、水土保持的重要预防区和重点监督区,在保持流域和全岛生态平衡,减轻自然灾害,确保全岛生态安全方面具有重要作用。岛内各级自然保护区、风景名胜区、森林公园、地质公园是我国保护自然文化资源的重要区域,划定的陆域生态保护红线总面积9 392 km²,占海南岛陆地面积27.3%。

在水网规划中,应依据法律法规和相关规划实施强制性保护,严格控制规划活动对自然生态原生性、完整性的干扰,严禁不符合主体功能定位的各类开发活动,加强热带雨林与红树林生态系统的保护。规划布局、规划规模等应符合《海南省生态保护红线管理规定》对生态保护红线区的总体管控要求。

3.10.2 现有涉水生态环境问题的制约因素

根据海南省环境现状和回顾性影响评价,现有突出的涉水环境问题包括城镇内河湖水质污染、河流纵向连通性受损、小水电建设导致河段脱水、鱼类生境受阻隔、自然生态系统红树林破坏等,水网规划应以优先解决现有涉水生态环境问题为前提,结合水资源和生态环境特点,依据海南发展战略需求和生态环境保护要求,做好海南省水网建设战略顶层设计。

3.10.3 资源利用上线、环境质量底线的制约因素

根据最严格水资源管理制度要求,海南省现状用水总量满足 2016 年控制指标要求。海南水资源较为丰富,现状水资源开发利用程度相对较低,用水水平不高,仍有进一步开发的潜力。但应满足海南省资源利用上线要求,解决现有主要河流生态流量保障问题的基础上,协调好资源开发与环境保护的关系。

海南水环境总体良好,但城镇内河湖水质污染严重,城镇和工业污水管网建设滞后,污水收集处理率低;高效节水农业发展缓慢,农药、化肥施用量大,农业面源污染严重,现状年水功能区水质达标率为 53%,达不到 2015 年 89% 的水质达标率控制指标。随着国际旅游岛和热带高效农业基地建设,将使全岛水生态环境恶化的潜在风险因素增加,水资源保护难度愈来愈大,可能会制约规划的实施。

第4章 环境影响识别与论证研究指标体系

4.1 环境影响识别

4.1.1 规划方案环境影响分析

水网规划的实施将产生显著的经济、社会和环境效益,具体体现在以下方面:防洪减灾工程的实施将提升大江大河、主要中小河流重要河段的防洪减灾能力,保障重点地区防洪安全;水资源配置工程将有效提高城乡供水安全保障程度和抗旱应急能力,改善水循环和水生态环境;灌区工程通过一批新续建大型灌区建设,可进一步提高重点地区粮食产能和农业综合生产能力,保障国家粮食安全;水生态治理和保护工程将改善内河水系水环境质量,保障城乡饮水安全,改善河湖生态环境。

然而,规划实施对生态环境产生的不利影响包括:水库新建、改建和引调水等导致河流水文情势及河流纵向连通性发生变化,对库区及坝址下游水环境和生态环境造成一定损害,进而对河口生态产生一定的不良影响;水库淹没造成耕地、园地及林地等土地资源受损,引调水工程、灌溉渠系占用土地并阻隔陆生生境等;规划年供水量增加将导致废污水排放量相应增加,纳污河流水环境存在一定风险。主要不利环境影响分述如下:

(1)防洪减灾工程主要环境影响。实施南渡江、昌化江、万泉河干支流和中小河流重要河段综合整治工程,对文昌市重点洪潮涝灾害区进行综合整治。堤防、海堤、河道整治及山洪沟治理工程建设对生态环境产生的不利影响主要表现在:河道硬化对水生高等植物、底栖动物生长不利,影响鱼类栖息、索饵、繁殖。北门江、三亚河下游防洪工程将影响沿河两岸红树林的生长繁育;万泉河下游防洪工程将对"万泉河尖鳍鲤、花鳗鲡国家级水产种质资源保护区"产生不利影响;南渡江下游防洪工程建设对黏沉性鱼类产卵场有一定影响。

(2)水资源配置工程主要环境影响。规划实施琼西北供水、乐亚水资源配置、保陵水库及供水工程、引大济石及昌江县水系连通等重大水利工程。迈湾水利枢纽的建设,将进一步改变南渡江下游至河口段原有的自然流量模式,并形成局部减水河段,并对南渡江河流生境进一步造成阻隔,对河流生态、鱼类资源及沿河湿地、河口生态等带来不利影响。规划琼西北供水、乐亚水资源配置及引大济石、牛路岭水资源配置等工程,通过新、扩建水库和引调水工程向琼西北、三亚、乐东、万宁等地区供水,在补充春江、望楼河、太阳河等河流生态水量的同时,也将导致昌化江、南巴河、万泉河等河流水文情势变化,闸坝建设、水库淹没占地及引水隧洞、渠道建设等将对影响范围内的水生和陆生系统产生一定不利影响,并可能会对鱼类产卵场和栖息地、湿地等生态环境敏感区带来不利影响。

(3)城乡供排水工程主要环境影响。规划通过新建迈湾水库、天角潭水库、向阳水库及南巴河水库等大中型水库,建设琼西北供水工程、昌化江及保陵水资源配置工程,新建引乘济妹、藤桥河补水赤田水库、半岭—福源池水库等水系连通工程,以及实施市县中心城区和乡镇备用水源等建设,改变了工程区域水资源时空分布现状,能够有效解决当地供水水源不足的问题,同时也会导致污水排放量增加,可能对当地地表水环境和水生生态造成一定不利影响。

(4)灌区工程主要环境影响。续建配套松涛灌区、大广坝灌区,新建乐亚灌区、牛路岭灌区、迈湾灌区,重点发展南繁育种基地,灌区农业面源增加将加大纳污河流水环境污染风险,对河道生态环境造成一定的不利影响。

综上所述,规划方案实施影响涉及资源环境承载力、生态系统整体性与稳定性、环境敏感区和生物多样性保护、生态环境质量达标和污染物总量控制等方面,规划方案环境影响分析详见表4-1。

4.1.2　规划分区环境影响分析

4.1.2.1　分区规划任务

规划针对海南岛主要江河流域水系特征、各分区经济社会发展需求及生态管控要求,确定各分区主要规划任务。

(1)琼中地区以保护生态环境为主,严格控制工业发展,适度发展特色种植、生态旅游,适度建设中小型水利工程,满足当地饮水困难、脱贫解困和乡村振兴等用水需求,并通过封育保护、水源涵养、水土保持、生境修复等措施,推进热带雨林国家公园建设,构建中部水塔安全屏障体系。

(2)琼北地区在优先保护南渡江流域生态环境的前提下,建设迈湾、天角潭水利枢纽,依托红岭灌区、琼西北供水工程、松涛灌区等骨干渠系工程,实现南渡江骨干水源工程覆盖春江、北门江、文澜江等独流入海的河流流域;对南渡江中下游、文澜江、北门江等进行生态修复与保护,加强海口城市内河湖综合治理;在南渡江干流建设迈湾水利枢纽、中下游开展堤防达标建设,提高南渡江中下游防洪标准。

(3)琼南地区重点是改善大三亚旅游经济圈和城乡供水水源供水条件,保障冬季旅游高峰期生活用水和南繁育种基地灌溉用水需求,通过建设向阳水库、南巴河水库、保陵水库、必要时适时实施引乘济妹工程,进一步提高区域水资源承载能力;对三亚、陵水等城市内河(湖)黑臭水体进行综合整治;实施必要的水系连通工程;加强大隆、梯村等大中型水库生态调度和管理;对长茅、石门、赤田等重要饮用水源地进行安全达标建设;进行中小河流治理,对陵水河、望楼河、宁远河等下游河段硬质护岸进行生态化改造等。

(4)琼西地区重点是保障昌化江河口地区生态安全、防洪安全,满足热带高效农业的用水需求及核电工业用水需求,修复和保护昌化江下游及主要独立入海河流的生态环境。建立昌化江西部水资源配置体系,自大广坝水库引水至支流石碌水库,扩建石碌灌区,加快续建大广坝灌区,逐步形成以干强支、以多补少的琼西供水安全保障网;加强昌化江中下游生态调度和生境保护,实施北黎河、罗带河专项整治;加快昌化江下游东方市和昌江县出海口河段综合整治,完善昌化江流域防洪体系。

(5)琼东地区重点是提高该区域防洪标准,解决该区域城乡生活与农业灌溉供水能

表 4-1 规划方案环境影响分析

规划内容与任务	规划内容	环境影响因素	可能影响的环境因子	主要环境影响
水资源配置工程	规划实施琼西北供水、乐亚水资源配置、保废水库及供水工程、引大济石及昌江县水系连通等水利工程	水资源空间分布，水文情势，水环境，陆生及水生态，环境敏感区	(1)社会环境 (2)自然要素 (3)生态要素	有利：实现琼岛内南渡江与昌化江、珠碧江、万泉河等河流水系连通，改善水循环和水生态环境，提高水资源调控能力，满足枯水期独流入海河流的生态环境需水量。 不利：水文情势变化改变了昌化江、废水库等水域纳污能力，注入河口的淡水量减少，对河口区生态保护对象造成一定影响，如天角潭水库建设，如天角潭水库建设造成淹没，对河流生境造成阻隔，影响鱼类交流和鱼类洄游，如供废水库建设将影响吊罗山自然保护区；移民搬迁安置引发社会问题等
热带现代农业水利保障	开展松涛灌区节水改造，新建松涛西干渠和迈湾灌区，完善天角红岭灌区建设；加快红岭灌区建设，建设牛路岭灌区；全面配套大广坝灌区，扩建石碌灌区；解决南繁育种基地的灌溉用水	水资源与水文情势、水环境、陆生生物	(1)社会环境 (2)自然要素 (3)生态要素	有利：冬季瓜菜基地实现高标准灌溉设施全覆盖，提高海南岛重点地区瓜果蔬菜与热带果产能、农业综合生产能力，有效保障热带作物安全。 不利：工程引水将减少引水河流（如昌化江、万泉河、北门江）水资源量，改变河流水文情势；灌区退水即农业面源污染增加将加剧纳污河流（如昌化江、望楼河、宁远河等）水环境污染风险，对河道生态环境造成一定的不利影响；工程建设占地将破坏环境局部植被和动植物栖息地，对生态区域生植被生境及土地资源带来影响
城乡供排水	地表、地下水开发及非常规水源利用，实施地表水替换地下水，新建集中供水工程，将城市政管网延伸的同时实施管网改造	水环境，水资源，人群健康，经济发展	(1)社会环境 (2)自然要素	有利：有效提高城乡供水安全保障程度和抗旱应急能力，缓解水资源供需矛盾，改善生活生产供水条件。 不利：用水量增加导致废污水排放量增加，带来水环境风险

续表4-1

规划内容与任务	规划内容	环境影响因素	可能影响的环境因子	主要环境影响
防洪(潮)治涝	实施南渡江、万泉河、昌化江干流和19条重要中小河流重要河段综合整治工程,对文昌、澄迈等重点洪潮涝灾害区进行综合整治	土地利用、河道与河口冲淤、陆生生态、水生生态、社会稳定	(1)社会环境 (2)自然要素 (3)生态要素	有利:充分发挥水库、提防的蓄泄洪水能力,保证防洪安全,提高抵御洪灾能力,提供稳定的生产生活条件。不利:工程占地、开挖等对土地资源及陆生生态的影响,导致陆生植物生物量减少,对野生动物造成干扰影响;河道治理、流淌及水库水闸阻隔等加固等涉水施工对水环境及水生生态的影响;堤防建设破坏河滨带、影响底栖动物、水生植物生长,破坏鱼类栖息地及淀河湿地等
水资源水生态保护	强化水源涵养和封育保护,加强生境保护与修复,开展水源地保护、城镇河段水环境整治等规划措施布局,加强城市内河水环境综合治理,提出河道生态流量保证与限制排污总量要求	水环境、陆生生态、水生生态	(1)社会环境 (2)自然要素 (3)生态要素	有利:改善河湖生态环境,促进水功能区水质达标,有效改善河湖生态环境,生态系统稳定性和河流生态服务功能得以显著提升,水资源水环境承载能力,河流水资源不足的问题,促进水源地达标建设,保障城乡饮水安全,提高城镇供水保障和风险防范能力。不利:水源地周边建设、管网及入河排口治理、河岸带垃圾清理、清淤疏浚会对环境造成短期影响
水土保持	开展林园地水土流失治理,完善坡面水系工程,实施封育保护,建设生态清洁小流域,开展坡耕地综合整治,配套灌排系统,加强雨水集蓄利用	土地利用、森林植被、陆生生物	(1)社会环境 (2)自然要素 (3)生态要素	有利:减轻区域水土流失,改善生活、生产条件;提高植被覆盖率,维护和改善区域生态功能。不利:增加对工程区域陆生生态的扰动
水务发展规划	给水系统布局、净水厂改造、供水检测能力、供水水质安全管理制度、城镇污水处理设施能力建设等	人群健康、水环境	(1)社会环境 (2)自然要素	有利:全面增强依法治水管水能力,保障供水安全,促进水资源水环境水生态等综合治理和保护

力不足问题。以已建红岭水库、牛路岭水库为骨干水源,建设红岭灌区工程及连接琼海、万宁等东部区域中小型水库的输水工程,形成琼东地区供水安全保障网;整治万宁、琼海等城镇内河黑臭水体;加强大型水库生态调度和管理,保障河流下游生态流量;实施水系连通、拆除废旧拦河坝,增建过鱼设施,加强生态修复及湿地保护;在万泉河下游万泉、嘉积、博鳌等镇,实施堤防、护岸生态化改造,实施沿海地区防洪防潮工程,提高区域整体防洪(潮)排涝能力等。

4.1.2.2 分区环境影响识别

结合不同分区治理开发和保护的主要任务,针对重点工程分析环境影响要素及因子,分区域开展环境影响识别,水网规划分区域环境影响识别见表4-2。

4.1.3 规划时序环境影响分析

海南水网建设问题复杂多样,水资源、水生态、水环境、水灾害等水问题互相交织,以修复和改善海南水生态环境为基础,围绕补短板、强监管、保安全,优先安排实施条件成熟的项目,重点解决问题突出领域和问题严重区域的重大问题。规划提出继续推进已列入172项节水供水重大水利工程的4项工程,迈湾水利枢纽工程、南渡江引水工程、红岭灌区工程、天角潭水利枢纽工程;加快实施"三大江河"水生态文明建设及综合治理,文昌市防洪治涝综合治理、琼西北"五河一湖"水生态文明建设及综合治理、海口和三亚城市内河水生态修复及综合整治、琼西北供水、昌化江水资源配置、牛路岭灌区、迈湾灌区等8项重大工程。

不同的规划时序安排将会对海南岛流域生态环境造成累积性、长期性、整体性影响。按照"确有需要、生态安全、可以持续"的原则,结合各重大工程主要环境制约因素、环境影响范围和程度、建设用地和移民搬迁难度等,对规划工程实施时序安排进行分析。

(1)按照生态文明试验区建设及保障民生的要求,优先实施生态保护与修复、防洪治理类工程,如"三大江河"水生态文明建设及综合治理,琼西北"五河一湖"水生态文明建设及综合治理、海口和三亚城市内河水生态修复及综合整治、文昌市防洪治涝综合治理等。

(2)按照海南全面深化改革开放的要求,优先实施国家有关文件中明确要求加快推进,项目技术经济指标相对较好,不存在重大环境制约因素的项目,如已列入172项节水供水重大水利工程并已开工建设的南渡江引水工程、红岭灌区工程及规划新建的迈湾水利枢纽工程等。

(3)结合全面建设小康社会、脱贫攻坚、乡村振兴等战略实施,按照热带现代农业基地建设要求,加快推进城乡供排水、大型灌区续建配套、节水改造等项目,如琼西北供水、乐亚水资源配置、牛路岭灌区及松涛水库、大广坝水库灌区配套和节水改造等。

(4)对存在一定环境制约因素或者环境影响较大的项目,结合生态安全、可以持续的要求,深入研究论证、慎重决策实施。如规划建设的天角潭水库,上游来水水质较差且下游入海口分布有红树林自然保护区;保陵水库淹没范围涉及保亭近腹吸鳅保护鱼类栖息地等。

表 4-2 规划分区环境影响识别

规划分区	治理开发与保护的主要任务	重大工程	环境影响要素及因子		影响源	影响范围	主要环境影响
琼中	加强封育保护,水源涵养,水土保持等,强化"三大江河"生态保护红线管控,构建中部水塔安全屏障体系	水源涵养工程,水资源保护与修复,中小型水利工程	生态环境	陆生态	水源涵养、水资源保护与修复	白沙、琼中、五指山	有利:改善区域水环境和生态环境现状,促进水功能区水质达标,保障城乡供水安全
				水生态	水资源保护与修复	昌伦江向阳坝以上河段、万泉河中段、南渡江松涛水库上游	
			水环境		水源涵养、水资源保护与修复	昌伦江向阳坝以上河段、万泉河中段、南渡江松涛水库上游	
琼北	在优先保护南渡江流域生态环境的前提下,有效解决海口、儋州、澄迈等严重缺水地区的城乡生活、工业和热带农业供用水,提高区域供水保障水平,防洪水达标、生态保护不足等问题	迈湾水利枢纽工程,迈湾灌区工程,天角潭水利枢纽工程,琼西北供水工程,南渡江水生态文明建设及综合治理工程,琼西"五河一湖"水生态文明建设与综合治理工程,海口内河(湖)生态修复及综合整治工程,文昌市防洪(潮)治涝综合治理工程	社会环境	经济社会发展	防洪(潮)工程、供水工程、灌区工程	海口、澄迈、临高、儋州、文昌、白沙	有利:改善区域供水现状,提高城乡供水保证率,提高灌区灌溉保证率农业生产能力;改善南渡江、北门江等河流域水环境现状;提高海口市内河湖的水环境;澄迈昌江等地防洪标准,提高南渡江抵御洪灾能力;为城乡经济社会发展提供基础保障。不利:改变南渡江、北门江等河流水文情势,减少河口入海水量,改变花鳗鲡等洄游鱼类、河口红树林生境;迈湾等水库工程建设阻断了河流的纵向连通性,改变了水生生境条件;水库淹没及移民安置、灌区工程建设等造成一定生物量损失,对工程建设区域原有陆生生态及土地资源产生影响;灌区退水对纳污河流水环境带来一定风险
			生态环境	陆生生态	水库工程淹没与移民安置	南渡江迈湾至松涛水库坝下河段、北门江上游中游	
					灌区工程、水生态文明建设	松涛灌区、迈湾灌区、红岭灌区、南渡江中下游、松涛水库及文澜江、北门江等	
				水生生态	防洪(潮)工程、水生态文明建设、内河湖治理	南渡江定安段、文澜江、北门江、珠碧江、春江、山鸡江、海口市内河湖	
			水环境		水库工程	南渡江松涛水库谷石滩水库、北门江天角潭水库及其下游	
					供水工程、灌区工程、水生态文明	海口、儋州、澄迈、定安、屯昌、白沙	
					内河湖治理、水生态文明	南渡江、文澜江、儋州、海口市内河等	

规划分区	治理开发与保护的主要任务	重大工程	环境影响要素及因子		影响源	影响范围	主要环境影响
			社会环境	经济社会发展	防洪(潮)工程、供水工程、灌区工程	乐东、三亚、保亭	有利:改善乐东三亚等区域供水现状,提升城乡供水保证率,提升南繁灌区灌溉保证率和农业生产能力;改善阴坝段及三亚市内河湖的水环境和生态环境现状,提高乐东三亚保亭地区经济社会发展提供基础保障。
琼南	改善大三亚旅游经济圈和城乡供水水源供水条件,保障冬季旅游高峰期各种基地育种和南繁灌溉用水高峰,加快构建昌化江水生态及水系廊道	昌化江水资源配置工程(向阳水库、南巴河等)、保陵水库建设及供水工程,昌化江水生态及水系综合治理工程,三亚市内河水生态文明修复及综合整治工程	陆生生态	水库淹没	保亭、乐东	昌江保亭和乐东区域	不利:改变昌化江、南巴河等干支流入海水量,减少河口入海水量;南巴河水库、南巴河等工程截断了河流的纵向连通性,改变了乐东三亚市内河湖的水生生态等造成一定影响,水库淹没损失,对工程建设区域有阴生生物量损失
			水生生态	水生态文明建设、内河湖治理	昌化江向阳坝至乐大广坝河段、三亚市内河湖	水文情势,减少昌化江、南巴河等干流入海水量;库区淹没水生物量损失,对工程建设区域移民安置,灌区退水风险;保陵水库建设可能穿越罗山国家级自然保护区,破坏环境保护自然保护濒危特有鱼类栖息地
				水生态文明建设	南巴河、昌化江向阳坝以上河段	
			水环境	供水工程、灌区、望楼河	乐东和三亚等城市内河湖、望楼河、宁远河近河、藤桥河	
			自然保护区	保陵水库及供水工程	工程输水线路穿罗山罗山自然保护区	
			社会环境	经济社会发展	防洪(潮)工程、大广坝灌区、水资源配置工程	东方市、昌江县	有利:改善东方市、昌江县供水现状,提高石碌灌区灌溉保证率,提高灌区及昌化江大广坝以下河段市内河湖的水环境现状;改善东方市、昌江县防洪标准,提高东方市、昌江县等地经济社会发展提供基础保障。
琼西	保障区内昌化江河口地区防洪安全、防洪安全,满足热带高效农业用水高峰需求及昌江核电工业用水需求,修复和保护昌化江下游及入海主要独立生态系统的生态环境	昌化江水资源配置工程(引大济石)、昌化江水生态文明建设及综合治理工程	陆生生态	水资源配置工程	东方市、昌江县	不利:改变水文情势,改变河口花鳞等游游鱼类生境条件,水生态系统受到影响;灌区退水影响;生物量损失,对原有陆生生态及土地资源等造成一定影响;大广坝及石碌灌区退水对纳污河流水环境带来一定风险。
				水生态文明建设	东方市、昌江县	
			水生生态	水资源配置工程	昌化江大广坝以下河段	
			水环境	灌区	石碌河石碌水库以下河段	
				水生态文明建设	昌化江、北黎带河、感恩河	
					昌化江大广坝以下河段	

续表 4-2

规划分区	治理开发与保护的主要任务	重大工程	环境影响要素及因子		影响源	影响范围	主要环境影响
琼东	提高该区域防洪标准,解决该区域城乡生活与农业灌溉供水能力不足问题,提升万泉河及独流入海河流的生态系统稳定性和服务功能	牛路岭灌区工程,万泉河水生态文明建设及综合治理工程	社会环境	经济社会发展	防洪(潮)工程、供水工程、灌区工程	琼海、万宁	有利:提高琼海、万宁等地区防洪标准,提高抵御洪灾能力;改善区域供水现状,提高城乡供水保证率,提高灌溉保证率和农业生产能力;改善万泉河琼海段、太阳河下游段及琼海、万宁市内河湖的水环境现状,提升太阳河等独流入海河流的生态服务功能,提升生态系统稳定性和生态服务功能。 不利:灌区工程、供水工程建设等造成一定生物量损失,对工程区域原有陆生生态及土地资源带来影响;牛路岭供水管线退水对纳污河流水环境带来一定风险;牛路岭灌区工程配套管线穿越上溪、尖岭等省级自然保护区,对保护区生态环境造成自然破坏。
			生态环境	陆生生态	灌区配套工程和防洪占地	琼海、万宁	
					灌区工程、水生态文明建设	琼海、万宁	
				水生生态	防洪(潮)工程、供水工程、水生态文明建设、水系连通工程	万泉河琼海海段、太阳河下游段	
				水环境	灌区工程	万泉河琼海海段、九曲江、龙滚河、龙尾河、太阳河	
					水生态文明建设	万泉河琼海海段等	
				自然保护区	牛路岭灌区工程	灌区及配套管线穿越范围涉及尖岭等省级自然保护区	

4.2 环境保护目标

习总书记在海南考察时指出"良好生态环境是最公平的公共产品,是普惠的民生福祉。希望海南处理好发展与保护的关系,为全国生态文明建设当个表率,为子孙后代留下可持续发展的绿色银行"。为认真贯彻习近平生态文明思想,有效落实全国生态环境保护大会精神,海南岛应坚持生态立省,保护优先,适度开发,有效协调好生态保护与资源开发的关系,加快构建生态文明体系。根据海南省生态环境功能定位及需求分析,结合"三线一单"要求,确定海南岛环境保护目标如下:

(1)严守生态保护红线,确保面积不减少、性质不改变,功能不降低;维护生态系统结构和功能稳定,中部山区生态保护与水源涵养功能得以加强,维持生物多样性,继续巩固全岛可持续发展的良好生态基础。

(2)主要江河湖库水生态系统和重要湿地资源得以保护,河流生态功能得到修复,河流生境基本得以恢复,主要河流生态水系廊道逐步建成;挤占河流生态水量的状态得到明显改善,主要河湖生态流量得到保障。

(3)主要江河水环境质量得到明显改善。河流国控断面水质全部达标,水功能区水质达标率为95%以上。城镇内河湖基本消除劣 V 类、V 类水体,近岸海域水质优良率进一步提高,城镇饮用水源地水质全部达标。

(4)全面节约和高效利用资源。严守资源利用上线与环境质量底线,水网建设符合资源环境承载力要求,规划年用水总量严格控制在 56.0 亿 m³ 以内;万元工业增加值用水量控制到 38.0 m³ 以下;农田灌溉水有效利用系数达到 0.62;耕地保有量为 1 072 万亩,永久基本农田 909 万亩。

4.3 论证研究指标体系

按照原环保部印发的《"生态保护红线、环境质量底线、资源利用上线和生态环境准入清单"编制技术指南(试行)》(环办环评〔2017〕99 号)相关要求,根据海南生态环境功能定位及环境敏感目标保护需求,结合规划目标,衔接区域"生态保护红线、环境质量底线、资源利用上线",确定评价指标体系见表4-3。

本次论证研究选取水资源开发利用程度、水功能区水质达标率、覆盖率、景观多样性、景观优势度、河流纵向连通性等进行介绍。

4.3.1 水资源开发利用程度

水资源生态安全可开发利用率是指基于流域生态安全的流域内各类生产与生活用水及河道外生态用水的总量占流域内水资源量的合理限度。地表水资源开发利用率计算公式如下:

$$C = W_u/W_r \qquad (4-1)$$

式中:C 为水资源开发利用率;W_r 为水资源量;W_u 为水资源用水量。综合各类研究成果,

表 4-3 环境目标及评价指标体系

系统	环境要素		环境目标	评价指标	指标值	确定依据
资源系统	水文水资源	地表水资源	合理开发利用地表水资源,用水量不突破资源利用上限,促进水资源可持续利用,提高水资源利用率	用水总量(亿 m³)	56	资源利用上限,依据《国务院关于实行最严格水资源管理制度的意见》《海南省总体规划》
				万元工业增加值用水量(m³/万元)	38	资源利用上限,依据《国务院关于实行最严格水资源管理制度的意见》《海南省总体规划》
				水资源开发利用程度(%)	20	本次规划环评提出
				河口入海量(亿 m³)	三大河口≥97.66	资源利用上限,本次规划环评提出
				农田灌溉水有效利用系数	>0.62	资源利用上限,依据《国务院关于实行最严格水资源管理制度的意见》《海南省总体规划》
				可利用水资源量(亿 m³)	117.64	本次规划环评提出
		生态水量	保证生态流量,维护生态敏感期生态需水的资源利用上限	重要断面的生态流量	下泄流量满足生态流量保障要求	资源利用上限,本次规划环评提出 19 个断面生态流量
	土地开发利用、土地退化		合理开发利用和保护土地,防止土地退化	耕地保有量(万亩)	1 072	资源利用上限,依据《海南省总体规划》
环境系统	水环境	地表水环境	满足水功能区、国控断面水质要求,城镇供水水源地水质达标,内河(湖)水质全面消除黑臭水体的环境质量底线	水功能区水质达标率(%)	≥95	环境质量底线,依据《国务院关于实行最严格水资源管理制度的意见》《海南省总体规划》
				地表水考核断面水质优良率(%)	≥97	环境质量底线,依据《海南省总体规划》
				集中式饮用水水源地水质达标率(%)	100	环境质量底线,依据《海南省总体规划》
				城镇内河(湖)水质优于Ⅳ类比例(%)	100	环境质量底线,依据《海南省总体规划》
				城镇污水集中处理率(%)	≥95	环境质量底线,依据《海南省总体规划》
				主要污染物限制排污总量(万 t)	COD2.68,氨氮 0.1	环境质量底线,依据《全国水资源保护规划》

续表 4-3

系统	环境要素	环境目标	评价指标	指标值	确定依据
环境系统	生态环境 — 陆生生态	维护生物多样性与生态系统的完整性,保护珍稀、濒危、特有和重点保护野生动植物及其栖息地,严守生态保护红线	景观多样性	丰富	本次规划环评提出
			植被覆盖率(%)	≥67	本次规划环评提出
			破碎度(个/km²)	减少	本次规划环评提出
			阻抗稳定性	增强	本次规划环评提出
			恢复稳定性	保持现状	本次规划环评提出
	水生生态	维护区域生态系统结构和功能,保护生物多样性和环境敏感区要求,保护珍稀、濒危、特有生物以及具有重要经济价值的动植物及栖息地,提升河湖景观生态功能	水生态保护红线	功能不降低,面积不减少,性质不改变	生态保护红线,水网规划提出
			湿地保有面积(万亩)	480	资源利用上线,依据《海南省总体规划》
			鱼类生境状况	较大程度改善	环境质量底线,本次规划环评提出
			纵向连通性(个/100 km)	有效恢复	本次规划环评提出
			重要断面生态基流满足程度(%)	≥90	资源利用上线,本次规划环评提出
			红树林生境状况	得到有效保护	本次规划环评提出
			采砂扰动状况	有效遏制	本次规划环评提出
			自然岸线保有率(%)	>60	环境质量底线,依据《海南省总体规划》
	社会环境 — 水土流失	水土流失得到遏制	水土流失新增治理度(%)	>83	水网规划提出
			年减少土壤流失量(万 t)	400	水网规划提出
	供水保障	改善供水条件,促进经济、社会可持续发展	新增城乡供水量(亿 m³)	10	水网规划提出
			城市供水管网漏损率(%)	≤10	水网规划提出
	防洪安全	完善防洪体系,提高防洪减灾能力	城镇防洪建设标准(年一遇)	海口、三亚 100 年 主要城镇 20~50 年	水网规划提出
	农田灌溉	保障农业用水,提高热带农作物产量	全省有效灌溉面积	适度提高	规划环评提出
			节水灌溉面积比例(%)	>80	规划环评提出

目前国际上公认的保障流域生态安全的水资源可开发利用率为 40% 左右。

4.3.2　水功能区水质达标率

水功能区水质达标率指在某水系(河流、湖泊),水功能区水质达到其水质目标的个数占水功能区总数的比例。水功能区水质达标率反映河流水质满足水资源开发利用和生态与环境保护需要的状况。在评价子时段 T_j 内,各类别水功能区的个数达标率(C_{jk})的计算公式为:

$$c_{jk} = \frac{d_{jk}}{z_{jk}} \tag{4-2}$$

式中:C_{jk} 为第 j 个评价子时段第 k 类水功能区个数达标率(%);d_{jk} 为第 k 类水功能区达到水质目标的个数;Z_{jk} 为第 k 类水功能区的总个数。

水功能区达标率不再区分水功能一级区和二级区,即开发利用区各类水功能区个数、长度或面积与其他水功能一级区个数、长度或面积一并计算。

4.3.3　植被覆盖率

植被覆盖率指某一地域植物(包括林地和草地)垂直投影面积与该地域面积之比,用百分数表示。

4.3.4　景观优势度和景观多样性

景观优势度是一种判别景观模地的指标,用它可以综合评价景观生态质量。优势度及模地的计算判别方法参照《环境影响评价技术导则 生态影响》(HJ 19—2011)推荐的公式:

$$密度\ R_d = \frac{拼块\ i\ 的数目}{拼块总数} \times 100\%$$

$$频率\ R_f = \frac{拼块\ i\ 出现的样方数}{总样方数} \times 100\%$$

$$景观比例\ L_p = \frac{拼块\ i\ 的面积}{样地总面积} \times 100\%$$

$$优势度值\ D_0 = \frac{[(R_d + R_f)/2 + L_p]}{2} \times 100\% \tag{4-3}$$

其中,样方规格为 1 km×1 km,对景观全覆盖取样,并用 Merrington Maxine"t-分布点的百分比表"进行检验。

景观优势度指数:
$$D = H_{max} + \sum_{i=1}^{m} \left[p(i) \times \log_2(p_i) \right] \tag{4-4}$$

H_{max} 为最大多样性指数,$H_{max} = \log_2 m$;p_i 是第 i 类嵌块体占景观总面积的比例;m 是评价区景观嵌块体的类型总数。

景观多样性的计算公式为
$$H = - \sum_{i=1}^{m} \left[p(i) \times \log_2(p_i) \right] \tag{4-5}$$

4.3.5　纵向连通性

纵向连通性是指在河流系统内生态元素在空间结构上的纵向联系,可从下述几个方面得以反映:水坝等障碍物的数量及类型;鱼类等生物物种迁徙顺利程度;能量及营养物质的传递。其数学表达式为:

$$W = N/L \tag{4-6}$$

式中:W 为河流纵向连通性指数;N 为河流的断点或节点等障碍物数量(如闸、坝等),已有过鱼设施的闸坝不在统计范围之列;L 为河流的长度。纵向连通性评价标准详见表 4-4。

表 4-4　纵向连通性指标评价标准 (单位:个/100 km)

指标名称	评价标准				
	优	良	中	差	劣
纵向连通性	<0.3	0.3~0.5	0.5~0.8	0.8~1.2	>1.2

第5章 环境影响预测与评价

5.1 水文水资源影响预测与评价

5.1.1 规划区水资源影响分析

5.1.1.1 海南岛水资源总体影响分析

海南岛降雨丰沛,但受地形影响蓄存水困难,水资源现状调蓄能力不足且分布不均,经济社会发展与水资源供给矛盾日益突出。南渡江迈湾水库、北门江天角潭水库及琼西北供水、昌化江水资源配置、牛路岭灌区等工程实施后,将进一步改变海南水资源时空配置过程,对南渡江、昌化江、万泉河等河流及河口水文情势带来较大影响。根据规划水资源配置方案,分析规划实施后区域水资源配置、用水结构、生态水量的变化,分析论证水资源开发利用的主要问题及发展趋势。

规划实施后,海南 2025 年、2035 年供水总量较现状年分别增加了 10.08 亿 m^3、14.19 亿 m^3,其中地表水供水增加 8.07 亿 m^3、11.65 亿 m^3,污水处理回用等其他水源增加了 2.56 亿 m^3、3.08 亿 m^3。地下水资源开采总量由现状的 2.92 亿 m^3 减少到 2025 年的 2.38 亿 m^3、2035 年的 2.37 亿 m^3。

在地表水源供水中,由于新修建迈湾、天角潭、向阳、南巴河等 5 座大中型水库及水库引调水工程等,使蓄水工程供水量 2025 年、2035 年较现状年增加 11.35 亿 m^3、14.24 亿 m^3。配置水量中,原有工程配置水量 48.43 亿 m^3,占 81.9%,新建工程水资源配置量为 10.72 亿 m^3,占 18.1%。

规划年用水结构总体保持不变,农业、生活、工业配置水量均较现状呈增长的态势。2025 年、2035 年农业配置水量 36.64 亿 m^3、37.56 亿 m^3,较现状增加 3.55 亿 m^3、4.47 亿 m^3,增幅 10.73%、13.5%;城乡生活(包含服务业)配置水量 13.02 亿 m^3、15.52 亿 m^3,较现状增加 4.75 亿 m^3、7.25 亿 m^3,增幅 57.44%、87.67%;工业配置水量 5.38 亿 m^3、6.06 亿 m^3,较现状增加 2.24 亿 m^3、2.92 亿 m^3,增幅 71.34%、93.00%。规划年供水量增长最大的为城乡生活用水,其次为农业用水、工业用水。现状年与规划年水资源配置变化见图 5-1~图 5-3。

5.1.1.2 规划区及市县水资源影响分析

1. 规划区水资源配置影响分析

规划以骨干水源工程为节点,按照"以大带小、以干强支、以多补少、长藤结瓜"的空间布局,形成蓄水工程为主、引提水工程有效补充、地下水逐步置换、非常规水利用增加的供水格局,各规划区及市县基本实现多水源供水格局。

琼北地区:基于已建松涛水库及松涛灌区、在建的南渡江引水工程,以及规划新建的

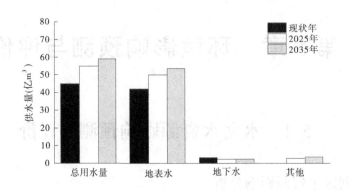

图 5-1 现状年与规划年水资源配置变化

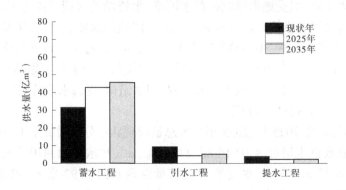

图 5-2 现状年与规划年不同供水方式配置变化

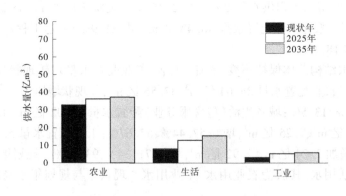

图 5-3 现状年与规划年分行业供水量

迈湾水库、天角潭水库及琼西北供水工程对供水体系进行优化配置。2035 年琼北区水资源配置量为 30.36 亿 m³,较现状增加 8.37 亿 m³,增幅 38%。其中,第三产业、城乡生活和第二产业用水量较现状明显增加,增幅分别为 210%、74% 和 61%;农业灌溉用水增加幅度较小,仅为 16%。

琼南地区:保障三亚、陵水等城市旅游发展和南繁育种基地需求,规划新增乐亚水资源配置工程和保陵水库工程,提高城乡和农业用水保障程度。2035年琼南区水资源配置量为10.74亿m³,较现状增加2.92亿m³,增幅37%。其中,第三产业、第二产业和城乡生活用水量较现状明显增加,增幅分别为103%、95%和93%,农业灌溉用水增加幅度较小,仅为12%。

琼西地区:依托已建大广坝水库、戈枕水库和石碌水库,以及大广坝灌区等,规划建设引大济石工程,开展灌区节水改造,优化配置水资源。2035年琼西区水资源配置量为7.65亿m³,较现状增加1.99亿m³,增幅35%,其中,第三产业、城乡生活、农业灌溉、第二产业用水增幅分别为186%、84%、31%、27%,与其他分区相比,农业用水增幅相对较大。

琼东地区:依托已建牛路岭水库、红岭水库及在建的红岭灌区,进行区域水资源的优化配置,规划新建牛路岭灌区工程。2035年琼东区水资源配置量为9.06亿m³,较现状增加1.38亿m³,增幅18%。其中,第三产业、城乡生活、第二产业用水增幅分别为231%、61%、44%,与其他分区相比农业灌溉用水增幅最低,仅为2%。

中部地区:为满足发展特色种植、生态旅游要求,适度建设中小型水利工程,解决当地饮水困难、脱贫解困和乡村振兴等用水需求。2035年中部地区水资源配置量为1.35亿m³,较现状增加0.4亿m³,增幅42%。其中,第三产业、第二产业、城乡生活、农业灌溉用水增幅分别为167%、71%、50%、25%。

规划年分区水资源配置成果见表5-1、图5-4。

表5-1 规划年分区水资源配置成果对比表 （单位:亿m³）

分区	水平年	分水源供水量				分行业供水量					
		地表水	地下水	其他	合计	生活	第一产业		第二产业	第三产业	合计
							灌溉	牲畜			
琼北	现状	—	—	—	21.99	2.62	15.05	0.5	2.72	1.09	21.99
	2025	24.61	1.73	1.59	27.92	4.07	16.84	0.54	3.9	2.57	27.92
	2035	26.73	1.73	1.89	30.36	4.57	17.46	0.55	4.39	3.38	30.36
琼南	现状	—	—	—	7.82	1.22	5.38	0.12	0.22	0.89	7.82
	2025	8.91	0.22	0.56	9.69	2.02	5.7	0.12	0.36	1.48	9.69
	2035	9.84	0.22	0.68	10.74	2.36	6	0.13	0.43	1.81	10.74
琼西	现状	—	—	—	5.66	0.32	4.59	0.07	0.62	0.07	5.66
	2025	7.32	0.09	0.2	7.61	0.52	6.15	0.07	0.72	0.15	7.61
	2035	7.32	0.09	0.23	7.65	0.59	6	0.07	0.79	0.2	7.65
琼东	现状	—	—	—	7.68	0.78	6.13	0.25	0.27	0.26	7.68
	2025	7.95	0.32	0.3	8.58	1.17	6.14	0.27	0.35	0.64	8.58
	2035	8.38	0.32	0.37	9.06	1.3	6.24	0.27	0.39	0.86	9.06
中部	现状	—	—	—	0.95	0.17	0.64	0.03	0.04	0.07	0.95
	2025	1.17	0.01	0.06	1.24	0.26	0.77	0.04	0.06	0.12	1.24
	2035	1.26	0.01	0.07	1.35	0.29	0.8	0.04	0.06	0.16	1.35

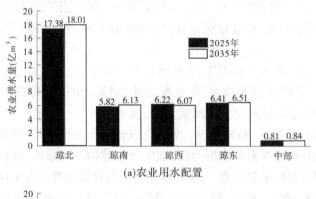

(a)农业用水配置

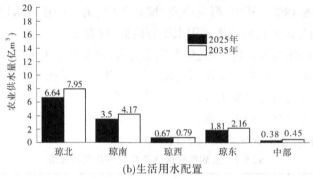

(b)生活用水配置

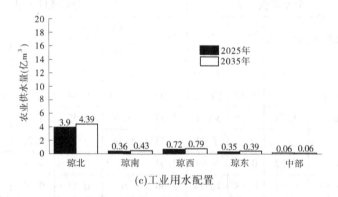

(c)工业用水配置

图 5-4　海南省不同区域分行业供水

2. 市县及其重要工程水资源配置变化分析

规划实施后,海南岛供水水源以地表水蓄水和引水工程为主,海南水资源配置体系中的重大工程包括已建的松涛水库、大广坝水库、牛路岭水库、红岭水库等,在建的南渡江引水工程和红岭灌区工程,规划新建的迈湾水库、天角潭水库、昌化江水资源配置工程(包括乐亚水资源配置工程和引大济石工程)、琼西北供水工程(松涛水库西干渠)、保陵水库及供水工程、牛路岭水库灌区、迈湾水库灌区工程。规划以骨干水源工程为节点,按照"以大带小、以干强支,以多补少、长藤结瓜"的空间布局,形成蓄水工程为主、引提水工程有效补充、地下水逐步置换、非常规水利用增加的供水格局,各规划区市县基本实现多水源供水格局。

已建、在建重大水源工程增供水量为 7.54 亿 m³,占重大水源工程新增供水总量的 55.2%。其中已建松涛水库因生态流量补充下泄、琼西北供水工程建设等水资源优化调整,总供水量减少 1.11 亿 m³;大广坝水库因灌区续建配套,供水量增加 2.01 亿 m³;在建红岭灌区、南渡江引水工程等工程新增水资源配置量为 6.64 亿 m³。

规划新建重大工程新增供水量 6.13 亿 m³,占重大水源工程新增供水总量的 44.8%。包括迈湾水库、昌化江水资源配置工程、牛路岭灌区、保陵水库、天角潭水库等。非常规水源增供水量 3.08 亿 m³,包括再生水、海水淡化、雨水集蓄利用等。

当地水源供水量合计减少供水量 1.70 亿 m³,其中考虑河流生态水量恢复、地下水置换及供水水质安全保障等需要,海口、定安、屯昌、陵水等市(县)共退减当地水源供水量 3.22 亿 m³;对位于中部山的五指山、琼中、白沙、保亭及水资源供需矛盾突出的海口、三亚、儋州等县(市)适当增加当地水源供水量 1.52 亿 m³。中部山区的县(市)主要是建设分散的中小型供水水源新增供水;海口主要是结合迈湾水库建设,在保障生态流量的前提下,适当扩大龙塘坝等当地水源的引水规模,向江东新区增加供水;儋州主要是通过珠碧江水库扩建、挖潜利用春江水库汛期水量等实现新增供水;三亚主要是利用毛拉洞水库向赤田水库补水等。

各规划区、市(县)及其重要工程水资源配置分析情况见表 5-2 和表 5-3。

5.1.1.3 规划区各流域水资源影响分析

规划实施后,将主要对琼北区的南渡江、珠碧江、春江和北门江等;琼西区的昌化江、石碌河等;琼东区的万泉河、太阳河等;琼南区的宁远河、望楼河等河流水资源时空配置产生影响。其中,南渡江和万泉河的水资源变化主要受现有已建、在建和本次规划工程的累积影响,尤其是受已建和在建工程影响较为显著。昌化江水资源配置主要受规划新建乐亚水资源配置工程的影响。

1.南渡江流域

南渡江流域多年平均水资源量为 69.45 亿 m³,其中地表水资源量为 69.07 亿 m³,现状年供水量为 11.01 亿 m³。2035 年流域水资源配置量为 17.06 亿 m³,其中南渡江引水工程(在建)和迈湾水库(已开展水利前期工作)新增取水量为 4.73 亿 m³,规划迈湾灌区新增水量为 2.12 亿 m³。松涛水库现状供水量为 10.85 亿 m³,2035 年供水量为 9.18 亿 m³,其中为琼西北供水工程供水 1.71 亿 m³。

南渡江现状水资源开发主要集中在松涛水库以上河段、龙塘河段,南渡江松涛水库坝址至东山坝河段水资源开发利用程度不足 1%,相对较低。在建的南渡江引水工程建成后,将从东山坝增加引水量 2.3 亿 m³,东山坝河段水资源开发利用程度将增加至 7% 左右。在建的红岭灌区建成后,将向南渡江流域的红岭灌区供水 1.84 亿 m³。规划迈湾水库建成后,将向海口的松涛灌区供水 2.43 亿 m³,迈湾河段水资源开发利用程度将增加至 16.4%。考虑到迈湾水库、南渡江引水工程和红岭灌区工程等叠加影响,南渡江龙塘断面河口水量较现状将减少 3.8 亿 m³ 左右,减幅为 6.6%。

规划实施后,在迈湾水库、南渡江引水工程的基础上,通过优化松涛水库、迈湾水库等水资源配置工程,进一步优化南渡江流域水资源和水文情势。其中,松涛水库水资源配置

表 5-2　各规划区及市(县)增供水量分析　　　　　　　　　　(单位:亿 m³)

规划分区	市县	规划水利设施2035年供水量	现状水利设施基准年供水量	2035年增供水量分析					涉及的主要水源工程增供水量情况
				合计	已建、在建重大工程增供量	非常规水增供水量	其他水源增供量	新建重大工程增供量	
全省合计		59.15	44.1	15.05	7.54	3.08	-1.70	6.13	
琼北	海口	9.07	5.92	3.15	0.83	0.85	0.16	1.31	迈湾水库(增供1.31);南渡江引水工程(增供1.58);红岭水库(增供0.19);松涛水库(原供水范围调整减供0.94)
	澄迈	4.48	3.96	0.52	-0.58	0.21	0	0.88	迈湾水库(增供0.88);松涛水库(原供水范围调整减供0.58)
	临高	3.89	3.31	0.58	0.60	0.08	-0.11	0.002	迈湾水库(增供0.002);已建松涛水库(0.60)
	儋州	8.68	6.51	2.17	-0.04	0.53	0.64	1.04	天角潭水库(增供1.04);松涛水库(琼西北供水工程增供0.29;原供水范围调整减少0.33)
	文昌	3.8	2.09	1.71	1.77	0.14	-0.20	0	红岭水库(增供1.77)
	白沙	0.88	0.5	0.38	0.02	0.03	0.33		松涛水库(琼西北供水工程增供0.02)
琼南	三亚	4.46	2.71	1.75	1.23	0.42	0.09	0.01	新建乐亚水资源配置工程(向阳水库,增供0.01,在2035年后发挥效益);大隆水库(增供1.23)
	乐东	3.63	3.01	0.62	0.46	0.08	-0.49	0.57	新建乐亚水资源配置(增供0.57);大广坝水库(增供0.46)
	保亭	0.62	0.42	0.2	0	0.03	0.12	0.05	新建保陵水库(增供0.05)
	陵水	2.02	1.67	0.35	0	0.08	-0.60	0.87	新建保陵水库(远期增供0.31);新建引乘济妹(增供0.56)
琼东	琼海	3.02	2.54	0.48	0.38	0.12	-0.39	0.37	红岭水库(增供0.38);新建牛路岭灌区(增供0.37)
	万宁	2.08	2.08	0	0	0.12	-0.27	0.15	新建牛路岭灌区(增供0.15)
	定安	2.11	1.49	0.62	0.90	0.07	-0.42	0.07	迈湾水库(增供0.07);已建红岭水库(增供0.91)
	屯昌	1.85	1.57	0.28	0.50	0.05	-0.49	0.21	迈湾水库(增供0.21);红岭水库(增供0.50)
琼西	东方	4.7	3.77	0.93	0.81	0.12	0	0	大广坝水库(增供0.81)
	昌江	2.95	1.9	1.05	0.62	0.1	-0.25	0.58	新建昌化江水资源配置(引大济石增供0.58);大广坝水库(增供0.62)
中部	五指山	0.47	0.32	0.15	0	0.02	0.13	0	
	琼中	0.41	0.33	0.08	0	0.03	0.05	0	

表 5-3　海南岛规划分区及重要工程水资源配置分析　　　　　（单位:亿 m³）

规划分区	重点水源工程	涉及河流	工程性质	现状年		2035 年	
				供水量	配置状况	供水量	配置状况
琼北	松涛水库	南渡江	已建	9.42	其中松涛灌区:9.42	8.47	其中松涛灌区:8.16 琼西北工程(不含大成分干):0.31
	南渡江引水工程	南渡江	在建,主体工程已完工	—	—	2.89	供海口城镇生产生活和农业灌溉
	迈湾水库	南渡江	前期,迈湾灌区工程为规划新增	—	—	2.47	其中松涛灌区:1.31 迈湾灌区 1.16
	天角潭水库	北门江	开展前期工作	—	—	1.04	其中松涛灌区:0.78 天角潭灌区:0.26
琼东	红岭水库	万泉河	已建,红岭灌区在建	—	—	3.75	主要供红岭灌区,其中调入南渡江 2.08
	牛路岭水库	万泉河、太阳河	水源已建,灌区新增	—	—	0.52	主要供牛路岭灌区,其中调入太阳河 0.154
琼西	大广坝水库	昌化江	已建	2.72	主要大广坝灌区,其中外流域东方市 2.72	4.73	主要供大广坝灌区,其中外流域东方市 3.33
	昌化江水资源配置工程	昌化江、南巴河、望楼河、宁远河、石碌河	规划新增	—	—	1.16	其中引大济石:0.58 乐亚水资源配置:0.58(2035 年以后发挥效益)
琼南	保陵水库	陵水河	规划新增	—	—	0.35	保亭、陵水县生活与灌溉用水等

主要分三部分:一是优化松涛灌区东干渠水资源配置,减少向海口松涛灌区供水将其置换的海口松涛灌区供水量,通过建设松涛灌区西干渠向琼西北松涛灌区供水(琼西北供水工程);二是预留松涛水库下泄的生态水量;三是通过减少现状仅用于松涛东干渠水电站发电水量,通过松涛水库调蓄和优化配置,来增加松涛水库坝址下泄水量。松涛水库下泄水量将有利于修复和改善南渡江中下游河道生态环境。2035 年,松涛水库供水量为 9.18 亿 m³,较现状减少了 1.67 亿 m³,多年水资源开发利用程度降低至 54%。规划实施前,松涛水库大坝处未设生态流量下泄设施,坝址上下游径流不连续,规划实施后松涛水库多年平均下泄 5.88 亿 m³,其中生态水量为 2.8 亿 m³。

规划建设迈湾灌区,进一步利用迈湾水库的水资源,从迈湾水库新增取水 2.12 亿 m³,南渡江迈湾河段的水资源开发利用程度将增加至 26%。

规划实施后，在迈湾水库、南渡江引水工程及红岭灌区的基础上，考虑松涛水库的下泄生态水量、迈湾灌区新增取水量的叠加影响，南渡江龙塘断面多年平均径流量为 54.3 亿 m³，较现状年减少了 3.3 亿 m³，减幅为 5.7%。

2. 昌化江流域

昌化江流域多年平均水资源总量 45.28 亿 m³，其中地表水资源量 44.97 亿 m³。现状年流域供水量为 5.5 亿 m³，2035 年流域水资源配置量为 9.39 亿 m³。较现状增加了 3.89 亿 m³。规划实施后，流域新建引大济石和乐亚水资源工程，2035 年工程多年平均新增供水量 1.46 亿 m³。

昌化江流域现状水资源开发主要集中在昌化江干流大广坝河段，大广坝上游和戈枕水库下游水资源开发程度不足 1%。规划在昌化江干流实施乐亚水资源配置工程和引大济石工程，使得昌化江向阳河段、大广坝水库河段水资源开发利用程度增加到 14%、43%。流域的主要控制断面大广坝水库 1993 年建成，规划后多年平均径流量为 26.9 亿 m³，较现状减少了 1.7 亿 m³。

昌化江下游基本维持现状开发状态，但昌化江上游的水资源开发利用，将会对下游河口的水资源及水文情势产生影响。宝桥断面规划年多年平均条件下径流为 34.19 亿 m³，较现状减少 3.12 亿 m³，减幅为 7.82%。

3. 万泉河流域

万泉河流域水资源总量 57.85 亿 m³，其中地表水资源量 54.75 亿 m³。现状年流域供水量为 2.97 亿 m³，2035 年流域水资源配置量为 6.17 亿 m³，较现状增加了 3.2 亿 m³。

万泉河流域现状已建的有牛路岭水库和红岭水库两座大型水库，在建的工程为红岭水库的续建配套工程，即红岭灌区工程。目前两座水库以水电为主，没有完全发挥其供水功能，万泉河现状水资源开发利用程度为 5%，相对较低。规划实施后，通过在建的红岭灌区工程发挥红岭水库的水资源调蓄效益，通过建设牛路岭灌区工程，发挥牛路岭水库的水资源调蓄功能。届时，万泉河流域将向以北的海口、文昌等区域，以南的太阳河流域供水。

红岭灌区预计在 2020 年前完工，2035 年红岭水库多年平均供水量 3.75 亿 m³，其中红岭灌区的海口片和文昌片位于南渡江流域，配置水量为 1.96 亿 m³。红岭水库建设前，坝址多年平均径流量 10.2 亿 m³；红岭灌区建成后，红岭坝址多年平均下泄径流为 6.45 亿 m³，较规划实施前减少了 37.5%。规划实施后，牛路岭水库将向新建牛路岭灌区及万宁水库供水，牛路岭水库多年平均条件下径流为 17.75 亿 m³，较现状减少了 1.13 亿 m³。受红岭水库和牛路岭水库下泄水量的叠加影响，万泉河下游嘉积坝下泄入海水量为 44.67 亿 m³，较现状多年平均径流量减少了 4.6 亿 m³，减少了 8.64%。

4. 其他河流

北门江流域现状水资源开发利用程度相对较低，仅为 3%。水资源受影响较大的为正在开展前期论证的天角潭水库，该水库建设将使得北门江水资源开发利用程度提高至 8%，尤其是天角潭水库河段，水资源开发利用程度提升至 39%。

规划实施将涉及琼西北供水工程受水区的珠碧江和春江，昌化江水资源配置工程受水区的宁远河和望楼河，以及牛路岭灌区工程受水区的太阳河等河流。其中，太阳河受调水影响后,当地水资源开发利用程度有所降低。春江、珠碧江和宁远河由于调水和当地水资源的进一步利用,水资源开发利用程度进一步增加。

5.1.1.4 水资源开发利用程度分析

规划 2025 年、2035 年海南水资源开发利用程度达到 16.34%、17.45%,较现状 9.2% 分别增加 7.14%、8.25%,2035 年用水量占全省水资源可利用量的比例不足 50%,总体开发强度不大。规划水平年 2035 年南渡江、昌化江、万泉河流域多年平均条件下水资源开发利用率将分别达到 24%、21%、11%,南渡江、昌化江开发利用率最高,万泉河最低(见图 5-5)。

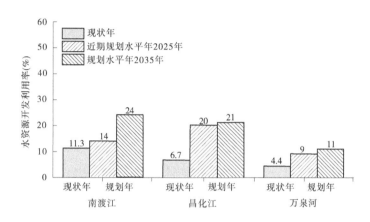

图 5-5 现状年与规划年水资源开发利用率对比

具体到河流的不同河段,开发强度有所不同。南渡江松涛水库河段、松涛至迈湾河段,昌化江向阳坝址至大广坝河段,万泉河红岭水库河段开发强度相对较高,如图 5-6 所示。

除以上三大江河外,规划工程还涉及北门江、珠碧江、春江、宁远河、望楼河和太阳河等河流。其中,北门江流域现状水资源开发利用程度为 18.3%,正在开展前期论证工作的天角潭水库位于北门江中游河段,天角潭水库建成将使北门江水资源开发利用程度达到 34.6%。

规划实施将涉及琼西北供水工程受水区的珠碧江和春江,昌化江水资源配置工程受水区的宁远河和望楼河,以及牛路岭灌区工程受水区的太阳河等河流。其中,太阳河受调水影响后,当地水资源开发利用程度有所降低。其中,太阳河和望楼河受调水影响后,当地水资源开发利用程度有所降低;春江、珠碧江和宁远河由于调水和当地水资源的进一步利用,水资源开发利用程度将进一步增加,但枯水期生态流量保障程度将得到明显提高。

5.1.2 主要河流水文情势影响分析

5.1.2.1 南渡江流域

松涛水库坝址现状年无下泄流量。规划实施后,通过松涛水库对松涛灌区东、西干渠水资源优化配置和转换,松涛水库多年平均下泄水量为 5.88 亿 m^3,其中 12 月至翌年 5

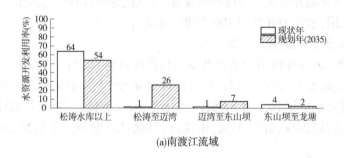

(a)南渡江流域

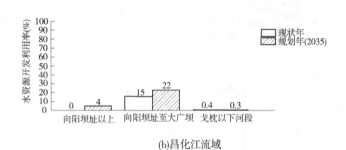

(b)昌化江流域

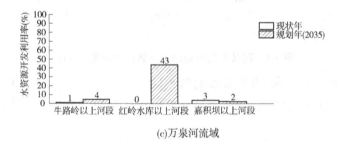

(c)万泉河流域

图 5-6 分河段水资源开发利用率统计

月,基本按照生态基流 5.2 m³/s 下泄,8~10 月高于非汛期生态基流 15.6 m³/s 下泄,其中 10 月最高下泄流量为 67.9 m³/s。本次规划为松涛水库配置了 2.8 亿 m³ 的生态水量,其中汛期为 15.6 m³/s,非汛期为 5.2 m³/s,规划实施后松涛水库坝址下泄量均满足其生态基流的要求。规划实施后松涛水库坝址流量过程见图 5-7。

受迈湾水库多年调节和库区灌溉引水作用,坝址下游断面径流的年内、年际分配将发生较大改变。而本次规划实施后,迈湾断面水文情势同时还受上游松涛水库下泄径流的影响。

规划实施后,不考虑松涛水库下泄生态流量,则迈湾水库坝址的水文情势与《南渡江流域综合规划(修编)环境影响报告书》预测结果基本一致。迈湾水库运行后坝址下游断面各典型年全年径流量均小于建成前,其中多年平均年均减少 33.5%,汛期减少 32.6%,非汛期减少 37.0%;枯水年年均减少 38.0%,汛期减少 57.8%,枯期由于水库向下游河道供水流量增加 136.8%。

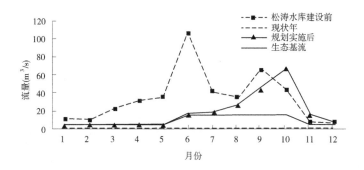

图 5-7 规划实施后松涛水库下泄流量过程(多年平均条件)

　　考虑松涛水库下泄生态流量将会增加迈湾水库入库水量。规划实施后,迈湾坝址断面多年平均年径流量较现状年增加 23.9%,其中汛期增加了 30.3%,非汛期增加了 1.75%;枯水年年均下泄流量较现状年减小了 6.9%,其中汛期减少了 31.6%,非汛期增加了 95.6%。迈湾水库建设前后迈湾断面流量过程见图 5-8、图 5-9。

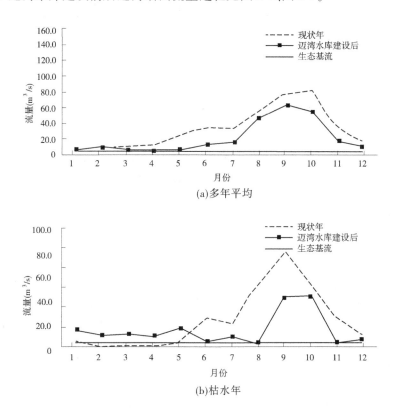

图 5-8 迈湾水库建设前后坝址断面流量过程(不考虑松涛水库下泄水量)

　　迈湾水利枢纽工程和南渡江引水工程修建将对河口龙塘断面的水资源和水文情势产生影响。根据《南渡江流域综合规划(修编)环境影响报告书》《海南省海口市南渡江引水

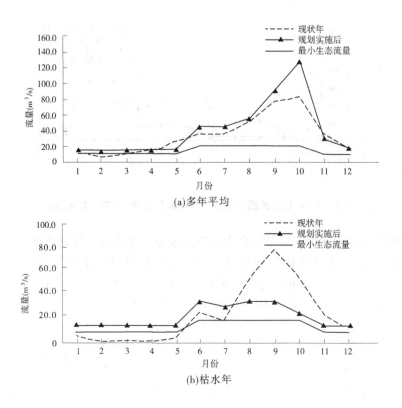

(a)多年平均

(b)枯水年

图 5-9　规划实施前后迈湾水库坝址断面流量过程(考虑松涛水库下泄水量)

工程环境影响报告书》,迈湾水库、龙塘坝断面的生态流量分别为 4.98 m³/s 和 22.5 m³/s。规划实施后,不考虑松涛水库下泄生态流量,则龙塘坝址的水文情势与上述环境影响报告预测结果基本一致。迈湾水库运行后(考虑南渡江引水工程作用),龙塘坝址断面多年平均年均来水流量减少 3.2%,其中汛期减少 4.0%,枯期减少 0.6%;枯水年全年来水量减少 5.6%,其中汛期减少 9.9%,但枯期增加 20.2%。

考虑松涛水库下泄生态流量,迈湾水库运行后(考虑南渡江引水工程作用),龙塘坝址断面多年平均来水流量减少 4.34%,其中汛期减少 4.79%、非汛期减少 3.28%。2~4 月较现状增加 6 m³/s 左右,汛期流量基本低于现状,10 月最大减少量为 36.7 m³/s,减幅为 7.7%。枯水年全年来水量较现状增加 3.0%,其中汛期减少 15.6%,但枯期增加 66.6%。

随着迈湾至龙塘坝址断面区间河段各支流(沟)的汇入(区间流域面积是迈湾坝址以上流域面积的 4.5 倍)及沿程灌区的退水(城乡供水退水和灌溉供水),迈湾水库和东山坝建设运行对龙塘坝址断面径流过程影响总体较小(见图 5-10)。

5.1.2.2　昌化江流域

昌化江大广坝上游现状水资源开发程度不足 1%,规划实施后,将在昌化江干流大广坝上游修建向阳水库、支流南巴河修建南巴河水库。其中,向阳坝址、南巴河水库坝址多年平均流量为 49.14 m³/s、3.4 m³/s,较现状年减少了 2.94 m³/s、2.27 m³/s,减幅分别为 5.6%、39.8%。昌化江向阳坝址、南巴河断面流量过程见图 5-11~图 5-14。

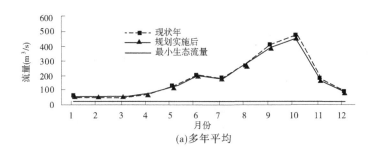

(a)多年平均

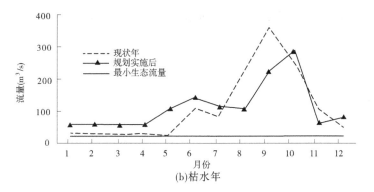

(b)枯水年

图 5-10　规划实施前后龙塘断面水文情势变化(考虑松涛水库下泄生态流量)

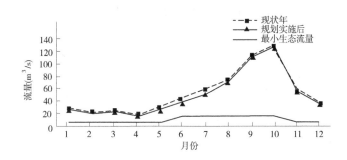

图 5-11　规划实施前后向阳水库坝址流量过程(多年平均条件)

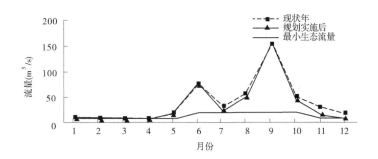

图 5-12　规划实施前后向阳水库坝址流量过程(枯水年条件)

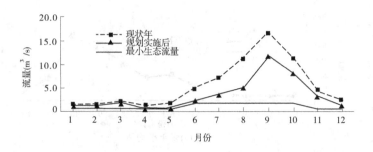

图 5-13　规划实施前后南巴河水库坝址流量过程(多年平均条件)

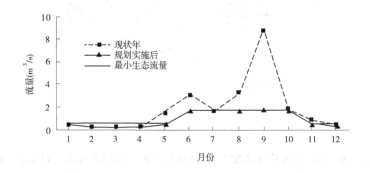

图 5-14　规划实施前后南巴河水库坝址流量过程(枯水年条件)

乐亚水资源配置工程将会减少大广坝入库水量,新建的引大济石工程将从大广坝水库引水至石碌水库,直接影响大广坝水库下泄水量。规划实施后,大广坝多年平均流量为 85.2 m³/s,较规划前多年天然流量减少了 12.6 m³/s,减幅 11.8%。

石碌水库多年平均流量为 6.8 m³/s,较现状减少了 35.8%,其中非汛期减少 51.1%,汛期减少 32.3%;枯水年多年平均流量为 3.1%,较现状减少了 50.0%,其中非汛期减少 63%,汛期减少 45%。

昌化江大广坝坝址、石碌水库坝址流量过程见图 5-15~图 5-18。

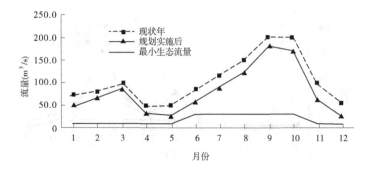

图 5-15　规划实施前后大广坝水库坝址流量过程(多年平均条件)

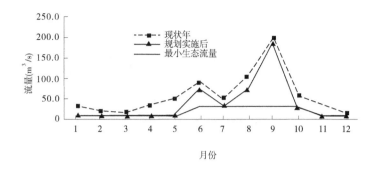

图 5-16 规划实施前后大广坝水库坝址流量过程(枯水年条件)

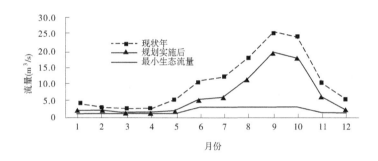

图 5-17 规划实施前后石碌水库坝址流量过程(多年平均条件)

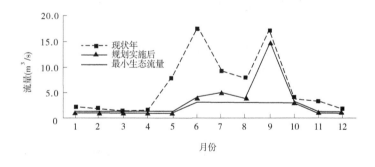

图 5-18 规划实施前后石碌水库坝址流量过程(枯水年条件)

宝桥断面位于昌化江戈枕水库下游,受大广坝水库和戈枕水库下泄水量、石碌水库下泄水量及区间来水的影响,规划实施后宝桥断面多年平均流量为 112.1 m³/s,减幅为9.16%,其中非汛期增加 2.14%,汛期减少 13.24%;枯水年年均流量减少 27.6%,其中非汛期减少 21.9%,汛期减少 31.7%。见图 5-19、图 5-20。

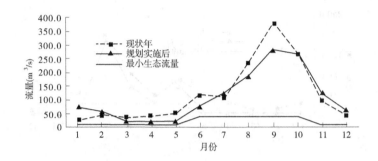

图 5-19　规划实施前后宝桥断面水文情势变化(多年平均条件)

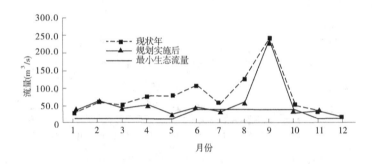

图 5-20　规划实施前后宝桥断面水文情势变化(枯水年条件)

5.1.2.3　万泉河流域

目前,万泉河已建红岭水库,配套红岭灌区在建,红岭水利枢纽工程和红岭灌区工程的环境影响报告书均经原国家环保部批复。本次分析红岭水库和红岭灌区的影响主要依据工程环评报告及其批复文件。在此基础上,本次规划新增牛路岭灌区工程。以下重点分析红岭水库及其灌区对万泉河水文情势的影响,以及新建牛路岭灌区工程后对万泉河水文情势的累积影响。

根据《海南省万泉河红岭水库环境影响报告书》《海南省红岭灌区工程环境影响报告书》,红岭水库和红岭灌区建设后,万泉河干流流量发生较大变化。红岭水库运行由于渠系引水,全年出库流量比天然河道流量减少,仅 3 月、4 月流量比天然河道流量将增加。2~5 月和 7 月引水灌溉(含供水)流量大于来水流量,6 月和 8 月至翌年 1 月引水灌溉(含供水)流量小于水库来水流量。可见,从径流的年内分配时间来看,红岭水库为多年调节水库,对径流具有很强的再分配能力,坝址处多年平均流量从原来的 33.4 m³/s 下降到 15.8 m³/s,多年平均减少下游河道流量 17.5 m³/s。下泄水量满足最小生态流量 4.72 m³/s 的要求,水库对流量进行调节,下游流量变化趋于稳定。

红岭水库坝址控制断面多年平均和枯水年流量过程见图 5-21。

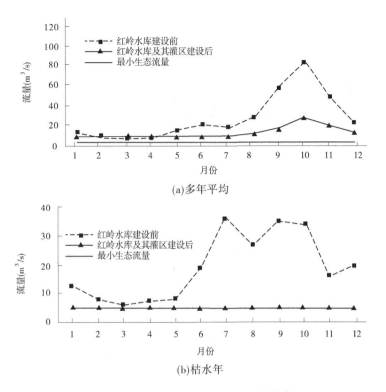

(a)多年平均

(b)枯水年

图 5-21　红岭水库坝址枯水年平均流量过程

牛路岭水库现状水资源开发程度较低,牛路岭灌区工程建成后,坝址断面下泄年径流量较现状有所减少,其中多年平均减少7%(由60.9 m³/s 减少为55.8 m³/s),枯水年减少12.3%(由31.12 m³/s 减少为27.29 m³/s),流量过程变化趋势基本和现状保持一致,见图5-22。

根据《海南省万泉河红岭水库环境影响报告书》,经红岭水利枢纽调节后,嘉积坝断面多年平均来水量减少 17.5 m³/s,减少比例为 11.3%;其中汛期减少比例为 8.0%~15.6%,非汛期减少比例为 7.3%~11.3%。由此可见,调水后对嘉积坝水文情势有一定影响,但总体影响不大。

规划实施后,考虑红岭灌区和牛路岭灌区对嘉积坝的叠加影响,嘉积坝多年平均来水量减少 17.69 m³/s,减少比例为 11.5%,基本和红岭水库及灌区建成后的影响相差不大。因此,嘉积坝水文情势主要受红岭水库及灌区建设影响较大,受牛路岭灌区工程的影响相对较小。见图 5-23、图 5-24。

5.1.2.4　其他河流

陵水河、太阳河、望楼河等河流由于水资源配置量变化不明显,规划前后其主要控制断面的平均流量变化也不明显。

天角潭水库建设将对北门江水文情势产生影响,本次评价结合《海南省北门江天角潭水利枢纽工程环境影响报告书》相关预测结果,对北门江水文情势影响开展影响分析。拟建天角潭水库位于北门江中游,天角潭水库建成后多年平均供水量合计 1.29 亿 m³,加上流域内原水利工程,总的水资源开发利用量为 1.51 亿 m³,北门江流域水资源利用率从现状的 18.3%增加至 34.6%。

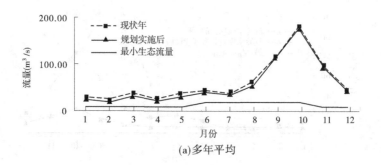

(a)多年平均

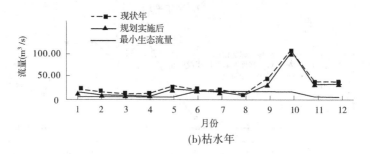

(b)枯水年

图 5-22 规划实施前后牛路岭水库坝址流量过程(枯水年条件)

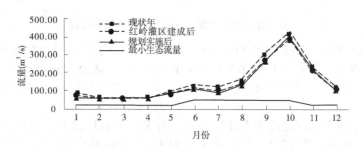

图 5-23 规划实施前后嘉积断面水文情势变化(多年平均条件)

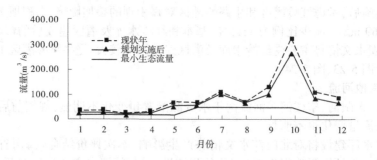

图 5-24 规划实施前后嘉积断面水文情势变化(枯水年条件)

天角潭水库建设后,多年平均条件下通过水库下泄生态流量可使枯水期坝下河道水量得以补充,1~5月建库后通过下泄生态流量可有效改善现状河道断流现象;汛期受水库调节影响,流量减少明显,建库后6~8月坝下流量比现状分别减少12.1 m³/s、11.3 m³/s、13.9 m³/s,变化率为81.71%、80.67%和83.7%。枯水年,建库后通过下泄生态流量可有效改善1~7月的断流情况,建库后9~10月坝下河道流量比现状分别减少了7.9 m³/s、10.9 m³/s,变化率为71.09%和77.34%。

北门江天角潭坝址不同典型年流量过程见图5-25。

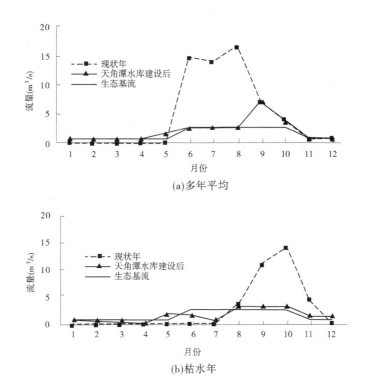

图 5-25   天角潭水库建设前后坝址流量过程

5.1.3   生态流量保障体系与方案

本次生态流量确定紧密结合海南岛的生态功能需求和国家战略定位,以维护河流水域功能为目标,充分考虑海南岛水资源特性,统筹治理开发与保护的总体布局,坚持生态优先、绿色发展,合理确定主要江河与河口生态流量指标,提出可实施、可操作的生态流量管控目标,保障主要江河水域功能发挥。

5.1.3.1   生态流量确定原则

(1)生态保护优先原则:海南是国家生态文明试验区,是生物多样性保护极重要区域,也是重要的(国际旅游岛)人居环境保障区,生态地位尤其重要。本次生态流量确定以维持海南岛主要河流及河口生态系统结构和功能为首要条件,综合分析、合理确定。

（2）以需求为导向原则：重点考虑水资源供需矛盾突出、梯级开发河段减水现象严重、生态环境用水问题急需解决等河段。

（3）批复成果一致性原则：针对生态环境主管部门已经批复的涉及南渡江、万泉河、宁远河断面的生态基流，与其成果保持一致。

（4）可操作与可实施性原则：尽量选择有一定水量调度或水资源管理手段的坝址断面，同时考虑具有生态流量监测及监控条件等。

5.1.3.2 生态流量确定思路

（1）河流或者河段选择。重点是本次规划工程影响范围内的减水河流，确有需求，生态环境用水问题亟待解决或者水电站梯级开发现象严重，脱流现象严重河流，如南渡江松涛水库河段。同时，还具有一定水量调度或者水资源管理能力。

（2）保护对象识别。通过开展现场调查，识别河流基本生态功能维持、珍稀濒危及特有鱼类栖息地保护、河口红树林生境保护等。

（3）开展需水分析。明确涉水保护对象需水时期（珍稀濒危及土著鱼类繁殖期、红树林幼苗发育期），分析其需水要求。

（4）代表断面选择。根据河流水系特点及生态保护对象分布，选择干流控制断面、重要保护目标分布断面、水利工程控制断面或下泄断面、河口控制断面等。

（5）生态水期划分。针对生态保护关键期（鱼类繁殖期、植被幼苗发育期等），充分考虑河流径流变化规律，合理划分水期，如汛期、非汛期、敏感期等。

（6）生态流量指标确定。根据海南岛主要河流水域功能保护需求及涉水保护目标需水规律，合理确定生态流量指标。

（7）选择水文系列。本次海南生态流量计算采用天然来水资料系列进行生态流量确定，采用实测水文系列和规划实施后预测资料系列进行复核、评估与合理调整。

（8）进行生态流量核算。根据生态流量计算相关规范等技术文件要求，参照已有批复成果，采取多种方法计算、综合确定。

（9）生态流量满足程度评价。为保证提出的生态流量成果科学合理，可用不同系列、不同典型年进行生态水量满足程度评价。

（10）综合确定生态流量。本次规划环评在生态流量计算成果合理性分析的基础上，将天然来水情况下生态流量满足程度作为生态水量调整的主要依据，同时参照实测水文资料综合确定。

5.1.3.3 生态保护对象识别及需水分析

海南岛四面环海，与大陆没有水域联系，这种地理特征决定了岛屿水资源系统孤立，全岛水资源的补给来源是降雨。海南岛自然降水丰沛，多年平均降雨量可达 1 750 mm，当地林草植被包括河岸植被主要靠降雨补给；海南省河流多年平均含沙量 0.06～0.20 kg/m³，含沙量小且受降雨和径流变化影响较大，枯水期河水清澈，河流含沙量很小甚至可以忽略不计。因此，在充分考虑海南岛气象降水特点、主要河流径流量与泥沙特征，并分析维持植被生存的水源支撑条件基础上，确定本次生态流量仅考虑河流生态需水和河口生态需水。

通过深入分析海南岛水网规划实施后受影响河流的各河段水生生境与河口生境特点，确定每条河流及河口的主要生态功能和定位，识别主要环境敏感保护对象（如珍稀濒危及土著鱼类、红树林湿地等），梳理了海南岛主要河流的生态保护对象及其需水规律见表5-4。本次规划环评最终确定的海南岛生态保护对象主要为河流上中游产漂流性卵鱼类、河口花鳗鲡与红树林（特指位于海南红树林自然保护区范围内）。结合以上生态保护对象的生态习性，确定其生态需水要求如下。

1. 产漂流性卵鱼类

有关研究表明，海南岛产漂流性卵鱼类的主要产卵繁殖期为6~8月，产漂流性卵鱼类集中产卵行为的波动周期和频率与水文指标较吻合，洪峰过程对鱼类产卵行为的刺激明显，是决定产漂流性卵鱼类年产卵量多寡的一个重要环境因子。因此，在6~8月需要河流有一定的涨水过程，以刺激产漂流性卵鱼类产卵繁殖。

海南岛较大降雨主要靠汛期台风雨，暴雨集中，暴涨暴落，目前各大江河虽已建调蓄水库，但在台风雨期间依然可能形成一定的洪峰过程，可在此期间同时借助水库调度，形成3~5天明显的洪峰过程，为产漂流性卵鱼类制造产卵条件，洪峰过程宜不小于枯水年的最大洪水过程或平水年的中等洪水过程。

2. 河口花鳗鲡与红树林

花鳗鲡属于河海洄游性鱼类，幼鱼生长于河口、沼泽、河溪、湖、塘、水库内，10~11月成熟个体逐渐洄游到江河口附近，之后性腺才开始发育，而后进入深海产卵繁殖，鳗苗主要于12月至翌年2月进入河流。由于鳗苗游泳能力较弱，一般在涨潮时随潮水进入河流，因此在此期间应维持自然的枯水期水文过程，避免水库因发电、调度等导致下游及河口水位的大起大落。

红树林生长在海水周期浸没的区域，红树植物生境最大的特点就是高盐分。虽然红树林可在相当大的盐度范围内（0~90‰）生长，但盐度仍然是影响红树植物分布的一个重要限制因子，不同的红树林树种有不同的盐度要求，海水的盐度决定着该区域生长红树林的种类。经识别，北门江河口新英湾大部分红树林树种幼苗萌发时间为6~10月，也是河口断面咸潮上溯和盐度变化最大的时间，红树林种子自母树萌发掉落后，不同种类的红树萌芽随涨潮漂至盐度及立地条件适宜的地方扎根生长，若汛期水量减少则导致河口区域盐度升高，河口高盐度地区耐盐种将增多、不耐盐种则向稍上游区域分布。因此，为保持新英湾红树林自然保护区红树植被群落稳定，红树林幼苗萌发期河口盐度不发生大的变化，要求6~10月至少应维持河口断面多年平均流量的50%作为红树林的敏感生态流量。

5.1.3.4 生态流量指标

依据《水工程规划设计生态指标体系与应用指导意见》（水总环移〔2010〕248号）、《水资源保护规划编制规程》（SL 613—2013）等相关规范规定，生态环境需水量包括生态基流和敏感生态流量，其中生态基流是指为维持河流基本形态和基本生态功能的河道内最小流量，河流基本生态功能主要为防止河道断流、避免河流水生生物群落遭受到无法恢

表 5-4　海南岛主要河流生态保护对象及需水分析

河流	区间划分	控制断面	生态保护对象/生态功能需求	需水分析	生存敏感条件
南渡江	上游（松涛水库以上）	松涛水库	河流自然功能维持	—	—
	中游（松涛水库—九龙滩）	迈湾水库	漂流性鱼类及其栖息地	在产漂流性卵鱼类繁殖期 6~8 月需人造洪峰，刺激鱼类产卵繁殖	产漂流性卵鱼类产卵需大流量过程
	下游（九龙滩—河口）	东山坝	河流基本生态功能维持	—	—
	河口	龙塘坝	花鳗鲡等珍稀濒危鱼类栖息地；维持咸淡水生态功能	在鳗苗进入河口的 10 月至翌年 3 月（高峰期是 12 月至翌年 2 月）保证生态流量	自然的枯水期水文过程
昌化江	上游（番阳以上）	向阳水库	漂流性鱼类及其栖息地	在产漂流性卵鱼类繁殖期 6~8 月需人造洪峰，刺激鱼类产卵繁殖	产漂流性卵鱼类产卵需大流量过程
	中游（番阳—叉河）	乐东	河流基本生态功能维持	—	—
	中游（番阳—叉河）	南巴河水库	河流基本生态功能维持	—	—
	下游（叉河—河口）	大广坝水库	花鳗鲡等珍稀濒危鱼类栖息地		—
	下游（叉河—河口）	石碌水库	花鳗鲡等珍稀濒危鱼类栖息地		
	河口	宝桥	花鳗鲡等珍稀濒危鱼类生态；维持咸淡水生态栖息地；局部区域零星分布有红树林	在鳗苗进入河口的 10 月至翌年 3 月（高峰期是 12 月至翌年 2 月）保证生态流量	自然的枯水期水文过程
万泉河	上游（合口嘴以上）	牛路岭水库	漂流性鱼类及其栖息地	在产漂流性卵鱼类繁殖期 6~8 月开展生态调度，人造洪峰，刺激鱼类产卵繁殖	产漂流性卵鱼类产卵需中洪水流量过程
	上游（合口嘴以上区间支流大边河）	红岭水库	漂流性鱼类及其栖息地	在产漂流性卵鱼类繁殖期 6~8 月开展生态调度，人造洪峰，刺激鱼类产卵繁殖	产漂流性卵鱼类产卵需中洪水流量过程
	河口	嘉积坝	花鳗鲡等珍稀濒危鱼类栖息地；维持咸淡水生态功能	在鳗苗进入河口的 10 月至翌年 3 月（高峰期是 12 月至翌年 2 月）保证生态流量	自然的枯水期水文过程

续表 5-4

河流	区间划分	控制断面	生态保护对象/生态功能需求	需水分析	生存敏感条件
篓水河	下游	梯村坝	河流基本生态功能维持;河口区域零星分布有红树林	—	—
望楼河	中下游	长茅水库	河流基本生态功能维持;河口局部区域零星分布有红树林	—	—
宁远河	中下游	大隆水库	河流基本生态功能维持;河口局部区域零星分布有红树林	—	—
	中下游	天角潭水库	河流基本生态功能维持	—	—
北门江	河口	北门江江河口	河口红树林及生境保护(新英湾红树林自然保护区);维持咸淡水生态功能	红树林幼苗发育6~10月,维持生长所需盐度适宜环境;需有一定的河口景观环境需水量	红树林幼苗发育期对水中盐度较敏感
太阳河	中游	万宁水库	河流基本生态功能维持	—	—

·213·

复的破坏等,有汛期和非汛期之分;敏感生态流量是指维持河湖生态敏感区正常生态功能或满足生态保护对象特殊生存条件的需水量及其需水过程,敏感生态流量应分析生态敏感期,非敏感期主要考虑生态基流。

根据海南岛主要河流河段、河口生态功能保护要求以及主要涉水生态保护对象分布状况,结合已有规划生态流量指标和相关批复成果,综合确定海南岛主要河流生态流量指标,主要包括以下三类:

(1)生态基流(主要河流各控制断面)。

(2)敏感生态流量(有涉水保护对象分布河段)。

(3)河口生态水量(河口入海控制断面)。

5.1.3.5 代表断面选择

本次规划环评在深入分析规划工程布局及其影响区域海南岛主要河流的生态功能、主要涉水保护对象分布等基础上,重点考虑了生态流量的可实施和可操作性,代表断面选择遵循以下原则:

(1)主要河流的干流重要控制断面。

(2)干支流骨干水库下泄断面。

(3)干支流拟建大中型调水工程坝址控制断面。

(4)珍稀濒危及土著鱼类栖息地分布河段的代表断面。

(5)有涉水重要保护对象分布的断面(花鳗鲡、河口红树林等)。

(6)入海控制断面或河口代表断面。

根据以上原则,本次规划环评在海南水网规划8条河流、15个控制断面的基础上,密切结合规划工程布局与河流基本生态功能需求,新增龙塘坝、向阳水库、南巴河水库、北门江河口断面,共19个控制断面(见图5-26)。其中,干流控制断面15个(包括已建水库下泄断面8个、拟建水库下泄断面2个、其他控制断面5个),主要支流控制断面4个(均为水库下泄断面)。

5.1.3.6 生态流量核算

1. 计算系列及典型年选择

根据《河湖生态环境需水计算规范》(SL/Z 712—2014)等相关要求,考虑数据可获取性,海南岛主要河流生态流量计算序列采用1964~2012年天然来水资料系列,合理性分析除采用1964~2012年天然来水资料系列外,还采用了1956~2014年实测水文系列进行对比分析(以上计算系列根据测站实际资料情况略有变动)。

典型年分别选取长系列、近10年、多年平均和枯水年四种情景进行分析(见表5-5)。

2. 主要计算方法

本次计算主要采用《河湖生态环境需水计算规范》(SL/Z 712—2014)、《水域纳污能力计算规程》(GB/T 25173—2010)和《水工程规划设计生态指标体系与应用指导意见》(水总环移〔2010〕248号)等相关计算规范及技术要求(见表5-6)。

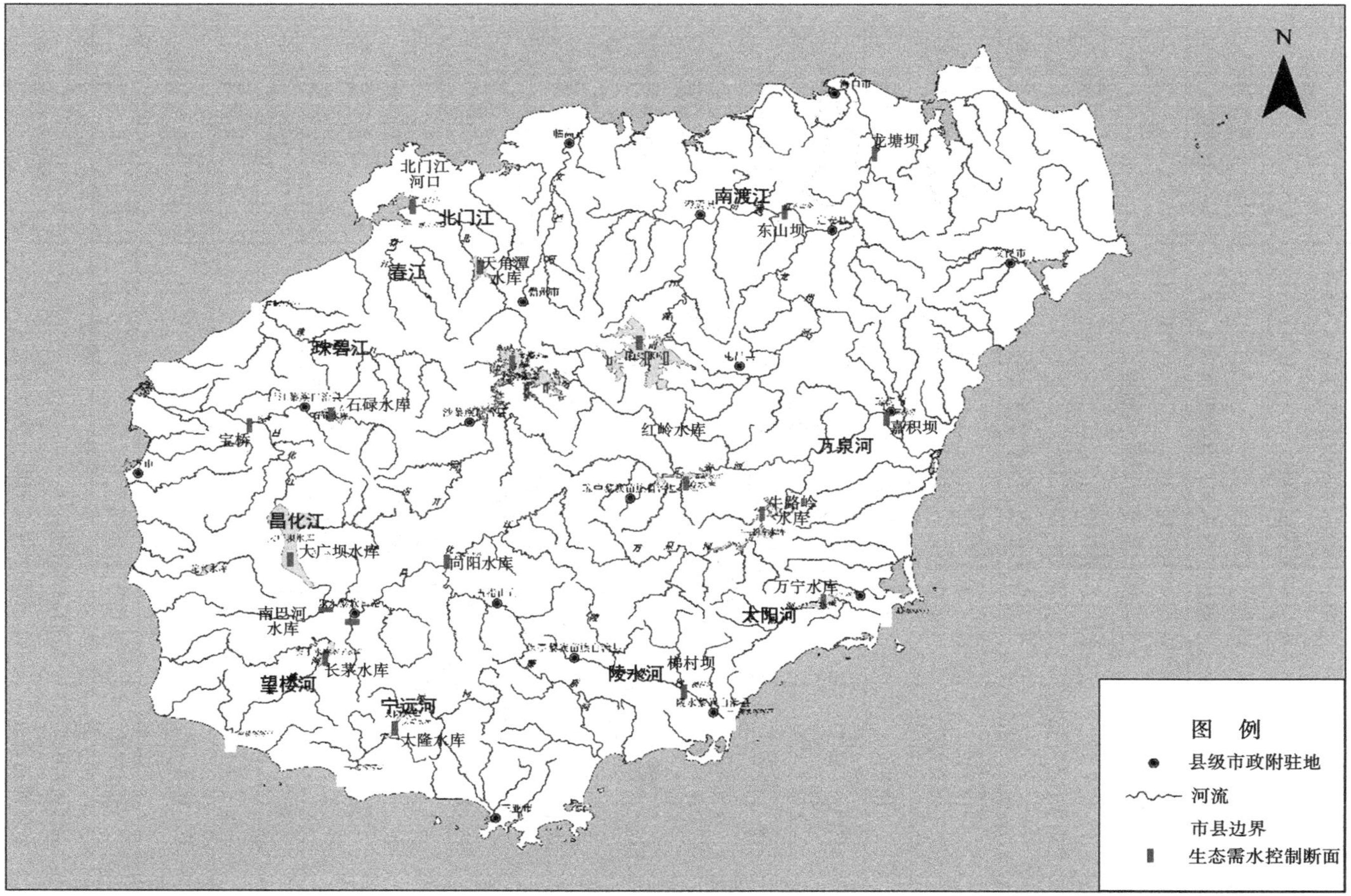

图 5-26 海南岛主要河流与河口生态需水控制断面

表 5-5　海南岛主要河流生态流量计算断面

河流	控制断面	选择说明	生态流量指标
南渡江	松涛水库	水库下泄断面(现状坝址处无水量下泄) 重要水文控制断面	生态基流
	迈湾水库	水库下泄断面 生态保护重点河段代表断面	生态基流 敏感生态流量
	东山坝	水库下泄断面 生态保护重点河段代表断面	生态基流
	龙塘坝(环评新增)	河口控制断面 重要水文控制断面 生态保护重点河段代表断面	生态基流 敏感生态流量 河口生态水量
昌化江	向阳水库 (环评新增)	水库下泄断面 生态保护重点河段代表断面	生态基流 敏感生态流量
	乐东	重要水文控制断面	生态基流
	南巴河水库 (环评新增)	水库下泄断面	生态基流
	大广坝水库	水库下泄断面	生态基流
	石碌水库	水库下泄断面	生态基流
	宝桥	河口控制断面 重要水文控制断面 生态保护重点河段代表断面	生态基流 敏感生态流量 河口生态水量
万泉河	牛路岭水库	水库下泄断面 生态保护重点河段代表断面	生态基流 敏感生态流量
	红岭水库	水库下泄断面 生态保护重点河段代表断面	生态基流 敏感生态流量
	嘉积坝	河口控制断面 重要水文控制断面 生态保护重点河段代表断面	生态基流 敏感生态流量 河口生态水量
陵水河	梯村坝	水库下泄断面	生态基流
望楼河	长茅水库	水库下泄断面	生态基流
宁远河	大隆水库	水库下泄断面 重要水文控制断面	生态基流
北门江	天角潭水库	水库下泄断面	生态基流
	北门江河口 (环评新增)	河口控制断面 生态保护重点河段代表断面	生态基流 敏感生态流量 河口生态水量
太阳河	万宁水库	水库下泄断面 重要水文控制断面	生态基流

表 5-6 生态流量计算方法、资料要求及适用范围

名称	方法要求	适用范围	本次计算方法选取
Q_p 法	长系列水文资料（n≥30 年）	所有河湖	√
流量历时曲线法	长系列水文资料（n≥20 年）	所有河流	不适用（该方法使用时，应分析至少 20 年的日均流量资料，资料不支持）
7Q10 法	长系列水文资料	水量较小且开发利用程度较高的河流	不适用（不适用海南河流，且该方法使用时需要年内连续 7 天最枯流量或日均流量，资料不支持）
近 10 年最枯月平均流量（水位）法	近 10 年水文资料	所有河湖。水文资料系列较短时近似采用	√
Tennant 法	长系列水文资料	水量较大的常年性河流	√
频率曲线法	长系列水文资料（n≥30 年）	所有河湖	√
河床形态分析法	丰水、平水、枯水期的河床形态和水文资料	所有河流	不适用（需要掌握枯水期河道横、纵断面形态和水位—流量的关系，进而推求维持枯水河槽对应的需水量，资料不支持）
湿周法	湿周、流量资料	河床形状稳定的宽浅矩形和抛物线型河流	不适用
生物空间法	指示生物对水位需求资料	所有湖泊	不适用
生物需求法	指示生物对水量（水位）需求资料	所有河湖	√
输沙需水计算方法	来沙量、含沙量、输沙量等资料	泥沙含量较大的河流	不适用
潜水蒸发法	地下水埋深和蒸发量等资料	内陆河	不适用
历史流量法/入海水量法	长系列河流入海水量资料	河口	√
河口输沙需水计算法	水流挟沙能力资料	河口	不适用（需要掌握河口河流来沙资料）
河口盐度平衡需水计算法	河道流量与河口盐度资料	河口	不适用（需要掌握河口盐度资料，以及目标生物对河口的需求）

（1）生态基流。依据《河湖生态保护与修复规划导则》（SL 709—2015）、《水工程规划设计生态指标体系与应用指导意见》（水总环移〔2010〕248 号），我国南方河流，生态基流应不小于90%保证率最枯月平均流量和多年平均天然径流量的10%两者之间的大值，也可采用 Tennant 法取多年平均天然径流量的20%～30%或以上。本次根据1964～2012年长系列天然来水资料，生态基流采用 Q_{90} 法、Tennant 法、近10年最枯月平均流量法、频率曲线法等多种方法进行综合确定，取各单项生态需水时间过程的外包线作为生态基流。

（2）敏感生态流量。根据各河段保护目标分布情况、水资源开发利用实际，充分考虑海南岛主要河流径流量年内分布特征（丰枯悬殊），原则上采用多年平均流量的10%～50%作为敏感期生态流量，以维持"好"或"非常好"的状态条件。

（3）河口生态流量。河口根据敏感生物需水规律，采用不小于一定级别的入海径流量作为生态流量控制指标。依据《水工程规划设计生态指标体系与应用指导意见》（水总环移〔2010〕248 号）等相关技术要求，推荐采用历史流量法，以干流50%保证率下的年入海水量的60%～80%作为河口生态需水量。

3. 生态流量计算结果

根据海南主要河流天然来水特征、涉水保护对象分布及其需水规律，为满足生态环境保护要求，将南渡江、昌化江、万泉河河口鳗苗生长高峰期（12月至翌年2月）确定为三大河口的生态敏感期；同时，结合鱼类产卵用水需求，对主要控制性枢纽工程提出人造洪峰过程要求。

河口生态流量根据生态环境需水计算规范等相关要求，同时结合河流自身天然水文情势、花鳗鲡与红树林的实际保护需求，从严制定。其中，南渡江、昌化江、万泉河按照干流50%保证率下的年入海水量的70%控制，北门江按照干流50%保证率下的年入海水量的80%控制。

本次规划环评采用以上生态流量计算方法，同时结合海南各河流天然、实测水文条件及合理性分析结果，最终推荐海南岛主要河流及河口控制断面生态水量指标体系结果见表5-7。

5.1.3.7 生态流量合理性及适应性分析

本次规划环评确定的海南岛主要控制断面的汛期生态基流占多年平均天然来水流量的10%～57%、平均占比28%（扣掉批复成果后，占比为28%～57%，平均可达到32%），非汛期生态基流占比为10%～28%、平均可达11%（与扣掉批复成果后的占比分析一致）；敏感生态流量占多年平均天然来水流量的50%；河口生态需水量占干流50%保证率下年入海水量的70%～80%。

在规划实施水库联合生态调度后，不同来水条件下，海南岛主要河流河口控制断面流量过程线、生态基流与敏感生态流量过程线见图5-25、图5-26。分析可知：

（1）长系列条件下，规划实施后，海南岛主要河流及河口控制断面生态基流逐月满足程度平均可达到92%，南渡江、昌化江、万泉河三大江河主要控制断面生态基流月均满足率平均可达到94%，其他河流平均可达到88%；河口生态水量满足率平均可达到93%。其中：

表 5-7　海南岛主要河流及河口控制断面生态流量指标体系

河流	控制断面	生态基流(m³/s)		敏感生态流量(m³/s)		河口生态需水量(亿m³)
		汛期(6~10月)	非汛期(11月至翌年5月)	敏感期	流量要求	
南渡江	松涛水库	15.6	5.2	—	—	—
	迈湾水库	20.5	10.1	6~8月	模拟1次涨水过程,持续10~15天,其中涨水过程持续4~6天,峰值流量约为涨水过程平均流量的1.5倍	—
	东山坝	14.4	14.4	—	—	—
	龙塘坝	22.5	22.5	12月至翌年2月	维持枯水期小流量过程	35.81
昌化江	向阳水库	15.7	6.0	6~8月	形成3~5天明显的洪峰过程,宜不小于枯水年的最大洪水过程或平水年的中等洪水过程	—
	乐东	20.9	7.2	—	—	—
	南巴河水库	1.7	0.6	—	—	—
	大广坝水库	30.6	10.2	—	—	—
	石碌水库	3.0	1.0	—	—	—
	宝桥	39.6	13.2	12月至翌年2月	维持枯水期小流量过程	29.26
万泉河	牛路岭水库	18.0	7.2	6~8月	形成3~5天明显的洪峰过程,宜不小于枯水年的最大洪水过程或平水年的中等洪水过程	—
	红岭水库	4.72	4.72	6~8月	同上	—
	嘉积坝	46.1	15.4	12月至翌年2月	维持枯水期小流量过程	32.59
陵水河	梯村坝	3.6	1.2	—	—	—
望楼河	长茅水库	1.6	0.5	—	—	—
宁远河	大隆水库	6.9	2.3	—	—	—
北门江	天角潭水库	2.7	0.9	—	—	—
	北门江河口	4.0	1.1	6~10月	7.0 m³/s	3.3
太阳河	万宁水库	5.7	1.9	—	—	—

南渡江松涛水库长系列生态基流逐月满足率平均可达到92%,汛期、非汛期可分别达到91%和92%,生态基流月满足率最低为73%(6月)、最高可达到100%(5、9、11月);迈湾水库生态基流逐月满足率平均可达到98%,汛期、非汛期可分别达到99%和97%,生态基流月满足率最低为94%(2月);东山坝生态基流逐月满足率均为100%;龙塘坝生态基流逐月满足率平均可达到98%,汛期、非汛期满足率均为98%,生态基流月满足率最低

为96%(1月、12月)。

昌化江向阳水库生态基流逐月满足率平均可达到92%,汛期、非汛期可分别达到96%和89%,生态基流月满足率最低为73%(4月);大广坝水库生态基流逐月满足率平均可达到94%,汛期、非汛期可分别达到90%和97%,生态基流月满足率最低为79%(6月);宝桥生态基流逐月满足率平均可达到89%,汛期、非汛期可分别达到88%和90%,生态基流月满足率最低为73%(4月)。

万泉河牛路岭水库生态基流逐月满足率平均可达到89%,汛期、非汛期可分别达到90%和88%,生态基流月满足率最低为77%(4月、6月)、最高可达到98%;红岭水库生态基流逐月满足率均可达到100%;嘉积坝生态基流逐月满足率平均可达到95%,汛期、非汛期可分别达到91%和99%,生态基流月满足率最低为79%(6月)、最高可达到100%。

陵水河梯村坝生态基流逐月满足率平均可达到82%,汛期、非汛期可分别达到96%和71%,生态基流月满足率最低为54%(12月)、最高可到100%。

望楼河长茅水库生态基流逐月满足率平均可达到89%,汛期、非汛期可分别达到90%和88%,生态基流月满足率最低为73%(3月)、最高可到100%。

宁远河大隆水库生态基流逐月满足率平均可达到93%,汛期、非汛期可分别达到90%和96%,生态基流月满足率最低为83%(7月)、最高可到100%。

北门江天角潭水库生态基流逐月满足率平均可达到96%,汛期、非汛期可分别达到93%和98%,生态基流月满足率最低为79%(6月)、最高可到100%(1~3月、8~10月);北门江河口生态基流逐月满足率平均可达到80%,汛期、非汛期可分别达到95%和70%,北门江河口敏感期生态流量满足程度平均可达到96%。

太阳河万宁水库生态基流逐月满足率平均可达到87%,汛期、非汛期可分别达到88%和87%,生态基流月满足率最低为73%(6月)、最高可到100%。

(2)近10年条件下,规划实施后,海南岛主要河流及河口控制断面生态基流的逐月满足程度平均可达到94%,三大河流平均可达到94%,其他河流平均可达到92%;河口生态水量满足率平均可达到95%。未能完全满足生态水量要求的时段没有明显规律。其中:

南渡江松涛水库近10年生态基流逐月满足率平均可达到94%,汛期、非汛期可分别达到86%和100%,生态基流月满足率最低为50%(6月)、最高可到100%;迈湾水库、东山坝生态基流逐月满足率均可达到100%;龙塘坝生态基流逐月满足率平均可达到99%,汛期、非汛期满足率可分别达到100%和99%,生态基流月满足率最低为90%(4月)。

昌化江向阳水库生态基流逐月满足率平均可达到97%,汛期、非汛期可分别达到98%和96%,生态基流月满足率最低为80%(4月);大广坝水库生态基流逐月满足率平均可达到88%,汛期、非汛期可分别达到74%和99%,生态基流月满足率最低为60%(8月)、最高可到100%;宝桥生态基流逐月满足率平均可达到96%,汛期、非汛期可分别达到94%和97%,生态基流月满足率最低为90%(4~8月)。

万泉河牛路岭水库生态基流逐月满足率平均可达到85%,汛期、非汛期可分别达到84%和86%,生态基流月满足率最低为70%(6月)、最高可到100%;红岭水库生态基流逐月满足率均可达到100%;嘉积坝生态基流逐月满足率平均可达到94%,汛期、非汛期可分别达到90%和97%,生态基流月满足率最低为70%(7月)、最高可到100%。

陵水河梯村坝生态基流逐月满足率平均可达到98%,汛期、非汛期可分别达到98%和97%,生态基流月满足率最低为90%(3月、4月、6月)。

望楼河长茅水库生态基流逐月满足率平均可达到92%,汛期、非汛期可分别达到94%和90%,生态基流月满足率最低为80%(2月、6月、12月)。

宁远河大隆水库生态基流逐月满足率平均可达到88%,汛期、非汛期可分别达到70%和100%,生态基流月满足率最低为60%(7月、8月)、最高可到100%。

北门江天角潭水库生态基流逐月满足率平均可达到95%,汛期、非汛期可分别达到90%和99%,生态基流月满足率最低为70%(7月);北门江河口生态基流逐月满足率平均可达到92%,汛期、非汛期可分别达到100%和86%,生态基流月满足率最低为60%(1月)。河口敏感期生态水量均可满足。

太阳河万宁水库生态基流逐月满足率平均可达到87%,汛期、非汛期可分别达到86%和87%,生态基流月满足率最低为50%(6月)、最高可到100%。

(3)多年平均条件下,规划实施后,海南岛主要河流及河口控制断面生态基流的逐月满足程度平均可达到97%,三大河流、其他河流控制断面的逐月满足程度平均都可达到97%;河口生态水量满足率平均可达到100%。生态水量满足率总体较高,其中未能完全满足生态水量要求的月份主要集中在非汛期。其中:

南渡江松涛水库多年平均条件下生态基流逐月满足率平均可达到67%,汛期、非汛期可分别达到100%和43%,生态基流不能满足的月份集中在非汛期的1~4月;迈湾水库、东山坝、龙塘坝生态基流逐月满足率均可达到100%。

昌化江向阳水库、乐东、南巴河水库、大广坝水库、石碌水库和宝桥断面的生态基流逐月满足率均可达到100%。

万泉河牛路岭水库、红岭水库和嘉积坝的生态基流逐月满足率均为100%。

陵水河梯村坝生态基流逐月满足率平均可达到83%,汛期、非汛期可分别达到100%和71%,生态基流不能满足的月份主要集中在非汛期的2月、3月。

望楼河长茅水库、宁远河大隆水库、北门江天角潭水库和北门江河口生态基流逐月满足率均可达到100%。

(4)特枯年($P=90\%$)条件下,规划实施后,海南岛主要河流及河口控制断面生态基流的逐月满足程度平均可达到86%,三大河流控制断面的逐月满足程度平均可达到88%,其他河流平均可达到81%;河口生态水量满足率平均可达到66%。未能完全满足生态流量要求的月份相对集中在汛期。其中:

南渡江松涛水库特枯年条件下生态基流逐月满足率平均可达到92%,汛期、非汛期可分别达到80%和100%,规划实施后生态基流不能满足的月份集中在汛期7月;迈湾水库生态基流逐月满足率平均可达到92%,汛期、非汛期可分别达到100%和86%,规划实施后生态基流不能满足的月份集中在非汛期12月;东山坝生态基流逐月满足率均可达到100%;龙塘坝生态基流逐月满足率平均可达到92%,汛期、非汛期可分别达到100%和86%,生态基流不能满足的月份集中在非汛期12月。

昌化江向阳水库生态基流逐月满足率平均可达到58%,汛期、非汛期可分别达到

20%和86%,生态基流不能满足的月份主要集中在6~9月、11月;大广坝水库生态基流逐月满足率平均可达到92%,汛期、非汛期可分别达到80%和100%,仅汛期6月生态基流未能满足;宝桥生态基流逐月满足率平均可达到67%,汛期、非汛期可分别达到80%和57%,生态基流不能满足的月份主要集中在3~6月。

万泉河牛路岭水库生态基流逐月满足率平均可达到92%,汛期、非汛期可分别达到80%和100%,仅8月不能满足生态基流要求;红岭水库生态基流逐月满足率均可达到100%;嘉积坝生态基流逐月满足率平均可达到92%,汛期、非汛期可分别达到80%和100%,仅6月生态基流未能满足。

陵水河梯村坝生态基流逐月满足率平均可达到75%,汛期、非汛期可分别达到80%和71%,生态基流不能满足的月份主要集中在3月、4月、6月。

望楼河长茅水库生态基流逐月满足率平均可达到83%,汛期、非汛期可分别达到60%和100%,生态基流不能满足的月份主要集中在汛期6月、7月。

宁远河大隆水库生态基流逐月满足率平均可达到67%,汛期、非汛期可分别达到20%和100%,生态基流不能满足的月份集中在汛期6~9月。

北门江天角潭水库生态基流逐月满足率平均可达到92%,汛期、非汛期可分别达到80%和100%,仅7月不能满足生态基流要求;北门江河口生态基流逐月满足率平均可达到75%,汛期、非汛期可分别达到100%和57%,生态基流不能保障的月份主要是1月、2月、12月。敏感期生态流量满足率平均达到93%。

太阳河万宁水库生态基流逐月满足率平均可达到92%,汛期、非汛期可分别达到80%和100%,仅6月不能满足生态基流要求。

总体分析可知,海南岛生态流量满足情况大体呈现以下规律:①规划实施后,海南岛主要河流的生态基流满足程度相对实测水量条件可基本保持不变(近10年)或略微降低1%~4%;②海南岛南渡江、昌化江、万泉河的生态水量满足程度相对其他河流较高;③规划实施前后,不同典型年水量条件下(见图5-27、图5-28),海南岛主要河流部分控制断面的生态水量仍然存在一定的破坏率。

综上,本次海南岛主要河流与河口生态水量确定充分考虑了河流水文水资源条件、涉水保护对象分布及其敏感期需水要求,总体上根据生态环境状况要求从严制定;最终确定的生态基流月均满足率、河口生态需水量年均满足率平均可达到90%以上,敏感生态流量要求也与天然或现状水量条件相吻合。

在规划实施过程中,应严格对主要水库进行联合生态调度,确保生态流量下泄。考虑本次规划工程在建设运行过程中可能存在的不确定性因素(工程选址、工程规模、水资源配置方式及配置量等调整),以及海南岛各主要河流基于现状开发利用条件下所表现出来的水文特性上的差异性、新建工程与已建工程联合调度的复杂性等多方面因素,本次规划环评拟定生态水量应在项目环评阶段根据工程设计具体情况、河流现状水资源特点、区域生态环境保护目标需求等进一步开展深入分析,适当调整。

建议对海南岛主要影响河流与河口生态进行跟踪评估,根据监测评估结果对生态水量进行适应性管理和适应性调整,可按照所提生态需水量上下浮动5%或其他经过深入研究后合理确定的变化范围灵活控制。规划实施后,若上游来水不能完全满足控制断面的生态需水要求,则要求约束上游用水量,按照上游来水全部下泄。

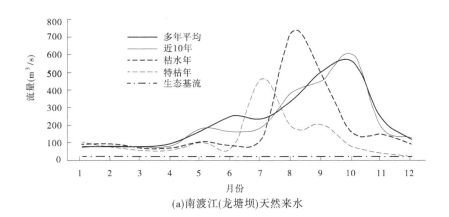

(a)南渡江(龙塘坝)天然来水

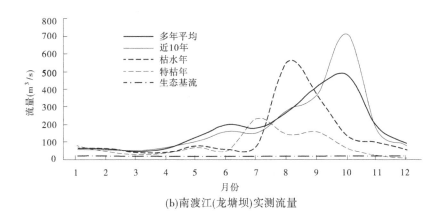

(b)南渡江(龙塘坝)实测流量

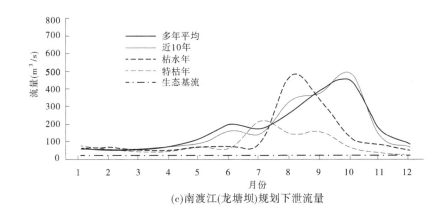

(c)南渡江(龙塘坝)规划下泄流量

图 5-27　不同来水条件下,南渡江、昌化江河口典型年逐月流量过程与生态流量要求对比

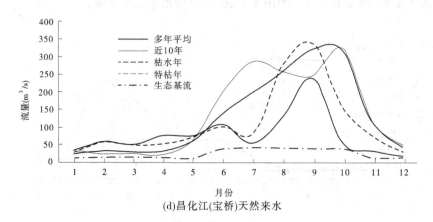

(d)昌化江(宝桥)天然来水

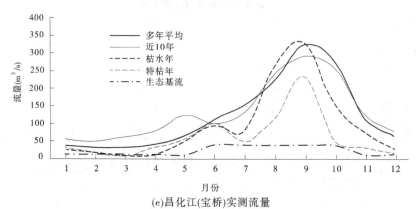

(e)昌化江(宝桥)实测流量

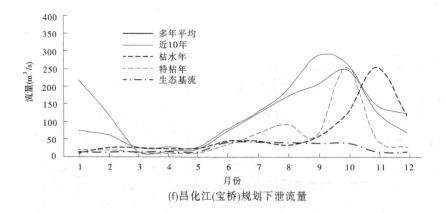

(f)昌化江(宝桥)规划下泄流量

续图 5-27

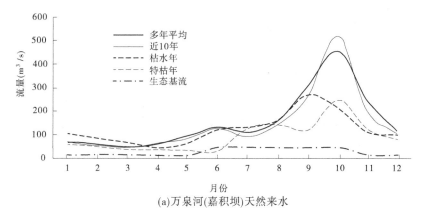

(a)万泉河(嘉积坝)天然来水

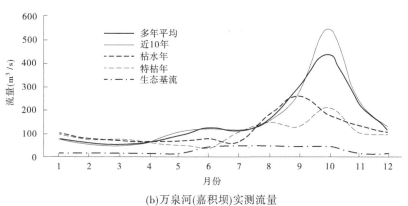

(b)万泉河(嘉积坝)实测流量

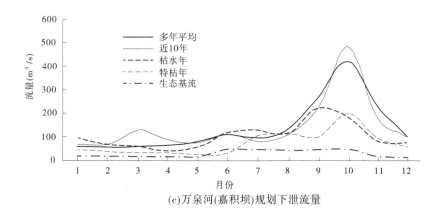

(c)万泉河(嘉积坝)规划下泄流量

图 5-28 不同来水条件下,万泉河、北门江河口典型年逐月流量过程与生态流量要求对比

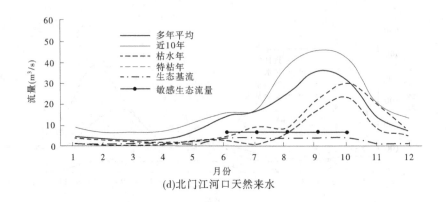

(d)北门江河口天然来水

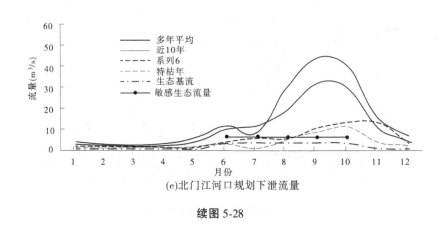

(e)北门江河口规划下泄流量

续图 5-28

5.2 水环境影响预测与评价

5.2.1 废污水排放量预测

根据《海南省环境状况公报》,2016 年全省废污水排放总量为 4.41 亿 t。规划年因供水量增加将相应加大废污水排放量。经预测 2025 年、2035 年生活与工业废污水排放量合计将达到 4.96 亿 t、6.62 亿 t,较现状增加 0.55 亿 t、2.21 亿 t。从排放类型来看,生活污水占比较大(见图 5-29),2025 年、2035 年生活污水排放量分别占废污水排放总量的85%、86%。从排放区域来看,海口市和三亚市生活污水,琼北儋州、海口,琼西昌江、东方工业废水排放量较大。

规划将提高市县主城区和具有规模的开发区、旅游区污水处理能力,规划水平年主城区城镇污水处理厂设计处理规模达到约 320 万 m³/d,乡镇污水处理规模达到 186.3 万m³/d,污水的收集率总体将达到 95%,污水处理厂排放标准提高至一级 A。按照此情景模式开展预测,规划水平年点源 COD、氨氮排放量为 4.14 万 t/a、0.48 万 t/a,较现状分别减少 4.58 万 t、0.77 万 t,减少幅度为 53%、62%,降幅相对较大。海南省各县市及片区主要污染物排放状况见图 5-30。

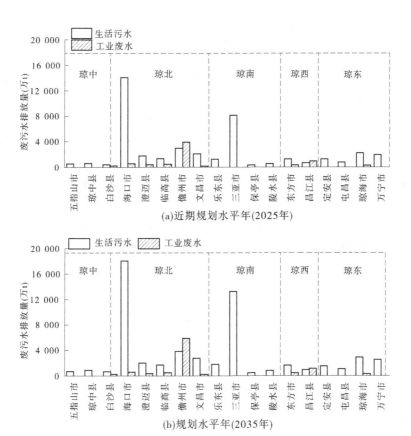

(a)近期规划水平年(2025年)

(b)规划水平年(2035年)

图 5-29　规划年城镇生活与工业废污水排放预测量

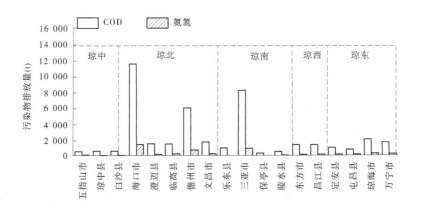

图 5-30　规划 2035 年城镇点源 COD、氨氮排放预测量

5.2.2 废污水入河量预测

5.2.2.1 废污水治理方案

现状海南城镇污水处理厂总设计规模 116.07 万 m³/d。根据水网规划,规划年提高市县主城区和具有规模的开发区、旅游区污水处理能力,并向乡镇、农场全覆盖。实施中心城区和乡镇污水管网建设,市、县建成区污水集中处理率达到 95% 以上,市、县建成区污水处理厂污水排放标准全部达到一级 A,污泥无害化处理率达到 100%;全省再生水利用率达到 20% 以上。

到 2035 年,全省城乡污水处理基础设施水平与国际旅游岛战略定位相适应,污水处理规模达到 319.77 m³/d,95% 污水处理指标达到"水污染防治行动计划"的要求,污水处理设施建设达到国内先进水平。琼北、琼南、琼西、琼东、琼中新增污水处理能力 114 万 m³/d、44 万 m³/d、18 万 m³/d、16 万 m³/d、4 万 m³/d,全岛污水处理规模较现状年增加 158%,规划年各区域污水处理规模见表 5-8。规划中提出的城镇污水处理厂规模能够满足规划年城镇生活及工业污水排放量的需求。

表 5-8　规划年海南污水处理规模

分区	污水处理规模(万 m³/d)		
	现状年	新增	规划年
琼北	80.07	114	194.07
琼南	23.7	44	67.7
琼西	6.5	18	24.5
琼东	10.1	16	26.1
琼中	3.4	4	7.4
合计	123.77	196	319.77

注:现状年处理规模含未投产和即将开工的污水处理厂处理能力总计 7.7 万 m³/d。

5.2.2.2 废污水入河量分析

各市县生活污水经污水处理厂排放的污染物通过抵扣入海排放量后乘入河系数得到入河量,根据《海南省生态环境承载力专题研究报告》,入河系数各市县取值范围在 0.22~0.4。通过估算得出,全省城镇生活污水中,2025 年、2035 年 COD 入河量分别为 6 034 t、4 331 t,氨氮入河量分别为 855 t、448 t;工业废水一般有 49% 进入地表水体,经计算得到 2025 年、2035 年工业 COD 入河量分别为 1 832 t、2 947 t,氨氮入河量分别为 187 t、297 t。

2035 年点源(生活与工业)COD、氨氮入河量分别为 7 276 t、746 t,较现状减少 60%、39%。规划年全省各市县城镇生活及工业点源污染物入河量详见表 5-9。

表 5-9　规划年点源污染物入河量预测　　　　　　　　　（单位:t）

片区	2025 年						2035 年					
	生活		工业		合计		生活		工业		合计	
	COD	氨氮	COD	氨氮	COD	氨氮	COD	氨氮	COD	氨氮	COD	氨氮
琼北	2 143	389	1 367	137	3 509	526	1 415	194	2 298	230	3 712	424
琼南	1 642	165	13	2	1 653	167	1 338	98	16	2	1 353	100
琼西	462	61	319	32	780	93	326	32	465	46	791	79
琼东	1 440	194	103	12	1 543	205	992	99	126	14	1 118	113
中部	348	47	30	4	378	50	261	26	42	5	303	30
合计	6 034	855	1 832	187	7 863	1 041	4 331	4 48	2 947	297	7 276	746

5.2.3　水质影响预测

5.2.3.1　水功能区水质预测

1. 水功能区水质承载状况预测

海南点源污染物 COD、氨氮的限制排污总量为 2.68 万 t/a、0.1 万 t/a。预测水网建设规划实施,海南部分河流水文情势将有所变化。通过复核计算,部分水功能区代表断面水量虽然减少,但依然大于纳污能力计算所采用的最枯月 90% 保证率的设计水文条件,故在水功能区不改变的前提下,规划年海南省水功能区纳污能力与现状相同。

根据预测,全省规划年 2025 年 COD、氨氮入河量 0.78 万 t、0.1 万 t,2035 年为 0.73 万 t、0.07 万 t。经分析,在考虑规划提出的进一步加大水污染处理水平的情景模式下,2035 年水功能区生活与工业点源 COD、氨氮入河量总体小于水功能区限制排污总量,因此海南岛水功能区总体应能满足相应水质目标要求,不会降低地表河流水体水质。

2. 现状不达标水功能区环境影响预测分析

现状珠碧江、龙州河、文澜江、太阳河、文教河水质较差,满足不了相应水功能区目标要求。珠碧江、太阳河为规划重大引调水工程的受水区,该河流水量将会增加,对水质改善起到一定积极作用;龙州河、文澜江、文教河不受引调水工程影响,因此规划实施不会使其水质进一步恶化。水资源水生态保护规划以现状水环境问题为导向,针对水质较差河流实施生态修复与水环境治理。

珠碧江、文澜江纳入规划提出的"琼西北'五河一湖'水生态文明建设及综合治理工程"。该工程以流域为单元,以解决灾害、水环境、水生态等水问题为核心,统筹采取水灾害防治、水环境综合治理、河湖滨岸带湿地生态保护与修复、隔离防护等措施,对文澜江、北门江、珠碧江、光村水、春江和松涛水库进行水生态文明建设和综合治理。规划实施后,对现状不达标的珠碧江、文澜江的水质将起到改善的作用。

龙州河为南渡江的一级支流,目前由于沿河乡镇生活污水直排入河、河道内围圈畜禽养殖、非法采砂等影响,水质较差。规划提出实施龙州河生态清洁小流域建设、开展农村生活污染和畜禽养殖污染治理;屯昌吉安河水系、坎头河等城市内河及乡镇污染河流水环境治理、生态修复;实施坎头河—良坡干渠—中心城区水系连通,向城区吉安河水系生态补水;加强沿河乡镇污染治理和水源地保护,建设滨河植被缓冲带。以上污染治理与生态修复方案实施后,龙州河水质污染现状将有所好转,可满足水功能区水质目标要求。

太阳河目前上游水源涵养林砍伐严重、娱乐设施建设、兴隆镇污水处理设施不完备等,致使万宁水库水质满足不了水质目标。针对此现象,规划提出强化太阳河上游水源涵养林建设,加强万宁水库水源地安全保障达标建设,建立隔离防护和宣传警示标识,取缔万宁水库网箱养殖,加强兴隆镇等沿河乡镇及村庄生活污水治理、建设入河支流及库尾人工湿地净化工程;开展太阳河旧河道及支流综合整治,实施河道清淤疏浚、水系连通、清障工程、岸坡整治、岸坡加固等工程措施,实施乐山草本湿地生态保护与修复,建设小海河口湿地公园。规划实施后,太阳河的水环境状况将会得以好转。

文教河目前水质差的原因主要受大面积虾塘养殖排放污水、沿河村镇生活污水直排入河的影响。规划提出加强文教河流域大致坡镇、公坡镇、文教镇等沿河乡镇生活污染治理、灌区面源及水产养殖污染治理,对中下游水产养殖侵占河道区实施生态整治。该治理措施严格执行后,文教河的水质将会逐步得到改善,以满足水功能区水质目标要求。

5.2.3.2 国控断面水质预测

海南省目前有国控水质断面 23 个,其中 16 个国控断面分布在南渡江、昌化江、万泉河流域,其他断面分布在陵水河、宁远河、北门江等河流上,其分布情况见表 5-10、图 5-31。

表 5-10　海南国控断面分布

河流	国控断面名称
南渡江	松涛水库、后黎村、山口、龙塘、儒房
龙州河	罗温水厂
大边河	溪仔村
昌化江	什统村、乐中、大广坝水库、跨界桥、大风
南圣河	冲山镇
三亚河	妙林
万泉河	龙江、汀洲
宁远河	大隆水库、崖城大桥
北门江	中和桥
珠碧江	上村桥
文昌江	农垦橡胶所一队
陵水河	群英大坝
石碌河	叉河口

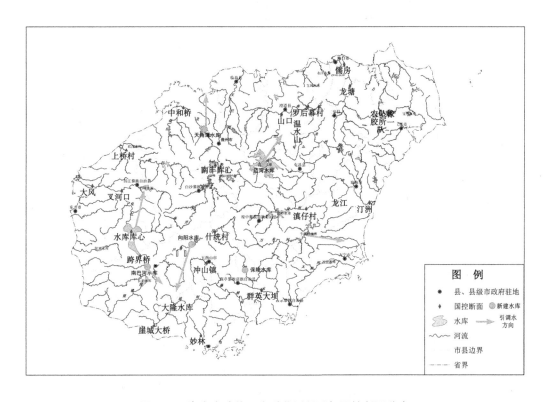

图 5-31　海南水功能区水质监测断面与国控断面分布

海南国控断面现状水质优良,水质为Ⅱ~Ⅲ类。规划年各市县持续加强污水处理能力,污水收集率达到100%,污水处理规模大幅增加,地表河流国控断面涉及市县污水处理能力提升较大。其中,海澄文一体化综合经济圈、大三亚旅游经济圈的污水处理率达到98%,儋州市、琼海市的污水处理率达到96%,其他县城、中心镇的污水处理率达到90%。同时,实施"三大江河"水生态文明建设及综合治理工程,琼西北"五河一湖"水生态文明建设及综合治理工程,海口、三亚城市内河水生态修复及综合整治工程;对入河排污口设置水域实施分类管理,加强面源与内源综合整治,实施海口、三亚等城镇内河(湖)水环境治理和水系连通工程等,见表5-11。

规划重大水资源配置工程主要减水河段涉及南渡江、昌化江、万泉河、北门江,评价选取南渡江儒房、昌化江大风、万泉河汀洲、北门江中和桥为典型断面,预测规划实施后对国控断面水质状况的影响。参考《南渡江流域综合规划(修编)环境影响补充研究报告》《海南省北门江天角潭水利枢纽工程环境影响报告书》《海南万泉河红岭水利枢纽环境影响报告书》等,基于数学模型预测结果表明,规划年在达到各流域水污染治理要求的条件下,三大江河及北门江国控水质代表断面可维持现状水质,达到Ⅱ~Ⅲ类水质,能够满足水质目标要求。规划年重大水资源配置工程涉及主要江河国控断面及水质影响,见表5-12。

表 5-11　规划年主要江河国控断面涉及市县污水治理能力及工程措施

河流	国控断面	涉及市县污水处理率（％）	市县新增污水处理能力（万 m³/d）	水资源水生态保护工程
南渡江	松涛水库、后黎村、山口、龙塘、儒房、罗温水厂	儋州市:96 澄迈县:90 海口市:98	儋州市:33.1 澄迈县:12.4 海口市:55.5	①南渡江水生态文明建设及综合治理工程；②海口城市内河水生态修复及综合整理工程；③城市内河湖水环境综合治理工程；④水系廊道生态保护与修复工程；⑤入河排污口与面源污染综合治理工程；⑥海口市因地制宜开展水系连通工程
昌化江	什统村、乐中、大广坝水库、跨界桥、大风、冲山镇、溪仔村、叉河口	琼中县:90 五指山:90 乐东县:90 昌江县:90 东方市:90	琼中县:1.7 五指山:1.0 乐东县:4.7 昌江县:4.5 东方市:8.2	①昌化江水生态文明建设及综合治理工程；②城市内河湖水环境综合治理工程；③水系廊道生态保护与修复工程；④入河排污口与面源污染综合治理工程
万泉河	龙江、汀洲、溪仔村	琼海市:96 琼中县:90	琼海市:7.8 琼中县:1.7	①万泉河水生态文明建设及综合治理工程；②城市内河湖水环境综合治理工程；③水系廊道生态保护与修复工程；④入河排污口与面源污染综合治理工程
北门江	中和桥	儋州市:96	儋州市:33.1	①琼西北"五河一湖"水生态文明建设及综合整治工程；②城市内河湖水环境综合治理工程；③水系廊道生态保护与修复工程；④入河排污口与面源污染综合治理工程
陵水河	群英大坝	陵水县:90	陵水县:8.8	①城市内河湖水环境综合治理工程；②水系廊道生态保护与修复工程；③入河排污口与面源污染综合治理工程；④陵水县水系连通工程
宁远河	大隆水库、崖城大桥	三亚市:98	三亚市:29	①三亚城市内河水生态修复及综合整理工程；②城市内河湖水环境综合治理工程；③水系廊道生态保护与修复工程；④入河排污口与面源污染综合治理工程；⑤三亚市水系连通工程
珠碧江	上村桥	儋州市:90	儋州市:33.1	①琼西北"五河一湖"水生态文明建设及综合整治工程；②城市内河湖水环境综合治理工程；③水系廊道生态保护与修复工程；④入河排污口与面源污染综合治理工程；⑤儋州市水系连通工程
文昌江	农垦橡胶所一队	文昌市:98 海口市:98	文昌市:7.8 海口市:55.5	①城市内河湖水环境综合治理工程；②水系廊道生态保护与修复工程；③入河排污口与面源污染综合治理工程；④文昌市水系连通工程
三亚河	妙林	三亚市:98	三亚市:29	①三亚城市内河水生态修复及综合整理工程；②城市内河湖水环境综合治理工程；③水系廊道生态保护与修复工程；④入河排污口与面源污染综合治理工程；⑤三亚市水系连通工程

表 5-12　规划年重大水资源配置工程涉及主要江河国控断面及水质影响

河流	重大水资源配置工程	工程下游涉及国控代表断面	水文情势减(增)水分析	生态流量及保障程度		水资源水生态保护工程	项目阶段相关保护要求
				规划实施前	规划实施后		
南渡江	迈湾水利枢纽	后黎村、山口、龙塘、儒房	累积至河口断面全年流量减少4.4%,其中:汛期减少4.85%;非汛期减少4.35%	松涛水库无下泄水量;流域未开展生态调度	制定松涛水、迈湾、东山坝、龙塘断面生态流量,满足程度达97%	实施生态流量下泄;开展松涛水库下泄生态水量、迈湾水库生态调度	制定流域及区域水资源保护和污染防治规划,制订具体年度计划、目标任务、资金来源,具有可操作性,并严格实施
昌化江	乐亚水资源配置工程、引大济石工程	乐中、跨界桥、大广坝水库库心、大风	累积至河口断面全年流量减少8.9%,其中:汛期减少13.3%;非汛期增加1.79%	大广坝水库以供水发电为主,未开展生态调度	制定向阳水库、乐东、南巴河水库、大广坝、石碌、宝桥断面生态流量,满足程度达91%	实施生态流量下泄;开展向阳、大广坝、戈枕水库联合生态调度	
万泉河	牛路岭灌区工程	龙江、汀洲	累积至河口断面全年流量减少9.7%,其中:汛期减少9.7%;非汛期8.9%	牛路岭水库以发电为主,未与红岭水库联合开展生态调度	制定牛路岭水库、红岭水库、嘉积坝断面生态流量,满足程度达94%	实施生态流量下泄;开展牛路岭、红岭水库生态调度	
北门江	天角潭水利枢纽工程	中和桥	累积至河口断面全年流量减少38.1%,其中:汛期减少47.9%;非汛期增加24.1%	生态水量保障程度不高	制定天角潭水库、入海断面生态流量,满足程度达88%	实施生态流量下泄;开展天角潭水库生态调度	

　　南渡江松涛、迈湾水库联合实施生态调度,在特殊干旱年南渡江下游非汛期水量有所增加,对保障国控断面水质有一定积极作用。然而,昌化江、万泉河仍应重视特殊干旱年水质风险问题。为保证规划年海南国控断面水质达标,必须严格落实本次城乡供排水规划、水资源水生态保护规划提出的各项规划措施,项目阶段制订水污染防治规划,实施时

应保证资金投入,加强组织领导、切实强化责任落实和督促指导。

5.2.4 重点引调水工程库区水环境影响预测

重点选取琼西北供水工程、引大济石、乐亚水资源配置工程、保陵水库及供水工程开展调水、受水区水库地表水环境的影响预测,水质因子考虑COD与氨氮。

5.2.4.1 调水区水库水环境影响分析

开展调水实施后松涛与大广坝水库、向阳与保陵水库的水质预测(见表5-13、表5-14)。经计算,现有松涛水库、大广坝水库库容较大,现状水质优良,工程引调水后,入河污染物未增加,水库及其下泄水质总体仍能维持Ⅱ类水质。

表5-13 规划年已建松涛、大广坝水库水质预测成果

已建水库	年份	COD (mg/L)	氨氮 (mg/L)	与现状年比COD增加值 (mg/L)	与现状年比氨氮增加值 (mg/L)	水质目标	达标判别
松涛水库	现状年	5.400 0	0.103 0	—	—	Ⅱ	达标
	2025 年	5.441 9	0.103 8	0.004 2	0.000 8	Ⅱ	达标
	2035 年	5.778 6	0.110 2	0.379 0	0.007 2	Ⅱ	达标
大广坝水库	现状年	8.100 0	0.120	—	—	Ⅱ	达标
	2025 年	8.545 9	0.127 0	0.445 9	0.007 0	Ⅱ	达标
	2035 年	9.293 7	0.138 0	1.193 7	0.018 0	Ⅱ	达标

表5-14 规划年新建向阳、保陵水库水质预测成果

新建水库	污染物因子	入库污染物量 (t/a)	水库流量 (m³/s)	降解系数 (L/d)	水库库容 (万 m³)	污染物本底浓度 C_h (mg/L)	水库出口污染物平均浓度 C_r (mg/L)	水质目标	达标判别
向阳水库	COD	244.92	10.2	0.263	16 000	5.40	6.13	Ⅱ	达标
	氨氮	9.70	10.2	0.241	16 000	0.22	0.25	Ⅱ	达标
保陵水库	COD	84.08	5.83	0.185	8 008	7.80	4.34	Ⅱ	达标
	氨氮	3.28	5.83	0.237	8 008	0.07	0.087	Ⅱ	达标

基于狭长型水库迁移混合模型,经计算表明规划向阳水库与保陵水库建设后,水质也能满足Ⅱ类目标要求。

南巴河现状水质优良,拟建库区无排污口,水库蓄水后,水质不存在污染隐患,预计水环境维持良好状态,仍能满足Ⅱ类水质目标要求。

5.2.4.2 受水区水库水环境影响分析

采用零维水质模型开展规划调水实施后春江、珠碧江、石碌、长茅、大隆水库水质预测。如表5-15所示,由于调水区水质较好,为Ⅱ类水质,规划年调水后,致使受水区水库水质进一步改善,污染物浓度降低,春江水库、石碌水库能达到Ⅲ类水质,珠碧江、长茅、大隆水库水质能满足Ⅱ类水质目标要求。

表 5-15 规划年受水水库水质预测结果

水库名称	年份	COD (mg/L)	氨氮 (mg/L)	与现状年比COD增加值 (mg/L)	与现状年比氨氮增加值 (mg/L)	水质目标	达标判别
春江水库	现状年	10.500	0.130	—	—	Ⅲ	达标
	2025年	9.606	0.125	−0.894	−0.005	Ⅲ	达标
	2035年	7.452	0.117	−3.048	−0.013	Ⅲ	达标
珠碧江水库	现状年	10.800	0.150	—	—	Ⅱ	达标
	2025年	8.748	0.132	−2.052	−0.018	Ⅱ	达标
	2035年	6.581	0.117	−4.220	−0.033	Ⅱ	达标
石碌水库	现状年	6.600	0.09	—	—	Ⅲ	达标
	2025年	7.280	0.103	0.680	0.013	Ⅲ	达标
	2035年	7.561	0.107	0.961	0.017	Ⅲ	达标
长茅水库	现状年	7.800	0.160	—	—	Ⅱ	达标
	2025年	7.320	0.150	−0.480	−0.010	Ⅱ	达标
	2035年	6.212	0.128	−1.588	−0.032	Ⅱ	达标
大隆水库	现状年	6.130	0.07	—	—	Ⅱ	达标
	2025年	6.130	0.071	0.000	0.001	Ⅱ	达标
	2035年	6.129	0.071	−0.001	0.001	Ⅱ	达标

春江、珠碧江水库现状为轻度富营养化状态,两座水库为本次水网规划琼西北供水工程的受水区,经松涛水库优质水源调水后,春江、珠碧江水库水体置换频次增加,同时规划提出对存在富营养化风险的水库实施生态浮床、生物治理等措施,规划实施后春江、珠碧江轻度富营养化能够得到有效改善。

5.2.5 城镇内河湖水环境影响预测

本次评价选取海口市美舍河治理效果为案例分析,采用类比的方式开展规划实施对城市内河湖水环境影响分析。

美舍河是海口市绿色生态系统的一个关键性、基础性廊道,全长约 16 km,水域面积约 68 万 m²。在过去 30 多年的城市化进程中,雨污管道混接错接、合流管道截流不完善等,城市污水直排入河现象比较普遍,造成美舍河水环境质量退化、水生态功能虚化、水健康保障弱化等问题逐年凸显,难以适应现代化城市管理需求和流域新业态发展。

2016 年 4 月,海口市委市政府启动美舍河综合治理工程,经过一年多的努力,美舍河水环境治理和水生态修复成效明显。具体治理措施见表 5-16。

表 5-16　美舍河治理措施一览表

治理措施	具体方案
控源截污	对水体周边农业、生活、工业等污染源进行全面排查,摸清入河排放口,全面清理排查沿河 216 km 的地下管网,梳理排污口上游管网系统。采取建设分散式污水处理厂和一体化污水处理设施的方法,控制外源污染物直排入河,彻底解决污水直排引发的污染问题
内源治理	为防止水体内部底泥释放污染物,启动清淤工程,采取生态消化和原位修复相结合的方式,降解内源污染。累计共清理淤泥约 205 万 m³,对快速改善水体水质效果显著
生态修复	对美舍河 5 个治理示范段(长堤路上游 500 m 段、白龙桥至东风桥段、国兴大道美舍河段、美舍河湿地公园凤翔段、美舍河高铁段)开展水生态修复和岸线整治。开展岸线和河床生态修复,将硬质的河床护岸改造成生态岛屿、滩涂、湿地,构建可呼吸的水生生态系统

海口美舍河的治理为全省城镇内河湖治理提供了一个成功的典范。本规划提出,治理海南省城镇海甸溪、五源河、三亚河、藤桥河、桃源河、冲会河等 98 条河流,其中城镇内河 85 处,总长 1 084 km(含黑臭水体 140 km);治理城镇内湖 13 处,总面积 4.62 km²(均为黑臭水体)。2018 年底对 60 处城镇河(湖)实施集中专项治理,在此基础上拓展治理范围,对新增 38 处城镇内河(湖)实施治理。

规划针对海南省三亚、海口等主要城镇内河湖水质污染严重问题,提出了城镇内河(湖)水环境综合治理措施,主要包括污染综合整治、生态修复与景观建设和河湖水系连通等。评价认为,参照美舍河治理经验,通过规划方案的实施,海南省城镇内河湖在规划年可基本消除黑臭水体,达到规划的水质目标,实现人水和谐的发展理念(见图 5-32)。

5.2.6　饮用水源地环境影响预测

现状海南省城镇饮用水水源地水质总体优良,水源地水质达标率达到 96.4% 以上。规划实施后,采取更严格的水污染防治措施,不新增入河污染物量,且全面规划了水源地保护措施,进一步强化了海南水源地保护工作。

根据水利部、城乡建设部《关于进一步加强饮用水水源保护和管理的意见》(水资源

图 5-32　海口市美舍河水环境治理前后效果对比

〔2016〕462 号），要求人口在 20 万以上的城市，都应建有饮用水备用水源并保证可正常启用。海南省作为全面深化改革开放试验区、国际旅游岛，战略地位突出，饮水安全至关重要，应按照国家确保城市饮用水水源地一备一用的要求，解决单一水源地的风险问题。

规划在水源工程建设方面，新建、扩建一批大、中型骨干水源工程，解决部分市县水源不足问题，新增备用水源地，实现水厂间互为备用，解决单一水源地水质风险问题。规划新增备用水源地大部分利用现有大中型水库，以及本次规划的部分水资源配置工程，统筹解决海南各片区饮用水的供给。新增备用水源地见表 5-17。

表 5-17　规划新增备用饮用水水源地

区域	规划新增备用饮用水水源地
琼北片区	海口市:东山水库*、迈湾水库*
	澄迈县:美亭水库、迈湾水库*
	临高县:抱美水库、尧龙水库
	儋州市:美万水库
	文昌市:中南水库、红岭水库、天鹅岭水库
琼南片区	乐东县:南巴河水库*、长茅水库
	三亚市:向阳水库*
	保亭县:保陵水库*
	陵水县:走装水库、小妹水库
琼西片区	昌江县:大广坝水库
琼东片区	定安县:迈湾水库*、南扶水库、石龙水库、龙州河
	屯昌县:红岭水库
	琼海市:红岭水库、中平仔水库、美容水库
	万宁市:沉香湾水库
中部片区	琼中县:红岭水库

注：*代表新建水库，其他为现有水库。

规划针对海南现有 66 个重要饮用水水源地，按照"水量保障、水质合格、监控完备、制度健全"的要求，开展"一源一策"安全保障达标建设。完成饮用水水源保护区划定，依法清理保护区内违法建筑、排污口和各类养殖户；开展安全警示、隔离防护及水质自动监控设施建设,有条件的水源地实施封闭管理;对文澜江多莲水质不达标等及存在污染隐患的水源地开展污染综合治理和生态修复等,构建水源地安全保障多重防线。对新建水源地,结合水源建设同步实施水源保护工作。

对海南现有集中式饮用水水源地,规划根据水源地存在的具体问题制定了治理措施,措施主要包括保护区划分及隔离防护、点源污染综合整治、面源、内源污染治理、生态保护与修复等4大类型。其中,针对红岭水库、长茅水库等21个未划分水源保护区的水源地,划定饮用水水源保护区,并实施水源地隔离防护工程;对永庄水库、万泉河红星等15个水源保护区周边分布的乡镇生活污染实施截污并网,实施点源污染综合整治;对水质不达标的临高多莲等8个水源地及存在农村生活和面源污染影响的永庄、春江等水库水源地,实施农村环境综合整治;对赤田、松涛、美容等19个水库水源地周边建设植被缓冲带和防护林带,对万宁水库等18个水源地,采取建设人工湿地的生物治理等措施。具体治理方案见表5-18。

表 5-18　集中式饮用水水源地治理措施

措施	具体方案
保护区划分及隔离防护	针对红岭水库、长茅水库等21个未划分水源保护区的水源地,划定饮用水水源保护区;实施水源地隔离防护工程,其中物理隔离工程长度265.2 km,生物隔离面积60.3 km^2,并在水源保护区边界、关键地段设置界碑、界桩、宣传警示牌等
点源污染综合整治	对永庄水库、万泉河红星等15个水源保护区周边分布的乡镇生活污染实施截污并网,建设污水处理设施及人工湿地等;对分布在重要水源地上游的儋州、白沙、琼中、澄迈等县城污水处理厂实施提标改造及尾水湿地处理;关闭位于江河源头区或饮用水水源保护区内的104个排污口等
面源、内源污染治理	对水质不达标的临高多莲等8个水源地及存在农村生活和面源污染影响的永庄、春江等水库水源地,实施农村环境综合整治、建设沼气池、灌区生态沟渠,推进清洁小流域建设等;对存在畜禽或水产养殖污染的良坡、中南等水库水源地,实施养殖场搬迁及污染限期治理;对松涛水库、南扶水库等存在旅游休闲活动的水源地实施规范化管理等
水生态保护与修复	对赤田、松涛、美容等19个水库水源地周边建设植被缓冲带和防护林带,实施清洁小流域建设,面积100.0 km^2;对万宁水库等18个水源地,通过设置前置库或利用天然低洼地,建设人工湿地14.2 km^2;对永庄、湖山等存在富营养化风险的水库实施生态浮床、生物治理等措施

上述污染治理与水质保护措施实施后,海南省饮用水水源地2035年水质达标率将达到100%,评价认为,规划实施后,海南饮用水水源地水质状况将维持总体向好的趋势发展。

5.2.7 灌区种植业面源水环境影响分析

海南现状耕地面积为1 088万亩,其中有效灌溉面积518万亩,2035年规划灌区有效灌溉面积为802万亩,较现状年增加284万亩。随着灌溉的进行,种植业施用的农药、化肥随降雨径流等进入水体,产生种植业面源污染。

5.2.7.1 灌区种植业面源估算方法

根据《全国水资源调查评价技术细则》推荐的估算方法,调查2016年海南省主要灌区肥料及农药施用量和折纯量计算,再根据肥料和农药的流失系数及其有效成分估算流失量,结合入河系数确定进入水体的污染物入河量。有关系数参考《全国水资源综合规划水资源保护技术细则》、有关文献资料确定。

5.2.7.2 估算参数

1. 有效成分

通过调查收集海南化肥、农药的施用量,氮肥主要是尿素和碳铵,磷肥主要是磷酸二铵和过磷酸钙,采用折纯系数换算化肥和农药的有效成分。其中,氮肥的折纯量默认为是氮(N)的有效成分,磷肥的折纯量默认为是磷(P)的有效成分,复合肥的折纯量按照氮、磷、钾有效成分的含量比例为1∶1∶1的比例进行折合;经调查,目前使用的大部分农药均为有机磷农药,有机氯农药因有剧毒,故使用量较少。因此,本次估算按照4∶1的比例对农药施用总量进行拆分,有机磷农药按施用总量的80%计,有机氯农药按施用量的20%计。农药有效成分在施用量的基础上估算,有机氯含量按施用量的2.5%计,有机磷含量按施用量的2.8%计。

2. 流失系数

根据《全国水资源综合规划水资源保护技术细则》确定的流失量计算方法,本次化肥流失量按COD=氮肥有效成分×80%×10%、氨氮=氮肥有效成分×20%×10%、TN=氮肥有效成分×20%、TP=磷肥有效成分×15%计算。

农药在使用过程中的损失主要是漂移、挥发及农药从土壤、植物和水体中的蒸发损失,其中漂移、挥发损失一般约占农药使用量的25%,土壤蒸发一般占3%~5%,植物蒸发约占10%。根据《全国水资源综合规划水资源保护技术细则》,农药流失量以农药有效成分的20%左右估算。

综合以上分析,并根据海南省具体情况,确定流失系数见表5-19。

表5-19   海南省农田面源流失系数取值表

系数种类	污染物名称	系数值
化肥流失系数	COD	0.08(以氮肥有效成分为基础)
	氨氮	0.02(以氮肥有效成分为基础)
	总氮	0.20(以氮肥有效成分为基础)
	总磷	0.15(以磷肥有效成分为基础)
农药流失系数	0.2(以农药有效成分为基础)	

5.2.7.3 入河系数

参考全国第三次调查评价海南省面源典型区入河系数,结合实际调查,综合确定化肥入河量为化肥流失量的 45%估算,农药入河量以流失量的 40%估算。

5.2.7.4 规划年估算结果

海南现状年化肥使用量为氮肥 39.2 万 t、磷肥 27.59 万 t、钾肥 17.63 万 t、复合肥 46.01 万 t。根据海南省人民政府《关于加快转变农业发展方式做大做强热带特色高效农业的意见》,海南省今后实现化肥、化学化肥施用量分别较现状减少 20%、30%。结合以上估算方法,计算规划年海南省主要灌区农田面源污染物入河量见表 5-20。

表 5-20 规划年海南农田面源产生量和入河量估算结果表   (单位:万 t/a)

面源产生与入河量	COD	氨氮	总氮	总磷	有机磷	有机氯
化肥面源产生量	1.64	0.41	4.10	1.47	—	—
农药面源产生量	—	—	—	—	0.01	0.01
化肥面源入河量	0.74	0.18	1.84	0.66	—	—
农药面源入河量	—	—	—	—	0.004	0.004

根据对污染物排放量进行估算,海南现状年种植业面源中 COD 入河量约 1 万 t,氨氮入河量约 0.184 万 t,规划年种植业面源 COD、氨氮入河量分别为 0.74 万 t 和 0.18 万 t,较现状年略有减少,因此不会加剧对水环境的影响。

总体来看,由于海南岛河流具有源短流急的特点,种植业面源对河流水体水质影响较小,但对水库尤其是水库型水源地水质存在一定程度的影响和威胁。规划实施后,虽然灌溉面积和灌溉水量有所增大,但规划年按照海南省相关要求减少农药、化肥施用量,并针对水源地采取面源污染防治措施后,种植业面源对水源地水质的影响较现状将能够有所改善。

5.3 陆生生态影响预测评价

5.3.1 对生态系统结构及功能的影响

海南陆地生态系统主要包括森林生态系统、农田生态系统、草原生态系统、水体和湿地生态系统、城镇/村落生态系统等类型。海南水网建设规划,包括水生态空间管控、水资源水生态保护、热带现代农业水利保障、水资源调节配置骨干布局等,在一定程度上都会对受影响区域的生态系统产生消极或积极影响。通过采取一定的减缓、维护措施,规划实施不会改变其生态系统的结构和功能,具体分析见表 5-21。

表 5-21　陆生生态系统影响分析

生态系统类型	服务功能	相关规划内容	影响分析
森林生态系统	生物多样性保护、水源涵养、水土保持	（1）水生态空间管控规划将江河源头区及水源涵养区确定为禁止开发区域进行管控，进行封育和生境保护，优先实施水生态保护红线保护； （2）水生态廊道保护、水土保持提出适当退耕还林，营造水源涵养林和封育保护； （3）水资源配置提出工程严格执行生态保护红线管控要求。中部片区以中小型水源工程分散解决缺水问题	水生态空间管控规划进一步与强化了森林生态系统的服务功能定位。水资源水生态保护规划措施有利于区域的生境保护。水资源配置工程部分隧洞穿越山体，对地表植被影响较小。总体来看，规划实施不影响海南森林生态系统生物多样性保护与水源涵养服务功能持续发挥
农田生态系统	农产品提供	热带现代农业水利保障提出灌区续建配套和节水改造大型灌区 2 处、中型灌区 37 处，新建大型灌区 5 处、中型灌区 4 处，新增有效灌溉面积 284 万亩	规划灌区工程新增耕地、园地有效灌溉面积，使得区域灌溉条件得到改善，生产力得到提高，解决南繁育种基地输水能力不足、灌溉保证率不高的问题，有利于农田生态系统服务功能的发挥
草原生态系统	涵养水源、改良土壤、防风固沙	—	规划对该生态系统基本无影响
水体和湿地生态系统	供水、生物多样性维护、调节洪水	水资源水生态保护规划提出实施水生态系统整体保护与修复，强化饮用水水源地保护河段 17 个，水环境综合治理河段 11 个，绿色廊道景观建设河段 8 个	水生态保护规划提出的措施，有利于维护湿地生态系统服务功能，改善河流湿地水质，改善城市内河湖生态环境，增强水源涵养的功能，有利于湿地植物生长，有效防止湿地植被退化为草甸和草原植被
城镇/村落生态系统	社会经济服务提供	（1）防洪治涝提出对珠碧江、三亚河等 12 条河流，以沿岸重点乡镇为主要防护对象，完善堤防、护岸等防洪工程体系； （2）城乡供排水规划提出建设水资源配置工程，实施市县中心城区和乡镇备用水源建设，市、县建成区污水集中处理率达到95%以上	规划实施可提高防洪安全水平，进一步保障区域饮水安全，改善城镇人居环境

5.3.2　对土地利用及景观格局的影响

5.3.2.1　对土地利用的影响

规划对土地利用的影响主要有三个方面：一个是热带现代农业水利保障实施将新增

灌溉面积;二是水土保持有利于提高区域植被覆盖,三是防洪、水资源配置工程等具体工程占地导致土地利用变化。

海南现状耕地面积 1 088 万亩,有效灌溉面积 518 万亩,规划热带现代农业水利保障建设提出松涛、大广坝 2 处大型灌区、南扶等 37 处中型灌区续建配套和节水改造,新建红岭、乐亚、琼西北、迈湾、牛路岭等 5 处大型工程、天角潭等 4 处中型灌区。上述规划内容实施后,海南有效灌溉面积达到 802 万亩,较现状新增 284 万亩,但新增灌溉面积主要是将无灌溉条件的耕地发展为灌溉地,并不造成土地利用性质的改变,对区域土地利用基本无影响。

水土保持规划以区域水土流失分布为基础,考虑水土流失重点预防区、重点治理区,实施重点预防项目和重点治理项目。总体来看,水土保持规划对海南江河源头区、重要水源地、环岛海岸采取水土流失预防措施,主要包括退耕还林、修复生境、林地建设等;对省级水土流失重点治理区、耕地、林下等区域采取水土流失治理措施,主要包括坡耕地治理、水保林营造、推行保土耕作等,这将在一定程度上增加海南地表植被覆盖,提高区域水源涵养和保土功能,由于治理面积有限,不会对海南土地利用和植被特点产生明显影响。

防洪、水资源配置、城市供排水等具体工程对海南整体土地利用结构基本不会造成影响。

5.3.2.2 对景观格局的影响

规划实施后海南岛景观的斑块密度有一定的变化,但不明显,区域景观类型的破碎化程度及景观内连通性没有显著变化。林地的最大斑块指数所占的比例最大,在整个评价区景观中仍占主要优势(见表 5-22)。

表 5-22 各斑块类型水平指数统计

斑块类型	密度 (PD)(个/km²)		最大斑块指数 (LPI)(%)		景观形状指数 (LSI)	
	规划前	规划后	规划前	规划后	规划前	规划后
耕地	0.000 47	0.000 51	4.987 3	4.825 5	38.767	31.254
园地	0.000 42	0.000 44	5.678 7	5.215 6	23.432	20.125
林地	0.000 45	0.000 48	12.543	12.184	12.543	11.568
草地	0.000 29	0.000 31	0.123	0.012	3.454	3.211
交通运输地	0.000 21	0.000 22	0.002 1	0.001 9	8.545	7.865
水域	0.000 28	0.000 32	0.012 1	0.062 1	3.232	5.236
建筑用地	0.000 25	0.000 26	1.232	1.121	19.232	18.254
未利用地	0.000 77	0.000 79	0.122 3	0.121 1	18.323	16.235

规划实施后区域香农多样性指数稍有所增加,使得评价区整个景观格局多样性增加。均匀度指数也稍有所增加,各景观类型所占比例有一定差别,但变化总体不明显,海南岛仍受林地、耕地和园地等景观支配(见表 5-23)。

表 5-23　各斑块类型水平指数统计表

景观水平指数	规划前	规划后	增减
香农多样性指数（SHDI）	1.376	1.396	0.020
香农均匀度指数（SHEI）	0.343	0.414	0.071

5.3.3　对陆生植被的影响

5.3.3.1　对陆生植物的影响

规划项目范围一般在海拔 500 m 以下的丘陵、台地。该区域原生植被受人类活动影响几乎已消失，现状植被中以人类活动影响后导致的次生自然植被和人工植被所占面积最大。规划对植被的影响见表 5-24。

表 5-24　规划实施对陆生植被的影响

规划方案	影响分析
水资源优化配置及水系连通工程	水资源优化配置及水系连通工程对陆生植物的影响主要表现为水库蓄水淹没等造成的地表植物资源损失，将使得工程涉及区生物量减少。影响局部地区植物数量和生物量，但占用面积较小，另受影响植被类型在评价区较为常见，因此规划实施不会改变评价区植被的性质和特点。规划实施后水资源优化配置及水系连通工程实施后，实现了岛内重要河流水系连通，改善水循环和水生态环境，可能会引起一些植物的繁殖体借助于水传播，加速了物种分布区的扩张速率
热带现代农业水利保障规划	灌区植被将有可能发生正向演替，良好的水热条件也利于人工林的生长，对于灌区内生态系统的稳定起到积极作用。但局部植被和动植物栖息地将受到影响，植物生物量的减少对区域陆生植被带来一定影响
城乡供水规划	规划实施能够有效提高城乡供水安全保障程度和抗旱应急能力，缓解水资源供需矛盾，改善生活生产供水条件。但是水厂建设、管网开挖会导致陆生植被生物量减少
防洪（潮）治涝规划	工程建设将使所占区域及周边的植被受到破坏，受工程直接影响的植被类型包括次生灌丛和草丛、农田及少量人工林地等。
水资源水生态保护规划	规划实施可以改善河流水环境，促进水功能区水质达标，保障城乡饮水安全，有效改善河湖生态环境，生态系统得到基本保护，其稳定性和生态服务功能得以显著提升，水源地围网将造成生物栖息地阻隔
水土保持规划	规划的实施有利于减轻区域水土流失，提高植被覆盖率，维护和改善区域生态功能。林草措施通过选择适宜的乡土物种，可有效促进植物群落物种的多样化和结构的合理化，恢复水土流失严重区域的植被，促进生态恢复进程。水土保持生态修复措施减少对区域植被的干扰，依靠并发挥自然力的作用，使得部分退化生态系统的植被得以正常形成、发育、更新

5.3.3.2 对重点保护野生植物的影响

海南岛珍稀濒危和国家重点保护野生植物主要集中分布在多个自然保护区内,且多分布于中海拔山地,本次调查发现重点保护植物多集中在中部林区,且多分布于海拔相对较高的中海拔山地。由于本次规划的具体工程主要布局在海拔 500 m 以下地区,因此绝大多数重点保护野生植物不会受到影响。但是,由于目前对一些保护植物在其潜在或相似生境中的分布仍缺少基础调查数据,建议在项目环评阶段进一步加强对工程外围区植物资源进行调查,若发现有国家重点保护植物,应做好进行建设方案优化调整,采取科学合理的避让措施。

5.3.4 对陆生动物的影响

5.3.4.1 对动物区系的影响

水资源水生态保护规划、水生态空间管控规划,以及水土保持规划的实施对区域生态环境有积极影响,有利于动物的生存繁衍。不同类型工程影响动物多为本区域常见动物种类,受影响生境在评级区广泛存在。多数动物具有较强的活动和避让能力,受到干扰时,会向周围替代生境迁移。故规划实施对动物区系的种类组成和物种多样性基本无影响,但是,在一定程度上会影响种群数量的波动。

防洪(潮)治涝规划主要集中在海南岛沿江河的重点城镇,这些区域受人为活动干扰严重,多分布一些常见的伴人活动的小型兽类,如小家鼠、鼠兔、社鼠等,也见有部分陆禽、攀禽、鸣禽等。规划实施主要影响次生林溪流及次生林地分布的两栖爬行类动物。

规划向阳水库、南巴河水库、保陵水库蓄水后,水位上涨将占用其部分生境,使非亲水性两栖、爬行动物往周围替代生境迁移,由于实施区域相似生境较广泛且具有一定的连续性,可替代的适宜生境广泛,因此对物种多样性基本无影响;水库建成后,将给静水型及海南溪树蛙等两栖动物提供较为丰富的静水或缓流水环境,有利于其种群的发展,同时对亲水性爬行动物具有有利影响。淡水龟类,如大头扁龟、四眼斑水龟、锯缘摄龟、中华鳖等,大多生活在海拔比较低的溪水中,规划实施期间会使淡水龟的生存海拔上移。红树林是鱼、虾、蟹、螺等多种近海海洋生物生长和繁衍的场所,也是海南珍惜鸟类重要栖息地,如国家二级保护动物黑脸琵鹭越冬场所有东方四更镇、儋州新英湾、儋州新盈红树林国家湿地公园等地区,天角潭水利枢纽工程运行,对新英湾红树林自然保护区产生不利影响,因此也会影响黑脸琵鹭的生存环境。

总体上看,规划实施不会导致物种消失,但是,对种群动态的数量特征将产生一定的影响。

5.3.4.2 对动物类型和种群的影响

规划对两栖类、爬行类、鸟类和兽类的影响主要是导致其在规划实施区及周边地带的分布及种群数量的变化。规划实施后,有利于水库工程局部小气候和环境的改善,有利于动物的生存和繁殖等。

规划对动物的影响见表 5-25。

表 5-25 规划实施对陆生动物的影响

规划类型	影响分析
防洪治涝规划	防洪规划实施后,占用部分陆栖动物的生境,导致影响范围内物种组成的改变,部分陆栖型动物在数量上将在短期内有所减少,分布范围向周围未修建防洪规划的地带移动,经过一段时间后,种群密度将达到新的平衡状态 规划实施后,堤防、护岸、排洪渠等有利于稳定岸坡和滩地,维护现有河势,提高流域的防洪标准,有效地控制洪水泛滥,减少洪水、泥石流等自然灾害对动物栖息地和生存的威胁,对维持两岸生态系统稳定性有重要作用
水资源优化配置及水系连通工程	水库的扩大和新建造成库区水面的上升和水域面积的扩大,为静水型两栖动物(如海南湍蛙、沼蛙、头盔蟾蜍等),游禽、涉禽等类型的鸟类(如鹈鹕目、鸥形目、雁形目、鹳形目和鸽形目)的部分种类以及兽类的半水栖型(如水獭等)提供了适宜的生活环境,水域岸边生境的改变有利于其种群密度的增加,对规划实施期间造成的不利影响有一定的补偿作用,为现有的动物带来一种稳定的生活环境,还有可能增加该区域内动物物种的种类和数量
水资源水生态保护规划	从长远上看,规划实施有利于水域生态环境改善、使整个生态系统趋于稳定,有利于流域内各种野生动物的生存和繁衍,有利于维护生物多样性和生态系统的完整性,使种群数量增加,为兽类提供更为丰富的食物来源,对喜在林地和灌草丛等生境活动、觅食和栖息的鸣禽、攀禽、猛禽等鸟类产生有利影响

5.3.4.3 对重点保护野生动物的影响

海南分布有国家重点保护野生动物 81 种,其中基本不受影响的野生动物有巨蜥、蟒蛇、猕猴、穿山甲等 36 种。而水鹿、海南水獭、虎纹蛙等 8 种野生动物少量个体可能受施工影响,具体影响见表 5-26。

5.3.5 重点工程对动植物的影响

水网重点工程对动植物的影响评价见表 5-27。

表 5-26　规划对重点保护动物的影响

动物种名	保护级别	生境与分布	主要涉及规划	影响类型	影响程度
1. 巨蜥	I 级	五指山、吊罗山山区流溪附近	无	无	无
2. 蟒蛇	I 级	海口热带、亚热带低山丛林中	无	无	无
3. 猕猴	II 级	石山的林灌地带	无	无	无
4. 水鹿	II 级	琼中、白沙、陵水、昌江、东方、乐东大面积的各种阔叶林、混交林、山地草坡、稀树草原等环境中	无	生境占用 噪声干扰	小
5. 穿山甲	II 级	文昌、五指山、白沙山区森林、灌丛、草莽或林灌草间杂的各种环境，各种阔叶林、针阔混交林、树竹丛和草灌丛	无	无	无
6. 原鸡	II 级	霸王岭、吊罗山、文昌、琼海、白沙、万宁、乐东、琼中、鹦哥岭、尖峰岭、东方、保亭、陵水低海拔和中海拔，直至约二千米高的地带	无	无	无
7. 孔雀雉	I 级	海南西南部 1 500 m 的山林及竹丛丛中，常单独或成对活动	无	无	无
8. 海南山鹧鸪	I 级	五指山、吊罗山和儋县海拔较低的山地和丘陵地带	保陵水库及供水连通工程	生境占用 噪声干扰	小
9. 大灵猫	II 级	吊罗山亚热带和热带山丘或高山深谷地区，林缘茂密的灌木丛或草丛	无	无	无
10. 小灵猫	II 级	鹦哥岭山地作物区附近的丛林中	无	无	无
11. 海南黑长臂猿	I 级	五指山、鹦哥岭、吊罗山、黎母山、东方和白沙热带雨林和南亚热带山地湿性季风常绿阔叶林	无	无	无
12. 海南水獭	I 级	霸王岭解静堤岸有岩石隙缝、大树老根，蜿蜒曲折，通陆通水的洞窟	石碌灌区	生境占用 噪声干扰	中
13. 云豹	I 级	东方、海口、琼东亚热带和热带山地及丘陵常绿林中	无	无	无
14. 滑鼠蛇		海南、白沙、新村、儋县那大、琼海平原及山地或丘陵地区	无	无	无
15. 眼镜王蛇		霸王岭热带雨林中	无	无	无

续表 5-26

动物种名	保护级别	生境与分布	主要涉及规划	影响类型	影响程度
16. 褐鱼鸮		霸王岭常绿阔叶林	无	无	无
17. 画眉		海南岛海拔1 500 m以下的低山、丘陵和山脚平原地带的矮树丛和灌木丛中,也栖于林缘、农田、旷野、村落和城镇附近小树丛、竹林及庭园内	无	无	无
18. 海南豹猫		尖峰岭和坝王岭山地林区、郊野灌丛和林缘村寨附近	无	无	无
19. 巨松鼠		五指山、尖峰岭、坝王岭、吊罗山、马鞍岭、乐东、万宁、白沙、昌江、东方、琼中、保亭、崖县、陵水、儋县、澄迈、屯昌。热带湿性季雨林的高树上	无	无	无
20. 鹩哥		五指山低山丘陵和山脚平原地带的次生林、常绿阔叶林、落叶、阔叶林、竹林和混交林中	无	无	无
21. 鲣鸟	II级	西沙群岛热带岛屿上	无	无	无
22. 赤腹鹰	II级	海南岛山地森林和林缘地带,也见于低山丘陵和山麓平原地带的小块丛林,农田地缘和村庄附近	无	无	无
23. 白鹇	II级	坝王岭、尖峰岭、黎母山森林茂密,林下植物稀疏的常绿阔叶林和沟谷雨林	无	无	无
24. 松雀鹰	II级	海口林区丛林边等较为空旷处	无	无	无
25. 雀鹰	II级	海南岛针叶林、混交林、阔叶林、白沙丘陵地带海拔900 m以下的水田、沟渠、水库、池塘、沼泽地等处,以及附近的草丛中	无	无	无
26. 虎纹蛙	II级	崖县、儋州、陵水及吊罗山、乐东及尖峰岭、东方、昌江、保亭、海口、文昌、琼中五指山、陵水、崖亭山森林、阔叶林等山地森林和林缘地带,冬季主要栖息于低山丘陵,山脚平原、农田地边,以及村庄附近	保陵水库及供水连通工程	生境占用 噪声干扰	中
27. 地龟	II级	海南岛山区及林近溪流的阴湿地区	保陵水库及供水连通工程	生境占用 噪声干扰	小
28. 褐林鸮	II级	海南岛山地林、热带森林沿岸地区、平原和低山地区	无	无	无
29. 灰鹤	II级	临高栖息于开阔平原、草地、沼泽、河滩、旷野、湖泊以及农田地带	无	无	无
30. 小鸦鹃	II级	海南岛低山和丘陵山脚平原地带的灌丛、草丛、果园和次生林中	无	无	无

动物种名	保护级别	生境与分布	主要涉及规划	影响类型	影响程度
31. 红翅绿鸠	II级	琼中海拔 2 000 m 以下的山地针叶林和针阔叶混交林中,有时也见于林缘耕地	无	无	无
32. 厚嘴绿鸠	II级	五指山热带和亚热带山地丘陵地区阴暗潮湿的原始森林、常绿阔叶林和次生林中,大多在早晚活动,喜欢栖息于枯立树枝的顶上	无	无	无
33. 绯胸鹦鹉	II级	鹦哥岭峰低地的各种型态开阔林区,山麓丘陵约 2 000 m 的地区	无	无	无
34. 银胸丝冠鸟	II级	吊罗山、尖峰岭、坝王岭、保亭、儋县、陵水、琼中、乐东、东方溪流及河岸开阔林的树冠下层及林下	无	无	无
35. 凹甲陆龟	II级	海南岛相当高的丘陵,斜坡上才有,且离水较远的地方	无	无	无
36. 海南三线闭壳龟	II级	尖峰岭等山区溪水地带	无	无	无
37. 灰喉针尾雨燕	II级	乐东海岸、海岛和山地森林地带	无	无	无
38. 褐翅鸦鹃	II级	海南岛 1 000 m 以下的低山丘陵和平原地区的林缘灌丛、稀树草坡、河谷灌丛、草丛和芦苇丛中,也出现于靠近水源的村边灌丛从和竹丛等从等地方	无	无	无
39. 山瑞鳖		海南岛在山涧、水沟、河道、浅滩、池塘等草丛中	连通工程	生境占用 噪声干扰	中
40. 黑斑水蛇		海口沿岸河口地带碱水或半碱水中	昌化江水资源配置工程	生境占用 噪声干扰	小
41. 中国水蛇		海口、琼海、儋县、白沙、陵水吊罗山水中,栖息于稻田、沟渠或池塘等水域及其附近	保陵水库及供水连通工程	生境占用 噪声干扰	小
42. 铅色水蛇		海口、文昌、琼海、儋海、白沙、琼中、陵水、崖县、乐东、定安稻田、池塘、水沟及其附近	连通工程	生境占用 噪声干扰	小
43. 松雀鹰	II级	海口常单独或成对在林缘和丛林边等较为空旷处活动和觅食	无	无	无
44. 雀鹰	II级	海南岛低针叶林、混交林、阔叶林等山地森林和林缘地带,冬季主要栖息于低山丘陵、山脚平原、农田地边及村庄附近	无	无	无

表 5-27　规划重点工程对动植物的影响

工程	工程性质	对植物的影响	对动物的影响
琼西北供水工程	扩建水库	珠碧江水库的扩建对库区植物产生一定的影响,扩建水库蓄水后会淹没部分库区植被。但受影响植物群落多为次生灌丛、草丛,在海南岛北部、西北部广泛存在,组成物种亦为海南岛丘陵台地的广布物种,所以水库蓄水对物种分布的多度和频度有影响,但对植被类型和物种多样性几乎无影响。植物生物量有一定损失,但不会影响评价区植物区系的组成特点	扩建珠碧江水库将使库部分以低河谷沿岸灌木林地、牧草地及滩涂水域为生境的动物种类向周围相似生境迁移。这部分动物主要是鸟类和小型兽类,两栖类和爬行类相对贫乏。动物会依据自身能力逐渐迁移到适宜生境中生活,形成新的生态系统。规划实施及规避了珍稀动物的重要栖息地,也不涉及自然保护区、重点保护动物的重要栖息地。在采取相应的保护措施后,不利影响可以得到预防和减缓。库区水域面积增大,为静水型两栖动物提供了适宜的生活环境,可能使库区两栖动物种类和数量增加。水域面积扩大,为水禽、亚水禽和傍水禽等类型的鸟类提供了适宜生境。生活于蓄水前海拔较低处区分布的兽类,由于原分布区被淹没,其分布区会随着蓄水库水逐渐向上推移向周围其他生境迁移。由于水库的逐步上升,非淹没区内的兽类密度会在短时间内有所增加,但随时间的推移,这些兽类会逐步适应新的生活环境找到适宜的替代生境,这种不利影响也将逐渐消失。一般来讲,在水库蓄水时,兽类能主动迁移逃离淹没区,但是水淹会导致一些迁移能力较弱或无迁移能力的幼体死亡。
	灌区工程	已建灌区的节水改造工程对区域生态环境产生的影响很小。规划灌区影响植被多为常见的灌丛和旱生草丛,以及一些农田杂草、心叶黄花稔苋菜、麻叶铁苋草、龙爪茅、黄花草、牛筋草等,灌区的修建会直接破坏农田、经济林周边的杂草	
	输水管线	新建石碌水库至邦溪镇输水线路为管线方案,距离较短,对陆生植被产生的影响相对较小。但是,据初步调查,工程范围间的间接影响可能有珍稀濒危保护植物分布,如油丹(Alseodaphne hainanensis Merrill)、黑桫椤(Alsophila podophylla Hooker)、海南苏铁(Cycas hainanensis C. J. Chen)、土沉香[Aquilaria sinensis (Loureiro) Sprengel]、鸡毛松 Dacrycarpus imbricatus var. patulus de Laubenfels]等,需进一步调查,以确定影响物种的种类、数量和生境条件	由于受影响的动物在评价区其他地区也有分布,因此工程不会对动物种群造成毁灭性的破坏

工程	工程性质	对植物的影响	对动物的影响
昌化江水资源配置工程	拟建水库	向阳电站位于昌化江中游，洞岸带见有水柳灌丛，但面积小而不连续。由于地处河滩，受河水冲击古和基质而成的影响，植物组成种类都有适应流水和耐水淹又耐旱种的特征。另在周围有一定面积种的橡胶林，在近水边旱灌丛，林下及林缘见有青箭、猪屎豆、墨苜蓿、含羞草、蒌蒿蔚美和铁觉茱萸等草本植物。受影响植被在丘陵和河滩植被常见，组成物种也均为广布种，水库淹没会造成一定经济损失。拟划实施后，蓄水位以下植物腐烂分解释放出有机物质，增加水库营养盐以及有机营养物，有利于水生生物的滋生繁衍。规划实施后对植物的影响主要是有利灌溉有利于灌区植物的生长，促进山体防护林正向演替。库区的建成会改变局部气候条件，会对陆生生态产生影响，在一定时期同可能造成沿岸带植被中组成物种的功能作用及其地位，引起灌丛植被被一优势物种的演替，这种影响是长期和持久的	（1）水源区及水源下游区：工程实施对陆生动物的影响主要是水库蓄水将导致动物栖息和活动场所的缩小，如淹没小型穴居兽类、爬行类和两栖类洞穴，少数动物的繁殖可能会受到一定的影响，原栖息在这一带的动物可能正往其他适宜生境，但不会导致物种的消失。由于水库淹没面积不大，而且动物大多具有较强的活动能力，该影响是可以承受的。 （2）输水线路和受水区：输水工程运行对动物的直接影响很小。受水区水资源的增加可能间接改善生态环境，进而改善动物生境，有利于动物的生存和繁衍
	灌区工程	新增灌区设计涉及影响区基本上为农田生态系统。通过调查发现，拟建灌区沿线主要为一些经济作物和农作物，如芒果、甘蔗、槟榔、龙眼、香蕉、水稻等，灌区的修建一定程度上占用土地，带来一定的经济损失。但灌区建成以后，灌溉能力一定程度，面积增大，灌溉能力增强，提高了该地区农业综合生产能力	
	水系连通工程	水系连通骨干工程主要为输水隧洞，其中，隧洞的修建如开挖等会破坏部分地表植物。隧洞建成后，隧洞附近土壤含水量变化，也会影响附近植物的分布，可能会对隧洞以上地表生长植物种和多样性产生一定影响。本次调查期间，在引大济石输水隧洞路线上，有古树名木的分布，即百年芒果群（20～40棵）。石门水库至三亚南繁基地水利建设的隧洞线路附近分布有国家二级古树酸豆树（约20棵）	

工程	工程性质	对植物的影响	对动物的影响
牛路岭灌区工程		灌区建设范围内大多被植物所覆盖,植被生长很茂盛。灌区工程对植物的影响表现在明渠的修建会直接破坏部分地表植被,导致植物生物量减少。但由于明渠的工程量只占工程总量的14%,影响区主要为农田和常见草丛,所以对植物的这种影响相对较小。然而,工程总干渠进水口位于自然保护区的实验区,会破坏自然保护区部分地表植被。渠道修建后一定程度上改变局部小气候,有利于促进周边植物的生长	工程输水隧洞、渡槽及明渠的修建将占用部分河谷滩地、灌丛林地,部分为农田。其连通保护区境的陆生脊椎动物正徙地及海南尖峰岭省级自然保护区,由于该保护区分布有蟒蛇、穿山甲、野山猪、狸猫、狐狸、珍稀鸟类百鹇、孔雀雉、原鸡、鹦鹉等,不可避免地会对这些珍稀濒危和保护野生动物产生影响,特别应注意对繁殖期兽类和鸟类的影响
保陵水库及供水工程		由于淹没面积不大,淹没植被也是评价区常见植物,不存在因局部植被淹没而导致种群消失或灭绝的可能,因此水库淹没不会对评价区植物区系产生影响,但对经济林的淹没会带来一定经济损失。 灌区的修建对植被的影响主要表现在破坏植物,占用植物生境,这种破坏不可逆。但灌区建成以后,灌溉能力增强,面积增大,一定程度上有利于灌区植物生长	水库蓄水之后,淹没区的主要被植被被橡胶林、槟榔林等人工林地将被淹没,另外部分被淹没,水深变深,动物的迁移通道被切断,会导致生存其中的动物向周围迁移。对于林地、静水生活的两栖动物及爬行动物和小型兽类而言,水库的蓄水是一个逐渐的过程,对环境的改变都能具有一定的保护性反应,因此在低海拔区被淹没和迁失,而将逐渐扩散到海拔相对高,对动物本身生存影响相对较小的区域。因此,水库进入营运期后,相对高海拔较小的区域动物种类和数量会在一定程度上出现明显的增加 坝区以下区域,由于水位水库的蓄水,而出现水量减少、河床水位降低的变化,在一定程度上对生活于灌木中的动物造成影响,而水位的下降,会产生一些新的边缘生境,因此一些适应能力比较强的动物,如变色树蜥、南滑蜥、蛎岭类动物等会在一定程度上有所增加

5.4 水生生态影响预测与评价

规划实施后,水源涵养、栖息地保护、水土保持工程等实施可对海南岛溪流性生境、鱼类多样性进行保护;实施水系连通、拆除废旧拦河坝,增建过鱼设施,能加强河道联通性修复;恢复鱼类洄游通道与增值放流,可以促进鱼类种群交流,保护鱼类多样性、恢复渔业资源;水污染治理、河流生态修复等对改善河道水质、改善水生生境和渔业环境等有利。

迈湾、向阳、南巴河、保陵等水库形成后将会对坝上坝下鱼类种群形成进一步阻隔、破坏库区流水生境,迈湾水库对迈湾江段产漂流性卵鱼类产卵场也会有一定影响;引调水工程导致下游水量减少,对河流水生生境、水生生物、鱼类等产生不利影响;防洪工程等破坏河滨带和河流底质,将对河流横向连通性造成不利影响;龙塘、嘉积坝改闸后对河流连通性和洄游性鱼类阻隔影响加剧。

总之,规划实施后,海南岛水生生态状况总体上将可能有所改善,局部区域水生生态将有所退化,主要表现在南渡江迈湾江段、昌化江戈枕坝下江段、陵水河保陵水库库区江段、北门江天角潭库区及坝下江段等。

5.4.1 重点河流总体影响分析

规划实施后,由于各片区水库及水资源配置等工程建设运行,对调水区南渡江、昌化江、万泉河等河流水文情势产生一定影响,河流阻隔程度进一步加剧,水生生境条件改变,进而对河流水生生态产生影响。主要分析如下:

(1)南渡江干流已建有松涛水库(多年调节大型水库,基本拦蓄了坝址以上流域的全部来水量)、谷石滩水电站、九龙滩水电站、金江水电站和龙塘水电站,在建的有南渡江引水工程,迈湾水利枢纽建设后,南渡江河流连通性进一步受到影响,干流流水性鱼类生境将缩小,流水性鱼类和洄游性鱼类的种群规模有所下降,大鳞鲢、海南长臀鮠等部分种类更加难以发现。

迈湾水库建成后,南渡江流域现有鱼类多样性最高、鱼类资源最为丰富的河段之一谷石滩库尾以上至松涛坝下的自然流水河段将形成静缓流狭长型水库生境,流水性鱼类种群规模将下降,该河段目前可能存在的产漂流性卵鱼类产卵场会消失或上移至库尾或支流腰子河。南渡江干流各梯级建设或补建过鱼设施后,河流纵向连通性得到一定程度的恢复,花鳗鲡等洄游性鱼类上溯距离相对于现状变长,生存空间变大,对资源恢复具有一定作用;增殖放流实施后对南渡江鱼类多样性保护和渔业增殖有一定积极作用。总体来看,迈湾水库建设后,南渡江流域鱼类多样性会受到较大影响,大鳞鲢资源更加衰竭,其他流水性鱼类种群规模将显著下降。南渡江采取水生态保护措施后,迈湾以下河段水生生态状况虽有所改善,但难以替代目前迈湾江段的生态作用。

(2)规划在昌化江干支流新建向阳水库、南巴河水库等水资源配置工程,规划实施将改变昌化江下游河段水文情势,造成昌化江流域内流水生境缩小,河流连通性进一步破坏,戈枕坝下等河段水量减少,但大广坝以上干流区域的鱼类多样性仍能基本维持现状。

昌化江流域鱼类较丰富的区域主要集中在大广坝库尾至向阳库尾河段,该区域梯级开发程度较高,但以径流式小型低坝、滚水坝为主,流水生境得到一定程度保留,且该区段支流众多,为鱼类提供了多样性生境,特别是为溪流性鱼类提供了栖息、产卵的条件。规划实施后,该区段由于新建向阳水库向流域外调水,下泄流量将有所减少,但降幅不大,且基本维持原有水文节律,对向阳坝址至大广坝库尾影响较小,总体来看该区域鱼类多样性将维持现状;向阳坝址以上库区河段,由于水文情势发生改变,流水生境缩小,溪流性鱼类种群规模将有所下降。昌化江下游戈枕至河口段由于水量降幅较大,且现状条件下水生生态已恶化,规划实施后,水生生态系统结构和功能可能进一步下降。

（3）万泉河干支流已建有红岭水库、牛路岭水库,本次规划新建牛路岭水库灌区工程,造成万泉河下游河道水量减少、水文情势改变,除支流大边河红岭坝址至汇口河段影响较大外,对万泉河总体水生生态影响较小,干流基本维持现状。

规划实施后,万泉河红岭断面年均流量减小近一半且流量过程趋于均一,河流天然水文情势改变,对需要春季涨水刺激产卵的鱼类产生一定影响;红岭至大边河汇口段河流湿周显著减小,对水生生物影响较大,鱼类资源将减少,部分大中型个体鱼类将退缩至万泉河干流;牛路岭断面年均流量减少 7.0% 且能维持较天然的水文节律,对河流生境影响较小;嘉积坝断面年均流量下降 11.5%,由于牛路岭水库对坝下的调峰补枯作用,3月流量增加 27.7%,5~6月也有一个涨水过程,嘉积坝以下河流生境影响不大。总体来看,万泉河干流牛路岭至河口段,流量总体降幅在 10% 左右,河流水生生境改变对鱼类等水生动植物的影响有限。此外,嘉积坝坝改闸后,河流连通性将进一步破坏。

（4）陵水河上游规划有保陵水库,规划工程建设后原库中河段溪流性鱼类重要生境被淹没,可能造成生境面积缩小、种群规模下降,特别是目前文献记载仅分布在该区域的特有鱼类保亭近腹吸鳅、多鳞枝牙鰕虎鱼等,其生境受到破坏,将加剧物种濒危程度。下游河段由于防洪工程建设,将破坏河滨带,影响水生高等植物、底栖动物生长,在一定程度上影响鱼类栖息、索饵、繁殖。下游补建梯村过鱼设施和河口翻板闸过鱼设施,对于恢复河流连通性有利。

5.4.2 对水生生境的影响

规划实施对水生生境的影响见表 5-28。

表 5-28 规划对水生生境影响分析

河流	影响分析
南渡江	规划实施将影响河流的连通性,流水生境进一步缩小,将导致流水性鱼类和洄游性鱼类的种群规模下降,部分种类资源愈加罕见。 防洪除涝规划实施后,河道表现出渠化特征,会破坏河流的横向连通性,生境多样性降低,河岸带植被等受到破坏,降低了其过滤和自净的功能,同时也破坏水生生物的生存环境,导致沉水植物、底栖动物、着生藻类等资源量减少,使鱼类等水生生物减少了食物来源;沿岸带的一些河漫滩等可能是鱼类繁殖的重要场所,防洪规划的实施可能对鱼类生境产生不利影响。 水资源水生态保护规划主要建设任务涉及水源地保护、水土保持与生态修复等方面。规划实施后,对改善南渡江流域水体水质有一定的作用,同时有利于改善流域水生生境。 规划实施后南渡江水文过程也会发生相应改变,特别是迈湾以下江段,流量减少,对下游水生生境造成一定影响

河流	影响分析
昌化江	昌化江流域水生生境已有所破坏,中下游大广坝、戈枕两座大型水库破坏了河流连通性,库区河段生境改变,戈枕坝下至河口水量减少,采砂等对河道破坏严重;中上游乐东至源头河连续十多级开发,河流生境破碎化。支流石碌河、大安河、乐中水、通什水等均已建若干梯级,生境亦受到较大破坏。 昌化江水资源配置工程实施后,流域水生生境将进一步被破坏,主要是支流南巴河由于水库形成后,河流连通性破坏,库区流水生境减少;由于南巴河引水,导致坝下水量减少。新建向阳水库形成后,水库淹没面积较现状扩大,流水生境减少。防洪规划提出昌化江干流下游至出海口河段建设堤防 28.3 km,该河段由于水量减少、采砂、水污染等,水生生境状况已十分堪忧,堤防建设对河滨带将造成进一步破坏,水生生境质量有所下降。 规划实施后,宝桥断面全年平均流量下降 9.16%,枯水年年均流量减少 27.6%,对戈枕坝下至河口段及河口生境有一定影响
万泉河	防洪除涝规划提出万泉河新建堤防 98.2 km、河流疏浚 29 km、拆除重建 14 km,嘉积坝坝改闸,堤防建设、河流疏浚等对河滨带及河流底质影响较大,嘉积坝为滚水坝,高水位时水流溢坝而过,对河流连通性影响相对较小,而坝改闸后,连通性影响可能相对现状更大。 规划实施后万泉河流域红岭断面全年平均流量降幅近一半,对河流生境影响较大,且流量过程较均一,失去了天然流量变化节律,可能影响水生生态系统某些关键生态信息传递,如鱼类产卵行为往往与春季河流涨水刺激有关。牛路岭断面全年平均流量维持了较天然的水文节律,对河流生境影响较小。嘉积坝断面全年平均流量降幅不大,且 3 月流量最小时,牛路岭水库对坝下有一定调峰补枯作用,3 月流量增加 27.7%,5~6 月有一个涨水过程,总体来看,嘉积坝以下河流生境影响不大
陵水河	陵水河保陵水库实施后,上游河流的连通性将受到较大影响,库区江段原溪流生境将被淹没,形成静缓流水库生境,对河流生境影响较大。陵水河下游陵水县城至河口段渠化较严重,规划新增干流礼亭至群英河段约 25 km 河道护岸工程,支流金聪河东线高速以上 8 km 河道护岸工程,将对河滨带产生较大破坏。 规划实施后陵水河流域梯村断面全年平均流量减少 8.6%,降幅较小,其中枯水期 2~4 月降幅较大,对河流生境影响较大,对鱼类产卵繁殖等也会产生较大影响。河口断面全年平均流量减少 4.0%,其中 1~3 月降幅较大,但下降的绝对值不大,总体来看对下游水生生境影响较小

5.4.3 对鱼类的影响

5.4.3.1 南渡江

1. 阻隔对鱼类的影响

大坝的修建使原有的连续的河流生态系统被分隔成不连续的单元,造成生境景观的破碎。除了花鳗鲡等典型的河海洄游性鱼类,一些河道洄游性鱼类,如大鳞鲢、草鱼等,在繁殖期也有上溯洄游的习惯,大坝阻隔对这些鱼类的影响是显著的,可能导致鱼类无法完成生活史,而使种群规模下降。

南渡江流域目前梯级开发程度已经较高,目前已建松涛、谷石滩、九龙滩、金江、龙塘等梯级,东山在建,这些已建梯级阻隔了河流连通性,特别是最下游梯级龙塘,对河海洄游性鱼类和河口鱼类的阻隔影响明显。另据调查,松涛水库上游南开水电站的建设,使大鳞鲢、鲮等需要洄游至南开河流水河段产漂流性卵鱼类产卵场生境条件改变,是导致松涛水库大鳞鲢、鲮等鱼类种群下降的主要原因。

目前,南渡江流域可能仅在迈湾江段尚存较大规模的产漂流性卵鱼类的产卵场,迈湾水库建成后,其产卵场将受到较大影响,鱼类在繁殖期可能会向库尾及支流腰子河上溯,从而寻求新的产卵场,其产卵场功能、产卵场规模都将受到影响。

2. 水文情势变化对鱼类的影响

(1)坝上江段:迈湾水库运行后,库区河段水位、水深、水面和流速等水力要素较天然状态发生较大变化。回水范围内各断面流速均有所减缓,正常蓄水位时库区流速范围从坝址至库尾在 0.001~0.129 m/s 逐渐增加,而天然状态时库区河段流速在 0.068~2.315 m/s 随机交错出现,流态分布变化明显。

由于水库分层导致的水体垂直交换受阻,以及外源有机物在库区沉积,微生物的分解作用耗氧等原因,可能导致库区底层出现缺氧甚至无氧的状况,从而影响底栖动物、鱼类等的生存。

(2)坝下江段:迈湾水库具有多年调节能力,水库建成运行后,受其调蓄作用,坝址下游断面的径流过程将发生较大变化。迈湾水库具有多年调节能力,能调节径流的年内年际分配。

水库的调蓄可能导致坝下流量减少,导致河滩裸露,底栖动物生物量降低,鱼类资源减少等。根据水文情势分析结果,迈湾水库最小下泄流量为 10.1 m³/s,基本能够满足坝下生态需水要求。

3. 对鱼类重要生境的影响

迈湾水库运行后,对鱼类产卵场会产生一定影响。其中南坤河和腰子河及松涛坝下干流河段分布有产黏沉性卵鱼类产卵场,水库形成后,正常蓄水位 108 m 条件下,南坤河淹没回水长度达 12.4 km,将淹没南坤河产黏沉性卵鱼类产卵场,一部分鱼类向南坤河上游退缩,一部分鱼类会向迈湾库尾退缩,寻找新的产卵场。

迈湾水库运行后,主要是对该河段产漂流性卵鱼类的产卵场产生较大影响。迈湾水利枢纽工程具有多年调节性能,水库投入运行后,将改变工程所在河段的水文情势,库区河段的水位、水面面积、流速、水深等水文情势较天然河段发生较大变化。兴利调节时水库水位在正常蓄水位 108 m 和死水位 72 m 之间变动,水位变幅 36 m。

在目前腰子河下游连通性受阻的情况下,迈湾水库的建设运行对产漂流性鱼类产卵场将产生较大影响。如果拆除腰子河下游两座梯级,恢复河流连通性,使鱼类退缩至库尾及腰子河形成新的产卵场的是较好的减缓措施。

4. 对鱼类种类组成的影响

从南渡江鱼类种类组成来看,大致可以分成三个类型:一是河海洄游性鱼类,由于迈湾以下已建谷石滩、九龙滩、金江、龙塘等梯级,且这些工程均未建设过鱼设施,绝大部分河海洄游性鱼类被阻隔于龙塘坝下,因此南渡江流域综合规划中干流最后一个梯级迈湾水库建成后,对这些鱼类的影响相对较小;二是大鳞鲢等产漂流性卵鱼类,目前在南渡江流域,可能迈湾江段分布有较大规模的产漂流性卵鱼类的产卵场,迈湾水库建成后,其产卵场可能被压缩至库尾或支流甚至消失;三是一般山区河流流水性鱼类,这些种类在南渡江流域分布较广,虽然受梯级开发影响,其分布片段化,但是种群规模尚可,迈湾水库建成后,会进一步导致这些鱼类分布的片段化,同时也会进一步压缩这些鱼类的生存空间,使其种群规模进一步缩小,但是不会导致种类的灭绝。

5. 对鱼类资源量的影响

目前,迈湾江段为较自然流水河段,人类活动干扰少,鱼类种类丰富,资源量也较其他江段高。水库形成后,原来库区江段分布的流水性鱼类向库尾和支流退缩,种群规模将有所下降,鱼类资源量相对减少。水库的形成,水体容量变大,水流变缓,有利于浮游生物的生长,水体生产力提高,静水性鱼类种群将得到增长。

6. 对珍稀特有鱼类的影响

迈湾水库建成运行后,库区江段水文情势发生明显改变,流水性鱼类生境缩小,其种群规模将有所下降。大鳞鲢,根据松涛水库的经验,能够适应水库静水生境,但繁殖期必须洄游至流水中繁殖,迈湾江段是大鳞鲢的重要产卵场,迈湾建成运行后,其产卵场将受到较大影响,种群资源量进一步衰竭。海南长臀𩾃(亚种)、锯齿海南鳘能够适应静水生境,迈湾水库形成后,对其影响可能较小,但是需要密切监测种群动态,并适时采取保护措施。

总体来看,南渡江流域鱼类种类组成不会发生改变,部分种类的资源量愈加衰竭;鱼类生境进一步破碎化,流水性鱼类的生存空间进一步缩小,种群规模下降,而静水性鱼类在迈湾等库区江段将有所增加。

5.4.3.2 昌化江

1. 对鱼类多样性的影响

规划实施后,对鱼类的影响主要表现在南巴河、向阳水库阻隔和水文情势改变对鱼类的影响及引调水导致的水文情势变化对鱼类的影响。

南巴河水库建成后,水库淹没导致库区河段原流水生境缩小,对原本分布的溪流性鱼类产生一定影响,鱼类流水生境缩小,种群向库尾退缩,种群规模将有所下降。

向阳水库建成后,水库淹没同样导致流水生境的缩小,向阳水库江段位于鹦哥岭南坡,支流众多,生境多样性高,江河平原鱼类及溪流鱼类种类丰富,但与鹦哥岭北坡的南渡江水系不同,南坡鱼类以江河平原鱼类为主,水库形成后,库区江段流水性鱼类向库尾退缩,但部分江河平原鱼类能够适应库区静缓流生境,如鲮、鲃亚科、鲴亚科等鱼类。

总体来看,规划实施后昌化江流域鱼类资源将有所下降,特别是在宝桥至河口段、石碌坝下至石碌河河口段、南巴河坝址至南巴河河口段,由于水量减少,且繁殖期降幅较大,鱼类资源量将有所下降。但是规划实施不会导致流域内鱼类关键生境的全部丧失,在部分区段,如大广坝库尾至向阳坝址段等,存在鱼类完成生活史的生境条件,鱼类多样性不会下降。

2. 对鱼类重要生境的影响

昌化江大广坝库尾至向阳江段是鱼类多样性较高,鱼类资源较丰富的江段,也是鱼类重要的索饵场和产卵场,规划实施后,向阳坝址断面全年平均流量减少 5.6%,总体降幅不大,但其中降幅较大的是 4 月和 5 月,分别为 15.3% 和 16.5%,向阳以下至大广坝库尾鱼类资源丰富,且是鱼类重要的产卵区域,流量减少对鱼类繁殖产生一定影响,其他月降幅均低于 10%,对水生生境和鱼类影响较小。

3. 对洄游性鱼类的影响

目前,昌化江鱼类洄游通道仅限于戈枕坝址以下江段,规划实施后,宝桥断面全年平均流量下降 9.16%。特别是枯水期下降幅度较大,对河流生境影响较大,同时水量减小,水体纳污能力降低,而此时正是鳗苗上溯时期,对洄游性鱼类影响大。

4. 对珍稀特有鱼类的影响

向阳水库、南巴河水库建设将淹没干支流流水生境,鱼类种群规模将有所下降。虽然这些鱼类均为中小型鱼类,在较小流水生境即可产黏沉性卵繁殖并维持一定种群,但是梯级开发的叠加影响,将使其种群规模进一步下降。

5.4.3.3　万泉河

1. 对鱼类资源的影响

规划实施后红岭坝下流量全年降幅 52.7%,牛路岭坝下流量降幅 7.0%,将导致万泉河中下游水量大幅减少,对河流湿周、生境条件等造成较大影响,同时鱼类资源将有所下降。

2. 对洄游性鱼类的影响

由于红岭下游河口、船埠电站的陆续兴建,以及牛路岭、烟园等水电站已经对万泉河连通性造成一定影响,牛路岭灌区工程等实施不会叠加新的影响。但是嘉积坝坝改闸之后,对洄游性鱼类的阻隔影响可能加剧。

3. 对特有鱼类的影响

评价区域的海南特有鱼类包括海南异鱲、锯齿海南鲌、盆唇华鲮、海南瓣结鱼、海南墨头鱼、琼中拟平鳅、海南纹胸鮡、海南黄黝鱼等 8 种。这 8 种鱼类均为较典型的溪流类型鱼类,主要分布在万泉河上游及支流,规划实施后对其影响较小。

5.4.3.4　陵水河

保陵水库形成后,对河流连通性影响较大,坝下至梯村坝址河段的鱼类将不能上溯至上游产卵繁殖,与上游鱼类形成独立异质种群,对鱼类遗传多样性产生一定影响;库区江段流水生境消失,溪流性鱼类向库尾退缩,生境缩小,种群规模将显著下降。陵水河分布有 2 种该水系的特有鱼类,即保亭近腹吸鳅、多鳞枝牙鰕虎鱼,主要栖息于陵水河上游溪流中,保陵水库形成后,对其生境淹没、种群隔离等影响将使其种群规模缩小。

下游防洪工程建设将破坏自然河滨带,对鱼类的栖息、索饵、繁殖等造成一定影响,下游鱼类资源将有所下降。

规划在陵水河梯村坝以下河段,结合梯村水坝和河口翻板闸改扩建,建设过鱼设施,恢复鱼类洄游通道,保护淡水鱼类,规划实施后对于恢复陵水河连通性,恢复花鳗鲡等洄游鱼类洄游通道具有重要意义。

5.4.3.5　北门江

天角潭水库建成后,河流连通性进一步破坏,库区河段流水生境缩小,溪流性鱼类种群规模将下降。由于天角潭水库供水,北门江天角潭断面流量降幅较大,全年平均降幅达

44.7%,其中11月至翌年6月枯水期降幅尤为显著,部分月降幅为60%以上,对河流生境及鱼类产卵繁殖影响较大。天角潭至河口段由于支流汇入,流量呈逐渐增大过程,天角潭断面降幅最大、河口断面降幅为最小,对水生生态的影响越往下游影响越小。

5.5 河口影响预测与评价

5.5.1 入海水量变化

海南岛多年平均(1956~2015年)入海水量为287.25亿 m^3,规划实施后为271.08亿 m^3,较现状减少16.17亿 m^3,减幅为6.52%。其中,典型代表河口南渡江、昌化江、万泉河由于水库建设及引调水工程实施,入海水量分别减少3.91亿 m^3、3.12亿 m^3、4.6亿 m^3,其他中小河流入海水量也呈现减小的趋势,具体见表5-29。

表5-29 海南岛主要河流入海水量变化状况 (单位:亿 m^3)

河口分区	主要河流	规划工程实施前年均入海水量	规划工程实施后年均入海水量	入海水量变化量	入海水量变化率
琼北片区	南渡江	59.91	56	-3.91	-6.53%
	北门江	4.32	3.53	-0.79	-18.29%
	春江	2.51	2.33	-0.18	-7.17%
	珠碧江	6.2	5.83	-0.37	-5.97%
琼南片区	陵水河	11.29	10.18	-1.11	-9.83%
	望楼河	4.86	4.7	-0.16	-3.29%
	宁远河	9.67	8.97	-0.7	-7.24%
琼西片区	昌化江	39.92	36.8	-3.12	-7.82%
琼东片区	万泉河	53.27	48.67	-4.6	-8.64%
	太阳河	7.9	8.29	0.39	4.94%
—	其他河流	87.4	85.78	-1.62	-1.85%
海南岛		287.25	271.08	-16.17	-6.52%

规划实施后入海水量减少,主要是经济社会耗水量增加导致。一方面是新增河湖供水量带来的耗水量持续增加;另一方面是规划灌区节水改造、再生水利用增加等导致现状用水量所对应的农田退水、废污水入河量减少等。太阳河等受水区河流,规划实施后由于开展河湖补水及生态流量调度,入海水量较现状将有所增加;望楼河等受水区河流,规划实施后虽生态流量保障程度增加,但由于乐东南繁育种基地等灌区节水改造导致耗水量增加等,入海水量仍较现状有所减少。

通过分析可知,规划实施后南渡江流域入海水量比历史上 2001~2014 年系列减少 2.32%,昌化江流域入海水量比历史上 1980~2000 年系列减少 5.78%,万泉河流域入海水量比历史上 1956~1979 年系列减少 6.6%。规划实施后入海水量与历史阶段对比见图 5-33。

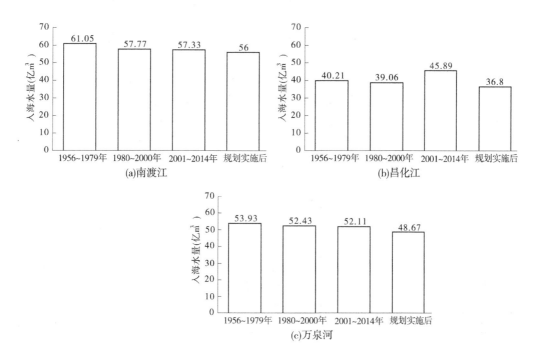

图 5-33　规划实施后入海水量与历史阶段对比

5.5.2　对河口盐度影响

河口盐度具有潮周期、大小潮、洪枯季的变化规律:潮周期内盐度随潮流的涨落而增大或减少,盐度峰值出现的时刻滞后于潮位峰值。半月潮周期内的盐度变化一般具有以下规律:小潮期分层相对明显,中潮期掺混逐步加强,大潮期交替变化,沿程盐度大起大落。由于径流量在年内有明显的洪枯季季节变化,咸潮季节性变化非常显著。在洪季时,大量淡水降低盐水入侵程度;枯季时由于径流量小,其盐水入侵程度远比洪季时严重。河口盐度在径流过程发生改变的情况下,会有一定的调整,但河口盐度在枯季主要取决于海洋动力,径流量微幅调整,并不会明显改变河口咸潮比。因此,规划方案的实施对河口枯季盐度变化影响甚微。

5.5.2.1　琼北片区河口盐度影响

(1)典型代表河口——南渡江河口盐度影响。

依据《南渡江流域综合规划(修编)环境影响报告书》《海南省南渡江迈湾水利枢纽工程环境影响报告书》相关成果预测对河口盐度变化的影响。河口高潮时咸潮上溯最大距离按下式预测:

$$x_{\max} = N_0 - \left[N_0 + L_0 - \sqrt{\frac{-aQ_0}{U_r B} \ln\left(\frac{S}{S_0}\right)} \right] \exp\left(-\frac{H_0}{h_0}\right) \quad\quad (5\text{-}1)$$

其中
$$N_0 = 2h_0 \times U_m / (H_0 \times \delta)$$

式中：h_0 为河口水深；S_0 为外海不变盐度；U_m 为口门最大潮流流速；a 为系数,通过回归分析得到；δ 为相位,$\delta = 2\pi/T$,T 为潮周期；L_0 为外海不变盐度距口门的距离；H 为潮差；H_0 为口门潮差；ε 为高潮水位与最大流速之间的相位差；B 为断面平均水面宽度；B_0 为河口口门处宽度；c 为潮波波速。

从式(5-1)可知,河口咸潮上溯最大距离与流量呈反比,而与潮流流速、潮差呈正比。当龙塘下泄流量为 100 m³/s 时,盐度线(0.5‰)已经上溯至龙塘坝处,上溯距离 26.3 km;河道流量 200 m³/s 时,上溯距离 18.4 km;河道流量 500 m³/s 时,咸潮上溯距离为 10.3 km;河道流量 1 000 m³/s 时,盐水入侵距离仅为 270 m,可认为盐水无法进入河道。规划实施后,南渡江河口段洪季咸潮上溯稍有加强,咸界距离最大上移 0.11 km,但咸界仍维持在龙塘坝址;受龙塘下泄流量减少的影响,枯水期河口段盐度略有增强,其中龙塘鱼类产卵场断面盐度最大变化为 1.52PSU。龙塘坝址下游并没有集中取水口,因此咸界稍有上溯并未对用水产生明显影响。

(2)琼北片区其他河口。

规划实施后琼北片区其他河口(春江、北门江、珠碧江)入海泥沙进一步减少,可能导致河口段深槽刷深,流路发生显著摆动。沙坝—潟湖型河口(珠碧江)口门沙坝在波浪动力作用下延伸,缩窄口门,使得涨潮流路弯曲,河口咸潮上溯趋于减弱;港湾溺谷型河口(春江、北门江),则因受港湾硬质基础的遮挡,海洋动力变化相对较弱,受规划实施的影响相对较小,河口盐度变化不明显。

5.5.2.2 琼南片区河口盐度影响

规划实施后,琼南片区中小河流入海径流总量呈减小趋势,尤其以宁远河、望楼河最为显著;规划实施后河口入海泥沙进一步减少,可能导致河口段深槽刷深,流路发生显著摆动。琼南片区河口(陵水河、宁远河、望楼河、三亚河)都为沙坝—潟湖型河口,口门沙坝在波浪动力作用下延伸,缩窄口门,使得涨潮流路弯曲,河口咸潮上溯趋于减弱。

5.5.2.3 琼西片区河口盐度影响

琼西片区典型代表河口为昌化江河口,其盐度影响:以南渡江河口作类比分析,估算规划实施后河口咸潮上溯变化情况。昌化港位于昌化江出海口分流形成的三角洲地段,结合下游枯季流量,当宝桥下泄流量 10 m³/s 时,盐度线(0.5‰)上溯至昌化江路桥断面以上 2 km,上溯距离 17.5 km;河道流量 20 m³/s 时,上溯距离约 16.6 km;河道流量 30 m³/s 时,上溯至昌化江路桥址断面附近。可见枯季昌化江河口咸潮线大致在昌化江路桥断面附近,因枯季日均径流量相对于纳潮量来讲是个小量,径流量的微小变化基本不改变咸潮比变化,对咸潮上溯影响很小。

5.5.2.4 琼东片区河口盐度影响

琼东片区以万泉河河口为代表河口,其盐度影响:依据《海南省万泉河红岭水利枢纽环境影响报告书》关于水文情势变化对河口地区咸水上溯影响的预测结论。由于万泉河河口段属于感潮河段,历来存在海水上溯的现象,在红岭水库建成后,下泄水量减少,使得河口地区的上游来水量减少,有可能使下游地区的海水上溯现象更加明显,但来水减少量仅为11%,加上九曲江和龙滚河淡水的入流补充,海水上溯距离不明显,海水上溯主要受潮水的影响。万泉河形态完全呈现海岛河流特征,距离河口不远处,地形迅速抬升。自河口博鳌地区至中举村处,河床平缓,该处距河口约4 600 m,自中举村处上溯,河床有迅速抬升,在该处以上约2 000 m处,河床高程达到3.4 m。而万泉河河口属中潮河口,历年最高潮位为2.60 m,历年平均高潮位为2.03 m,而中举村处的河床高程为2.20 m。

从以上河口的感潮情况及河口附近地势分析可知,万泉河河口的海水上溯的距离主要受到河口地势的制约,而受万泉河上游来流量甚微,因此规划实施后上游来流虽然减小,但受河口地势的制约,海水上溯距离不会进一步扩大。另外,万泉河河口地形条件不同于其他河口地区,伴随着玉带滩而形成的沙美内海是玉带滩分割的近岸海域形成的潟湖,西、南两侧分别有九曲江和龙滚河注入,北侧与万泉河口连成一片。由于玉带滩的阻隔使沙美内海与外海失去了直接的水体交换,而河流注入的淡水量远远超过其蒸发量,过剩的水量使潟湖内水面比海平面高,水从潟湖出口处流出,使咸水不易侵入,由于沙美内海淡水的混合稀释作用,博鳌地区的盐水动态变化受万泉河上游来流减少的影响非常有限。

5.5.3 对河口岸线影响

5.5.3.1 河口岸线总体影响

受人为开发与海陆作用的综合影响,海南岛的海岸线总长度呈增加趋势,且岸线资源类型日趋多样,总体表现为淤泥质岸线或生物岸线向人工岸线的转变。

海南岛海岸开发早期以围垦农田和养殖为主要内容,海岸水动力和上游来水来沙是决定河口形态变化的主要因素;中期围垦农田所占比例相对降低,海岸开发中经济附加值较高的港口码头开始增长,岸滩形态演变开始转向人类活动占主导;近期港口码头建设和城镇建设型海岸开发所占比例逐渐上升,人类活动对岸滩稳定的影响远超自然条件下的演变。

在规划近期水平年,水资源配置工程实施后,河口盐度在径流过程发生改变的情况下,会有一定的调整,但河口盐度在枯季主要取决于海洋动力,径流量微幅调整,并不会明显改变河口咸潮上溯。近岸咸淡水混合区一般有大量泥沙的絮凝落淤,是河口主要的淤积区,考虑到规划实施后河口咸潮上溯不会发生显著改变,因此河口区的冲淤不会出现大的调整,规划的实施对岸线稳定性的影响总体较弱。海南岛河口区的地貌演变规律不会发生大的改变,在没有大型海岸工程开工建设的前提下,河口区整体岸滩将基本保持稳定,局部岸滩受人类活动影响会持续向海推进,人工岸线亦将逐渐增加。

5.5.3.2 主要河口岸线影响

(1)在河流—波浪型三角洲河口,主要是琼北片区,典型代表河口为南渡江河口。根据泥沙运动特征和海岸演变规律,南渡江河口可分为三个冲淤特征不同的岸段:东部废弃侵蚀岸、北部泥沙转运岸、西部淤涨堆积岸。北部岸段为了连接东、西部岸段,存在大规模、有节奏的沿岸泥沙向西和向岸转运及其相应的岸滩运动现象,泥沙主要来自南渡江干流河口及其移动的废弃侵蚀岸。上述地貌演变过程是一个缓慢发生、逐渐累积的过程,但

2000年以来河口区的人工岸线增加显著,新埠岛和海甸岛岸线向海推进近1 km,表明河口区围填海等人类活动对岸滩稳定的影响远超自然条件下的演变。规划实施后,随着上游来水来沙会进一步减少,洪季咸界距离最大上移0.11 km,但仍维持在龙塘坝以下,枯水期河口段盐度略有增强,泥沙的淤落位置略有上移,枯季水体含沙量较少,咸淡水混合区变化导致的泥沙冲淤变化有限,但河口区的地貌演变规律不会发生大的改变,不考虑河口区人类开发建设活动作用的影响下,河口区岸滩将基本保持稳定。

(2)在港湾—溺谷型河口中,主要分布在琼北、琼南片区,以北门江、春江河口及儋州湾为典型区域。对于港湾—溺谷型的儋州湾,因受港湾硬质基础的遮挡,海洋动力变化相对较弱,但是规划实施后,丰水期,北门江河口减水显著,至河口断面,各典型丰、平、枯水年丰水期最大减水比例为50.19%,发生在丰水年的6月,减水影响月主要集中在6~9月。洪季流量的显著减小,会对河口形态及岸线产生一定的影响。局部边滩形态会在边滩的水产养殖转型(围养改网养)、沙洲和边滩疏浚等人为活动的影响下发生改变。因此,受制于较弱的水动力条件,如果河流径流量减少,规划水平年,该地区岸滩形态会发生改变,存在淤积的风险。

(3)在沙坝—潟湖类型河口,主要分布在琼东和琼西片区,以万泉河和昌化江河口为典型区域。

①昌化江:河口北侧向海突出,南侧与北黎湾北部岬角相毗邻,从而形成了河口湾的轮廓,对NE和NW向风浪及其引起从北向南运移的沿岸漂沙产生一定的拦截作用。由此可见,河口湾内发育的沙洲、沼泽和河汊相互交织的三角洲堆积形态是以河流作用为主的。上述河口三角洲的演变是一个缓慢累积的过程,但2001年至今河口区人工岸线新增14.14 km,变化显著,表明河口区围塘养殖及上游水利工程的建设对岸滩稳定的影响远超自然条件下的演变。规划实施后,昌化江流域各引水工程的建设将大量减少昌化江入海流量,工程对泥沙的拦截作用会持续存在。但是,河口区的地貌演变规律不会发生大的改变。同时,由于枯季日均径流量相对于纳潮量来讲是个小量,枯季昌化江河口咸潮线大致在昌化江路桥断面附近,河口的咸淡水交接对岸线影响很小。若不考虑河口区大规模的人类开发建设活动,昌化江河口区岸滩将基本保持稳定。

②万泉河:冰后期海侵时,在沙美内海潟湖形成过程中,万泉河口的口外海滨,仍是一片开敞水域,成为河流径流、潮流和波浪交互作用的环境。从正门岭向北延伸的沙嘴受河口区波浪和潮流的抑制,出现了间歇性滞留,沙嘴末梢(今南港村所在地)向西弯。从沙嘴末梢的弯曲形态,可以认为万泉河口仍处于开敞的口外海滨环境。此后,河口湾在沿岸波流推移的漂沙与河流输出泥沙的堆积作用下,不仅使口外海滨的水深变浅,而且在河口湾先后发育了边溪沙和东屿岛等两大沙洲。沙洲发育、入海的河道分汊,导致径流和涨落潮流也相应地产生分流,波浪作用也随沙洲发育和河口湾水深淤浅而减弱。从正门岭向北延伸的沙嘴,在盛行的SE向风浪作用下,沙嘴穿越河口湾的湾口向北延伸。与此同时,在河口湾北岸也发育了一条由北往南延伸的沙嘴。由于北岸的岸外有抗蚀性较强的珊瑚岸礁断续分布,沿岸漂沙较弱,所以沙嘴的长度较短。万泉河口在这两条相向延伸沙嘴的分隔下,成为半封团的河口湾。上述地貌演变过程是一个缓慢发生、逐渐累积的过

程。但 1969 年和 1976 年在万泉河的牛路岭河段和下游的嘉积河段相继建造水库和滚水坝,万泉河的入海径流量显著减小,1976 年实测的最小流量为 1.5 m³/s。上游水库的运行虽然会导致来沙减少,但上游河道淤泥质岸线的显著减少、河口区人工岸线的增加,均表明近期河口区围填海等人类活动对岸滩稳定的影响远超自然条件下的演变及早期水利工程建设所带来的影响。考虑到万泉河河口的海水上溯距离主要受河口地形制约,与上游来水量关系甚微,咸界上移距离不会进一步扩大,咸淡水混合区变化不大,其泥沙冲淤仍将保持稳定,规划的实施对河口岸线变化基本无影响。

因此,在规划近期水平年,受红岭、牛路岭灌溉系统等工程的影响,岸线向海推进速度放缓。不考虑河口区人类活动作用的影响下,河口区岸线形态不会发生大的改变。

5.5.4 对河口水生生态影响

规划实施后将引起河口水文情势的变化,与径流相关的若干环境因子(水质、营养物质、输沙量等),也将随之改变,从而影响河口及近海水生生境,并对河口生态系统造成一定影响。河口的生物种群大多数为季节性洄游种类。其生物量的高低与径流量的大小密切相关。一方面,入海径流携带了大量营养物质,为水生生物提供了食物,规划实施造成的径流量减小及携带营养物质、泥沙能力下降,引起河口营养物质浓度发生变化,影响生物的肥育。另一方面,径流量减小,咸淡水分界线上移,淡水的面积变小,对盐度耐受性较低的水生生物的生活空间将被压缩。河口鱼类长期适应河口水文节律,其产卵和肥育与水文过程、水量、流速等有直接的关系。因此,河口水量减少、流速变缓、咸淡水区域发生变化等对河口鱼类的繁殖、生长等可能带来一定影响。

规划实施后入海径流虽然总体呈减少趋势,但减幅相对不明显。昌化江、万泉河、北门江河口径流减幅为 11%~18%;南渡江、宁远河河口较现状减幅为 6%,其他河流减幅均在 5%以下。

(1)南渡江河口:南渡江河口入海水量较现状减幅为 6%,主要为迈湾水库及南渡江调水工程累积影响所致。

龙塘坝下江段存在海南长臀鮠、鲅虎鱼等河口鱼类产卵场,河口区还分布有三线舌鳎、箬鳎、星点东方鲀、鳗鲡、花鳗鲡、李氏鱼衔、眶棘双边鱼、金线鱼、爪氏鰜、短棘银鲈、长棘银鲈、多鳞鱚、鳗鲇等鱼类,其中河海洄游鱼类花鳗鲡为国家Ⅱ级重点保护鱼类。规划迈湾水利枢纽工程实施前后龙塘坝下产卵场断面流速变化总体并不明显,产卵场处由于离坝址较近,受上游流量影响较大。旬均流量最大增幅工况下潮期内流速平均值由 0.02 m/s 小幅降至 0.015 m/s,盐水最远上溯距离缩短至约 19.5 km,产卵场的悬浮物浓度在迈湾运行后仅升高 2 mg/L;旬均流量最大减幅工况下一个潮期内流速平均降低了 0.024 m/s,产卵场由于靠近上游的缘故且龙塘下泄流量较大,基本不受海水的盐度和悬浮物浓度影响,可保持为上游来流的盐度 0PSU 和悬浮物浓度 33.6 mg/L 左右。规划实施后,对河口区的流速、泥沙、盐度等影响较小,而河口区鱼类自身对盐度变化的适应性较强,因此规划实施对河口区鱼类及其产卵生境不会产生显著影响。

(2)昌化江河口:昌化江河口段属于感潮河段,工程规划实施后,使得河口地区的上游来水量减少,使下游地区的海水上溯稍有增加。由于昌化江河口的海水上溯的距离主要受到河口地势的制约,而受昌化江上游来流量甚微,因此规划后较现状径流减少8%,上游来水虽然有所减少,但受河口地势的制约,海水上溯距离不会进一步扩大。考虑昌化江河口开发程度较低,上游有戈枕水库和大广坝水库运行调度,河口的生态流量基本有保证。因此,综合以上分析,昌化江河口的水生生态总体影响不大。

(3)万泉河河口:规划实施后万泉河河口径流量减幅9%,主要为红岭灌区、红岭水库等正建和已建工程引水、调度累积影响所致。根据预测,规划实施后上游来流虽然减小,但受河口地势的制约,海水上溯距离不会进一步扩大。由于沙美内海淡水的混合稀释作用,博鳌地区的盐水动态变化受万泉河上游来流减少的影响非常有限。规划中与河口直接相关的内容有建设万泉河乐城岛防洪岸线5.3 km,博鳌北防洪堤工程6.2 km、博鳌南防洪堤工程5.3 km、东屿岛防洪堤工程5.4 km、沙坡岛防洪堤工程3.6 km;水资源与水生态保护方案"针对中下游城镇及河口段开展绿色生态廊道建设、河口生态保护与修复"。河口堤防建设将破坏河口生境,对水生植物、底栖动物、鱼类等造成一定影响;河口段绿色生态廊道建设、河口生态保护与修复等对于改善河口生态环境有利,但应避免过多的工程措施,尽量以自然修复为主。

(4)其他河口:其他河流河口入海水量较现状减幅基本在5%或以下(北门江河口减幅为18%),规划实施对河口水资源及其水文情势影响相对较小,同时考虑其他河口开发程度较低,敏感保护区较少。河口上游控制断面均明确了生态流量,并提出了相应的生态流量保障措施,河口的生态流量基本有保证。因此,综合以上分析,规划实施对其他河口水生生态的影响总体不明显。

5.5.5 对红树林影响

5.5.5.1 入海水量对红树林影响分析

入海水量的变化直接影响到河口咸淡水交界区域的盐度变化,海水盐度又决定着该地区滩涂的土壤含盐量及红树林的种类,整体上河口盐度对红树林的生长发育情况、上溯分布区域等具有宏观控制作用(见表5-30),红树林沿河上溯仅在咸水范围内。根据河口水动力及盐分输运过程与机制等相关研究成果,河口上游淡水径流量不同,导致河口内盐分的分布有较大差别,丰水期河口内盐度要比枯水期小很多。

根据分析,海南花场湾、临高彩桥、亚龙湾青梅港、铁炉港等红树林自然保护区和新盈红树林国家湿地公园内的红树林主要受海水与独流入海地表河流共同影响;清澜港红树林受文教河、文昌江和清澜港海水共同影响,东寨港红树林受珠溪河和东寨港海水影响,规划工程布局基本不涉及以上河流和红树林保护区。

三亚是乐亚水资源配置工程的受水区,规划实施将增加三亚河的入海水量,河口区域盐度变化有限,总体不会对三亚河河口红树林产生大的影响;规划年天角潭水库建设导致多年平均入海水量减少0.8亿 m^3,对北门江河口的水资源与水文情势改变较大,河口区域盐度改变可能对河口新英湾红树林生态系统造成一定不利影响。

表 5-30 入海水量变化对海南省红树林自然保护区的影响分析

红树林保护区	涉及河流	与规划工程布局关系	规划前后入海水量变化	总体影响
清澜港红树林自然保护区	文教河、文昌江	不涉及	无变化	无影响
东寨港红树林自然保护区	珠溪河	不涉及	无变化	无影响
花场湾红树林自然保护区	独流入海小河	不涉及	无变化	无影响
彩桥红树林自然保护区	独流入海小河	不涉及	无变化	无影响
新盈红树林国家湿地公园	独流入海小河	不涉及	无变化	无影响
新英湾红树林自然保护区	北门江	位于天角潭水利枢纽工程下游河口区	−18.29%	天角潭水库建成后,河口多年平均入海水量减少 0.8 亿 m^3,水文情势及盐度变化会对红树林产生一定影响
青梅港红树林自然保护区	独流入海小河	不涉及	无变化	无影响
三亚河红树林自然保护区	三亚河	乐亚水资源配置工程受水区	有所增加	生态环境可有效改善,总体对红树林影响相对有限
铁炉港红树林自然保护区	独流入海小河	不涉及	无变化	无影响

5.5.5.2 工程布局对红树林影响分析

通过海南水网规划引调水工程布局与海南红树林自然保护区分布位置关系识别(见表 5-31 及图 5-34),认为规划布局除了对三亚河、新英湾红树林造成间接影响外,对海南岛其他红树林自然保护区基本无影响。天角潭水利枢纽工程对北门江中下游及河口区水文情势改变明显,北门江河口还规划有井村—中和镇段防洪工程(新建堤防工程约 28 km、河道疏浚工程 15 km)和东城镇防洪工程(岸坡整治工程 6.5 km、河道疏浚工程 6.5 km),以上工程对河口及新英湾内红树林的生长、发育环境有所改变,对红树林生长繁育及其分布造成一定影响。

规划重大工程琼西北"五河一湖"水生态文明建设及综合治理工程、海口和三亚城市内河水生态修复及综合整治工程的实施,将对文澜江、北门江、三亚河进行水环境综合治理,规划也同时提出对文教河、文昌江、珠溪河等河流开展水环境综合治理,因此规划实施后水环境质量将得到逐步改善,对清澜港、东寨港、三亚河、新英湾、彩桥等红树林生产繁育有利。

综上,结合红树林的生态习性可知,保证一定的河口生态需水量、满足红树林生长所需的盐度及水位,尽可能使上游来水接近原有水文节律,可以减少规划工程实施对红树林所造成的不利影响。

表 5-31　海南省红树林自然保护区与规划工程布局分析

红树林保护区	分布区域	涉及河流	与规划工程布局关系
清澜港红树林自然保护区	文昌市清澜港沿岸	文教河、文昌江	不涉及
东寨港红树林自然保护区	海口市东寨港	珠溪河	不涉及
花场湾红树林自然保护区	澄迈县花场湾	独流入海小河	不涉及
彩桥红树林自然保护区	临高县新盈镇彩桥村	独流入海小河	不涉及
新盈红树林国家湿地公园	临高县新盈镇	独流入海小河	不涉及
新英湾红树林自然保护区	儋州市新英湾	北门江	位于天角潭水利枢纽工程下游河口区;规划有井村—中和镇段防洪工程、东城镇防洪工程
青梅港红树林自然保护区	三亚市亚龙湾青梅港	独流入海小河	不涉及
三亚河红树林自然保护区	三亚河口	三亚河	乐亚水资源配置工程受水区
铁炉港红树林自然保护区	三亚市铁炉港	独流入海小河	不涉及

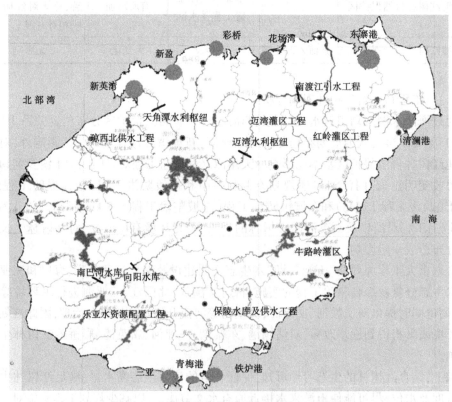

图 5-34　规划主要工程与红树林空间位置分布

5.5.5.3 新英湾红树林影响分析

新英湾红树林市级自然保护区位于天角潭工程坝址下游 25 km 处的河口区,面积 115.4 hm²。天角潭水库运行后,规划年北门江河口多年平均入海水量将由原来的 4.32 亿 m³ 减少为 3.5 亿 m³、水量减少了 0.8 亿 m³,占比 18.29%;天角潭水库具有多年调节能力,在一定程度上改变了坝址及下游河道的水文情势,其中坝址断面汛期水量多年平均降低 7.64 m³/s;北门江天角潭坝址以下河道水文情势及河口入海水量改变,进而引起河口区域盐度变化,对新英湾保护区内 11 种红树林的正常生长繁育产生一定影响。

本次规划环评重点参考《海南省北门江天角潭水利枢纽工程环境影响报告书》,依据对红海榄、木榄、桐花树、榄李等红树植物萌芽和幼苗生长对盐度的要求及水库建成后冲淡区盐度预测结果,评价水库建成后对新英湾红树林的影响。

1. 北门江河口咸潮上溯及盐度变化趋势

根据河口断面天角潭建库前后逐月流量变化情况,可知各典型年枯水期河口断面流量在建库后有所增加,对河口咸潮上溯有减缓作用;在汛期(6~10 月)河口断面流量减少较多,咸潮上溯距离有所增加,因此对红树林的影响也主要在汛期。

天角潭水库建设后,流量变化最大的月发生在丰水年 6 月,建库后咸潮上溯距离增加最多,由 530 m 增加为 2 320 m,增加了 1 790 m;平水年 6 月咸潮上溯距离由建库前的 1 560 m 增加为建库后的 2 830 m,增加了 1 270 m,略低于丰水年咸潮上溯增加的距离;比较不同工况下的预测结果,丰水年汛期河道中流量下降幅度最大,因此咸潮上溯的增加距离最长,为 1 790 m。

与咸潮上溯距离相对应的是,外海高浓度盐水与河道内的淡水混合后,形成从河口至河道上游的盐度沿程逐渐降低的趋势。河口是海水和河水的混合区,丰水年建库前后河口位置的盐度差别较大,建库前河口断面盐度较小,仅 12.5‰ 左右;建库后由于河道中流量降低,河口断面盐度升高,达到约 22.15‰ 左右。平水年 6 月,在建库前河口断面最大盐度约为 20.3‰,略低于建库后河口断面盐度(23.4‰)。

2. 红树林生长典型断面盐度变化情况

根据北门江河口红树林分布现状,选取几个红树林分布特殊或成片分布的断面进行盐度变化典型分析(见图 5-35),典型断面包括半红树林分布最高线、红树林分布最高线、河口红树林分布最低线、以及最高线—最低线之间成片分布的红树林。由于河口盐度随着潮位变化始终处在动态之中,选取了平水年各断面盐度变化情况,分析一般工况下盐度的变化程度,见表 5-32。

因为上游来流量的不同和海水的不断涨落,在某一断面的盐度每时每刻都处于变化的状态。分析可知,各断面日均最低值均出现在汛期(6 月),日均最高值和最高值均出现在非汛期(4 月)。与建库前相比,各断面的日均最低值有所增加,从建库前的 0~7.9‰ 变化为 0~11.2‰,日均最低值的增加意味着各断面汛期盐度普遍有所增加;各断面的日均最高值由 3.1‰~16.4‰ 降低为 3.0‰~16.3‰,最高值由 3.4‰~28.0‰ 降低为 3.2‰~28.0‰,日均最高值和最高值均有所降低,但降低幅度很小,意味着建库后由于枯水期下泄流量的增加,盐度高值略有增加。天角潭水库建设后,将河口区域年内盐度变化范围缩小,最高值减低、最低值升高,越靠近新英湾变化程度越明显。但总体来说增加不大,依然在适宜红树林生长的盐度范围内。

图 5-35　河口红树林典型断面选取

（源自《海南省北门江天角潭水利枢纽工程环境影响报告书》）

表 5-32　河口红树林典型断面建库前后盐度变化情况（平水年）　　　　　　（‰）

断面	位置特征及主要群落	建库前			建库后		
		日均最低	日均最高	最高	日均最低	日均最高	最高
1	半红树林分布最高线	0.0	3.1	3.4	0.0	3.0	3.2
2	红树林分布最高线	0.0	6.9	14.8	0.0	6.6	14.4
3	红树林密集分布区域潭龙村,以木榄、桐花树、白骨壤为主	0.0	13.7	19.7	0.4	13.4	19.4
4	红树林密集分布区域,以木榄、桐花树、白骨壤为主	0.3	14.5	22.9	2.9	14.3	22.8
5	红树林密集分布区域,以红海榄、桐花树为主	1.1	15.4	24.1	4.3	15.2	24.0
6	红树林密集分布区域	0.3	14.0	23.7	3.4	13.7	23.7
7	河口红树林分布最低线,以红海榄、桐花树、白骨壤为主,少量木榄、角果木、海漆	7.9	16.4	28.0	11.2	16.3	28.0

从各断面盐度变化幅度分析,非汛期河口盐度降低很小,与建库前几乎没有变化。汛期,在断面1(半红树林分布最高线)、断面2(红树林分布最高线)、断面3(潭龙村)等断面,日均最低盐度基本为0,建库前后没有变化;在断面4、断面5、断面6等红树林集中分布区域,日均最低盐度由0.3‰~1.1‰增加为2.9‰~4.3‰,变化幅度较大,但依然处于

大部分红树林生长繁殖所需盐度的阈值内;河口红树林分布最低线日均最低盐度由 7.9‰ 增加到 11.2‰,盐度均值增加较多,可能会对一些不耐盐树种木榄、海漆等产生影响,而不会改变白骨壤、红海榄、角果木等耐盐性物种作为群落优势种的分布格局和繁殖生长。

3. 红树林格局及分布变化分析

通过河口水沙条件及盐度分析,红树林分布最高线是根据咸潮上溯最大距离确定,因天角潭水库建设前后咸潮最大上溯距离不变,均为 8.9 km,而且红树林分布最高线和半红树林分布最高线的盐度基本没有变化,所以红树林分布的最高线位置基本不变,最高线不会向上游移动。

目前在河口处的红树林,主要由以红海榄、白骨壤、木榄为优势的红树林和以桐花树、榄李为优势的红树林构成。在自然状态中,不同的红树林树种有不同的分布空间。新英湾优势种红树林的生长发芽期及盐度需求见表5-33。

表 5-33　河口红树林优势种生长关键期及适宜盐度

序号	种类	生长关键期	适宜盐度	备注
1	红海榄	花果期秋冬季; 胎生苗至翌年 6~8 月成熟	胚轴萌根的最佳盐度条件为 20‰左右的高盐度	红海榄可以分布在较高盐度的低潮位区域
2	白骨壤	花果期 7-10 月	自然分布多在土壤盐度 5‰~ 25‰的环境中,个别可达 30‰左右	个别能分布在低潮位处,但大多数分布在中高潮位区域
3	木榄	花果期几乎全年	10‰~15‰的低盐度海水对木榄胚轴萌根和发芽有明显促进作用,大于 15‰,不利于木榄胚轴萌根和发芽	一般要比红海榄不耐盐,分布区位稍高一些
4	桐花树	花果期 12 月至翌年 1~2 月	苗木在盐度为 0~5‰时,生长良好,在盐度 5‰时长势最好,幼苗在盐度 20‰处理下,苗木出现死亡,增高小,叶片有脱落,生长缓慢	多分布在高潮位区域,少量可进入中潮位区域
5	榄李	花果期 12 月至翌年 3 月	苗木在盐度 7.5‰~15‰条件下苗木综合生理指标和生长较好	与桐花树类似,但比桐花树喜沙质土壤,多分布在高潮位相对沙质的土壤中

分布在北门江河口区域内的红树林植物对盐度的适应性由强到弱依次为:白骨壤>红海榄>角果木>榄李>秋茄>桐花树>木榄>海莲>海漆>老鼠簕>卤蕨。在幼苗发育阶段,白骨壤是耐盐性最高的红树林树种,其萌芽最佳盐度条件为 15‰~20‰的高盐度;其次为红海榄、角果木、秋茄、桐花树、木榄、海莲、海漆、榄李等中等耐盐度树种,幼苗适宜盐度通常为 5‰~15‰;较不耐盐树种为老鼠簕、卤蕨等,盐度在 5‰左右甚至可在淡水中生长。对成株红树林影响不大(主要是一些生长胁迫),而主要对红树林幼苗生长发育产生影响。

由于新英湾内大部分红树林树种幼苗萌发时间为 6~10 月,是河口断面咸潮上溯和盐度变化最大的时间。其中:①最不利工况丰水年 6 月河口断面盐度由 12.5‰增加至22.15‰,需向上游 1 km 处才能恢复为原有盐度。因此,河口断面盐度适合最耐盐树种白骨壤的生长发育(20%左右最适宜);其他红树林种子在母树萌发掉落后,若生长环境盐度发生变化,不同种类的红树萌芽随涨潮漂至盐度及立地条件适宜的地方扎根生长,河口高盐度地区耐盐种红海榄等耐盐种将增多,而不耐盐种则向稍上游区域分布,向上距离可能在 0~1 000 m 范围。②在其他工况下,包括平水年汛期,对河口盐度影响较小,基本不会对红树林发育更新产生影响。

新英湾内的红树林植物,特别是优势种都表现出在萌芽和幼苗生长期对河水冲淡海水的要求,但不同种的要求不一样。因此,汛期冲淡区面积的压缩、减少,特别是盐度低于20‰区域的压缩,对新英湾以红海榄、白骨壤为优势的红树林苗木更新不利;以及盐度低于 10%~15‰区域的压缩,对新英湾以木榄、桐花树和榄李为优势的红树林苗木更新不利。在高盐度扩大的区域,原生长在这一区域的红树林会发生更新困难,而由于冲淡区的压缩,以红海榄、白骨壤为优势的红树林可能会向以桐花树、木榄、榄李等为优势的红树林分布区域移动,而后者却因没有后退区域而逐年退缩。

5.6 环境敏感区影响预测与评价

经识别,规划水网建设工程影响的环境敏感区主要包括自然保护区、森林公园、水产种质资源保护区、湿地公园等,选取以上环境敏感区,开展影响预测与评价。

5.6.1 自然保护区

规划直接或间接涉及的自然保护区约 10 个,包括吊罗山国家级自然保护区、上溪省级自然保护区、尖岭省级自然保护区、清澜港省级自然保护区、新英湾红树林市级保护区、屯昌白鹭鸟自然保护区、文昌名人鸟类自然保护区等。

规划方案对自然保护区的影响见表 5-34。

5.6.2 森林公园

吊罗山国家森林公园位于海南岛东南部的陵水、琼中、保亭、万宁 4 县(市)交接处,总面积 3.8 万 hm²。公园自然山水独特,有绵延数百里的山峰,有长满巨树古木的热带雨林、有大小不等的瀑布百余处,称为"海南第一瀑"枫果山瀑布群落差达 400 m,是海南独一无二的自然景观。特色景观还有石睛瀑布、托南日瀑布、千年神树、红河谷等,有"百瀑雨林梦幻吊罗"的美称。

根据《森林公园管理办法》《海南省森林保护管理条例》规定,除必要的保护和附属设施外,禁止从事与资源保护无关的任何生产建设活动;在森林公园内以及可能对森林公园造成影响的周边地区,禁止进行采石、取土、开矿、放牧以及非抚育和更新性采伐等活动;建设旅游设施及其他基础设施等必须符合森林公园规划,逐步拆除违反规划建设的设施;根据资源状况和环境容量对旅游规模进行有效控制,不得对森林及其他野生动植物资源

表 5-34 规划方案对自然保护区的影响

名称	简介	影响分析
吊罗山国家级自然保护区	位于海南东南部,地跨五指山、保亭、琼中、万宁、陵水等五个市(县),占地面积3.8万hm²,是中国极为珍稀的原始热带雨林区之一,主要保护对象是海南粗榧、子京、坡垒、海南大灵猫、穿山甲、孔雀雉。保护区有国家Ⅰ级重点保护种3种、国家Ⅱ级重点保护种29种,《野生动植物国际贸易公约》中的珍稀植物79种。珍稀濒危、重点保护脊椎动物105种,属国家级保护的珍稀动物有云豹、海南大灵猫、穿山甲、孔雀雉、白鹇、孙猴、原鸡、水鹿、蟒等20余种,以及大量的昆虫、蝴蝶	规划拟新建吊罗山水库为琼东南各县生活、灌溉提供水源;此外,拟建陵水库工程以一条分干渠先通过什玲镇北侧对其供水,再沿吊罗山南侧往东供水,渠布置,并沿途向扩建的都总水库补水,实现灌溉面积大及沿途城乡生活供水。经道总长30 km,其中明渠段长23 km,3座隧洞长4 km,4座渡槽长3 km。经分析,吊罗山水位位于该保护区缓冲区范围内,根据《中华人民共和国自然保护区条例》第三十二条"在自然保护区的核心区和缓冲区内,不得建设任何生产设施。在自然保护区的实验区,不得建设污染环境、破坏资源或者景观的生产设施",故吊罗山水库的修建违反自然保护区条例。此外保陵水库拟临近保护区南部范围,且配套引水路线以隧洞形式穿过保护区南部范围,工程建设总体上不会对该保护区动物的活动和繁殖及植物造成较大不利影响
尖岭省级自然保护区	位于海南省万宁市西北部的北大乡,主要保护对象是森林生态系统,面积为1.09万hm²。保护区山峦叠嶂,重林密布,树木参天,为典型的热带雨林,也是万宁市目前保存得最为完整的山地雨林区	规划牛路岭灌区工程输水路线布设会涉及该保护区,影响保护区内动物活动与繁殖、植物生物量。输水干渠穿过保护区的核心区与实验区,如以隧洞方式穿越,对保护区生态环境的影响相对较小
上溪省级自然保护区	位于万宁市西南部,分布在万宁市三更罗镇、长丰镇及兴隆华侨农场,新中农场行政区域内,总面积1.17万hm²。保护区总体属于低山—高丘陵地貌,区内保存了为数不多的热带低地雨林和季雨林树木,国家Ⅰ级保护植物海南苏铁在局部地区形成优势种,野生动植物资源丰富,有圆鼻巨蜥、海南山鹧鸪、海南灰孔雀雉、云豹、蟒蛇、孙猴等	牛路岭灌区总干渠进水口位于自然保护区的实验区,总干渠穿越保护区的实验区、缓冲区,将对热带雨林植被及生态系统造成破坏。如以隧洞方式穿越,对保护区生态环境的影响相对较小

名称	简介	影响分析
清澜港省级自然保护区	地处文昌市的清澜港沿岸一带,保护对象为红树林,该区红树林木面积大,而且树林年龄长,许多林相显示了原生林的特征。红岭灌文教分干渠距离保护区最近处仅900 m,工程实施可能会对保护区产生影响	规划珠溪河干流段流经工程使河水浑浊度增加,底泥翻动等对红树林的生长产生一定影响。但工程结束后,河道行洪能力增大,生态环境岸线得以保护,更有利于红树林的生产繁育
屯昌白鹭鸟县级自然保护区	位于屯昌县屯城镇洪斗坡村,保护区面积为100 hm²。保护对象为大白鹭、白鹭、池鹭、苍鹭、夜鹭、牛背鹭等鹭鸟及其生境	保护区位于红岭灌区西南部,距离西干渠最近距离500 m,该段渠系工程的型式为暗涵,西干渠工程建设不占用保护区土地,不在保护区内设置取土场、弃渣场等临时设施。在工程运行期间,工程主要的环境影响为回归水。由于回归水与受纳水域相比,排放量很小,且经土壤的过滤净化作用,退水水质较好,不会影响鹭鸟的栖息地和饮水安全。另外,稻田是鹭鸟重要的栖息地和觅食场所之一,随着工程的运行,区域供水灌溉条件的改善,将给鹭鸟类带来更为充足的食物来源和稳定的栖息场所。因此,工程运行期对屯昌县白鹭鸟县级自然保护区的影响以有利影响为主
文昌市名人山鸟类自然保护区	位于文昌市东路镇名人山村一带,总面积约0.22万hm²,保护对象为鸟类及鸟类资源	红岭灌区渠道距离保护区较近,工程建设会对鸟类及其栖息地带来不利影响。随着工程的运行,农业生态用水得到满足,农田水库对鸟类的补给,使得保护区及其附近的鸟类生境扩大,食物宜其丰富,更适宜其生活。因此,工程运行期对文昌市名人山鸟类自然保护区的影响以有利影响为主
青皮林省级自然保护区	位于海南省万宁市南部沿海礼纪农场附近的海滩外侧,面积1.6万亩,主要保护对象是青皮林及其生态环境	该保护区临近规划新建的牛路岭灌区工程,工程无规划渠道进入自然保护区,且由于灌区为非污染类型工程,农灌回归水排入了退水排明渠,不直接流入保护区,因此不会对保护区内青皮林的生境产生不利影响
茄新省级自然保护区	位于海南省万宁市东南部,总面积11.38万亩,以保护热带低地雨林森林生态系统为主,主要保护对象是海南苏铁、坡垒及蕨类	自然保护区位于牛路岭灌区工程南部,灌区输水渠道等不涉及保护区范围,农灌回归水排入退水明渠,不会对保护区内的生态环境产生不利影响

続表 5-34

名称	简介	影响分析
南林省级自然保护区	包括莺哥鼻、铜铁岭等23个山岭的原始林,地处海南省万宁市境内,保护面积达9.8万亩,是海南岛面积较大的一处山地雨林保护区	保护区位于牛路岭灌区工程西南部,灌区渠道的修建不直接经过保护区,农灌回归水排入退水明渠,不会对该自然保护区生态环境产生直接影响
六连岭省级自然保护区	六连岭保护区位于海南省万宁市境内,面积0.27万 hm^2。该区地质地貌为低山丘陵,主要植被类型是原始热带状生雨林,保护对象为自然景观及野生动物	灌区范围及渠道临近自然保护区范围,工程实施不会破坏保护区的生态环境
新英湾红树林市级保护区	位于海南省儋州市境内,面积为115 hm^2,主要保护对象是红树林生态系统,主要组成植物为红海榄、木榄、海莲、角果木、球花、白骨壤等	规划天角潭水库位于北门江干流,但水库供水使得下泄水量减少将对河口红树林生态系统产生一定影响;北门江井村一中和镇段防洪工程新建堤防工程、河道疏浚工程位于保护区内

· 273 ·

等造成伤害;不得随意占用、征用和转让林地。

规划拟新建吊罗山水库位于吊罗山国家森林公园内,工程建设与上述规定存在一定冲突。

5.6.3 水产种质资源保护区

海南现状仅有万泉河国家级水产种质资源保护区 1 处,地处万泉河琼海段,保护区总面积 3 248 hm²,其中核心区面积 1 020 hm²,实验区面积 2 228 hm²。特别保护期为每年 1 月 1 日至 7 月 31 日。具体位于烟园水电站(110°13′37.90″E,19°00′33.27″N)与万泉河出海口(110°35′09.20″E,19°09′26.46″N)之间,主要保护对象是万泉河尖鳍鲤和花鳗鲡,其他保护对象包括头条波鱼、拟细鲫、黄尾鲴、银鲴、鳙鱼、刺鳍鳑鲏、海南华鳊、光倒刺鲃、锯倒刺鲃、胡子鲶、月鳢、攀鲈、大刺鳅等。

规划实施后,其主要影响包括以下四个方面:

(1)红岭水库、牛路岭灌区工程实施后,坝下水文情势改变、低温水下泄、引水导致坝下水量减少等对水产种质资源保护区产生不利影响。特别是水量减少对鱼类影响较大,其中红岭断面全年平均流量减少 46.3%,降幅近一半;牛路岭断面全年平均流量减少 7.0%。水量减少导致河流水面面积减少,鱼类栖息地面积下降;且水库运行后流量过程较均一,失去了天然流量变化节律,对鱼类繁殖等重要生活史过程产生一定影响。

(2)万泉河防洪除涝综合整治工程,破坏鱼类栖息地,影响鱼类觅食与生长。但在工程运行期,河道防洪标准增加,疏浚后河水水质改善,对鱼类的生境产生有利影响。

(3)嘉积坝坝改闸,嘉积坝为滚水坝,高水位时水流溢坝而过,对河流连通性影响相对较小,而坝改闸后,连通性影响可能相对现状更大,阻隔洄游性鱼类花鳗鲡等溯河洄游。

(4)万泉河河口防洪工程等实施对河口生境和景观破坏较大,同时万泉河河口目前鱼类资源丰富,规划实施将对河口鱼类资源产生较大影响。

5.6.4 湿地公园

南丽湖国家级湿地公园位于海南省定安县,地理位置为东经 110°21′33″~110°22′17″,北纬 19°27′31″~19°31′18″,以湖泊和湖滨浅滩湿地为主,兼有河流、河漫滩涂等地貌。湿地生境类型多样,动植物资源丰富,其位置接近我国候鸟南北迁徙中线的南端,具有重要的生态保护价值。

该湿地位于红岭灌区内,渠道开挖以及相应的材料运输等都会对湿地公园附近的自然景观产生视觉影响;渠道半挖半填,渠底高于地下水位,不会阻隔地下水径流,对地下水径流影响很小;渠道位于地下水径流段上游,运行期无回归水进入,由于渠道下渗水给湿地补水且补水水质较好,对湿地产生有利的影响。另外,由于工程在填方段均设置了渠下涵,渠道不会影响湿地的地表径流。

由于灌区工程不为南丽湖水库补水,且灌区工程在南丽湖水库周边没有新增或改善的灌面,运行期产生的灌溉回归水不会进入南丽湖水库。因此,运行期,灌区工程对南丽湖湿地公园的影响主要分为渠系渗漏水补给的影响。南丽湖国家湿地范围边界上年均接受渠系渗漏补给增量约为 47.68 万 m³,补给增量占其储水总量的比例很小,且水量的增加对湿地产生有利的影响。同时,由于工程引水水质较好,南丽湖段无新增灌面,因此由渠系渗漏新增补水对南丽湖湿地水质无不利影响。

5.7 资源与环境承载力评估

5.7.1 水资源承载力评价

5.7.1.1 水资源承载力分析

1.水资源可配置水量

根据《国务院办公厅关于印发〈实行最严格水资源管理制度考核办法〉的通知》《海南省人民政府办公厅关于印发〈海南省实行最严格水资源管理制度考核办法〉的通知》,海南省2030年用水总量控制指标为56亿 m^3 ,2016年用水总量为44.8亿 m^3 (不含其他水源),可配置的水资源量为11.2亿 m^3 (为地表水和地下水源)。

2.新增供水能力分析

与现状工程相比,2035水平年多年平均总供水量增加10.72亿 m^3 ,源于调蓄工程的增加,兴建蓄水工程,优化水资源配置,是解决海南岛缺水问题的关键;规划水平年与现状相比,海南省缺水率由10%减小为6%,其中城乡生活及工业由2.1%减小为1%,农业灌溉由12%减小为9%,在各行业需水大幅增长的同时,供水保障程度得到有效提高,各业用水均能达到设计保证率要求。见表5-35。

表5-35 各片区规划水利设施多年平均可供水量 (单位:万 m^3)

分区	可供水量							新增供水量
	地表水				地下水	其他	小计	
	蓄水	引水	提水	小计				
合计	461 645	51 309	22 383	535 337	23 743	32 376	591 456	107 228
琼北	216 510	40 199	10 634	267 343	17 349	18 861	303 553	56 327
琼南	92 559	5 178	608	9 8345	2 190	6 833	10 7369	27 292
琼西	66 473	2 341	4 407	73 221	907	2 331	76 458	7 099
琼南	74 593	2 581	6 590	83 765	3 176	3 654	90 594	13 324
中部	11 510	1 009	144	12 663	121	698	13 482	3 185

5.7.1.2 水资源承载力评估

1.用水总量分析

2035年配置水量59.15亿 m^3 (含再生水配置水量3.24亿 m^3),其中常规工程配置水量 55.91 亿 m^3 ,满足用水总量 56 亿 m^3 红线控制要求。针对具体市(县),文昌、琼海、定安、屯昌、临高、澄迈、儋州、昌江 8 市(县)水资源配置量大于全省分解到市(县)用水总量控制指标要求,建议各市(县)用水总量控制指标应根据经济发展布局进行动态分配管理(见图 5-36)。

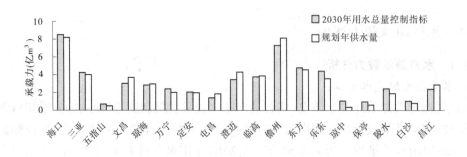

图 5-36　海南 2035 年水资源承载力分析

2. 用水指标分析

至 2035 年,配置水量为 59.15 亿 m^3 ,占多年平均水资源量的 18%,人均年用水量为 511 m^3 ,万元 GDP 用水量 56 m^3 ,耕地亩均用水量 491 m^3 ,指标基本符合国家建设节水型社会要求和海南实施用水定额管理目标。

3. 生态流量保障分析

随着规划实施南渡江、昌化江、万泉河等主要河流水资源量随时空发生一定的变化,也对河流生态流量产生一定影响。根据“5.2 水资源影响预测与评价”章节,规划实施后,海南岛主要河流及河口控制断面生态基流年均满足程度总体可达到 92%,南渡江、昌化江、万泉河三大江河主要控制断面生态基流月均满足率平均可达到 94%,其他河流平均可达到 87%。南渡江上游的松涛水库提出了非汛期 5.2 m^3/s、汛期 15.6 m^3/s 生态配置流量,以恢复南渡江干流河流连续性。

5.7.2　水环境承载力评价

5.7.2.1　水域纳污能力变化分析

水功能区纳污能量为河段下断面与上断面污染物达标通量的差值,反映了特定水体污染排放量与水质保护目标之间的输入响应关系,其与设计流量成显著正相关关系。根据《水域纳污能力计算规程》(GB/T 25173—2010),应采用 90% 保证率最枯月平均流量作为计算河流水域纳污能力的设计流量。依据规划实施引调水方案,利用水库等调蓄工程主要在汛期引调水,枯水期最低也需按照生态流量泄放,因此可认为工程实施后,水功能区水域纳污能力将大幅度提高(见表 5-36)。

表 5-36　纳污能力设计流量与非汛期下泄生态流量对比

河流	断面	纳污能力设计流量:维持河流水环境功能的最小稀释净化水量	非汛期生态流量
南渡江	松涛水库	1.70	5.20
	迈湾水库	4.89	10.10
	东山坝	7.75	14.40
	龙塘坝	4.89	22.50
昌化江	乐东	7.05	7.20
	大广坝水库	9.40	10.20
	石碌水库	0.60	1.00
	宝桥	2.60	13.20
	向阳水库	6.00	6.00
万泉河	牛路岭水库	5.67	7.20
	红岭水库	4.32	4.72
	嘉积坝	12.2	15.40
陵水河	梯村坝	0.00	1.20
宁远河	大隆水库	1.70	2.30
北门江	天角潭水库	0.50	0.89
太阳河	万宁水库	0.40	1.89
望楼河	长茅水库	0.10	0.55
南巴河	南巴河水库	0.10	0.60

5.7.2.2　水环境容量变化分析

海南河流理想地表水环境容量 COD 总量为 16.19 万 t,氨氮总量为 7 918 t,其中三大江河占了 COD 总量的 81%,氨氮总量的 74%,其余中小河流占 25% 左右。各流域水环境容量见表 5-37。

表 5-37　海南省主要流域的水环境容量　　　　　　　　　　（单位:t）

序号	水域	理想环境容量		最大允许排放量	
		COD	氨氮	COD	氨氮
1	南渡江	62 200	3 215	67 807	2 557
2	万泉河	27 408	922	34 907	733
3	昌化江	36 422	1 533	42 469	1 088
4	东部中小河流	11 797	709	6 383	198
5	南部中小河流	13 968	873	12 666	560
6	西部中小河流	10 077	666	4 355	189
7	全省	161 872	7 918	168 585	5 325

在地表水环境容量模型计算的基础上,结合流域规划、上下游关系、水质评价和污染源排放结果、混合区范围等因素,进行合理性分析,得到可利用的地表水环境容量。通过汇总得到海南各地区的水环境容量见表5-38。

表 5-38　海南省各市县地表水环境容量测算成果　　　　　　　　(单位:t)

分区	市县	水环境容量	
		COD	氨氮
中部	五指山市	1 322	78
	琼中县	11 799	509
	白沙县	1 985	89
琼北	海口市	31 991	1 933
	澄迈县	13 450	566
	临高县	1 388	94
	儋州市	13 133	603
	文昌市	4 023	276
琼南	乐东县	10 972	509
	三亚市	7 356	476
	保亭县	1 755	128
	陵水县	2 706	165
琼西	东方市	16 429	649
	昌江县	10 816	509
琼东	定安县	6 607	326
	屯昌县	1 359	83
	琼海市	19 412	658
	万宁市	5 359	268

通过上述城镇生活与工业点源、农业面源污染物入河量汇总,得到2035年海南省入河量COD为18 171 t,氨氮为2 928 t,总体小于理想水环境容量。

由于规划年各个市(县)均完善了污水处理设施,对城镇生活污水进行集中处理,特别是污水处理规模较大的城市,较好地处理了城镇生活污染物,减少了污染物的排放和入河量,保障了水环境容量的宽松。然而经分析,屯昌、白沙、临高县氨氮水环境容量较小,入河污染物量预测将超过当地的水环境容量。

5.7.3　生态系统承载力评价

规划对整个海南岛生态承载力的影响是复杂的,包括正效应和负效应。其中,正效应主要为热带现代农业有利保障规划和水土保持规划的实施会节约能源足迹和增加生态承载力,负效应主要为一些规划工程,新建和扩建水库蓄水后对土地的淹没,灌渠修建的占地等会减少生态承载力。

5.7.3.1 水生态保护红线影响分析

水网规划建立了水生态空间用途管控体系,强化水生态空间及水生生境保护,完善水生态空间保护与管控的措施,并加强对包括38条生态水系廊道,松涛、大广坝、牛路岭等重要湖库、其他河湖水系等水域空间及岸线空间、中部山区江河源头区、水源涵养区,以及国家级水土保持重点预防区等生态保护红线区的保护与修复,将起到积极作用。

然而,部分水资源配置引调水路线涉及生态保护红线,将对红线区域内的生态功能的正常发挥构成影响;此外,防洪(潮)治涝规划新建堤防大部分位于生态保护红线区,其建设将束窄河道,对生态红线河道区内的横向连通性造成不利影响。

5.7.3.2 生态承载力影响分析

1. 灌溉规划对生态承载力影响

灌溉工程对生态承载力的影响主要是通过提高有效灌溉面积,增加农田生态系统的产量,进而提高农田生态系统的生态承载力。分别计算出灌溉工程规划水平年各类用地有效灌溉面积的增加对生态承载力的改变,结果见图5-37。

海南省灌溉工程的开发实施能增加有效灌溉面积,增加生物生产性面积,提升生态承载力。其中,耕地的新增生物生产力增加幅度远大于果园。此外,不同分区的增加幅度也不一样,琼中地区增加幅度最大,琼东地区相对较小。

2. 水土保持规划对生态承载力影响

根据资料的可得性,评价重点治理区域水土流失综合治理对生态承载力的影响。海南省重点治理项目区的水土流失综合治理范围和规模见表5-39。范围主要分布在以土壤保持、水质维护和人居环境维护水土保持功能为主的区域,涉及全部省级水土流失重点治理区。包括南渡江中下游、昌化江下游、万泉河中下游、琼西北沿海、海文东部沿海、琼南沿海片区水土流失相对严重的区域。

表5-39 重点片区水土流失综合治理对生态承载力的影响

分区名称	增加生物生产性面积			
	坡耕地		林下	
	远期规模	近期规模	远期规模	近期规模
南渡江中下游丘陵台地水质维护区	132.6	66.3	26.8	6.7
琼西丘陵阶地蓄水保水区	132.6	66.3	60.3	13.4
琼东南沿海丘陵人居环境维护区	22.1	11.05	13.4	6.7
琼北沿海台地阶地土壤保持区	88.4	44.2	20.1	6.7
海文沿海阶地人居环境维护区	22.1	11.05	13.4	6.7
合计	397.8	198.9	134	40.2

海南岛重点治理项目区水土保持近期治理,坡耕地水土流失面积为 90 km²,增加生物生产面积 198.9 km²,林下水土流失面积为 30 km²,增加生物生产面积 40.2 km²。海南岛重点治理项目区水土保持远期治理,坡耕地水土流失面积为 180 km²,增加生物生产面

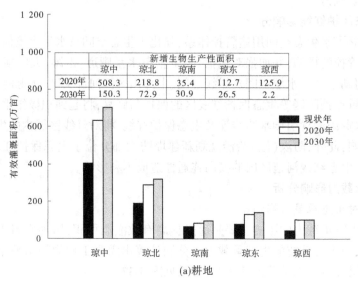

(a)耕地

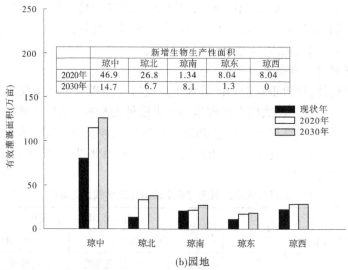

(b)园地

图 5-37　海南岛灌溉面积预测成果及对生态承载力的影响

积 397.8 km²,林下水土流失面积为 100 km²,增加生物生产面积 134 km²。

3. 工程淹没土地对生态承载力影响

新建南渡江引水工程、迈湾水库、天角潭水库、向阳水库等 4 座大型骨干水源工程,以及新建南巴河水库、保陵水库等中型水库。采用生态足迹法中的均衡因子来衡量各类有效面积对生态承载力的作用强度,均衡因子采用世界自然基金 2008 年公布的《生存星球报告 2006》中建议的数据,耕地(农田)为 2.21,林地(林果)为 1.34。分别计算出大型骨干水源工程淹没土地对生态承载力的影响,结果见表 5-40。

表 5-40　大型骨干水源工程淹没土地对生态承载力的影响

工程	淹没土地类型	淹没面积(km^2)	减少生态承载力面积(km^2)	占评价区面积(%)
南渡江引水工程	耕地	3.13	7.32	0.021
	林果地	34.71	46.51	0.135
	草地	1.04	0.37	0.001
	水域	3.85	1.39	0.004
天角潭水库	耕地	1.57	3.47	0.010
	林果地	11.16	14.95	0.044
迈湾水库	耕地	10.16	22.45	0.066
	林果地	30.62	41.03	0.119
	草地	7.70	2.77	0.008
合计		103.94	140.26	0.408

水库的修建和蓄水会淹没部分土地,减少淹没土地的生态承载力。短期内林地、耕地面积可能呈减少的趋势。南渡江引水工程、迈湾水库和天角潭水库等大型骨干水源工程修建蓄水后共计淹没 103.94 km^2,减少生态承载面积 140.26 km^2,占评价区总面积的 0.408%。从淹没面积及其所占的比例来看,规划方案的实施对评价区生态承载力的影响较小。

4. 灌渠占地对生态承载力影响

计算琼西北供水工程、昌化江水资源配置工程、保陵水库及供水工程、牛路岭灌区工程和迈湾灌区工程中灌渠占地对生态承载力的影响。经估算各大重点工程中灌渠占地面积约为 5.12 km^2,减少生物生产性面积约 11.33 km^2。

5. 综合规划对生态承载力的影响

灌溉工程和水土保持工程,一定程度上增加了土地生态承载力,但在不同片区增加的程度不同,其中琼中增加幅度较大,而琼东增加幅度相对较小。各扩建水库等工程会淹没部分土地,灌区的修建也会占用一部分用地,这会一定程度上减少土地的生态承载力。总体而言,规划实施后,在各生态保护措施实施的前提下,对各流域生态承载力有积极影响。

5.8　环境风险预测与评价

水网建设环境风险来自对生态环境造成的不利影响的长期累积,将经历一个量变到质变的过程。通过影响预测与分析,本次规划实施后,生态风险主要有以下几个方面:

(1)海南多年平均水资源开发利用率为 14.6%,然而枯水年水量少,水资源开发利用率较高。根据回顾性评价结果,典型枯水年 2004 年、2015 年全省水资源开发利用率已达到 26.7%、23%。规划实施后,枯水期(90%保证率条件下)南渡江、昌化江、万泉河水资源开发利用率将达到 36%、37%、18%，枯水期较高的水资源利用程度对生态环境影响的风险较大。

（2）大鳞鲢为南渡江特有鱼类，其可能存在的区域主要是在迈湾江段、定安江段、松涛水库，其中迈湾江段是目前南渡江流域仅存的较长自然流水江段，能提供大鳞鲢产卵繁殖的水文需求。迈湾水库形成后，该江段水文情势改变，将导致大鳞鲢栖息地进一步萎缩。

（3）保亭近腹吸鳅、多鳞枝牙鰕虎鱼是陵水河特有鱼类，且主要栖息于陵水河上游溪流流水生境中，数量十分稀少，保陵水库建成后将淹没其栖息地，对其种群影响较大，可能影响物种生存，鱼类栖息空间将会萎缩。

（4）目前昌化江戈枕坝下河段及河口由于水量减少、水污染、采砂、养殖等，生态系统破坏已十分严重，昌化江水资源配置工程、昌化江防洪除涝综合整治工程等实施，下游及河口水量进一步减少，下游河道缩窄、边坡硬化、河滨带破坏等，昌化江下游和河口生态系统存在进一步恶化的风险。

（5）天角潭水利枢纽位于北门江中游河段，儋州市生活垃圾填埋场位于拟建水库上游，并且上游排污口众多，拟建水库蓄水后，水污染风险较大，将影响供水水质安全；此外大规模调水，径流动力失去冲决河口的能力，河口口门将逐步趋向于封闭，新英湾存在萎缩的风险，严重损害湾内现存红树林的生境。

第6章 规划方案环境合理性论证

水网规划围绕全省水资源水环境承载能力、开发利用和保护需求，依据《海南省总体规划(空间类2015~2030)》，强化了空间、总量和准入环境管控，将资源环境红线管控要求融入和落实到水生态空间管控、水资源配置、重大工程布局等规划编制的全过程中。本次规划环评进一步围绕量(用水总量)、质(水环境质量)、域(生态空间与生态保护红线)、流(生态流量)、效(用水效率)等资源环境管控要求，重点对规划定位与任务、规划目标与主要指标、规划总体布局、水资源配置方案和灌区规模、重大工程建设等的环境合理性进行分析。

6.1 水网建设功能定位与任务环境合理性

水网规划是海南省"多规合一"的重要组成部分，是《海南省总体规划(空间类2015~2030)》的基础设施专项规划，是海南省水务发展战略的顶层设计，是水资源开发利用与保护相统筹结合的水务一体化综合规划。

规划符合《中共中央 国务院关于支持海南全面深化改革开放的指导意见》提出的"完善海岛型水利设施网络"的建设任务；符合《全国主体功能区规划》提出的"海南岛等沿海地区提高水资源调配能力，保障城市化地区用水需求，解决季节性缺水"的水资源开发治理要求；符合《海南省总体规划(空间类2015~2030)》提出的"以国际旅游岛建设为抓手，加快构建现代化五网基础设施体系"。

同时，海南自由贸易区(港)的建设对全岛水网建设提出了"具有高标准饮用水和污水处理、水生态环境保护等"新要求。水网规划从全局和战略高度，统筹谋划海南今后一段时期水务改革发展的总体目标、战略布局和水网建设任务。规划优先提出了水生态空间管控，同步提出了防洪(潮)治涝安全保障、城乡供排水、水资源水生态保护、热带现代农业水利保障等主要任务，综合考虑各河流资源环境特点、城镇化发展布局、治理开发与保护的总体部署。规划治理开发任务及功能定位环境合理性分析见表6-1。

表6-1 规划治理开发任务及功能定位环境合理性分析

一心两圈	治理开发与功能定位	生态环境保护要求	环境合理性分析
中部山地生态绿心(一心)	以生态环境保护与水源涵养、生物多样性保护、源头水保护为主	国家限制开发区，是全岛生态敏感区和生物多样性最为富集的地区，也是国家生物多样性保护的重点地区之一。属国家级重点生态功能区，以提供生态产品为主体功能，是全岛生态安全战略中心。作为全岛三大江河的发源地，水资源与水生态保护极为重要	治理开发任务与功能定位基本符合国家生态环境保护定位与要求，小型局部供水工程建设要妥善处理与生态环境保护的关系

一心两圈	治理开发与功能定位	生态环境保护要求	环境合理性分析
热带特色农业圈（内环）	合理开发、节约保护水资源，注重水生态保护，加强水土流失治理，合理进行水资源开发利用，发展高效热带现代农业，提升水资源、水生态承载能力，恢复水系廊道的连通性	国家限制开发区，是国家农产品主产区华南主产区的重要组成部分，具备良好的热带特色农业生产条件，以提供热带农产品为主体功能，保持并提高农产品生产能力。基于海岛山形水系特征，在该区域需要限制大规模高强度工业化城镇化开发，保护 38 条生态水系廊道水质安全	治理开发任务和功能定位基本符合生态环境要求，需做好珍稀濒危鱼类栖息地保护，注重灌区规模扩大的农业面源风险
沿海城镇发展圈（外环）	以供水、防洪减灾、水资源水生态保护工程为主，优化配置水资源，严格控制入河湖污染物，加强饮用水保护，治理城镇内河湖水质污染	国家重点开发区，位于全国"两横三纵"城市化战略格局中沿海通道纵轴的最南端，与广西北部湾经济区以及广东省西南部构成国家重点开发区域北部湾地区，是全省城镇化的主体空间，承载了全省绝大多数的城市、镇和滨海旅游度假区，需要强化区域服务功能，提升城镇规模经济和产业聚集水平，辐射带动全省新型城镇化发展	治理开发任务和功能定位基本符合生态环境要求，需防范新增供水的水污染风险，保护河口鱼类与红树林生态系统

6.2 规划目标与控制指标环境合理性

通过水网规划实施，将建成海岛型水利基础设施综合网络体系，实现用水安全可靠、洪涝总体可控、河湖健康美丽、管理现代化高效的战略目标。总体分析，规划目标及指标总体符合国家和海南省相关法规、政策或上层位规划对海南资源利用上线、环境质量底线的指标控制要求，农田灌溉水有效利用系数等部分指标严于国家与海南相关规定，规划指标设置基本合理，见表 6-2。

表 6-2　规划指标与相关要求对比

指标	现状	2025 年	2035 年	相关要求	环境合理性分析
防洪标准(年)	城市<50 年 城镇 20~30 年	海口三亚 100 年 主要城镇 20~50 年		根据《防洪标准》(GB 50201—2014),重要城市是防洪标准 100 年一遇,中等城市是防洪标准 50 年一遇,重要城镇防洪标准 20 年一遇	海口、三亚为重要城市,为 100 年一遇防洪标准,海南主要城镇 20~50 年一遇防洪标准设计合理
用水总量(亿 m³)	44.96	52	56	最严格水资源管理制度"三条红线"确定 2020 年、2030 年用水总量控制在 50.3 亿 m³、56 亿 m³	用水总量符合海南水资源利用上线的要求
农村自来水普及率(%)	84	≥90	≥95	依据《海南省总体规划》,农村供水自来水普及率 2020 年达到 90%	指标合理
市、县建成区污水集中处理率(%)	80	≥90	≥95	依据《海南省总体规划》,城镇污水集中处理率 2020 年大于 85%	指标合理
万元工业增加值用水量(m³)	65	45	38	最严格水资源管理制度"三条红线"确定,2020 年、2030 年万元工业增加值用水量控制在 52 m³/万元、38 m³/万元以内	用水效率控制指标合理,符合海南水资源利用上线的要求
灌溉水有效利用系数	0.57	>0.60	>0.62	最严格水资源管理制度"三条红线"确定,2020 年、2030 年农田灌溉水有效利用系数大于 0.57、0.6;国家生态文明建设试点示范区范围内灌溉水有效利用系数大于 0.6(示范县指标)	用水效率控制指标合理,符合海南水资源利用上线的要求
再生水利用率(%)	3.8	≥20		依据《海南省总体规划》,区域中心城市、县城中心城市、县域中心城镇,现状基础上逐年提升,规划年逐步达到国内领先水平,省城中心城镇 2020 年污水回用率达到 40%、30%、15%,省城中心城市、县域中心城市、县城中心城镇 2030 年污水回用率达到 70%、60%、50%、30%。2020 年新增污水处理规模 117.4 万 m³/d,建制镇 2030 年污水处理规模约 24.15 万 m³/d,再生水利用规模约 8 815 万 m³/a)	规划提出污水达标处理后,一部分通过再生水厂处理后利用,再生水回用率大于《海南省总体规划》要求,其余按处理后的污水主要经一级 A 达标处理后的污水主要补充城镇内河湖生态景观用水,总体符合相关规划要求

续表 6-2

指标	现状	2025 年	2035 年	相关要求	环境合理性分析
全省水功能区水质达标率(%)	53		≥95	最严格水资源管理制度"三条红线"确定,2020 年,2030 年水功能区水质达标率大于 95%	符合海南水环境质量底线要求
地表水考核断面水质优良率(%)	90.1		≥97	依据《海南省总体规划》,2020 年,2030 年全省地表水考核断面水质优良比例分别达到 94% 和 97% 以上	符合海南水环境质量底线要求
集中式饮用水水源地水质达标率(%)	96.4		100	依据《海南省总体规划》,2020 年,2030 年城市(镇)饮用水水源地水质 100% 达标	符合海南水环境质量底线要求
城镇内河(湖)水质优于Ⅳ类比例(%)	34.4		100	依据《海南省总体规划》,2020 年,2030 年城镇内河、内湖等水体逐步消除劣Ⅴ类、Ⅴ类水质	符合海南水环境质量底线要求
COD 限制排污总量(万 t/a)	—		2.68	依据《全国水资源保护规划》确定海南省 2020 年,2030 年 COD 限制排污总量为 2.68 万 t/a	符合海南水环境质量底线要求
氨氮限制排污总量(万 t/a)	—		0.1	依据《全国水资源保护规划》确定海南省 2020 年,2030 年氨氮限制排污总量为 0.1 万 t/a	符合海南水环境质量底线要求
湿地保有面积(km²)	—		≥3 200	依据《海南省总体规划》,2020 全省湿地保有量 3 200 km²(480 万亩)	符合海南水环境质量底线要求

6.3 规划布局环境合理性分析

6.3.1 水生态保护红线布局环境合理性

规划结合行洪通道、水域及岸线保护、饮用水源保护、水土保持、水源涵养等水生态空间保护要求,划定水生态保护红线,与《海南省总体规划(空间类2015~2030)》提出的生态保护红线划定成果相衔接。其中,禁止开发区即水生态保护红线区,主要根据涵养水源、保持水土、保护生物多样性、保障河湖生态系统完整性和稳定性等要求划定,是水生态空间范围内具有特殊重要生态功能、必须强制性严格保护的区域,是保障和维护水资源水生态安全的底线和生命线。除了涉水生态保护红线,其他水生态空间均按照限制开发区要求进行管控。水生态空间管控规划布局合理性分析见表6-3。

表6-3 水生态空间管控规划布局合理性分析

类型	管控区域布局		合理性分析
	禁止开发区域	限制开发区域	
行蓄洪功能、水域及岸线保护	38条生态水系廊道及重要湖库中具有重要生态保护价值的水域及岸线、涉水自然保护区的水域及岸线、水产种质资源保护区、重要沿河及河口湿地等生物多样性保护区	38条生态水系廊道、重要湖库划定的禁止开发区之外的水域及岸线,未划入生态保护红线的其他河湖的水域及岸线范围	为了保障海南水生态安全,海南省生态保护红线将38条主要河流,以及分布于此之上的35座大、中、小型水库的管理和保护范围纳入红线,经对比,本次水生态空间禁止开发区域与此相一致
饮用水源保护	33个城市(镇)集中式饮用水水源保护区和199个乡镇集中式饮用水水源保护区的一级区	未划入生态保护红线的集中式饮用水水源保护区的二级保护区及准保护区,其他乡镇及农村的饮用水水源保护区	与《海南省总体规划(空间类2015~2030)》划定的饮用水源管控布局、海南省水源涵养保护红线相一致
水土保持	水土流失重点防治区中的极重要水土保持功能区	未划入禁止开发区的水土流失重点防治区	与《海南省水土流失重点预防区和重点治理区划》及海南省水土保持生态保护红线相协调
水源涵养	琼中、五指山、白沙、屯昌、保亭等中部山区极重要的江河源头区及水源涵养区	未划入水源涵养红线区的江河上游、水源补给保护的生态区域	本次禁止开发区与海南中部山地水源涵养生态保护红线相一致

规划项目属于重大基础设施、重大民生项目、生态保护与修复类项目,总体符合《海南省陆域生态保护红线区开发建设管理目录》有关生态保护红线区开发建设活动管理要求。规划实施过程中,按照《海南省生态保护红线管理规定》,进一步优化重点工程布局、选址、选线,引水线路采用隧洞形式,减少对生态保护红线的扰动,尽可能避让特殊生态敏感区和重要生态功能区;水库等重大水资源配置工程完工后根据主体功能相应划入生态保护红线区进行管控。

6.3.2 水资源配置布局环境合理性

海南西部、西南部长期缺水,而东部在暴雨季节又经常遭遇不同程度的水灾;旱季经济社会生产用水挤占下游生态用水现象时有发生,现有工程体系已无法抵御连续干旱年及特枯干旱年的持续性缺水。水网规划根据海南岛"一心两圈四片区"的空间布局进行水资源配置,遵循空间均衡总体要求,按照"片内连通、区间互济","以大带小、以干强支、以多补少、长藤结瓜"进行布局,符合"空间均衡、系统治理"的新时期治水思路,与生产力布局、全省空间格局相匹配。

规划重点以水资源相对丰富的南渡江、万泉河、昌化江三大江河为水源,补充支流及独流入海河流,规划新增引水后,水源区河流水资源开发利用率仍相对较低(规划年南渡江、昌化江、万泉河流域多年平均水资源开发利用率分别为24%、21%、11%),生态环境影响总体可控;同时通过逐步退还部分独流入海河流被挤占的生态用水,恢复河道生态流量,避免独流入海河流进一步开发造成生态恶化。

规划利用松涛、红岭、牛路岭、大广坝等已建大型水库的水资源调蓄能力,通过建设迈湾水库、向阳水库等多年调节水库适当增加调蓄库容,补给中小河流上17座调配能力不足的水库,改变大中型水库、不同区域渠系之间缺乏有效连通的现状,既能有效保障以阶地和平原为主的沿海地带城乡供水安全,又能最大限度地减少中小型水库建设数量,避免对更多中小河流及支流的生态环境影响。工程实施后海南基本形成以蓄水工程为主、引提水工程有效补充、地下水逐步置换、非常规水利用增加的供水体系,各市(县)实现多水源供水格局,各规划水平年水资源配置成果满足经济社会发展要求,河道生态基本水量得到保障。经分析,规划水资源配置思路和格局总体合理,与海南水资源开发利用特点和生态保护战略要求是符合的。

规划重大水资源配置工程总体符合生态保护红线区管控要求,新建水库坝址及其库区淹没范围基本不涉及自然保护区等环境敏感点。经识别,新建吊罗山水库位于吊罗山国家级自然保护区,牛路岭灌区输水干渠穿越上溪、尖岭省级自然保护区,保陵水库淹没范围临近吊罗山国家级自然保护区且其输配水路线穿越该保护区;规划新建保陵水库、向阳水库坝址与淹没范围涉及海南岛中部山区热带雨林国家重点生态功能区,同时保陵水库位于海南热带雨林国家公园内。

此外,规划新建向阳水库位于昌化江特有鱼类产卵场,保陵水库位于陵水河珍稀濒危特有鱼类产卵场,其余新建迈湾、天角潭、南巴河水库不涉及鱼类栖息地。天角潭水库坝址断面下游分布有北门江河口新英湾红树林自然保护区。

通过对规划方案进行优化(包括取消新建水库,调整坝址位置、水库功能定位等)并采取相应保护措施后,本次规划工程布局对海南生态环境的影响总体上是可控的。分区域水资源配置工程布局环境合理性分析见6-4。

表 6-4 水资源配置工程布局合理性分析

片区	规划布局重点	区域定位要求	合理性分析
琼北	配置水量 30.36 亿 m³。建设琼西北供水工程、迈湾水库及灌区工程、天角潭水利枢纽工程、南渡江引水工程(在建)	为国家 21 世纪海上丝绸之路的战略支点、自贸区及主枢纽港区,是海南省政治经济文化中心、人口密集、经济发达,集中了全岛 52% 的人口、58% 的 GDP 和 90% 以上的工业,且矿产土地资源丰富,为国家重要能源基地,是海南主要的粮食生产基地和热带特色农业科技创新中心,也是三沙市的后勤保障基地、航天卫星发射基地	水资源配置工程布局基本合理,其中迈湾水库、琼西北供水工程不存在重大环境制约因素,通过采取必要的环境保护措施,其不利环境影响得到有效减缓;天角潭水库坝址断面存在水污染隐患,下游分布有北门江河口新英湾红树林自然保护区,河道减水对红树林生长繁育有一定影响
琼南	配置水量 10.74 亿 m³。建设乐亚水资源配置工程、保陵水库及供水工程、三亚南繁基地水利建设、乐东南繁基地水利建设	为"大三亚"旅游经济圈,是国家 21 世纪海上丝绸之路的现代服务业合作战略支点、国家热带海滨风景旅游城市、国际门户机场、自贸区和南繁育种基地,具有丰富的海滨旅游资源,宜居指数高,是度假旅游人数最多、人口最集中的地区	乐亚水资源配置工程中的向阳水库、陵水河上的保陵水库坝址与淹没范围位于中部山区热带雨林国家重点生态功能区。其中,向阳水库进行坝址优化比选并采取必要环保措施后,其不利环境影响总体可以接受;保陵水库建设对土著鱼类生境影响较大,规划实施时需深入论证
琼西	配置水量 7.65 亿 m³。建设引大济石工程、扩建石碌灌区、续建大广坝灌区	全岛降雨量最少的地区,但沿海土地资源丰富,适合农业生产,是海南岛西部粮食、油料等农产品生产基地,也是海南岛核电基地,未来将逐步发展为海南省香蕉、芒果产业带以及东方石化工业基地	昌化江中游引调水对河口生态环境产生一定影响,需合理控制引水量,优化已建大广坝水库调度管理
琼东	配置水量 9.06 亿 m³。建设牛路岭灌区工程、红岭灌区工程(在建)	地形以平原、浅丘为主,涉及该区有博鳌亚洲论坛永久会址,是国际经济合作和文化交流的重要平台、国家公共外交基地和国际医疗旅游先行区	充分利用已建大型水库,优化区域水资源配置,工程布局合理,其中牛路岭灌区输水干渠以隧洞形式穿越上溪、尖岭省级自然保护区,应深入论证工程建设对自然保护区的环境影响和减缓措施
琼中	配置水量 1.35 亿 m³。适度建设中小型水源工程;扩建水厂,市政管网延伸	中部生态经济区,该区域为国家级重点生态功能区,是全岛生态安全战略中心	水资源配置工程以当地分散供水工程为主,对环境的影响总体较小,布局总体合理

6.3.3 热带现代农业水利保障布局环境合理性

发展南繁育种,热带高效农业符合国家对海南农业发展定位,符合《国家南繁科研育种基地(海南)建设规划(2015~2025年)》《全国主体功能区规划》《全国生态功能区划》《全国国土规划纲要(2016~2030年)》《海南省国民经济和社会发展第十三个五年规划纲要》《海南省现代农业"十三五"发展规划》《海南省"十三五"热带特色高效农业发展规划》等要求。

规划提出,海南中部山区发展节水减排生态型灌溉;丘陵台地及平原热带特色农业基地是灌溉发展的重点区域,配合冬季瓜菜基地、粮油基地、休闲观光农业、南繁育种基地用水需求,在继续完成现有大中型灌区续建配套和节水改造的同时,新建一批大中型现代化灌区。继续实施松涛、大广坝、长茅、加潭等大中型灌区续建配套和节水改造,改善灌溉面积49万亩,新增灌溉面积116万亩。加快完成列入国家172项重大水利工程项目的红岭灌区工程的建设;结合迈湾水库、琼西北供水工程、昌化江水资源配置工程及列入全国中型水库建设规划的水源工程,新建一批大、中型灌区,设计灌溉面积379万亩,新增有效灌溉面积148万亩,改善灌溉面积68万亩。2035年有效灌溉面积802万亩,占海南岛陆域面积的15.6%。

规划灌区主要布局在内环的阶地与台地上,位于国家农产品主产区——华南主产区(海南岛)布局区内,该地区地处海南岛内环的热带农业圈内,具备良好的热带特色农业生产条件,集中了全省约85%的热带特色农业耕地面积,以提供热带农产品为主体功能(见表6-5)。灌区主要布局位于热带高效农业发展圈,不触及生态保护红线、自然保护区等禁止开发区,总体不位于中部山区热带雨林国家重点生态功能区(见图6-1),规划主要对已有灌区(松涛灌区、大广坝灌区)改扩建或在已有耕地新建灌区(琼西北灌区、乐亚灌区、牛路岭灌区、迈湾灌区等),基本不改变土地利用性质和生态空间格局,规划布局基本合理。

图6-1 工程布局与国家重点生态功能区叠加图

表 6-5　海南农业发展定位布局

农业发展定位	相关规划	分布市(县)	面积
国家南繁育种基地	《国家南繁科研育种基地(海南)建设规划(2015~2025年)》	三亚、乐东、陵水	26.8万亩
国家农产品"华南主产区"	《全国主体功能区规划》	文昌、琼海、万宁、陵水、定安、屯昌、澄迈、临高、儋州、昌江、东方、乐东	2.3万 km²
海南环岛平原台地农产品提供功能区	《全国生态功能区划》(修编版)	海南平原台地区	—
高标准农田建设区	《全国国土规划纲要(2016~2030年)》	海南丘陵平原台地区	—
海南冬季瓜菜产业区	《海南省现代农业"十三五"发展规划》《海南省"十三五"热带特色高效农业发展规划》	三亚、乐东、陵水、文昌、万宁、儋州、临高、澄迈、琼海、昌江、东方	—
海南热带水果产业区	《海南省现代农业"十三五"发展规划》《海南省"十三五"热带特色高效农业发展规划》	昌江、乐东、东方、三亚、海口、琼海、文昌、万宁、陵水、澄迈、定安	—
环岛台地农业综合发展利用地区	《海南省土地利用总体规划》	海口、文昌、琼海、万宁、定安、屯昌、澄迈、临高、儋州、白沙、昌江、东方和乐东等市(县)的环岛台地区	—

　　五指山、白沙等市(县)周围规划发展的零星小面积灌区,位于中部山区国家重点生态功能区。该部分灌区土地性质为基本农田,且灌溉面积较少,属于国家扶贫攻坚类项目。本次规划主要以发展生态节水型灌溉为主,适度发展小面积的高效节水灌溉可有效解决当地贫困人口的粮食需求;优先发展绿色生态农业,严格控制化肥和农药的使用,逐步减少化肥施用量,对生态环境的影响较小。

　　此外,海南中部山区零星分布的农田属于海南热带雨林国家公园范围内,所在区域完成移民搬迁后,将适时停止农业灌区发展。

6.3.4　水资源水生态保护布局环境合理性

　　水资源水生态保护坚持保护优先、自然恢复为主,严守生态保护红线,强化中部山区水源涵养封育和生境保护;开展重要饮用水水源地安全保障达标建设,保障城乡供水安全;持续推进城镇内河(湖)水环境综合治理,改善城镇人居环境;加快实施生态水系廊道保护和建设,强化南渡江、万泉河、昌化江等重点流域和松涛、牛路岭、大广坝等重要湖库的水生态保护和修复,保障河流生态流量,推进水土流失综合治理。

规划以需求为导向,将海南岛划分为9大片区开展水资源水生态保护措施布设,规划实施有利于改善城镇内河湖水质,恢复河流连通性,保护濒危鱼类栖息地,维持河流基本生态功能,促进河流生态健康。生态水系廊道保护和治理措施布局合理性分析见表6-6。

表6-6　生态水系廊道保护和治理措施布局合理性分析

主要类型	布局		合理性分析
	主要河段范围	主要保护与治理措施	
水源涵养与保护	南渡江、昌化江、万泉河、定安河、陵水河、南巴河、南绕河等江河源头区河段	加强水源涵养和封育保护,建设热带雨林国家公园,适度实施退耕还林,开展水源涵养林建设,实施生态移民搬迁,提高水源涵养能力;结合水源地安全保障达标建设,在水土流失较严重的湖库水源地周边及上游区,推进生态清洁小流域建设,加强乡镇污染综合治理	范围主要涉及海南省中部山区,规划提出的以保护和修复为主的措施布局符合国家对海南岛中部山区热带雨林生态功能区的相关保护要求
峡谷河道生态维护	南渡江、腰仔河、龙州河、昌化江、通什水、万泉河、定安河、珠碧江等闸坝建设较多的中上游河段	推进绿色水电站评估认证,对丧失使用功能或严重影响生态又无改造价值的水电站,强制退出;对部分拦河闸坝实施生态改造,开展鱼类生境修复、滨岸带植被恢复;完善闸坝生态流量泄放和监控设施,强化生态调度和管理等	规划措施提出对海南省阻隔较为严重的河流加强环境整治,推动小水电生态改造或逐步退出,有利于河流连通性的逐步恢复,促进河流水生生态环境的改善
重要水源地保护	南渡江、万泉河、石碌河、都总河、文澜江、北门江、春江、龙滚河、太阳河、藤桥河、宁远河、望楼河等中上游水库及引水河段	针对重要饮用水水源地所在河段,开展水源地安全保障达标建设和库周污染综合治理等,保障城乡供水安全	水源地保护是保障城乡饮水安全的重要措施,规划提出的布局基本合理
重要水生生境保护与修复	南渡江、大塘河、龙州河、巡崖河、昌化江、万泉河、南罗溪、龙首河、龙尾河、九曲江、藤桥河等中下游河段	重点对三大江河下游及河口区、江河源头溪流河段实施鱼类资源及栖息生境保护,滨河及河口湿地修复等,维护水生生物多样性。结合重大水利工程布局建设5处鱼类增殖放流站,在三大江河下游拦河闸坝建设过鱼设施。因势利导对136 km采砂破坏河段和144 km城镇渠化河道开展生态改造和生境修复	规划针对河口鱼类环境敏感目标提出的保护与修复措施,开展鱼类增殖放流和栖息地保护,有利于减缓水生生境恶化的现状,规划布局基本合理

续表 6-6

| 主要类型 | 布局 | | 合理性分析 |
	主要河段范围	主要保护与治理措施	
水环境综合治理	东方水、塔洋河、北门江、春江、珠碧江、珠溪河、北水溪、文教河、文昌江、罗带河、北黎河等城镇及平原河段	重点对水量短缺、水质较差的独流入海河流,实施乡镇污水集中处理、清淤疏浚、入河排污口综合治理,开展农村河道堰塘生态整治,建设河岸植被缓冲带及人工湿地等,改善水环境	规划实施海口、三亚、万宁等城镇内河(湖)水环境治理和水系连通工程,建设绿色廊道景观带等,改善居民亲水环境,有利于推动形成人与自然和谐发展的现代化建设新格局,规划布局基本合理
绿色廊道景观建设	南渡江、石碌河、万泉河、陵水河、文澜江、太阳河、宁远河、望楼河的下游城镇河段	加快推进城镇河段水污染治理,实施硬质护坡生态改造,开展滨海植被景观带亲水平台和湿地公园建设,强化河口红树林保护与修复;针对松涛、红岭、大广坝等大型灌区及南繁育种基地,开展生态节水型灌区建设;推进海口、三亚、陵水等海绵城市建设,因地制宜建设生态湿地和河湖水系连通工程,打造绿色生态水系廊道	

水土保持方案在对区域基本情况进行综合调查和资料收集整理分析的基础上,确定水土流失类型及分区,拟定水土流失防治方向,划分6个分区,即琼中山地水源涵养区、琼西丘陵阶地蓄水保水区、琼北沿海台地阶地土壤保持区、琼东南沿海丘陵人居环境维护区、海文沿海阶地人居环境维护区、南渡江中下游丘陵台地水质维护区,因地制宜地提出防治措施,控制各种新的人为水土流失的产生。规划实施有利于改善生态环境、涵养水源,减轻山洪灾害,提升区域蓄水保土能力,改善农村生产条件和生活环境。水土保持布局考虑了海南相关规划、区划生态环境保护定位及重要生态功能区的要求,经分析规划布局总体合理(见表6-7)。

表 6-7 水土保持布局合理性分析

规划分区	海南省水土保持分区及名称	市(县)	合理性分析
中部山区	琼中山地水源涵养区	白沙、五指山、琼中等3市(县)	规划布局以区域水土流失分布为基础,考虑水土流失重点预防区、重点治理区,与现有水土保持重点项目安排相协调,体现了预防和治理结合的原则,规划布局基本合理
琼北区	海文沿海阶地人居环境维护区、南渡江中下游丘陵台地水质维护区、琼北沿海台地阶地土壤保持区	海口、澄迈、临高、儋州、文昌、白沙等6市(县)	
琼南区	琼东南沿海丘陵人居环境维护区、琼中山地水源涵养区、琼西丘陵阶地蓄水保水区	乐东、三亚、保亭、陵水等4市(县)	
琼西区	琼西丘陵阶地蓄水保水区	东方、昌江等2市(县)	
琼东区	琼东南沿海丘陵人居环境维护区、南渡江中下游丘陵台地水质维护区、琼中山地水源涵养区	定安、屯昌、琼海、万宁等4市(县)	

6.3.5 防洪（潮）治涝布局环境合理性

防洪（潮）治涝包括三大江河中下游防洪治涝及河口综合治理，重点中小河流治理，重点海堤建设、涝区综合治理、山洪灾害防治及非工程体系建设。布局范围主要涉及流域面积 200 km² 以上的河流，共 22 条（见图 6-2）。

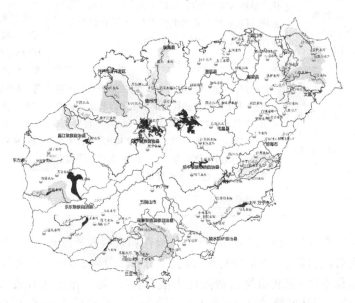

图 6-2　防洪治涝流域分布（200 km² 以上流域）

防洪（潮）治涝的重点是人口较为集中、社会经济较为发达的县城、市区，考虑到防洪工程建设的必要性，工程性质总体对环境的影响较小，布局基本合理。然而，经识别工程布局涉及水产种质资源保护区 1 处、自然保护区 1 处、鱼类栖息地等，存在与生态系统保护的局部冲突，主要包括：

（1）万泉河干流中下游防洪除涝综合整治工程建设。包括嘉积城区堤防改造工程、万泉镇防洪工程、官渡—东环铁路防洪工程、国际医疗先行区防洪工程、万泉河下游河道疏浚工程等，该工程均布局在"尖鳍鲤、花鳗鲡国家级水产种质资源保护区"内。由于防洪工程的建设可能使河道进一步渠化，导致生境多样性降低，影响鱼类索饵、繁殖等。

（2）北门江下游井村—中和镇、东城镇段。新建堤防工程 28 km（直至河口处），岸坡整治工程 6.5 km 等。儋州新英湾红树林保护区位于北门江河口，分布有红树林生态系统、半红树林生态系统及滨江丛林植被生态系统，红树林从海湾、河口一直上溯分布到新村（距离河口约 5.2 km）一带，半红树林在红树林分布的区域偏向陆域一侧，可到达中和镇一带（距离河口约 9.5 km）。北门江下游至河口河段规划的防洪工程一旦修建，会对红树林生态系统造成严重影响。

（3）南渡江防洪重点完善下游海口、定安、澄迈等河段城乡堤防排洪工程。其中，金江下游段新建及拆除重建堤防 42 km，位于产漂流性鱼类的产卵场；罗温段新建堤防 2.8 km 涉及产黏沉性鱼类的产卵场。工程建设会对鱼类繁殖等敏感区会产生不利影响。

6.4 规划规模环境合理性分析

6.4.1 水资源配置规模的环境合理性

6.4.1.1 环境合理性总体分析

2016 年基准年全省需水量 48.80 亿 m³,实际供水量 44.10 亿 m³,缺水 4.70 亿 m³,缺水率约 10%。供需矛盾最突出的地区为海口市,其次为乐东县,缺水量分别为 0.84 亿 m³ 和 0.66 亿 m³。规划水平年 2035 年随着经济社会的快速发展,水量缺口也呈现增大趋势,缺水量为 14.32 亿 m³,缺水率达到 23%。规划年琼西北部的儋州市缺水量最大,为 2.60 亿 m³;其次海口市缺水 2.36 亿 m³,三亚市缺水 1.55 亿 m³,琼北澄迈、琼南乐东、琼东琼海都有一定程度的缺水。

规划琼北区继续推进迈湾、天角潭水利枢纽工程,新建琼西北供水工程、迈湾灌区工程,琼南区新建乐亚水资源配置工程、保陵水库及供水工程,琼西区新建引大济石工程,琼东区新建牛路岭灌区工程。规划水资源配置工程实施后,2035 年供水量达到 59.15 亿 m³,缺水率降低至 6%,缺口应采用中水及海水淡化等措施解决。

水网规划实施后,用水总量、用水效率、生态水量满足程度等满足资源利用上线,水环境满足环境质量底线。然而,迈湾水库建成后,南渡江迈湾江段溪流性生境消失,鱼类多样性受到较大影响;乐亚水资源配置工程、引大济石工程建设,导致昌化江流水生境缩小,对戈枕坝下及河口水生生境有一定影响;保陵水库建成后,陵水河珍稀濒危特有鱼类生境将受影响。

海南分片区规划工程环境影响对比见表 6-8。

6.4.1.2 配置方案环境合理性

1. 水资源配置思路合理性分析

规划在满足生活用水的前提下,优先考虑主要河流的基本生态用水,合理配置生产用水。河道外供水优先次序为城乡生活、特殊农业(南繁育种等)、城镇工业、农业灌溉需求、其他用水等。

规划环评认为,规划水资源配置思路总体合理,结合海南水资源紧缺状况,旅游地产人口需水应包含在其他用水内,河道外供水优先次序调整为:城乡生活、特殊农业(南繁育种等)、城镇工业、农业灌溉需求、旅游地产人口需水。依据《海南省总体规划(空间类 2015~2030)》,旅游园区主要布局于沿海区域,鉴于琼西北、琼东南等区域水资源不足,旅游地产在区域水资源承载能力有限的条件下,可采用海水淡化的方式解决局部缺水矛盾。

2. 用水总量指标合理性分析

水资源可利用量是流域水资源开发利用的最大控制上线。海南省多年平均水资源量为 320.26 亿 m³,多年平均水资源可利用量为 117.64 亿 m³,其中地表水水资源可利用量为 106.89 亿 m³,地下水不重复可利用量 10.75 亿 m³。规划水平年 2035 年全省地表水供水量占地表水资源可利用量的 50%,地下水供水量占地下水不重复可利用量的 30%。各主要河湖水系的水资源开发利用量未超出水资源可利用量范围。

表 6-8　海南分片区规划工程环境影响对比

分区	国家定位与需求及供水存在的矛盾	涉及市(县)	多年平均地表水资源量	规划建设水资源配置工程	规划实施前					水文情势现状	缺水率	水资源开发利用率
					资源利用上线			环境质量底线				
					用水量	用水效率	生态水量满足程度	水质现状	水生态质量现状			
琼北	位于国家重点开发区和国家农产品主产区，集中了全省52%的人口、58%的GDP和90%以上的工业，是海南主要的粮食生产基地和热带特色农业科技创新中心。作为海南省政治经济文化中心，规划年需水量较大，但目前主要以松涛水库蓄水为水源，南渡江、儋州、澄迈等无水库拦蓄调蓄水流，各市县水源单一、松涛灌区季春季节性供水严重不足，水资源配置工程建设尚未完成，区域供水保证率仅为36%。现状年、2025年、2035年分别缺水2.09亿m³、5.44亿m³、7.29亿m³	海口、澄迈、临高、儋州、文昌、白沙	92.3亿m³	①迈湾水利枢纽工程 ②天角潭水利枢纽工程 ③琼西北供水工程 ④迈湾灌区工程	21.29亿m³(满足用水总量指标23.35亿m³)	万元工业增加值用水量157 m³/万元，灌溉水有效利用系数0.57(不满足用水效率指标)	①南渡江河口龙塘断面年均98%、汛期100%、非汛期96%; ②北门江河口年均90%、汛期91%、非汛期足大于90%的底线要求)	水功能区达标率79%，城镇内河湖水质污染严重，不满足环境质量底线	南渡江干流已建松涛、儿比、谷石滩、金江、龙塘等梯级严重破坏河流连通性，松涛水库大坝阻断南渡江上下游连续阻断了龙塘河流及河口阻隔鱼类上溯的通道	①南渡江河口龙塘断面全年182 m³/s，汛期309 m³/s，非汛期92 m³/s。②北门江河口全年13.76 m³/s，汛期24.73 m³/s，非汛期5.93 m³/s。③春江全年9.82 m³/s，汛期17.60 m³/s，非汛期4.27 m³/s。④珠碧江全年19.03 m³/s，汛期35.40 m³/s，非汛期7.34 m³/s	现有(包括在建)水利工程条件下：现状年缺水率9%; 2025年18%; 2035年23%。枯水期缺水率高，海口、儋州、澄迈缺水矛盾突出	23.7%
琼南	为"大三亚"旅游经济圈，国家热带海滨风景旅游城市，国际门户机场，自贸区和国际繁育种基地，具有丰富的海滨旅游资源。水源调蓄能力不足，资源型缺水问题突出，三亚和乐东南部沿海几乎全线采沿海地下水，乐东安全风险大，南繁基地采用地下水，水资源保证率低，昌化江干流径流量大但缺乏调蓄工程。现状年、2025年、2035年分别缺水0.97亿m³、2.43亿m³、3.37亿m³	乐东、三亚、保亭、陵水	56.03亿m³	乐亚水资源配置工程	9.22亿m³(满足用水总量指标10.59亿m³)	万元工业增加值用水量81 m³/万元，灌溉水有效利用系数0.59(不满足用水效率指标)	①望楼河断面年均85%、汛期89%、非汛期82%; ②宁远河大隆断面年均93%、汛期90%、非汛期村坊断面全年83%、汛期99%、非汛期71%(不满足大于90%的底线要求)	水功能区达标率96%，城镇内湖水质污染严重，满足环境质量底线	昌化江、广坝等大中型水库支以及干流梯级小水电站，及拦河坝，破坏水丁河连通性，阻隔洄游鱼类的洄游通道	①望楼河全年18.25 m³/s，汛期34.16 m³/s，非汛期6.89 m³/s。②宁远河全年25.18 m³/s，汛期46.58 m³/s，非汛期9.89 m³/s	现有(包括在建)水利工程条件下：现状年缺水率11%; 2025年24%; 2035年30%。枯水期缺水率高，三亚、乐东缺水矛盾突出	13.1%

分区	国家定位与要求及供水存在的矛盾	涉及市（县）	多年平均地表水资源量	规划建设水资源配置工程	规划实施前						缺水率	水资源开发利用率
					用水量	用水效率（资源利用上限）	生态水量满足程度（资源利用上线）	水质现状（环境质量底线）	水生态状况（环境质量底线）	水文情势现状		
琼西	为全岛降雨量最少的地区，是海南西部粮食、油料等现代农业基地，也是海南岛核电基地，未来将逐步发展为海南工业基地，尤其是果蔬香蕉产业带以及东方石化工业基地。该片区季节性干旱问题突出，昌江县及多数乡镇缺水严重，沿海县城大量开采地下水，水质不达标，昌江核电厂供水安全隐患大。现状年、2025年、2035年分别缺水0.68亿m³、1.27亿m³、1.27亿m³	东方、昌江	22.26亿m³	引大济石工程	5.54亿m³（满足用水总量指标5.81亿m³）	万元工业增加值用水量157 m³；灌溉水有效利用系数0.55（不满足用水效率指标）	昌化江宝桥断面全年89%，汛期94%，非汛期95%（不满足大于90%的底线要求）	水功能区达标率100%，城镇内河湖水质污染严重，不满足环境质量底线	昌化江下游由于梯级水库的调蓄，引水，下游河道水量减少，河段河岸带及河口至沙化现象出现，河流生态廊道功能受损，鱼类等水生生境萎缩，生态功能降低	昌化江宝桥断面全年123 m³/s，汛期218 m³/s，非汛期56 m³/s	现有（包括在建）工程条件下：现状年缺水率11%；2025年16%；2035年15%，水期枯水率较高，昌江缺水期矛盾突出	24.0%
琼东	该区有博鳌亚洲论坛永久会址，是国际经济合作和文化交流的重要平台，国家公共外交基地和国际医疗旅游先行区。水资源总量较为丰富，红岭、牛路岭水资源配置未能完成，耕地灌溉率仅47%，除万宁外，其余3个市（县）为单一水源。现状年、2025年、2035年分别缺水0.77亿m³、1.57亿m³、1.97亿m³	定安、屯昌、琼海、万宁	73.2亿m³	牛路岭灌区工程	7.12亿m³（满足用水总量指标7.78亿m³）	万元工业增加值用水量125 m³；灌溉水有效利用系数0.57（不满足用水效率指标）	①万泉河嘉积断面全年97%，汛期95%，非汛期99%②太阳河万宁水库断面全年93%，汛期88%，非汛期97%	水功能区达标率44%，城镇内河湖水质污染严重，不满足环境质量底线	万泉河最下游已建嘉积坝对洄游鱼类和河口内花鳗鲡等洄游性鱼类基本阻隔，上被阻隔两干坝下	①万泉河河口嘉积断面全年154 m³/s，汛期227 m³/s，非汛期101 m³/s②太阳河全年30.76 m³/s，汛期47.10 m³/s，非汛期19.10 m³/s	现有（包括在建）工程条件下：现状年缺水率9%；2025年17%；2035年20%，水期枯水率较高，原海缺水期矛盾突出	10.3%
琼中	海南中部山地的生态绿心，为国家级重点生态功能区，是全岛生态安全战略中心。该区集中了全省95%以上的水源涵养生态保护面积，水资源量超过全省的20%，但存在局部城乡供水设施不完善的问题。现状年、2025年、2035年分别缺水0.2亿m³、0.37亿m³、0.42亿m³	白沙、五指山、琼中	59.94亿m³	—	1.79亿m³（满足用水总量指标2.00亿m³）	万元工业增加值用水量96 m³/万元；灌溉水有效利用系数0.59（不满足用水效率指标）	—	考核水功能区达标率50%，城镇内河湖水质污染，不满足环境质量底线	水电站阻隔河流纵向连通性，引水式水电站存在脱水段，鱼类生境遭受破坏	—	现有（包括在建）工程条件下：现状年缺水率17%；2025年27%；2035年29%，中部市（县）存在一定程度缺水	1.5%

分区	国家定位与需求及供水存在的矛盾	涉及市(县)	多年平均地表水资源量	规划建设水资源配置工程	供水量	用水效率	生态水量满足程度	水质变化	水生态质量底线	对水文情势的影响	缺水率	水资源开发利用率	河道外供水次序
						规划实施后							
						资源利用上限	生态利用上线	环境质量底线					
琼北	位于国家重点开发区和国家农产品主产区,集中了全岛52%的人口,58%的GDP和90%以上的工业,是海南主要的工业基地和热带特色农业科技创新中心,作为海南省政治经济文化中心。规划海南重点水源工程,南渡江中下游(儋州、澄迈、冬春季节缺水源严重。松涛水库灌区建设保证率完成,区域耕地灌溉保证率仅为36%。现状年,2025年,2035年分别缺水2.09亿m³、5.44亿m³、7.29亿m³	海口、澄迈、临高、儋州、文昌、白沙	92.3亿m³	①迈湾水利枢纽工程;②天角潭水利枢纽工程;③琼西北供水工程;④迈湾灌区工程	24.72亿m³(满足总量25.9亿m³)	万元工业增加值用水量38m³/万元以下;灌溉水有效利用系数0.64(满足效率指标)	①南渡江龙塘断面河年均98%,汛期98%,非汛期98%;②北门江门江河口年均95%,非汛期100%	水功能区水达标率92%以上,城镇内湖满足Ⅳ类水体	实施保护生态规划,改善,但南渡江迈湾溪流性生境消失,鱼类多样性受到较大影响	①南渡江河口龙塘断面全年174 m³/s,汛期294 m³/s,非汛期88 m³/s;②北门江河口全年11.14 m³/s,汛期20.79 m³/s,非汛期425 m³/s;③春江全年9.20 m³/s,汛期16.73 m³/s,非汛期3.81 m³/s;④珠碧江全年19.13 m³/s,汛期35.64 m³/s,非汛期7.33 m³/s	规划水资源配置工程实施后,缺水率降低至5%	32.2%	城乡生活、工业、南繁育种、农业、旅游、地产需水
琼南	为"大三亚"旅游经济圈,国家热带海滨风景旅游城市,国际门户机场,自贸区和南繁育种基地,具有丰富的海滨旅游资源。水源调蓄能力不足,资源型缺水问题突出,三亚和乐东南部已经连续几年出现城市水水源不足问题,乐东等沿海城市大量采用地下水,供水安全风险高,南繁基地水资源保证标准低,陵水河径流量大但资源调蓄工程。现状年,2025年,2035年分别缺水0.97亿m³、2.43亿m³、3.37亿m³	乐东、三亚、保亭、陵水	56.03亿m³	乐亚水资源配置工程	8.01亿m³(满足用水总量指标11.81亿m³)	万元工业增加值用水量38m³/万元以下;灌溉水有效利用系数0.63(满足效率指标)	①望楼河长茅断面年均89%,汛期90%,非汛期88%;②宁远河大隆断面年均93%,汛期90%,非汛期96%;③陵水河梯村坝断面全年82%,汛期96%,非汛期71%	水功能区水质达标率97%以上,城镇内湖河满足Ⅳ类水体	昌化江生境缩小,大广坝以上流域区域鱼类多样性的维持基本现状。陵水河珍稀濒危特有鱼受现境影响	①望楼河16.69 m³/s,汛期28.95 m³/s,非汛期7.94 m³/s;②宁远河全年19.03 m³/s,汛期29.30 m³/s,非汛期11.69 m³/s	规划水资源配置工程实施后,缺水率降低至6%	17.6%	城乡生活、工业、南繁育种、农业、旅游、地产需水

分区	国家定位与要求及供水存在的矛盾	涉及市(县)	多年平均地表水资源量	规划建设水资源配置工程	规划实施后							
					用水量	用水效率	生态水量满足程度	水质变化	水生态影响	对水文情势的影响	缺水率	水资源开发利用率	河道外供水次序
					资源利用上线			环境质量底线					
琼西	为全岛降雨量最少的地区,是海南西部粮食、油料等农产品生产基地,也是海南岛核电基地,未来将逐步发展为海南岛核电基地、果菜产业基地、坚果产业带以及东方石化工业基地。该片区季节性干旱问题突出,昌江县域及多数乡镇缺水严重,沿海地区域大量开采地下水,水质不达标,昌江核电厂供水安全隐患大。现状年、2025年、2035年分别缺水0.68亿m³、1.27亿m³、1.27亿m³	东方、昌江	22.26亿m³	引大济石工程	6.94亿m³(满足用水总量指标:7.1亿m³)	万元工业增加值用水量38 m³/万元以下;灌溉水有效利用系数0.63(满足用水效率指标)	昌化江河口宝桥断面全年89%,汛期88%,非汛期90%	水功能区水质达标率97%以上,城镇内河湖满足Ⅳ类水体	造成昌化江河下游减少,水道水量改变,水文情势改变,对枢坝下及河口生境有一定影响	昌化江河口宝桥断面全年112 m³/s,汛期189 m³/s,非汛期57 m³/s	规划水资源配置工程实施后,缺水率降低至7%	31.8%	城乡生活、工业、农业
琼东	该区有博鳌亚洲论坛永久会址,是国际经济合作和文化交流的重要平台、国家公共外交基地和国际医疗旅游先行区。水资源量较为丰富,红岭、牛路岭水库配套未完成,牛路岭灌溉率仅47%,除万宁外,其余3个市县单一水源。现状年、2025年、2035年分别缺水0.77亿m³、1.57亿m³、1.97亿m³	定安、屯昌、琼海、万宁	73.2亿m³	牛路岭灌区工程	7.73亿m³(满足用水总量指标:8.5亿m³)	万元工业增加值用水量38 m³/万元以下;灌溉水有效利用系数0.64(满足用水效率指标)	①万泉河河口嘉积断面全年95%,汛期91%,非汛期99%;②太阳河万宁水库断面全年87%,汛期88%,非汛期87%	水功能区水质达标率97%以上,城镇内河湖满足Ⅳ类水体	对万泉河水生态影响较小,干流基本维持现状,万宁水库坝闸后改建坝后流连通性进一步破坏	①万泉河河口嘉积断面全年139 m³/s,汛期205 m³/s,非汛期92 m³/s;②太阳河全年28.97 m³/s汛期44.04 m³/s,非汛期18.20 m³/s	规划水资源配置工程实施后,缺水率降低至7%	11.9%	城乡生活、工业、农业
琼中	海南中部山地的生态绿心,为国家级重点生态功能区,是全岛生态安全战略中心。该区集中了全省含水量95%以上的水源涵养和生态保护的重要区域面积,水资源量超过全岛的20%,但存在局部城乡供水设施不完善的问题。现状年、2025年、2035年分别缺水0.2亿m³、0.37亿m³、0.42亿m³	白沙、五指山、琼中	59.94亿m³	—	1.03亿m³(满足用水总量指标:2.7亿m³)	万元工业增加值用水量38 m³/万元以下;灌溉水有效利用系数0.63(满足用水效率指标)	—	水功能区水质达标率92%以上,城镇内河湖满足Ⅳ类水体	拆除小水电等,有利于水生态环境修复与恢复改善	—	规划水资源配置工程实施后,缺水率降低至7%	2.1%	城乡生活、工业、农业

本次规划充分考虑了生态环境保护和水资源可持续利用的要求,将2035年的水资源配置方案按照2030年的用水总量控制指标进行优化调整,将2035年原配置的供水量62.63亿m³调整为59.15亿m³,其中地表水供水量53.53亿m³,地下水供水量2.37亿m³,再生水等非常规水量3.24亿m³,符合全面落实最严格水资源管理制度要求。

3. 水资源开发利用程度分析

2035年海南省水资源开发利用率为17.45%,其中南渡江、昌化江、万泉河流域分别为23%、20%、11%,均低于国际公认40%的水资源开发生态警戒线。规划实施后海南岛开发利用率总体未达到国内现状平均水平(全国平均水平为21%),水资源配置量远低于水资源可利用量,水资源开发利用程度总体不高。规划年与历史水资源开发利用率对比见图6-3。

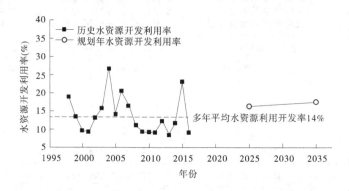

图6-3 规划年与历史水资源开发利用率对比

4. 用水规模合理性分析

2035年配置水量59.15亿m³,其中,琼北片配置水量为30.36亿m³,占51.3%;琼南片配置水量10.74亿m³,占18.2%。该水资源配置方案中,海澄文和大三亚一体化区域配置水量达到28.10亿m³,占配置水量的47.5%,符合海南省总体规划建设两大经济圈,引领全省经济发展的目标定位。规划年与历史用水量对比见图6-4。

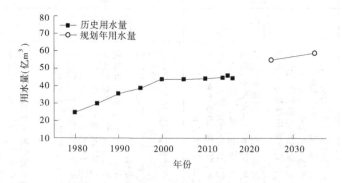

图6-4 规划年与历史用水量对比

5. 用水结构合理性分析

2035年城乡生活、农业灌溉、工业用水比例依次为26%、64%、10%,与现状相比,用水结构总体未发生大的改变,农业仍占有最大的用水份额,其次为生活用水,工业用水所占比例最低。然而,规划年农业用水比例由现状的74%下降到64%,生活用水比例由现状的19%增加至26%,工业用水比例由现状的7%增加至10%(见图6-5)。

现状年用水结构　　　　规划年用水结构

图6-5　现状年与规划年用水结构对比

2035年农业、生活、工业用水均有所增加,其中农业配置水量37.56亿 m³,较现状增加4.47亿 m³;城乡生活(包含服务业)配置水量15.52亿 m³,较现状增加7.25亿 m³;工业配置水量6.06亿 m³,较现状增加2.92亿 m³。因此,规划年供水量增长最大的为城乡生活用水,其次为农业用水、工业用水。规划年与历史用水结构对比见图6-6。

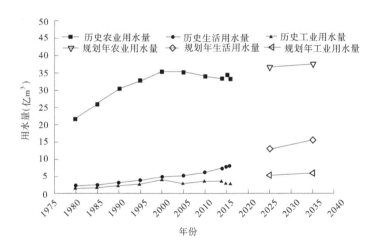

图6-6　规划年与历史用水结构对比

与现状相比,规划年生活用水增加量最多,主要是由国际旅游岛建设和城镇化需求导致的。现状海南常住人口为917.1万人,规划年2035年达到1 158万人(略小于《海南省总体规划(空间类2015~2030)》2030年人口达到1 250万人,人口预测规模总体合理),较现状增加241万人(增幅26%)。现状海南城镇化率为56.8%,2035年达到73%,城镇人口增加325万人(增幅63%),旅游候鸟人口达到221.4万人,鉴于城乡生活供水量为刚需,故水资源配置增加量最多。

水资源配置规模总体符合海南未来国际旅游岛建设、做大做强以旅游业为龙头的现代服务业和提升热带高效现代农业的新形势下海南经济社会发展要求。全省蓄水工程多年平均供水量大幅增长至2035年的46.16亿 m³,占总供水量的78.0%;引、提水工程供水量小幅度增长至2035年的7.37亿 m³,占总供水量的12.5%;通过新建水源工程,逐步置换地下水水源,地下水供水量削减约0.7亿 m³;非常规水源配置水量3.24亿 m³,占城镇生活、工业配置水量的21%,高于规划水平年再生水利用率≥20%的指标。规划水平年水资源配置成果满足经济社会发展要求,城镇生活和工业供水保证率达到95%,破坏深度小于10%,农业灌溉供水保证率80%以上,破坏深度小于40%,河道生态基本要求得到保障,全省供水保障程度得到较大幅度提高。

6. 生态流量合理性分析

规划在满足生活用水的前提下,优先考虑主要河流的河道内基本生态用水,合理配置生产用水。海南径流量丰枯悬殊,天然状态生态水量满足程度较低,规划实施后生态水量满足程度较规划前提高了5.69%(考虑松涛水库下泄),大部分断面满足程度维持现状水平或有所提升(见表6-9),但向阳水库、乐东、梯村坝等5断面略有降低。

表6-9 控制断面生态流量满足程度分析(长系列条件分析)

河流	控制断面	生态水量满足程度(%)	
		规划实施前	规划实施后
南渡江	松涛水库	0	92
	迈湾水库	85	98
	东山坝	100	100
	龙塘坝	98	98
昌化江	向阳水库	98	92
	乐东	98	97
	南巴河水库	82	82
	大广坝水库	94	94
	石碌水库	91	91
	宝桥	89	89
万泉河	牛路岭水库	88	89
	红岭水库	99	100
	嘉积坝	97	95
陵水河	梯村坝	83	82
望楼河	长茅水库	85	89
宁远河	大隆水库	93	93
北门江	天角潭水库	91	96
	北门江河口	90	98
太阳河	万宁水库	93	87
平均		87.05	92.74

6.4.1.3 水资源利用效率环境合理性

1. 农业节水水平分析

农业是海南第一用水大户,在水资源季节性、工程性缺水的条件下,保障热带现代农业安全要优先建设节水型农业,对照国际先进节水水平,提高农业用水效率。规划按照国家冬季瓜菜基地建设规划和海南省热带作物产业对灌溉设施的高标准建设要求,加快种植结构调整及灌溉方式转变,大幅调减水稻、甘蔗等种植面积,因地制宜发展特色高效热带作物和水果;加强以节水为中心的灌区技术改造,推行农业用水总量控制与定额管理相结合制度,科学合理地选择节水灌溉制度,推广喷灌、微灌、膜灌等技术。

通过表 6-10 可知,规划实施后,海南亩均灌溉用水量由现状的 990 m³/亩降低至规划年的 491 m³/亩,灌溉水有效利用系数大于 0.62,符合最严格水资源管理制度用水效率红线指标要求。灌溉亩均毛用水量与美国、西班牙现状灌溉亩均用水量相当,略低于以以色列为代表的国际最先进灌溉用水水平。

表 6-10 农业用水效率对比分析

相关规划、国内国际先进水平		耕地灌溉亩均毛用水量 (m³/亩)	灌溉水有效利用系数
海南现状		990	0.57
本次规划 (2035 年)	全省综合	491	≥0.62
	琼北	505	
	琼南	545	
	琼西	498	
	琼东	416	
	中部	495	
相关规划成果	海南省水资源综合规划	878	0.62
	全国水资源综合规划 (2010~2030 年) 珠江区	710	0.56
	全国	390	0.58
国内国际先进地区	以色列	373	0.5~0.8
	日本	1 384(水田)	
	美国	470	
	西班牙	444	
	印度	690	
	中国台湾	1 593	

2. 城镇生活与工业节水水平分析

随着海南全面深化改革开放试验区快速推进,今后用水增长迅速且供水保证率要求高,供需矛盾将愈加突出。城镇用水必须强化节约和保护意识,加强用水管理,合理利用多种水源,强制使用节水设备和器具,改造城市供水管网,提高用水效率和效益。规划提出大力发展节水型服务业,加大其他水源开发利用力度,加强产业结构调整和技术改造力度,积极推进工业企业节水技术改造。

通过供水管网的升级改造,降低全省集中供水管网漏失率,提高城市供水效率,规划年全省城镇供水管网漏损率降低至 10%以内。城镇居民生活用水定额为 210 L/d。万元

GDP 用水量、工业增加值用水量分别降低至 56 m³/万元、38 m³/万元,工业用水重复利用率达到 75%,生产用水定额较现状有了明显的降低,优于全国及珠江区的平均水平。规划的用水定额指标见表 6-11。

表 6-11　城镇生活与工业用水定额对比分析

相关规划	水平年	城镇生活净定额（L/d）	农村生活净定额（L/d）	万元 GDP 用水量（m³）	万元工业增加值用水量（m³）	工业用水重复利用率（%）	供水管网漏失率（%）
本次规划成果	现状	196	110	111	66	—	15
	2035	210	119	61	38	75	10
海南省水资源综合规划	2030	187	110	141	38	80	—
全国水资源综合规划（2010~2030 年） 珠江区	2030	195	126	62	35	80	10
全国	2030	156	96	70	40	80	10

6.4.1.4　与调水"三先三后"原则的合理性论证

1. 关于先节水后调水的原则

规划水资源配置及需水预测时,对节水予以了充分考虑。其中,通过供水管网的升级改造,降低全省集中供水管网漏失率,提高城市供水效率,规划年全省城镇供水管网漏损率降低至 10% 以内。城镇居民生活用水定额为 210 L/d,基本满足《城市居民生活用水量标准》(GB/T 50331—2002)、《海南省用水定额》(DB46/T 449—2017)的要求。

工业节水通过合理调整工业布局和结构,限制高耗水行业发展,采用新工艺、新设备提高工业用水重复利用率等措施。规划年万元 GDP 用水量、工业增加值用水量分别降低至 56 m³/万元、38 m³/万元,工业用水重复利用率达到 75%,生产用水定额较现状有了明显的降低,与《海南省水资源综合规划》的基本一致。

在农业节水方面,积极推进全省热带高效农业建设,改变灌溉方式,建设高效输配水工程等农业节水基础设施,对现有灌区进行续建配套和节水改造。规划年,灌溉水有效利用系数提升到 0.62,耕地亩均用水量 491 m³/亩(小于珠江区定额标准),符合《海南省用水定额》(DB46/T 449—2017)的有关要求。

2. 关于先治污后通水原则分析

针对海南省污水处理设施主要分布在市(县)建成区,而绝大多数建制镇没有污水处理设施,污水收集主干管、次干管和支管建设滞后的现状,以及管网覆盖面积与污水收集率低,部分污水处理厂的负荷率尚未达到设计要求等问题,水网规划提出了污水处理方案。

(1)对于新建污水管网系统,均采用雨污分流的排水体制,对于已建合流制污水管网地区,通过专项改造或随道路改扩建进行分流制改造,逐年缩小雨污合流制管网的范围。

(2)实施市县主城区污水处理厂增容、乡镇全面覆盖。市县主城区规划新建污水处理厂 16 座,新建总规模 82 万 m³/d,扩建污水处理厂 5 座,扩建总规模 20.5 万 m³/d;乡镇新增污水处理设施共涉及 244 个乡镇(农场、林场、开发区、旅游区),新增规模 56.8 万 m³/d。提高污水处理厂排放标准,市(县)建成区污水处理厂污水排放标准全部达到一级 A,环境敏感地区污水处理厂执行特别排放限值。

(3)规划年再生水回用量占污水处理量的比重应达到 20%,适当提高工业及旅游城市、环境敏感地区的再生水回用量。

3. 关于先环保后用水原则分析

基于海南岛山形水系框架,统筹山水林田湖草生命共同体,实施流域生态系统整体保护、系统修复和综合治理,本次规划提出加强坡耕地水土流失综合治理和灌区面源污染防治,对海口、三亚、文昌等城镇郊区的 22 处河段开展农业面源污染治理等。加强江、河、湖等水资源保护和水污染防治,其中对美舍河、三亚河、双沟溪、石碌河等城区河段,全面开展污染源综合治理,完善城镇污水处理厂及管网设施;对罗带河、塔洋河等 14 处城镇内河(湖)进行畜禽及水产养殖污染治理。开展海口、三亚、万宁等城镇内河(湖)水系连通工程等。

经分析,本次水网规划引调水工程较好地体现了"三先三后"的原则。然而,应根据生态环境保护刚性约束要求,调整河湖连通布局方案。规划开展城市河湖水系连通工程,以改善城市水环境、水景观,针对海口、三亚、屯昌、陵水、万宁、文昌、儋州、东方、白沙等市(县)的部分城镇内河湖和重要湿地,实施河湖水系连通工程。评价认为,目前海南城镇内河湖水质较差,应优先治理污染,在控源减排、截污纳管、生态修复的前提下,再科学地开展城镇内河湖水系连通,不宜单依靠以引调水质优良的水源进行稀释以改善水环境、水景观。河湖联通布局应根据区域水资源条件、河湖分布特点、水生态系统、用水需求等因素,需要在进行反复调研与实验的基础上开展,加强已建水系连通工程的后评估,以避免盐水倒灌与生态破坏。

6.4.1.5 缺水替代方案比选论证

规划 2035 年,经预测海南缺水 14.32 亿 m³,缺水率达到 23%,见图 6-7。开展缺水解决方案环境影响比选论证见表 6-12。

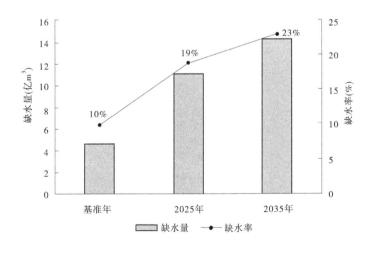

图 6-7 现状年与规划年海南缺水状况

表6-12 缺水解决方案环境影响比选

分区	规划年缺水量(亿m³)	缺水解决方案 利用当地已建水利工程未能全部解决缺水状况,采取如下两种方案开展缺水解决方案比选		环境影响方案比选	替代与方案进一步优化
		方案1:当地新建中小型水工程	方案2:实施引调水工程		
琼北	7.29	在各行业节水的前提下,基于当地已建松涛水库,在建南渡江引水工程、红岭引水工程、红岭灌区工程和非常规水,新增水,新增供水量 在已建大工程用水规模基础上,扩建春江水库,珠碧江水库;在光村水新建杨桥江水库;在排浦江新建利拉岭水库;在珠碧江新建马岭水库;在春江上新建火岭、白沙岭水库;在北门江上新建幸福水库;在文澜江上新建道霞水库	海口市以在南渡江引水的龙塘坝、东山坝引水工程,松涛水库为骨干取水水源,以迈湾、松涛水库进行区域水资源配置,迈湾水库建成后,由迈湾水库替代松涛水库优先向海口市永庄水库补供水;水量不足时,由松涛水库补供水。儋州、临高、澄迈等市县优先利用当地中小河流水源补充,临高等市县不足时,还可利用珠碧江水库进行补充;北门江新建天角潭水利枢纽工程,补充洋浦经济开发区工业用水	方案1:在中小河流上分别新建7座、扩建2座水库,势必造成河流区数条河流纵向连通性阻隔,破坏鱼类栖息地与生境,对生态环境影响较大;兴建大量中小型水库,供水保障率较低,河流生态流量将遭受进一步挤占,部分河段将断流或减少断流状态进一步加剧,水环境容量下降,不能有效缓解整个琼北地区的缺水状况,水生态环境质量呈现逐步退化。 方案2:首先充分利用当地已建水库,水量不足时引调南渡江丰沛水量,规划建设迈湾水利枢纽,琼西北供水工程可有效提高琼北区供水保障力,并为改善南渡江中下游生态流量创造条件。通过松涛、迈湾水量调节生态流量(松涛水库配置约3亿m³生态基流),可保证南渡江中下游有效补给,生态环境效益明显。不利环境影响通过采取相应的环保措施后可减免或降低影响。但是新建天角潭水库会导致北门江下游环境容量减少和河口红树林滨海生态的进一步损害	建议充分考虑北门江水质较差、天角潭新英湾红树林自然保护区的影响,优化南渡江流域水资源配置,充分利用松涛水库现有水源及海花岛等非常规水源,进一步研究天角潭水库建设的方案;琼西北灌区推进生态节水灌区建设,海花岛等旅游地产开发项目大力推进海水淡化建设,解决旅游高峰期用水不足问题

続表 6-12

分区	规划年缺水量（亿m³）	节水挖潜与充分利用当地已建工程增加供水量	利用当地已建水利工程未能全部解决缺水状况，采取如下两种方案开展缺水解决方案比选		环境影响方案比选	替代方案进一步优化
			方案1：当地新建中小型水库	方案2：实施引调水工程		
琼南	3.37	在各行业的节水前提下，基于当地已建大隆水库、大茅水库等水利工程，加大非常规水利用力度，新增常规供水量	进一步加大现有水量，河道的引水，提水量；在乐东望楼河上新建石坡水库等	三亚市优先利用大隆水库供水、赤田水库等当地水工程供水，水量不足时利用昌化江干支流水源及引水工程进行补水；三亚东部还可利用位于毛拉洞水库向赤田水库进行补水。乐东县及昌海区域优先利用长茅水库等本地水源进行供水，水量不足时利用昌化江干支流南巴河水库、向阳水库等水源进行补水；乐东沿海西部还可利用自大广坝水库引水的陀兴水库向三曲沟水库进行补水。陵水县优先使用小妹水库等蓄引水工程，进一步利用陵水河干流梯村水坝与新建保陵水库水源，进行区域水资源联合调度	方案1：在望楼河下游新建水库1座，对河流入海水量、对河流纵向连通性造成阻隔，将大幅减少河口的入海水量。三亚片区仍面临较大的供水需求，规划年乐东、三亚能满足城乡供水需求，陵水河等局部河段河流断流状态进一步加剧，水环境较差，等局部河段河流生态流量不足及河流断流量不足，无法有效保障供水安全和生态水量。方案2：三亚、乐东、保亭、陵水县优先利用当地已建水利工程的水资源量，不足部分分新建乐亚水资源配置工程，引昌化江的水资源充实望楼河，宁远河等独立入海的中小河流，保障水量及鱼类资源连通阻隔。但新建向阳水库，保障水中小河流阻隔，对鱼类栖息地、对鱼类资源及稚鱼繁殖带来不利影响，规划实施的环保措施采取可以有效减免或降低	昌化江干流拟建向阳水库，需综合论证坝址，规避土著保护鱼类栖息地；在保障生态的前提下，优先满足城乡生活和南繁育种基地用水需求；陵水河、陵水湾等房地产开发项目需大力推进海水淡化建设，解决旅游高峰期用水不足问题
琼西	1.27	在各行业的节水前提下，基于当地已建大广坝、戈枕等水利工程，加大非常规水利用力度，新增常规供水量	扩建昌江石碌水库，在鸡心河上新建鸡心水库	东方市充分利用支秋、大广坝等水库及大广坝灌区配水工程，昌江县为首先使用石碌水库等当地水源进行供水，水量不足时利用引大济石工程进行补水，西部区域进行补充时可利用珠碧江水源进行补充	方案1：扩建引大济石工程，淹没大量土地面积，为不可逆影响。此外，石碌水库上游来水径流量较小，扩建后仍达不到兴利供水保证要求。方案2：实施引大济石工程实施后，满足昌江县等城乡生活。核电站等工业、热带高效农业用水需求。引大济石工程实施和利用引大济石工程实施后，对昌化江下游河道和河口生态环境产生不利影响，规划实施的环保措施采取相应采取后可以减免或降低	引大济石工程应增加大节水力度，进一步优化水资源配置方案，复核种植结构和灌区发展规模，建立节水生态型灌区，鼓励再生水、雨水集蓄、海水淡化等非常规水资源利用

续表6-12

分区	规划年缺水量（亿m³）	缺水解决方案			环境影响方案比选	替代方案进一步优化
		节水挖潜与充分利用当地已建工程增加供水量	利用当地已建水利工程未能全部解决缺水状况，采取如下两种方案解决方案比选			
			方案1：当地新建中小型水库	方案2：实施引调水工程		
琼东	1.97	在各行业节水的前提下，基于当地已建牛路岭、红岭水库，万宁水库，在建红岭灌区等水利工程，加大非常规水利用力度，新增供水量	优先利用当地蓄水工程，然后利用红岭灌区进行水资源配置。在文昌加新头沟新建加乐潭水库；在南渡河支流新建南淀尾水库；在南渡河支流新建红黎村水库等。进一步加大万泉河下游、太阴河等河道引水、提水量。	定安、文昌，琼海北部优先利用当地蓄水工程，然后利用红岭灌区进行水资源配置。在文昌加新头沟新建加乐潭水库；在万宁琼海南部优先利用当地蓄水库及灌区工程，然后利用牛路岭灌区工程进行补充配置	方案1：在中小河流上新建3座水库，用以满足屯昌局部用水需求，然而水库建设对中小河流造成阻隔影响，不仅对生态环境影响的较大，而且目不能有效缓解规划年缺水状况。方案2：规划利用在建红岭灌区工程和新建牛路岭灌区工程引调水至琼海、定安、屯昌、万宁等市（县），通过建设中小水库，牛路岭水库及各级干支渠联结建成灌区内已建的中小水库，组成大、中、小并举、蓄、引相结合的长藤结瓜式灌溉系统，可有提升博鳌、乐城片区供水安全。 目前红岭灌区正在实施建设，工程实施后可解决琼东北部缺灌状况，环境影响可通过强化环保措施得到或减免或降低；牛路岭灌区为本次规划新增工程，该工程总位干支渠进水水口位于上溪省级自然保护区与生态保护红线区，对生态环境有一定影响。	牛路岭灌区工程总位置进一步优化论证，工程实施时严格执行自然保护区监督管理要求，降低工程建设对自然保护区的影响
琼中	0.42	在各行业节水的前提下，基于当地已建中小型水利工程正常规水，新增供水量	—	中部片区的白沙、五指山、保亭等县通过中小型水利工程分散供水满足城乡用水要求	由于琼中地区大部分地处海南岛热带雨林国家重点生态功能区、海南岛中部生态保护红线区内，是全岛生态敏感区和生物多样性最富集的地区。规划海南中部不设置重大水资源调配工程，为满足需水要求，适度建设中小型水利工程，为解决当地饮水困难，脱贫解困与乡村振兴等工程，建设应急乡村分散供水满足城乡用水需求，提高乡村地区的发展定位与要求。 该方案对生态环境影响甚微，符合国家对琼中地区的发展定位与要求，水保证。	—

经方案比选,采用"以大带小、以干强支"的思路,将南渡江、万泉河、昌化江三大江河干流水量补充支流及独流入海河流;松涛、迈湾、红岭、牛路岭、大广坝、向阳等6座多年调节水库补给调蓄能力不足的中小型水库,形成片内连通,区间互济的供水格局。统计五片区本地和区外新增供水量,区内新增供水量包括区内已建、在建(南渡江引水工程、红岭灌区)、当地水源、非常规水,区外新增工程供水量指区外规划新增工程的引调水量,见图6-8。

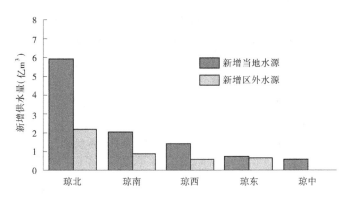

图6-8 分片区本地和区外新增供水量

鉴于当地新建大批中小型水库对生态环境影响较大,且规划年仍不能有效解决缺水状况,因此各片区在节水的前提下,优先利用当地已建(在建)水利工程的可供水量,不足部分通过外调水以满足各区水资源短缺状况。经统计,仅琼中地区无新增区外水源,琼北、琼南、琼西、琼东外调水量分别为 2.18 亿 m^3、0.88 亿 m^3、0.58 亿 m^3、0.65 亿 m^3。

6.4.1.6 引调水工程规模的环境合理性

1. 主要调水工程任务分析

本次规划提出的琼西北供水工程、昌化江水资源配置工程、牛路岭灌区工程为引调水工程,涉及南渡江、昌化江、万泉河、望楼河、宁远河、太阳河等。

琼西北供水工程:儋州、白沙 2 个市(县)的 9 个乡(镇)和 2 个农场供水水源缺乏,难以支撑经济社会发展需求。琼西北工程的建设可改善和缓解农业灌溉和城乡供水矛盾,进一步提高区域内灌溉和城乡供水保证率,实现海南省西北部地区经济社会快速协调发展。工程设计灌溉面积约 75 万亩,其中新增灌溉面积约 45 万亩,改善灌溉面积约 30 万亩。城乡供水主要是解决儋州市滨海新区、海花岛、海头镇和白沙县邦溪镇等 16 个城镇和农场场部用水问题及农村生活供水问题,逐步退还被挤占的生态用水。本工程总供水量为 4.95 亿 m^3,其中松涛水库供水量为 3.4 亿 m^3,当地水源供水量为 1.25 亿 m^3,再生水利用 0.1 亿 m^3,石碌水库供水量为 0.2 亿 m^3。

昌化江水资源配置工程:三亚市、乐东县市"琼南旅游经济圈"的重要组成部分,是国家重要的南繁育种基地、冬季旅游度假胜地和热带瓜果产地。该区域是海南省最为干旱的区域之一,随着经济社会发展生活生产用水增长迅速,在考虑区内节水挖潜后,现有水源难以满足未来经济社会发展需要。乐亚地区与昌化江干流相距较近,从昌化江干流引水的条件较为优越,可发挥"以多补少、以干强支、以大济小"的重要作用。工程任务以城市供水、农业灌溉为主,同时兼顾生态环境用水,主要包括乐亚水资源配置工程和引大济石及昌江县水系连通工程两部分。规划昌化江年均调出水量3.2亿 m³,其中南巴河向长茅水库补水0.92亿 m³,昌化江干流向大隆水库补水1.28亿 m³,大广坝水库向石碌水库补水1.0亿 m³。

牛路岭灌区工程:以牛路岭水库为主要水源,长藤结瓜区内的中小型水源工程,可以有效解决牛路岭灌区工程境内城乡生活、工业发展和灌区灌溉用水需求,保障博鳌乐城国际医疗旅游先行区和博鳌亚洲论坛特别规划区饮水安全。供水区主要包括万泉河以南的琼海境内及万宁市,工程总设计年引水量1.19亿 m³,沿途向万宁水库、中平仔水库、军田水库、南塘水库及官墓水库补水,实现灌面扩大。

2. 流域及主要工程引调水量分析

调水规模相对较大的流域包括南渡江流域、昌化江流域和万泉河流域。主要流域水资源配置及引调水状况见表6-13。

表6-13　主要流域水资源配置及引调水状况　　　　　（单位:亿 m³）

流域	多年平均水资源量	现状年		2035 年	
		流域调出量	流域调入量	流域调出量	流域调入量
南渡江	71.29	10.85	0	9.18	1.98
昌化江	45.28	4.28	0	5.5	0
万泉河	57.85	0.1	0	2.28	0

南渡江流域规划年向流域外调水量为9.18亿 m³,较现状年减少了1.67亿 m³,调水量占本流域水资源量的12.9%。规划年松涛水库主要为松涛西干渠灌区等地区供水,向东干渠供水较现状年减少3.38亿 m³,新增西干渠(琼西北供水工程)供水量1.71亿 m³,主要为改善和缓解乐园以下松涛灌区农业灌溉和城乡供水矛盾。

昌化江流域规划年外调水量为5.5亿 m³,较现状年增加了1.22亿 m³,调水量占本流域水资源量的12.1%。乐亚水资源配置工程从昌化江干流及其支流南巴河向流域外的长茅水库和大隆水库调水,用于解决乐亚南繁育种基地和乐东、三亚城乡供水问题。

万泉河流域规划年外调水量为2.28亿 m³,调水量占本流域水资源量的3.9%。其中红岭水库向红岭灌区南渡江片区调水1.98亿 m³,牛路岭水库向太阳河等调水0.21亿 m³,用以解决琼海、万宁城镇供水与农业灌溉用水需求。

3. 对主要河流水文水资源影响分析

南渡江水文水资源主要受已建、在建的松涛水库、南渡江引水工程以及迈湾水库等工程影响,规划通过对松涛水库调整供水布局、减少供水规模、预留下泄生态流量等,优化了南渡江流域水资源配置,可在一定程度上减缓对下游水文情势的影响,规划实施后河口龙塘断面径流量减少5.7%;万泉河流域水文水资源受已建红岭水库、牛路岭水库影响,规划通过优化水库调度运用方式等,可优先保障河道生态流量,减缓对下游水文情势的影响,规划实施后河口宝桥断面径流量减少7.82%;昌化江流域水文水资源受已建大广坝水库、石碌水库以及规划新建的引大济石、乐亚水资源配置等工程影响,将对中下游及河口水文情势产生一定累积影响,规划实施后河口嘉积断面径流量减少8.64%。

6.4.2 热带现代农业灌溉规模环境合理性

6.4.2.1 灌区规模适应性分析

根据海南省总体规划,到2020年确保全省耕地保有量不低于1 072万亩,基本农田保护面积不低于909万亩,保护农田基础设施完备,耕地质量、基本农田质量不断提高。拟调减甘蔗等低效产业,稳定水稻等粮食作物面积,做精做优冬季瓜菜、热带水果等高效产业,按"一减一稳二增"的思路调整种植结构。2014年海南人均粮食占有量为204 kg,与《国家粮食安全中长期规划纲要(2008~2020年)》提出2020年人均粮食占有量不低于395 kg的目标具有一定差距。

因此,若实现海南粮食自给、建设冬季瓜菜基地和海南"十三五规划"提出的目标,所需灌溉面积2020年至少为1 076万亩,其中农田灌溉面积941万亩,林果灌溉面积135万亩;2030年1 240万亩,其中农田灌溉面积1 105万亩,林果灌溉面积135万亩。若保持现有粮食水平,实现建设冬季瓜菜基地和海南"十三五规划"提出的目标,所需灌溉面积2020年至少为724万亩,其中农田灌溉面积589万亩,林果灌溉面积135万亩;2030年为807万亩,其中农田灌溉面积672万亩,林果灌溉面积135万亩。海南灌溉面积发展规模分析见表6-14。

表6-14　海南灌溉面积发展规模分析　　　(单位:万亩)

相关规划	发展需求	2020年所需灌溉面积	2020年后所需灌溉面积
海南省现代农业"十三五"发展规划	热带现代农业基地建设	基本农田尽量全覆盖	基本农田尽量全覆盖
海南省"十三五"热带特色高效农业发展规划	粮食自给、冬季瓜菜基地和热带农业产业规划	≥1 076 其中:耕地941 林果135	≥1 240 其中:耕地1 105 林果135
海南省现代农业"十三五"发展规划	现状粮食供给水平、冬季瓜菜基地和热带农业产业	≥724 其中:耕地589 林果135	≥840 其中:耕地672 林果135
海南省总体规划	保证基本农田和热带农业产业		≥1 072 其中:耕地909 林果162
海南省总体规划	用水总量控制指标		<900 (按照农田和林果综合定额561 m³/亩估算) 其中:耕地668,林果168

综上所述,为保障国际旅游岛和国家热带现代基地建设,保障国家种子安全、热带农业产业发展及多规合一的产业发展目标,结合水土条件,海南省灌溉面积不宜低于840万亩,不宜高于1 000万亩。本次规划灌溉面积802.3万亩,在此范围内。

6.4.2.2 新增灌区规模环境合理性分析

海南现状耕地面积为1 088万亩,有效灌溉面积518万亩,仍有大量现状水利设施覆盖范围可发展灌溉面积,同时琼东、琼北、琼南等片区有大量田撂荒,可适度发展灌溉面积。

2035年规划有效灌溉面积802万亩(耕地683万亩、园地119万亩),较现状增加了284万亩(增加54.8%),新增灌溉面积土地利用方式基本不发生改变。灌区规划面积见表6-15。

表6-15　海南灌区规划状况　（单位:万亩)

规划水平年	有效灌溉面积			节水灌溉面积		
	合计	耕地	果园	合计	耕地	果园
现状年	518	445	73.9	217.4	182.9	34.5
2035年	802	683.1	119.2	664	565.3	98.7
2035年较现状	+284	+238	+45.3	+446.6	+382.4	+64.2

规划新增灌溉面积主要通过完成大中型灌区续建配套和节水改造、新建大中型灌区工程等实现。松涛灌区和大广坝灌区等现有灌区配套建设和节水改造工程新增灌溉面积101万亩;红岭灌区和南渡江引水枢纽灌区等在建工程新增灌区面积109万亩;迈湾灌区、乐亚灌区、陵水灌区、牛路岭灌区等为本次规划提出的重点建设工程,新增灌区面积为90万亩,其中含南繁育种基地26.8万亩。规划大中型灌区工程新增有效灌溉面积占全部新增灌面的30.3%,占2035年全省规划有效灌溉面积的11.1%(见图6-9)。海南规划大型灌区及新增灌区状况见表6-16。

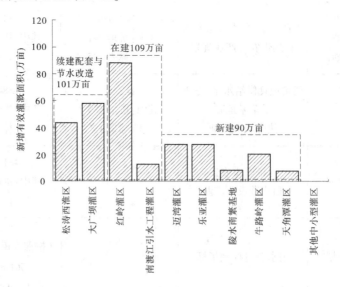

图6-9　海南新增有效灌溉面积

表 6-16　海南新增有效灌溉面积　　　　　　　　　　　　（单位:万亩）

灌区性质	灌区名称	合计
在建灌区	红岭灌区	88.44
	南渡江引水工程灌区	12.44
	小计	109
续建配套	松涛西灌区	43.33
	大广坝灌区	58
	小计	101
新建灌区	迈湾灌区	27.05
	乐亚灌区	27
	其中:乐亚南繁基地	18.8
	陵水南繁基地	8
	牛路岭灌区	20
	天角潭灌区	7.56
	小计	90
	其他中小型灌区	0.38
小计		300

规划年灌溉面积中含节水灌溉面积 664.0 万亩,较现状增加了 446.6 万亩,增幅达 200%,新增灌溉面积中节水灌溉面积达到规划年全省有效灌溉面积的 83%,高效节水灌溉面积占 24%。

本次规划加强现有灌区的节水改造和配套建设,综合考虑水资源条件的制约及土地资源的合理利用,与松涛水库、迈湾水库、向阳水库、南巴河水库、牛路岭水库、红岭水库、天角潭水库、保陵水库等水源工程建设相匹配,新建灌区工程水源来自南渡江、昌化江、万泉河、北门江、陵水河等。本次规划基本以原有耕地改善为主,恢复部分原有耕地撂荒地和望天田,并避免在坡度大于 15°以上的浅山区发展灌溉面积,基本不改变土地利用性质和生态空间格局。

6.4.2.3　灌区用水规模合理性分析

根据海南省灌溉用水供需分析,规划年农业灌溉缺水量为 3.48 亿 m^3,集中在琼北区和琼西区,源于海南现有灌区配套工程建设不完善,松涛灌区西干渠、大广坝、红岭水库等部分水源工程配套灌区工程尚未建成,澄迈县等南部区域现状水利设施以中小型水源为主,灌溉保证率程度低等所致。海南省灌溉用水供需分析见表 6-17。

表 6-17　海南省灌溉用水量供需分析　　　　　　　　（单位:万 m³）

主要区域	基准年			2035 年			
	需水量	供水量	缺水量	需水量	供水量	缺水量	较现状供水量变化
合计	362 598	334 000	28 598	399 809	365 032	34 777	+31 032
琼北	169 329	158 167	11 162	190 205	174 611	15 594	+16 444
琼南	63 456	56 507	6 949	66 362	60 044	6 318	+3 537
琼西	52 590	48 169	4 421	65 618	60 035	5 583	+11 866
琼东	68 803	64 406	4 397	68 621	62 363	6 258	−2 043
中部	8 420	6 750	1 669	9 003	7 980	1 023	+1 229

　　根据水资源配置合理性分析,海南规划年水资源配置总量符合水资源利用上线要求。其中,规划年农业灌溉用水量配置 37.56 亿 m³,较现状增加 4.47 亿 m³(增幅 13.5%),占总用水量比例为 64%,农业仍占有最大的用水份额。

　　海南位于水资源丰富的地区,发展有效灌溉面积设计保证率较高(80%~90%),有效灌溉面积与现状相比,增加 284 万亩(增幅 54.8%),增加幅度较大,可能会带来农业灌溉回归水量的增加,致使农业面源发生的风险加大;枯水年水资源供需矛盾加大,致使河道生态流量降低,与海南生态岛、国际旅游岛的定位不相符。

　　经过优化调整后,规划将 2025 年有效灌溉面积由 764 万亩压缩至 737 万亩,将 2035 年规划有效灌溉面积改为预期性指标,具体规模要在规划实施时进一步论证。

6.5　规划时序环境合理性分析

6.5.1　规划时序环境合理性总体评价

　　规划按照增效潜力大、经济社会及生态效益好的项目优先安排原则,提出 2025 年、2035 年规划实施安排意见。

6.5.1.1　2025 年前实施安排

　　2025 年优先实施不存在环境制约因素,技术经济指标相对较好,建设用地和移民搬迁难度不大,不新增地方政府债务等问题,前期工作比较充分的项目;已列入海南省水务发展“十三五”规划的项目;中央、国务院有关文件中明确要求加快推进,符合支持海南全面深化改革开放指导意见、脱贫攻坚、乡村振兴等战略总体要求的项目;水利基础设施薄弱的少数民族地区,工程建设对精准扶贫和实现全面小康社会具有重大促进作用的项目。基于以上原则,2025 年前优先安排的项目如下:

　　重大项目包括南渡江引水工程、迈湾水利枢纽工程、天角潭水利枢纽工程和红岭灌区 4 项列入国家 172 项重大节水供水水利工程中的项目;规划新增琼西北供水工程,昌化江水资源配置工程(含乐亚水资源配置工程和引大(广坝)济石(碌)及昌江县水系连通工程),牛路岭灌区工程,迈湾灌区工程,"三大江河"(昌化江、南渡江、万泉河)水生态文明建设及综合治理工程,琼西北"五河一湖"水生态文明建设及综合治理工程,文昌市防洪防潮治涝综合治理工程,海口、三亚城市内河水生态修复及综合整治工程8项重大项目。

其他面上项目主要包括防洪(潮)治涝工程、城乡供水工程、水资源水生态保护项目、热带现代农业水利保障建设、城市水务工程、水务改革与管理项目等6大类。

防洪(潮)治涝工程:19条中小河流治理工程、海堤建设工程、387个重点涝片治理、14个市县山洪灾害治理、山洪灾害预警等非工程措施。

城乡供水工程:改扩建水厂取水工程106处、新建水系连通工程9处、实施城镇备用水源工程14处、建设单村集中供水工程151宗。

水资源水生态保护项目:饮用水水源地保护工程72项、城市内河湖水环境综合治理工程72项、廊道生态保护与修复工程141项、河湖水系连通工程19项、入河排污口与面源污染综合治理工程67项、地下水保护工程6项、水资源保护监测3项;重要江河源区水土保持、重要水源地水土保持、海南岛环岛海岸水土保持、水网建设重点工程水土保持4个水土流失预防项目,重点区域水土流失综合治理、耕地水土流失综合治理、林下水土流失综合治理3个水土流失治理项目。

热带现代农业水利保障建设:新建大中型灌区8处、续建改造大中型灌区39处、新建五小工程4 459处、新增高效节水灌溉面积202万亩、新建及改造灌溉试验站3座、配套计量设施和信息化建设。

城市水务工程:改扩建城镇供水水厂83座,新建42座,配套延伸和改建管网,新扩建城区污水处理厂52座、乡镇污水处理厂212座,新建污泥处理处置中心2座,新建及改造管网。

水务改革与管理项目:提升河湖长效管控能力项目5项、健全工程建管体制机制项目2项、重点领域体制机制改革创新项目3项、行业能力建设项目3项、智慧水务建设项目7项。

6.5.1.2　2035 年前实施安排

2035年前实施保陵水库及供水工程、引龙补红工程等。

《中共中央 国务院关于支持海南全面深化改革开放的指导意见》明确了至2020年、2025年、2035年及21世纪中叶,海南自由贸易试验区(港)的建设目标,水利基础设施建设项目是重要支撑和基础保障,因此根据经济社会和区域发展要求,分批次建设一批重大基础设施工程是合适的。评价认为,规划提出的重大项目与面上项目的分期实施方案是在充分考虑最严格水资源管理制度、海南水资源开发利用现状、工程建设基础的前提下制定的,并考虑了与其他相关规划的衔接,规划时序总体安排是合理的。

然而,目前海南部分河流廊道的连通性已经遭受到严重破坏、城镇内河湖水质污染等,解决现有水生态破坏、水污染、环境污染当务之急,应优先解决现存问题,再实施水网建设其他新项目。规划应优先实施"三大江河"水生态文明建设及综合治理工程、琼西北"五河一湖"水生态文明建设及综合治理工程、海口三亚城市内河水生态修复及综合整治工程等,在改善河道水生态、河流水质的前提条件下,再实施重大引调水及水系连通工程。

此外,应分步实施热带现代农业规划,逐步渐进扩大有效灌溉面积,对农业面源的影响加强跟踪监测,审慎盲目扩大。保陵水库由于位于海南岛中部山区热带雨林国家重点生态功能区、海南热带雨林国家公园内,且涉及海南特有鱼类的栖息地;天角潭水利枢纽工程环境影响涉及北门江河口红树林自然保护区。因此,上述对环境有重大影响项目还需进一步研究论证。

6.5.2 规划环评提出重大工程实施次序

本次规划环评根据资源环境制约因素,对重大项目优先序实施意见如下:

近期规划 2025 年优先建设的项目包括:"三大江河"水生态文明建设及综合治理工程,文昌市防洪防潮治涝综合治理工程,琼西北"五河一湖"水生态文明建设及综合治理工程,海口、三亚城市内河水生态修复及综合整治工程。

2025 年前适时开展建设的项目包括:迈湾水利枢纽工程、琼西北供水工程、昌化江水资源配置工程、牛路岭灌区工程、天角潭水利枢纽工程。其中,天角潭水利枢纽工程应调整功能定位,对规划布局必要性和环境合理性做进一步论证。

2035 年前适时开展建设的项目包括:迈湾灌区工程是迈湾水利枢纽的配套工程,迈湾水利枢纽工程考虑分期建设,近期 2025 年调整压减城乡供水规模,不承担灌溉任务,远期可根据迈湾水利枢纽工程建设实施情况,适时调整优化迈湾灌区新增灌溉面积。

保陵水库及供水工程是否建设应做进一步论证。

6.6 环境目标可达性

6.6.1 水资源供需分析与配置目标可达性

规划实施后,水资源配置工程中遵循了最严格的水资源管理制度,提高了用水效率、促进了水资源的可持续利用;海南地表水资源利用,不超过规划年用水总量的控制指标,多年平均条件下主要河流控制断面生态基流的逐月满足程度平均可达到 96%(规划主要控制断面生态需水保障良好率为 100%);水资源开发利用率进一步提高,但总体水资源开发利用程度维持在较低水平,可以基本实现水资源的环境保护目标。

6.6.2 水环境保护目标可达性分析

根据规划要求,力争到 2030 年,全省城乡污水处理基础设施水平与国际旅游岛战略定位相适应,污水处理指标达到"水污染防治行动计划"的有关要求,污水处理设施建设达到国内先进水平。全面加强污水收集管网建设,进一步提高污水集中处理率,2025 年、2035 年污水的收集及集中处理率分别达到 90%、95%,污水收集处理后,城镇污水达到一级 A 排放标准,再生水回用率平均达到 20% 以上。如果上述环保措施能够落实,规划水平年生活与工业 COD、氨氮排放量均较现状有所减少,入河量满足规划年水功能区限制排污总量标准,故水功能区水质达标率基本应能达到 95% 以上。然而,鉴于目前源头水涉及的水功能区水质现状为 Ⅱ 类,均满足不了 Ⅰ 类水质目标要求,会在一定程度上影响水功能区达标率的实现。

针对饮用水水源地，规划实施隔离防护、点源污染整治、面源内源污染治理措施后，规划年重要饮用水水源地水质达标率应能全部达标；此外，按照"一河一策"原则和"控源截污、水清河畅、岸绿景美、安全宜居"的治理要求，实施城乡污染综合整治、水生态恢复和景观再造工程、水系连通工程及重要湿地保护，完善城镇水环境质量监测和监管体系，集中开展打击偷排漏排、非法采砂、垃圾入河、非法养殖等水污染违法行为，规划水平年城镇内河（湖）及独流入海河流水质能实现不低于地表水Ⅳ类标准。

6.6.3 生态环境保护目标可达性分析

规划实施后，通过坡耕地和林（园）地水土流失治理，保障了农林特色产业发展，水土流失得到基本控制，水土流失面积占土地总面积的比例下降到5%以下；林草覆盖率在现状基础上提高5%，水源涵养能力显著提高；各项水土保持措施蓄水保土效益的稳步发挥，减少江河湖库的泥沙淤积，提高水利工程的防洪减灾能力，有效减轻洪涝、泥石流、崩塌等自然灾害危害，水库、湖泊等水体富营养化状况得到显著改善，基本可实现水生态保护的目标要求。

然而，重大引调水工程实施必然导致调出区和受水区水文情势、水环境等改变，从而影响水生生态系统结构和功能，带来局部地区地表植被破坏。虽然整个海南岛河流生物区系基本可以看成一个有机整体，但不同流域间亦有差异，如南渡江、昌化江、万泉河、陵水河水系均有其特有鱼类，因此大量的跨流域引调水工程对调出区和受水区生态环境带来一定影响的同时，也可能存在一定的生态风险，在一定程度上影响到生态环境保护目标的实现。

6.6.4 社会环境保护目标可达性分析

防洪规划建设任务完成后，可建成较为完善的防洪减灾体系。进一步控制中上游山区洪水，完善中游蓄泄体系和功能，建成下游防洪工程体系。全省中小河流得到进一步治理，重要城镇防洪标准基本达到国家标准规定的要求。海口、三亚防洪标准从现状不足50年一遇提高到100年一遇，儋州防洪标准从现状20~50年一遇提高到50年一遇，文昌等15个市（县）防洪标准从现状不足20年一遇达到20年一遇。规划新增保护人口374.4万人，新增保护面积234.4万亩，防洪非工程措施配套设施进一步完善，有利于经济稳定发展与社会安定目标的实现。

通过规划供水工程的实施，2035年全省供水保证率达到95%，自来水普及率达到95%，农村自来水普及率达到95%，可新增供水量约10亿 m^3，全省地表水资源开发利用率从现状的9.2%提高至17.45%，基本解决全省840万城镇人口、220万旅游候鸟人口的用水问题，解决全省308万农村人饮问题，各市（县）生产、生活供水水量、水质及供水保证率可基本满足要求。

通过灌区新建、续建配套与节水改造，2035年全省基本完成已有灌区改造升级，可新增灌溉面积约340万亩，改善灌溉面积约100万亩，新增高效节水灌溉面积150万亩，农田灌溉水有效利用系数提高到0.62以上，耕地灌溉率达到63%。在规划实施过程中应加强面源监测与治理，预测不良环境影响，循序渐进地扩大规模，可以实现全省热带特色高效农业基地农田水利保障体系建成目标。

6.7 重大水资源配置工程环境合理性综合论证

6.7.1 符合性分析

《中共中央 国务院关于支持海南全面深化改革开放的指导意见》提出"完善海岛型水利设施网络";《国务院关于推进海南国际旅游岛建设发展的若干意见》提出"大力推进水利基础设施建设,在做好环境影响论证的基础上,开工建设红岭水利枢纽及灌区工程,做好天角潭、迈湾等水库前期工作,基本解决海南岛的工程性缺水问题"。《全国主体功能区规划》指出"北部湾地区雨量充沛,水资源较丰富但分布不均,利用率不高,南部沿海河流源短流急,调蓄能力较低";提出"浙江、福建、广东、广西及海南岛等沿海地区,要提高水资源调配能力,保障城市化地区用水需求,解决季节性缺水"等。

《海南省总体规划(空间类 2015~2030)》提出"加快推进红岭灌区、南渡江引水工程、迈湾及天角潭水利枢纽工程,建设琼西北供水工程、昌化江水资源配置工程、保陵水库及陵水县水网等骨干连通工程,新建一批中小微型水源,解决全岛工程性缺水问题;实施大中型灌区续建配套和节水改造,新建牛路岭灌区、迈湾灌区工程"。国家发展改革委批复的《海南国际旅游岛建设发展规划纲要(2010~2020)》(发改社会〔2010〕1249 号)提出"开工建设红岭水利枢纽,做好灌区工程前期工作,适时开工建设;做好迈湾、天角潭等水库工程的前期准备工作"。

本次水网规划提出完善海岛型水利设施网络,提高水资源调配能力,保障城市化地区用水需求,解决季节性、工程性缺水,构建现代化五网之一"水网"基础设施体系。继续推进迈湾水利枢纽工程、南渡江引水工程、红岭灌区工程、天角潭水利枢纽工程等 4 项工程,新增琼西北供水工程、昌化江水资源配置工程、牛路岭灌区工程、迈湾灌区工程、保陵水库及供水工程。

综上分析,本次水网规划的重大水资源配置工程总体符合《中共中央 国务院关于支持海南全面深化改革开放的指导意见》《全国主体功能区规划》等国家关于海南水资源开发利用与保护要求,天角潭、迈湾等水资源配置工程已列入《国务院关于推进海南国际旅游岛建设发展的若干意见》《海南省总体规划(空间类 2015~2030)》等规划(见表 6-18)。

6.7.2 环境影响论证

本次水网规划基于海南岛屿型河流水系特征及水资源特点,在保障主要江河生态用水的前提下,提出了"以干强支、以大代小"水资源调配格局,在现有已建大型水库基础上,推进迈湾水利枢纽工程、天角潭水利枢纽工程等工程,新增琼西北供水工程、昌化江水资源配置工程、牛路岭灌区工程、迈湾灌区工程、保陵水库及供水工程,以解决全岛年内年际时程分布不均、水资源空间分布不均、中小河流断流等水资源开发利用与保护中存在的问题。

表 6-18 相关政策、规划对海南重大水资源配置工程要求

规划与意见	海南重大水资源配置工程要求
《国务院关于推进海南国际旅游岛建设发展的若干意见》(国发〔2009〕44号)	大力推进水利基础设施建设,在做好环境影响论证的基础上,开工建设红岭水利枢纽及灌区工程,做好天角潭、迈湾等水库前期工作,基本解决海南岛的工程性缺水问题
《海南省总体规划(空间类2015~2030)》	加快推进红岭灌区、南渡江引水工程、迈湾及天角潭水利枢纽工程,建设琼西北供水工程、昌化江水资源配置工程、保陵水库及陵水县水网等骨干连通工程,新建一批中小微型水源,解决全岛工程性缺水问题;实施大中型灌区续建配套和节水改造,新建牛路岭灌区、迈湾灌区工程,开展农田水利工程建设,改善田间灌溉和排涝条件,提高热带现代农业水利保障水平
《海南国际旅游岛建设发展规划纲要(2010~2020)》	开工建设红岭水利枢纽,做好灌区工程前期工作,适时开工建设;做好迈湾、天角潭等水库工程的前期准备工作,论证后适时开工建设,基本解决海南岛的工程性缺水问题
《海南省国民积极和社会发展第十三个五年规划纲要》	水网工程—重大水利工程:推进红岭灌区工程、南渡江引水工程、迈湾水利枢纽工程、天角潭水利枢纽工程建设
中共海南省委关于深入学习贯彻习近平总书记在庆祝海南建省办经济特区30周年大会上的重要讲话精神和《中共中央 国务院关于支持海南全面深化改革开放的指导意见的决定》(琼发〔2018〕7号)	加快建设迈湾等大型水利枢纽及灌区工程,加快江河湖库水系连通,以高节水标准建设全岛农田水利设施

水网规划重大水资源配置工程分布见图 6-10,其工程必要性分析见表 6-19。

6.7.2.1 迈湾水利枢纽及灌区工程

迈湾水利枢纽工程具有供水、防洪、灌溉和发电等综合效益,该工程是南渡江流域唯一可建设的大型水库,是保障海口市和海口江东新区供水安全不可替代的水源工程,是构建海口市防洪安全体系的重要组成部分;工程同时可为发展热带特色高效农业提供必要水源,并为改善南渡江下游河段水生态环境创造条件,因此项目是十分必要的。

工程位于南渡江的中游上段,是琼北水系连通的关键节点,年供水量 2.74 亿 m³。工程供水区位于国家重点开发区和国家农产品主产区、自贸区及主枢纽港区。该区域目前主要以松涛水库为水源,南渡江中下游无调节水库拦蓄径流,儋州、澄迈、海口市冬春季节生活、生产、生态用水缺水现象严重。海口市目前正在建设的南渡江引水工程无调蓄能力,城镇供水保证率很低,迈湾水利枢纽建成后,可以将供水范围内城镇供水保证率提高到 95%。其工程布局见图 6-11。

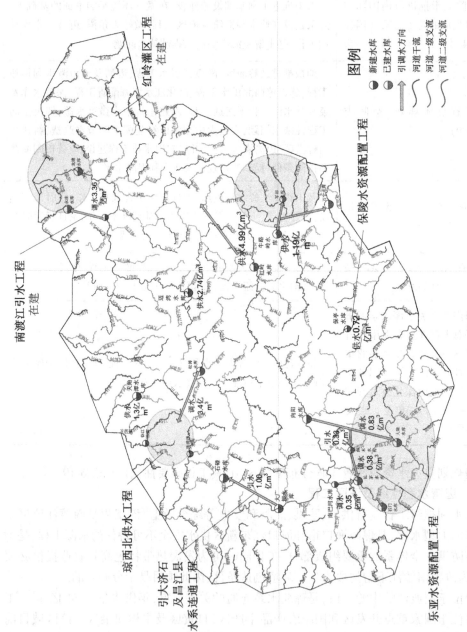

图 6-10 水网规划重大水资源配置工程分布

表6-19 水网规划重大水资源配置工程必要性分析

片区	重大工程	涉及河流与区域	必要性分析		
			国家战略需求	存在问题	工程目的及意义
琼北	迈湾水利枢纽及灌区工程	水源:南渡江;供水区:海口、定安、澄迈	供水区属于国家重点开发区和国家农产品主产区,自贸区及主枢纽港区	目前主要以松涛水库为水源,南渡江中下游无调节水量蓄严重	保障南渡江下游海口市生活(包括规划新建的江东新区)、生产和生态用水安全,提高海口等市区的防洪标准
	琼西北供水工程	水源:南渡江松涛水库;供水区:儋州市滨海新区、海花岛、海头镇和白沙县邦溪镇等	供水区属于国家重点开发区	供水水源单一,供水保障率不足	改善和缓解琼西北农业灌溉和城乡供水矛盾,对进一步提高区域内灌溉和城乡供水保证率,解决琼西海河流断流问题
	天角潭水利枢纽工程	水源:北门江;供水区:洋浦经济开发区	供水区属于国家重点开发区	供水水源单一,供水保障率不足	作为北门江流域控制性水利枢纽工程,可有效提高儋州及洋浦经济开发区的供水保证率
琼南	乐亚水资源配置工程	水源:昌化江,南巴河,昌化叉河;供水区:乐东、三亚;供水区涉及河流:望楼河,宁远河	该工程供水区位于北部湾部国家重点开发区域,国家农产品主产区,国家南繁育种基地,是海南省"大三亚"旅游经济圈,是度假旅游和旅游人数最多、人口最集中的地区	该受水区水源调蓄能力不足,资源型缺水问题突出,三亚和乐东南部已经连续几年出现城市供水水源不足问题,乐东等沿海区域大量采用地下水,南繁基地水资源保证标准低	改善大三亚旅游经济圈和城乡供水水源条件,保障冬季旅游高峰期生活生产用水和南繁育种基地的灌溉用水需求,解决琼南海南独流入海河流断流问题
	保陵水库及供水工程	水源:陵水河;供水区:保亭、陵水	国家重点开发区域、省级重点开发区、国家农产品主产区、南繁育种基地	供水水源单一,缺乏,供水保障率不足	在一定程度上解决保亭县和陵水县城乡生活、工业及农业灌溉用水问题
琼西	引大济石工程	水源:昌化江;供水区:昌江县石碌、海尾、昌化叉河;供水区涉及河流:石碌河	供水区属于国家重点开发区、国家农产品主产区	区域水源调蓄能力不足,资源型缺水问题突出,沿海区域大量采用地下水,供水安全风险大	提升昌江县及石碌灌区供水能力,保障昌江核电用水安全
琼东	牛路岭灌区工程	水源:万泉河;供水区:琼海、万宁;供水区涉及河流:太阳河,龙首河,龙滚河,龙尾河,九曲江	供水区属于国家重点开发区域、国家农产品主产区	水资源配置体系不完善,红岭、牛路岭水库配套未完成,耕地灌溉率仅47%	在一定程度上解决城乡生活、工业发展和灌区灌溉用水需求,有力地推动琼东地区农业发展,保障博鳌、乐城片区供水安全,提升琼东独流入海河流生态水量满足程度

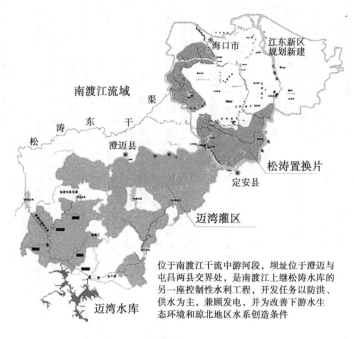

位于南渡江干流中游河段,坝址位于澄迈与屯昌两县交界处,是南渡江上继松涛水库的另一座控制性水利工程,开发任务以防洪、供水为主,兼顾发电,并为改善下游水生态环境和琼北地区水系创造条件

图 6-11　迈湾水利枢纽及灌区工程布局

迈湾水利枢纽符合国家及海南省相关规划要求,项目主要功能定位和开发任务与南渡江流域综合规划和规划环评相符。迈湾水利枢纽工程不涉及自然保护区等环境敏感点,淹没区涉及生态保护红线(淹没区不属于建设用地)。

南渡江是海南岛第一大江河,河流水量大、支流数量多,流域和河流生态功能重要。目前,上游径流已被松涛水库拦蓄利用,下游水电站等建设也造成了较为明显的生态影响,本项目的建设将新增水资源利用,河口龙塘断面年均流量减少 4.34%,其中汛期减少 4.79%、非汛期减少 3.28%。工程实施后进一步加大南渡江阻隔影响,造成南渡江特有土著鱼类栖息生境的萎缩。同时,项目新增城市及农业供水可能产生一定水污染风险。

为尽可能减少不利环境影响,本次水网规划及规划环评从生态环境保护角度,提出了基于松涛水库下泄生态流量条件下的迈湾水利枢纽下游及河口控制断面生态基流、敏感生态流量、生态水量等要求,明确其水资源配置及调度应首先保障城乡生活、河道内基本生态用水,再满足城镇工业和农业用水要求。通过"以新带老",从全流域角度,对迈湾水库及下游 3 座电站、龙塘坝等闸坝进行连通性恢复;对松涛水库新增生态流量泄放要求;建设鱼类增殖站,开展栖息地保护等。

论证结论:供水区属于国家重点开发区和国家农产品主产区,工程确有需要并符合规划,鉴于流域生态环境承载力及移民安置社会影响,迈湾水利枢纽工程建议分期建设,加强环境影响评估。近期建设方案中,工程不承担灌溉任务,迈湾灌区工程的实施将根据迈湾水利枢纽工程的建设情况适时调整。

迈湾水利枢纽及灌区工程环境影响论证见表 6-20。

表 6-20   迈湾水利枢纽及灌区工程环境影响论证

片区	涉及河流与区域	国家战略需求	主要环境影响论证				规划提出的水资源配置及调度要求	规划及规划环评提出的生态水量要求
			自然保护区等环境敏感区	珍稀濒危鱼类栖息地	主要影响及生态风险	资源环境约束分析		
琼北	南渡江中游	供水区位于国家重点开发区、海澄文一体化综合经济圈，国家农产品主产区	不涉及	工程不涉及珍稀濒危鱼类栖息地，但涉及特有土著鱼类栖息地，同时因水库建设带来的水文情势改变可能对河口栖息生境造成一定影响	本项目建设选址和新增水资源利用，对坝下游水量与水文情势产生一定影响，造成水环境容量减少和南渡江中游尚存鱼类栖息生境的萎缩	现状水电站等建设造成了较为明显的生态影响和损害，水库修建加大河流阻隔，鱼类生境片段化和破碎化	应首先保障城乡生活、河道内基本生态用水的前提下，再满足城镇工业和农业用水要求	迈湾水库生态基流10.1 m³/s（非汛期）、20.5 m³/s（汛期）；龙塘坝生态基流22.5 m³/s

6.7.2.2   昌化江水资源配置工程

昌化江水资源配置工程包括乐亚水资源配置工程和引大济石工程。工程主要向三亚、乐东、昌江等市县、南繁育种基地供水（从昌化江引调水每年约 3 亿 m³），工程供水区属于国家重点开发区、国家南繁育种基地、国家农产品主产区，是海南度假旅游人数最多、人口集中的地区。工程建设对改善大三亚旅游经济圈和城乡供水水源供水条件、保障冬季旅游高峰期生活用水和南繁育种基地的灌溉用水需求具有重要意义。昌化江水资源配置工程布局见图 6-12。

昌化江水资源配置工程不涉及自然保护区等环境敏感点。但昌化江中下游位于海南岛西部干旱区，昌化江水资源量相对较少。受乐亚水资源配置工程与引大济石工程叠加影响，工程实施后昌化江河口断面多年平均流量减少9.16%，枯水年年均流量减少27.6%。水文情势改变对河口段花鳗鲡栖息生境造成一定影响，同时进一步降低昌化江下游及河口水环境容量。

乐亚水资源配置工程的向阳水库位于昌化江中上游，坝址涉及大鳞光唇鱼等特有土著鱼类栖息地，工程建设将对昌化江土著鱼类栖息地及栖息生境造成一定影响；引大济石工程石碌灌区新增灌溉面积由现状 7 万亩扩大到规划年 25 万亩，新增灌区比例较大，存在枯水年生态水量保证不足风险。

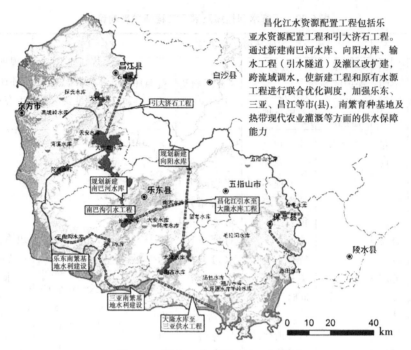

昌化江水资源配置工程包括乐亚水资源配置工程和引大济石工程。通过新建南巴河水库、向阳水库、输水工程（引水隧道）及灌区改扩建，跨流域调水，使新建工程和原有水源工程进行联合优化调度，加强乐东、三亚、昌江等市(县)、南繁育种基地及热带现代农业灌溉等方面的供水保障能力

图 6-12　昌化江水资源配置工程布局

为尽可能减少和减缓昌化江水资源配置工程生态环境影响,本次水网规划提出调整已建大广坝水库开发任务,将目前以发电为主调整为以水资源配置及生态调度为主;明确本工程实施后已建大广坝水库将联合向阳水库、南巴河水库开展昌化江流域水资源配置和生态调度,尽可能保障昌化江重要断面生态流量;同时,为保护昌化江干流特有土著鱼类栖息地,基于"干流保护、支流开发"的原则,将调整昌化江的向阳水库坝址位置到支流,并整治昌化江干流已建小水电站,恢复并保留昌化江上游河道的自然连通性。

论证结论:昌化江水资源配置工程供水区属于国家重点开发区(大三亚旅游经济圈、昌江核电)、国家南繁育种基地、国家农产品主产区,是海南度假旅游人数最多、人口最集中的地区,工程确有需要并符合相关规划。鉴于昌化江中下游位于海南岛西部干旱区,水资源量相对较少,河口段分布有国家二级保护动物花鳗鲡栖息地,规划水平年昌化江水资源开发利用程度增幅相对较大(见表6-21)。

因此,昌化江水资源配置工程应高度重视因水资源开发利用可能造成的枯水期生态环境风险问题,对昌化江水资源配置的向阳水库坝址进行优化调整。

6.7.2.3　保陵水库及供水工程

保陵水库位于独流入海河流陵水河上游的支流,开发任务主要是城乡供水和农业灌溉(含8万亩南繁育种基地供水)。该区域冬季旅游期供水缺口大,南繁育种基地供水保障率低。建设保陵水库及供水工程,可在一定程度上解决保亭县和陵水县城乡生活、工业及农业灌溉用水问题,其工程布局见图6-13。

表6-21 昌化江水资源配置工程环境影响论证

片区	重大工程	涉及河流与区域	国家战略需求	主要环境影响论证				规划调整过程	规划提出的水资源配置及调度要求	规划及规划环评提出的生态基流要求
				自然保护区等环境敏感区	珍稀濒危鱼类栖息地	主要影响及生态风险	资源环境约束分析			
琼南	乐亚水资源配置	昌化江上中游、南巴河、望楼河、宁远河	供水区位于国家重点开发区域，国家级种南繁育种基地，海南主产农产品"大三亚"经济圈，是度假旅游胜地，海南旅游人数最多、人口最集中的地区	不涉及	工程不涉及珍稀濒危鱼类栖息地，涉及土著鱼类特有土著鱼类栖息地	1. 叠加引大济石工程累积影响，河口枯水年流量减少较大；2. 土著鱼类栖息地萎缩；3. 枯水河道生态流量保障风险；4. 农业灌溉可能带来的面源污染风险	昌化江水资源相对较少，与现状年相比，规划水平年水资源开发利用程度较大，枯水年流量减少较多	1. 规划提出调整已建大广坝水库（现以发电为主，调整为水资源配置为主）；2. 调整向阳水库坝址位置（布置昌化江支流），整治昌化江已建小水电站36座，恢复留干流大广坝以上河道自然连通性；3. 规划水平年开发向阳水库、南巴河水库、大广坝水库联合生态调度，保障重要生态断面生态流量	应首先保障城乡（南繁种）、城镇生活、河道内基本生态用水的前提下，再满足特殊农业和农业用水要求	向阳水库：15.7 m³/s（汛期）、6.0 m³/s（非汛期）；乐东：20.9 m³/s（汛期）、7.2 m³/s（非汛期）；南巴河水库：1.7 m³/s（汛期）、0.6 m³/s（非汛期）；大广坝水库：30.6 m³/s（汛期）、10.2 m³/s（非汛期）；石碌水库：3.0 m³/s（汛期）、1.0 m³/（非汛期）；宝桥：39.6 m³/s（汛期）、13.2 m³/s（非汛期）；长孝：1.65 m³/s（汛期）、0.55 m³/s（非汛期）；大隆水库：6.9 m³/s（汛期）、2.3 m³/s（非汛期）
琼西	引大济石工程	昌化江中下游、石碌河	供水区属于国家级农产品主产区，石碌镇属于国家重点开发区	不涉及	工程不直接涉及珍稀濒危鱼类栖息地，但因工程建设带来的水文情势改变对河口花鳗鲡栖息生境造成一定影响	1. 叠加乐亚水资源配置工程累积影响，河口枯水年流量减少较大；2. 枯水流量保障不足的生态风险；3. 新增灌溉面积比例较大（灌溉面积增加3.5倍），可能造成和枯水的面源污染风险及水生态流量不足风险	昌化江水资源利用程度增幅大，枯水年流量减少较多	规划水平年开展向阳水库、大广坝水库联合生态调度，力争保障重要断面生态流量		

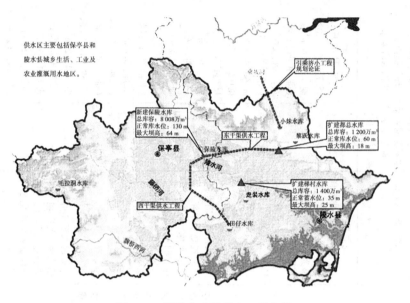

供水区主要包括保亭县和陵水县城乡生活、工业及农业灌溉用水地区。

图 6-13　保陵水库及供水工程布局

保陵水库拟建坝址位于国家重点生态功能区、海南热带雨林国家公园内,涉及保亭近腹吸鳅、多鳞枝牙䲅虎鱼等珍稀濒危鱼类栖息地,其供水工程规划的引水线路穿越吊罗山国家级自然保护区。保陵水库建设运用,在一定程度上破坏热带雨林生态系统的原真性和完整性,淹没珍稀濒危鱼类栖息生境,导致其栖息地萎缩和破碎化。

为尽可能减少不利环境影响,本次水网规划优化调整了引水路线,避开了吊罗山国家级自然保护区。但鉴于保陵水库建设运用可能造成珍稀濒危鱼类栖息地萎缩等生态风险,建议深化工程环境可行性论证研究。保陵水库及供水工程环境影响论证见表6-22。

表 6-22　保陵水库及供水工程环境影响论证

片区	涉及河流与区域	国家战略需求	主要环境影响论证				规划调整过程	规划及规划环评提出的生态基流要求
			自然保护区等环境敏感区	珍稀濒危鱼类栖息地	主要影响及生态风险	资源环境约束分析		
琼南	陵水河支流什玲河	供水区位于国家农产品主产区、南繁育种基地	原规划的引水线路穿越吊罗山国家级自然保护区	涉及	珍惜濒危特有鱼类数量降低、栖息地萎缩,破坏热带雨林生态系统的完整性	位于海南热带雨林国家公园,影响珍稀濒危特有鱼类栖息地	引水线路调整,避开吊罗山国家级自然保护区	梯村坝:3.6 m³/s(汛期)1.2 m³/s(非汛期)

6.7.2.4　天角潭水利枢纽工程

天角潭水利枢纽是北门江流域控制性骨干工程,开发任务为以工业供水、农业灌溉为主(年供水量约1.3亿m³),利用供水管线向洋浦经济开发区(属于国家重点开发区)供水。主要包括水库枢纽工程和供水工程,工程布局见图6-14。

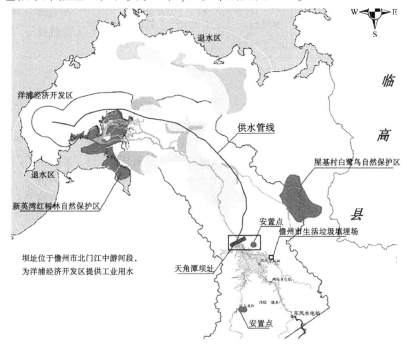

图6-14 天角潭水利枢纽布局

天角潭水利枢纽工程不直接涉及自然保护区、生态保护红线、珍稀濒危鱼类栖息地等,但因工程建设运用造成的水文情势改变影响河口新英湾红树林自然保护区。

本项目建设选址和新增水资源利用,对项目建设区域和坝下游水量与水文情势影响较大(工程实施后天角潭坝址断面下泄水量减少比例54%),将造成咸潮上溯距离增大、水环境容量减少、河口新英湾红树林萎缩等问题,同时库区水质污染风险较大。北门江现状水质较差,拟建天角潭水库淹没区分布有垃圾填埋场,北门江河口红树林面积存在萎缩现象。

为尽可能减少和减缓天角潭水利枢纽工程的环境影响,本次水网规划工程供水对象由城镇生活、工业供水调整为以工业供水为主,一定程度上减缓供水水质风险问题。但北门江现状生态环境问题较为突出,本项目建设将不可避免地对河口红树林、河流水质等造成一定影响。因此,应高度重视流域开发尤其是本项目建设的环境影响,进一步加强工程环境合理性论证研究,确保北门江及河口生态环境安全。

论证结论:北门江现状生态环境问题较为突出,本项目建设将对河口红树林、河流水质等造成一定影响。因此,应深化天角潭水利枢纽工程环境合理性论证研究,确保北门江及河口生态环境安全。

天角潭水利枢纽工程环境影响论证见表6-23。

表 6-23 天角潭水利枢纽工程环境影响论证

片区	涉及河流与区域	国家战略需求	主要环境影响论证				规划调整过程	规划及规划环评提出的生态基流要求
			自然保护区等环境敏感区	珍稀濒危鱼类栖息地	主要影响及生态风险	资源环境约束分析		
琼北	北门江中下游	供水区位于国家重点开发区	不直接涉及,但因水文情势改变影响新英湾红树林省级自然保护区	不涉及	红树林栖息地萎缩;水库淹没区涉及垃圾填埋场,带来供水水质风险;新英湾存在淤积风险	1. 现状水污染及供水水质较差; 2. 新增水资源利用,对坝下游及河口水文情势、河口形态等影响较大,将对新英湾红树林保护区产生不利影响; 3. 库区水污染风险	供水对象由城镇生活、工业供水调整为工业供水为主	天角潭水库: 2.7 m³/s (汛期)、0.9 m³/s (非汛期); 北门江河口: 4.2 m³/s (汛期)、1.4 m³/s (非汛期)

6.7.2.5 琼西北供水工程

琼西北供水工程任务是续建松涛西灌区,以满足儋州沿海地区、滨海新区、海花岛的城乡生活供水,高效特色农业及洋浦经济开发区发展需求,总供水量 4.65 亿 m³。工程从南渡江已建的松涛水库引水,通过新建干渠将松涛水库水量输送至灌区,并向当地中小型水库补水,解决水资源空间分布不均、提升独流入海小流域水资源配置能力,在一定程度上缓解枯水期春江、珠碧江、山鸡江等中小河流断流和水质污染问题。

琼西北供水工程不涉及自然保护区、珍稀濒危鱼类栖息地等环境敏感点,其工程布局见图 6-15。

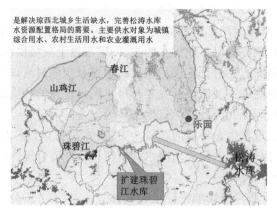

图 6-15 琼西北供水工程布局

目前,南渡江上游径流已被松涛水库全部拦蓄利用,无下泄水量及生态流量,琼西北供水工程将从松涛水库调水 3.4 亿 m³,主要供给城镇生活、农业灌溉用水,满足中下游河流生态水量等。该工程实施不改变松涛水库的规模及运行方式,对环境的主要不利影响主要是新增用水及新增灌溉面积可能产生的水污染风险。

为尽可能减少不利影响,规划取消扩建春江水库,仅扩建珠碧江水库;提出松涛水库生态调度及生态流量要求;针对海花岛等地产开发项目,要求在供水尖峰期利用海水淡化作为水源,同时加大再生水等非常规水利用。

琼西北供水工程环境影响论证见表6-24。

表 6-24 琼西北供水工程环境影响论证

片区	涉及河流与区域	国家战略需求	主要环境影响论证				规划调整过程
			自然保护区等环境敏感区	珍稀濒危鱼类栖息地	主要影响及生态风险	资源环境约束分析	
琼北	南渡江上游、春江、珠碧江	供水区位于国家重点开发区、国家农产品主产区	不涉及	不涉及	工业、生活污水量及农田退水产生量增加,将使得各河流水质较现状进一步发生恶化	新增城镇生活及农业用水可能产生的水污染风险	扩建春江、珠碧江水库调整为仅扩建珠碧江水库

6.7.2.6 牛路岭灌区工程

琼海、万宁境内水资源配置能力有限且缺乏建库条件,利用牛路岭水库的调蓄作用,以大代小、长藤结瓜,可以有效解决境内城乡生活、工业发展和灌区灌溉用水需求,保障博鳌亚洲论坛、乐城国际医疗先行区用水安全。

该工程从万泉河已建的牛路岭水库引水,通过新建总干渠、干渠将牛路岭水库水量输送至灌区,并向当地中小型水库补水,解决水资源空间分布不均的问题,提升独流入海小流域水资源配置能力。工程设计年从牛路岭水库调水量 1.19 亿 m³,解决55.43 万亩灌溉和两个市县城区(万宁市区、琼海市区)及沿途城乡供水问题。牛路岭灌区工程布局见图6-16。

牛路岭灌区工程总干渠、干渠穿越上溪、尖岭省级自然保护区,工程不直接涉及珍稀濒危鱼类栖息地,但工程调度运行可能对下游国家级水产种质资源保护区产生一定影响;同时新增用水及新增灌溉面积可能产生的水污染风险。

规划及规划环评提出生态流量要求。经优化调整后,规划水资源配置路线以隧洞形式穿越保护区与红线区;规划提出在下游河口嘉积坝建设过鱼设施,调整已建牛路岭水库开发任务,现以发电为主,调整为水资源配置及生态调度为主,恢复万泉河下游河道生态。

牛路岭灌区工程环境影响论证见表6-25。

图 6-16 牛路岭灌区工程布局

表 6-25 牛路岭灌区工程环境影响论证

片区	涉及河流与区域	国家战略需求	主要环境影响论证				规划调整过程	规划及规划环评提出的生态流量要求
			自然保护区等环境敏感区	珍稀濒危鱼类栖息地	主要影响及生态风险	资源环境约束分析		
琼东	万泉河上游、太阳河、九曲江、龙首河、龙尾河	供水区位于国家重点开发区域、国家农产品主产区	工程总干渠、干渠穿越上溪、尖岭省级自然保护区	工程不直接涉及,但因工程建设带来的水文情势改变对万泉河河口花鳗鲡栖息生境造成一定影响	对自然保护区等生态敏感区造成干扰,破坏珍稀濒危物种栖息地	输水总干渠及干渠自然保护区,新增城镇活动及农业用水可能产生的水污染风险	水资源配置路线以隧洞形式穿越保护区与红线区;规划提出调整已建牛路岭水库开发任务(现以发电为主,调整为水资源配置及生态调度为主)	牛路岭水库:18.0 m³/s(汛期)、7.2 m³/s(非汛期);嘉积坝:46.1 m³/s(汛期)15.4 m³/s(非汛期);万宁水库:5.7 m³/s(汛期)、1.9 m³/s(非汛期)

6.7.3 环境合理性论证

综合以上分析,本次水网规划的重大水资源配置工程总体符合《中共中央 国务院关于支持海南全面深化改革开放的指导意见》《全国主体功能区规划》《国务院关于推进海南国际旅游岛建设发展的若干意见》《海南省总体规划(空间类 2015~2030)》等国家及海南有关文件和规划要求,规划实施在一定程度上可以解决海南季节性、功能性缺水问题,缓解枯水期河流断流现象。

但重大水资源配置工程实施将不可避免地对开发河流及河口水文情势、水环境、珍稀濒危及特有土著鱼类栖息地、河口红树林等带来不同程度的影响。为尽可能避免与减缓重大水资源配置工程生态环境影响,本次水网规划及规划环评从生态环境保护角度明确了重要断面生态基流、敏感生态流量要求,提出了水资源配置应首先保障城乡生活、河道基本生态用水,要求开展生态调度;同时,从坝址、供水对象、供水线路、供水量等对昌化江水资源配置、天角潭水利枢纽等工程进行了优化,从已建水电水利工程拆除、整治、补建过鱼设施、开发任务调整等对迈湾水利枢纽、昌化江水资源配置等工程进行了优化,在一定程度上减缓了重大水资源配置工程建设的不利环境影响。

但考虑海南资源环境约束、敏感生态环境制约,在重大水资源配置工程建设实施中应进一步对迈湾水利枢纽工程建设分期、昌化江水资源配置的向阳水库坝址、牛路岭灌区工程引水路线进行优化调整;规划实施过程中对天角潭水利枢纽工程、保陵水库及供水工程环境合理性等进行深入论证,以确保海南岛主要江河及河口生态环境安全。

6.8 规划方案的效益论证

水网规划立足于海南经济社会可持续发展需求,统筹协调开发与保护、兴利与除害、整体与局部、近期与长远的关系,明确了防洪(潮)治涝、供水、水务、灌溉、水土保持等重点任务,构建水资源合理配置和高效利用、防洪(潮)减灾、水资源保护和河湖健康保障、水务管理四大体系。规划的实施,是保障未来海南自贸区(港)供水安全、生态安全的需要,具备重大的经济社会和生态环境效益。

6.8.1 防洪减灾效益

海南是全球台风活动的主要区域之一,其活动具有次数多、强度大、活动时间长的特点,每年因涝受灾直接经济损失达到百亿元。目前,海南岛江河流域防洪标准普遍偏低,海口市防洪标准不足 50 年一遇,定安、澄迈等 10 个市县城区防洪标准不足 20 年一遇,琼海、万宁等沿海市县、堤防建设滞后,达标率仅为 63%,防潮能力仍有很大差距。规划实施后海口、三亚市防洪标准达到 100 年一遇,主要城镇为 20~50 年一遇。防洪规划建设任务完成后,可新增保护人口 374.4 万人、保护面积 234.4 万亩,建成较为完善的防洪减灾体系,进一步控制中上游山区洪水,完善中游蓄泄体系和功能,建成下游防洪工程体系,全省中小河流得到进一步治理,重要城镇防洪标准基本达到国家标准规定的要求。防洪非工程措施配套设施进一步完善,降低洪涝灾害损失风险,避免重要交通和通讯等基础设施中断对社会带来的不利影响。防洪体系的建成,减轻了河道两岸的洪水威胁,降低了人民群众防洪、抗洪的经济损失,保障人民正常的生活、生产秩序,对海南经济社会的发展和生态环境的改善有重要意义。

6.8.2　供水及保障人群健康效益

目前全省集中供水率仅为60%,农村人饮供水保证率低,15个县级以上城市和90%中心镇为单一水源,海口、儋州、昌江、乐东、万宁等市(县)仍以地下水为主要供水水源,乡村集中式水源地水质达标率较低,仅为35.8%。通过规划供水工程的实施,规划年全省供水保证率达到95%,自来水普及率达到95%,农村自来水普及率达到95%,可新增供水量约10亿㎥,全省地表水资源开发利用率从现状的9.2%提高至19%,用水效率进一步提升,用水结构不断优化,基本解决全省840万城镇人口、220万度假旅游人口的用水问题,解决全省308万农村人饮问题,各市(县)生产、生活供水水量、水质及供水保证率可基本满足要求,为国民经济持续、快速、稳定发展提供有力支撑。规划实施后,集中式饮用水水源地水质全面达标,城乡饮水安全得到有效保障,供水安全满足程度显著提高,对人群健康具有积极的促进作用。

6.8.3　热带高效农业生产效益

海南现状有效灌溉面积518万亩,其中耕地有效灌溉面积445万亩,耕地灌溉率为41%,高效节水面积仅为38万亩,大中型灌区整体配套率不高,灌区渠系建设标准低。枯水年,各市县都会发生不同程度的冬春连旱,其中琼西南等地区旱情较重。通过灌区新建、续建配套与节水改造,规划年全省基本完成已有灌区的改造升级,可新增灌溉面积约300万亩,改善灌溉面积约100万亩,新增高效节水灌溉面积200万亩,农田灌溉水有效利用系数提高到0.62以上,耕地灌溉率达到63%,每年可增产粮食约85万t、瓜菜约450万t、水果约240万t。全省热带特色高效农业基地农田水利保障体系基本建成,冬季瓜菜基地实现高标准灌溉设施全覆盖,基本实现灌溉现代化。

6.8.4　规划方案的环境效益

水网规划实施后,规划方案不可避免地对环境产生一定的负效益,包括城镇点源废污水排放量增大,如果污水任意滥排将使城镇内河湖等受纳水体污染进一步加剧;新建向阳、南巴河、保陵水库造成河流纵向连通性阻隔,影响或破坏鱼类的栖息、索饵和产卵场;调水区河流上游来流的减少(尤其是在枯水期),对河口地区红树林、花鳗鲡生长将产生不利影响等。

然而,规划立足于解决海南现有涉水生态环境问题,通过严格遵守规划及规划环评提出的水域空间管控和"三线一单"要求,严格执行水资源配置优先序及生态调度、水资源和水生态保护、水土保持、小水电站整治、栖息地保护等措施,规划实施后将对目前海南存在涉水生态环境问题起到积极减缓和改善作用。

(1)本次水网规划针对海南目前水资源需求与供给匹配性较差,供需峰值矛盾突出,枯水期对工程的依赖程度极高,应对持续干旱和严重干旱的能力较低的问题,开展城乡供水规划。规划实施后海南集中式饮用水水源地水质全面达标,城乡饮用水安全得到有效保障,水源地建设解决了单一水源地带来的供水水质风险问题。规划实施前后饮用水源地对比见表6-26。

表 6-26　规划实施前后饮用水源地对比

区域	规划实施前现有饮用水水源地	规划实施后新增饮用水水源地
琼北片区	海口市:松涛水库、永庄水库、龙塘坝 澄迈县:南渡江 临高县:文澜江 儋州市:松涛水库 文昌市:竹包水库	海口市:东山水库、迈湾水库 澄迈县:美亭水库、迈湾水库 临高县:抱美水库、尧龙水库 儋州市:美万水库 文昌市:中南水库、红岭水库、天鹅岭水库
琼南片区	乐东县:昌化江 三亚市:大隆水库、赤田水库、福万水库、水源池水库 保亭县:藤桥东河 陵水县:小南平水库	乐东县:南巴河水库、长茅水库 三亚市:向阳水库 保亭县:保陵水库 陵水县:走装水库、小妹水库
琼西片区	昌江县:石碌水库	昌江县:大广坝水库
琼东片区	定安县:南渡江 屯昌县:良坡水库 琼海市:万泉河嘉积坝 万宁市:牛路岭水库、万宁水库	定安县:迈湾水库、南扶水库、石龙水库、龙州河 屯昌县:红岭水库 琼海市:红岭水库、中平仔水库、美容水库 万宁市:沉香湾水库
中部片区	琼中县:百花岭水库	琼中县:红岭水库

(2)目前,河流闸坝建设及不合理运行导致河道生态水量保障程度不高,规划实施后,海南8条河流19个断面制定生态流量,大广坝水库、向阳水库、牛路岭水库、红岭水库等实施生态调度,生态流量确定及保障在一定程度上减缓了现存的枯水期生态流量不足的问题。规划实施前后河道断流改善状况对比见表6-27。

表 6-27　规划实施前后河道断流、挤占生态流量情况对比

类型	规划实施前	规划实施后
水电站下游减脱水河段	南圣河牙冲、南漫河初保、临高道谈、昌江大炎、琼中大浪、保亭南春三级、儋州同兴、五指山毛组河、乐东红水河富光、保亭加茂镇石弄等电站下游存在脱水河段 2.27 km	实施小水电站清退、生态改造,建设一批绿色水电站,恢复河道连通性
水利枢纽坝下局部河道断流现象	南渡江松涛水库、昌化江大广坝水库、太阳河万宁水库、望楼河石门水库等坝下存在局部断流现象	大坝下泄生态流量,消除坝下河道断流现象
中小河流枯水期断流现象	春江、珠碧江、山鸡江等西部中小河流枯水期存在断流现象	通过水资源合理调配,大河补充中小河流水量,利用水库调度,优先保证河道生态流量
三大江河生态基流挤占量	近5年,南渡江生产用水挤占生态基流 6.74 万 m³;昌化江生产用水挤占生态基流 4 164.27 万 m³;万泉河生产用水挤占生态基流 3 544.91 万 m³	通过泄放生态水量,河流生态流量被挤占现象有效改善

（3）海南局部区域生态退化持续，人为开发活动对海岸带生态破坏严重，规划实施后，水域空间管控在一定程度上减缓了水域岸线侵占、不合理利用、无序建设等问题。

（4）现状河流连通性受损，水生生境遭受累积性阻隔；规划实施后禁止建设小水电站及现有部分水电站拆除在一定程度上减缓了小水电无序开发造成的阻隔、脱流等河流生态破坏问题。

（5）目前城镇内河湖污染较为严重，部分河段为黑臭水体，水质不容乐观，规划实施后，水资源保护措施及工程、内源整治等在一定程度上减缓了目前海南中小河流和城市内河湖存在的水污染问题。规划实施前后城镇内河湖水质状况对比见表6-28。

表6-28 规划实施前后城镇内河湖水质状况对比

河流名称	断面名称	规划实施前	规划实施后	河流名称	断面名称	规划实施前	规划实施后
美舍河	美舍河3号桥	劣V		一分渠	万城一分渠	劣V	
五源河	五源河出海口	劣V		三分渠	万城三分渠	劣V	
大同沟	大同沟	劣V		文昌河	人民桥	V	
龙昆沟	龙昆沟	劣V		霞洞水库	霞洞水库	劣V	
电力沟	电力沟	劣V		双龙溪	大春坡桥	劣V	
龙珠沟	龙珠沟	劣V		双龙溪	嘉积中学分校	劣V	
海甸沟	海上都小区	劣V		黄塘溪	黄塘溪	劣V	
秀英沟	市二十七小	劣V	≤Ⅳ类	内湖	疏港加油站旁	劣V	
东西湖	东西湖	劣V		水利渠	县人民医院下游	劣V	
金牛湖	金牛湖	劣V		溪仔河	椰林镇	V	
工业水库	工业水库	劣V		小溪3	勤丰	劣V	
东坡湖	东坡湖	劣V		小溪	牙叉派出所	劣V	≤Ⅳ类
丘海湖	丘海湖	劣V		保亭河	抄茂桥	劣V	
鸭尾溪	海达路	劣V		保梅河	银河宾馆	V	
白沙河	海达路	劣V		黄龙岭小溪	头下村	V	
响水河	铁桥村	劣V	Ⅳ类	小溪	见龙大道	劣V	
三亚东河	*临春桥	劣Ⅳ	Ⅲ类	潭榄溪	潭榄桥	V	
三亚东河	*白鹭公园西边小桥	Ⅳ	Ⅳ类	水渠	莫村路	劣V	
三亚西河	*月川桥	劣Ⅳ		营盘溪	琼中中学	V	
鸭仔塘水库	鸭仔塘水库	劣V	≤Ⅳ类	吉安河	屯昌中学	劣V	
小溪1	冲山二桥	劣V		文赞水库	文赞水库	劣V	
小溪2	冲山一桥	V					

第7章 规划方案的优化调整建议

海南是我国最大的经济特区,拥有全国最好的生态环境,同时又是相对独立的地理单元,地理位置独特,生态地位特殊。规划方案应按照生态环境质量和资源利用效率居于世界领先水平的目标要求,协调流域治理开发与生态环境保护关系,尽可能减少对流域自然生态系统的干扰,确保流域水资源水环境水生态安全。在规划方案制订初期、规划报告编制、修改和完善各阶段,规划环评项目组与规划编制单位之间开展深入沟通和全程互动的过程,从环境保护角度对规划方案提出了优化调整建议,将"三线一单"等管控要求充分融入规划编制的全过程。

7.1 规划环评与规划互动过程

按照生态环境部、水利部《关于进一步加强水利规划环境影响评价工作的通知》要求,本次规划环评在规划编制过程中充分体现"早期介入、全程互动"的原则,贯穿规划编制的全过程并与规划方案的制订充分互动。2016 年规划编制之初,规划环评单位与规划编制单位一同就海南省的生态环境开展了实地查勘工作。其后,规划环评技术骨干在北京集中办公,参与规划方案的编制。2017 年 3 月,规划环评项目联合体正式承担规划环境影响报告书的编制,在工作过程中与规划编制单位在北京、郑州、海口等地组织 20 余次集中研讨,提出规划方案的优化调整建议。规划环评与规划互动过程见表 7-1。

规划环评单位与规划编制单位充分互动,协同推进规划编制,将"三线一单"等管控要求融入规划编制的全过程,从环境保护角度对规划方案提出了优化调整意见和建议。

表 7-1 规划环评与规划互动过程(集中研讨)

时间	地点	互动内容
2016 年 6 月	海口、儋州、昌江、乐东、三亚	通过与规划编制单位座谈交流与实地调研全面掌握海南省生态保护现状、涉水环境存在的问题和水网建设的迫切需求
2016 年 8 月	北京	与规划编制单位对接,对水资源水生态保护规划开展环境保护需求分析及规划方案制订
2016 年 9 月	海口、昌江、东方、乐东、三亚	与规划编制单位就琼西部小水电站建设、城镇黑臭水体现状进行查勘
2016 年 10 月	北京	与规划编制单位对接,对水资源水生态保护规划开展环境保护需求分析及规划方案制订;对水生态空间管控方案开展研讨

时间	地点	互动内容
2016 年 12 月	北京	与规划编制单位就水资源配置方案、生态流量进行交流;对杨桥江水库、利拉岭水库、马岭水利枢纽等 14 个水库进行优化调整
2017 年 4 月	北京	针对产漂流性鱼类产卵时段与需水过程进行对接,提出迈湾水库、向阳水库、红岭水库、牛路岭水库泄放生态流量的方案
2017 年 5 月	北京	与规划编制单位共同优化规划水资源配置思路,将"生态优先"融入到规划方案中
2017 年 6 月	北京	针对生态保护红线、自然保护区与工程位置的关系进行交流,对牛路岭灌区工程调水路线与尖岭自然保护区的位置关系进行识别,提出规避建议
2017 年 9 月	北京	针对规划灌溉面积环境合理性进行研讨;与规划编制单位对于防洪治涝规划内容进行交流,对万泉河等堤防采取生态型护坡形式
2017 年 11 月	三亚	针对重点工程生态流量调整进行交流,复核向阳、南巴河断面生态流量满足程度;对向阳水库与海南生态保护红线位置关系进行识别,提出避免占压红线的建议
2018 年 1 月	北京	针对保陵水库修建对陵水河两种特有鱼类保亭近腹吸鳅、多鳞枝牙鰕虎鱼的影响进行交流,建议对保陵水库进一步研究论证
2018 年 9 月	北京、郑州	针对南渡江、昌化江、万泉河、北门江敏感期生态需水及其保障程度问题进行沟通
2018 年 12 月	北京	就敏感生态流量确定进一步对接
2019 年 1 月	郑州	关于重大工程的优先序、农业用水灌溉规模节水灌溉、多方案比选等进行沟通
2019 年 3 月	北京	针对敏感期生态需水、昌化江生态调度与下游径流过程变化等问题进行沟通

7.2 规划已采纳的优化调整方案

规划环评单位与规划编制单位充分沟通,协调一致,提出规划报告优化调整意见已被规划报告采纳,作为规划成果的重要组成部分。

7.2.1 对规划总体思路的优化调整

结合海南生态定位与生态环境保护要求,规划环评与规划编制单位充分沟通衔接,严格按照"生态优先""以供定需"等发展理念,优化调整规划总体思路,统筹水资源开发利用与水资源保护的关系,贯彻"以新带老"环保要求,以保障河湖生态流量、恢复河流横(纵)向连通、强化生态水系廊道保护和修复为重点,构建水资源保护和河湖健康保障体系的"生态水系网"。

为充分体现空间规划"多规合一"和国家生态文明试验区建设要求,规划环评和规划编制单位多次沟通,共同研究提出在水利规划体系中增加水生态空间管控专章,明确了管控指标和措施,提出了符合生态保护红线功能定位的项目准入正面清单、限制开发区项目准入负面清单等管控要求,作为规划水资源配置与工程布局的前提与条件。

7.2.2 对水资源配置方案的优化调整

7.2.2.1 水资源配置原则的优化调整

规划原有水资源配置原则为"充分挖潜、联合调度",即"合理利用当地径流,因地制宜兴建水源工程,挖掘现状水利设施和当地供水潜力"。规划环评和规划进行互动沟通,建议配置原则应充分体现保障河道内生态水量的基本要求,规划将水资源配置原则调整为"先近后远、联合调度",即"在满足生态水量的前提下,合理利用当地径流,优先配置当地水源,其次配置外调水;做到蓄、引、提工程合理配置,大、中、小工程联合调度"。

7.2.2.2 工程调度方案的优化调整

规划优化调整了"两江一河"水资源统一调配,切实落实生态优先、合理配置水资源的具体调控措施。在原有工程调度方案中,规划环评认为昌化江水资源配置工程实施后,昌化江非汛期河口宝桥断面流量下降幅度较大(由 56.08 m^3/s 降低至 33.14 m^3/s,降幅为 40.9%),生态基流(非汛期 13.2 m^3/s)的满足率仅为 74%,对河流生境影响较大,规划通过制订多年调节水库调度方案,考虑生态水量需求,细化调度规程,加大了非汛期下泄水量,昌化江河口生态基流满足率提高至 89%。此外,遇枯水期,供水超标准年份,工程调度首先保证生态基流,城乡生活按 70%保证率给水,农业灌溉用水按 50%保证率供给。

7.2.2.3 用水总量控制方案的优化调整

根据《关于印发实行最严格水资源管理制度考核办法的通知》,2020 年、2030 年海南省全省用水总量控制目标分别为 50.3 亿 m^3、56.0 亿 m^3。考虑海南省水资源禀赋、生态用水需要、经济社会发展合理需求等因素,基于"加强水资源开发利用控制红线管理,严格实行用水总量控制"的原则,经规划环评与规划方案编制互动,对规划水资源配置 2035年供水总量进行优化。与用水总量控制目标相比,原规划方案对常规水资源量的配置略高于 2030 年的用水总量红线。为全面落实最严格水资源管理制度的要求,2035 年根据 2030 年的用水总量控制指标,水资源配置量由 62.74 亿 m^3 调整为 55.91 亿 m^3。

7.2.2.4 生态流量与水库生态调度的优化调整

规划环评单位与规划编制单位互动,共同对主要河流控制断面生态流量及入海水量进行了复核,构建了符合海南岛水资源和生态保护特点的生态流量保障体系与方案。

规划已对南渡江、昌化江、万泉河等 8 条河流生态基流进行了补充修改与完善,部分断面生态流量较以往规划及环评成果提高了标准,如本次针对现状已经连续多年断流的南渡江松涛水库,提出非汛期 5.2 m³/s、汛期 15.6 m³/s 的生态流量配置要求,恢复南渡江干流河流的连通性;考虑松涛水库下泄生态流量,迈湾水库断面生态基流由 4.89 m³/s 提高至非汛期 10.1 m³/s、汛期 20.5 m³/s。

规划环评对部分断面的生态基流进行了复核和补充分析,提出了结合相关环评批复明确南渡江龙塘坝断面生态流量要求的建议;为保护陵水河下游及河口生态环境,提高了陵水河梯村坝汛期和非汛期的生态流量要求;结合迈湾、向阳、牛路岭、红岭水库坝下产漂流性卵鱼类,河口红树林生长繁育保护需求,复核完善了南渡江、万泉河、昌化江、北门江等主要控制断面敏感生态需水过程要求,进一步针对生态流量过程提出了明确要求,提高了河流健康保障水平。规划优化调整的生态流量成果见表 7-2、表 7-3。

表 7-2　规划优化调整前后的生态基流　　　　　　　　（单位:m³/s）

河流	控制断面	规划原有成果	规划优化调整成果
南渡江	松涛水库	无	汛期 15.6;非汛期 5.2
	迈湾水库	4.89	汛期 20.5;非汛期 10.1
	东山坝	14.4	14.4(环保已批复)
	龙塘坝	无	22.5(环保已批复)
昌化江	乐东	6.9	汛期 20.9;非汛期 7.2
	大广坝水库	9.8	汛期 30.6;非汛期 10.2
	石碌水库	0.98	汛期 3.0;非汛期 1.0
	宝桥	10 月至翌年 5 月 13.9;6~9 月 38.8	汛期 39.6;非汛期 13.2
万泉河	牛路岭水库	7.2	汛期 18.0;非汛期 7.2
	红岭水库	2.72	4.72(环保已批复)
	嘉积坝	15.5	汛期 46.1;非汛期 15.4
陵水河	梯村坝	2.08	汛期 3.6;非汛期 1.2
宁远河	大隆水库	2.22	汛期 6.9;非汛期 2.3
北门江	天角潭水库	10 月至翌年 5 月 0.9;6~9 月 2.7	汛期 2.7;非汛期 0.9
太阳河	万宁水库	1.88	汛期 5.7;非汛期 1.9
望楼河	长茅水库	0.61	汛期 1.65;非汛期 0.55

注:汛期指 6~10 月,其余为非汛期。

表 7-3 规划优化调整前后的敏感期生态需水

河流	控制断面	规划成果	规划环评优化调整建议
南渡河	龙塘坝	根据鱼类产卵期需求,3~7月期间下泄 60.0 m³/s 并维持连续 7~15 d	根据花鳗鲡幼苗(玻璃鳗)生长发育需求,确定 12 月至翌年 2 月需维持枯水期的小流量过程
昌化江	宝桥	根据鱼类产卵期需求,3~5月期间下泄 32.3 m³/s 并维持连续 7~15 d,6~7月按汛期生态流量 39.6 m³/s 泄放	根据花鳗鲡幼苗(玻璃鳗)生长发育需求,确定 12 月至翌年 2 月需维持枯水期的小流量过程
万泉河	嘉积坝	根据鱼类产卵期需求,3~5月期间下泄 43.4 m³/s 并维持连续 7~15 d,6~7月按汛期生态流量 47.0 m³/s 泄放	根据花鳗鲡幼苗(玻璃鳗)生长发育需求,确定 12 月至翌年 2 月需维持枯水期的小流量过程
北门江	河口	无	根据红树林幼苗生长需求,确定 6~10 月需维持不低于 21.0 m³/s 的流量要求
南渡江	迈湾水库	无	6~8 月模拟 1 次涨水过程,持续 10~15 d,峰值流量约为涨水过程平均流量的 1.5 倍
昌化江	向阳水库	无	根据产漂流性鱼类产卵需求,6~8月人造 1 次维持 3~5 天的大流量过程
万泉河	牛路岭水库	无	根据产漂流性鱼类产卵需求,6~8月人造 1 次维持 3~5 天的大流量过程
万泉河	红岭水库	无	根据产漂流性鱼类产卵需求,6~8月人造 1 次维持 3~5 天的大流量过程

7.2.3 对小水电管控方案的优化调整

目前,海南省建成并投产的小水电共有 341 座,主要分布在琼中县、保亭县、五指山市和临高县,使得河流的连通性遭到破坏,河流生态功能下降。鉴于小水电站建设对生态环境影响较大,规划环评单位参与规划报告中有关水资源水生态保护规划相关成果的编制,与规划编制单位共同开展海南岛水电站数量与分布情况调查,并选取典型电站统计了河段脱流情况,识别其对生态环境的不利影响,提出分类整治措施。

规划报告已将"实施水电站等拦河闸坝拆除或生态改造""推动小水电生态改造或逐步退出""推进绿色水电站评估认证,对丧失使用功能或严重影响生态又无改造价值的水电站,强制退出"等措施列为水资源水生态保护规划的重要内容,取消了地方相关部门提出的小水电建设项目。如昌化江宝桥水电站位于昌化江干流中游河段的尾部,上距大广坝水库 31 km,下距昌化江入海口 34.4 km,工程建设将对昌化江下游河道造成阻隔效应,对花鳗鲡等鱼类生长繁育将产生重大影响,规划已取消该水电站的建设。

7.2.4 对规划工程布局的优化调整

7.2.4.1 水资源调配工程布局的优化调整

在规划方案初期编制阶段,水资源配置主要结合"海南省水务发展与改革十三五规划"工程布局,在龙州河、文澜江、北门江、鸡心河、望楼河等中小河流上新建中型水库 11 座、改扩建大型水库 3 宗,以满足局部城镇缺水问题。规划环评与规划编制单位充分讨论沟通,均认为大量分散水源建设,对整个海南岛水资源的配置作用较小,反而会对中小河流的阻隔加大,枯水期河流生态流量满足程度将进一步降低。经优化调整后,规划取消了在中小河流新建 11 座水库及改扩建 3 座大型水库的方案,采用"以干强支、以多补少"的水资源配置思路,在昌化江建设调蓄水库。同时利用南渡江干流已建松涛水库、万泉河干流已建牛路岭水库、红岭水库等,向独流入海的支流补水,以缓解沿海城镇生活、工业与农业水资源短缺的局面。规划环评建议取消新建及扩建中小型水库见表 7-4 及图 7-1。

表 7-4 规划环评建议取消新建及扩建水库

序号	项目名称	市县	河流名称	总库容 (万 m³)	兴利库容 (万 m³)	规划环评 建议
1	春江水库	儋州市	春江	14 000	12 070	取消改扩建
2	石碌水库	昌江县	石碌河	18 100	15 308	取消改扩建
3	加乐潭水库	屯昌县	牛头沟	2 068	1 700	取消改扩建
4	杨桥江水库	儋州市	光村水	5 000	3 866	取消新建
5	利拉岭水库	儋州市	排浦江	2 700	2 543	取消新建
6	马岭水利枢纽	儋州市	珠碧江	8 000	7 741	取消新建
7	火岭水库	儋州市	春江	1 200	1 162	取消新建
8	白沙岭水库	儋州市	春江	1 400	1 325	取消新建
9	幸福水库	儋州市	北门江	1 706	1 606	取消新建
10	道霞水库	临高县	文澜江	7 000	6 400	取消新建
11	石坡水库	乐东县	望楼河	4 000	3 100	取消新建
12	鸡心水库	昌江县	鸡心河	1 830	1 500	取消新建
13	猫尾水库	屯昌县	南淀河	2 000	1 910	取消新建
14	黎村水库	屯昌县	南淀河支流	1 600	1 500	取消新建

图例
◐ 取消新建水库
◑ 取消扩建水库

图 7-1 规划环评优化调整取消新建(扩建)中小型水库分布

7.2.4.2 取消新建吊罗山水库方案的优化调整

保亭县与陵水县规划年缺水 0.78 亿 m^3,规划提出新建吊罗山水库以解决水资源供需矛盾。经分析,吊罗山水库位于吊罗山国家级自然保护区的核心区和缓冲区内,不符合《中华人民共和国自然保护区条例》,不仅破坏热带雨林生态环境与景观资源,也对海南中部生物多样性保护与水源涵养功能构成严重影响。经沟通协调,规划取消了吊罗山水库建设方案。

7.2.4.3 水资源配置工程输配水路线的优化调整

规划方案中的保陵水库及供水工程、牛路岭灌区工程输水管线穿越吊罗山、上溪、尖岭等国家级、省级自然保护区,为了促进生态环境可持续发展,按照"影响最小化原则",规划环评与规划编制单位充分沟通后明确,规划方案中涉及自然保护区等生态敏感区的重大工程引调水路线工程,均应开展选址选线的优化比选,尽量规避自然保护区域;经现场查勘和方案比选,确实无法避让的,引水线路应以隧洞形式穿越保护区,避免对陆域山地雨林森林生态系统进行破坏。

7.2.4.4 防洪(潮)治涝工程的优化调整

海南防洪除涝基础设施不完善,防洪除涝标准偏低,规划考虑重点城镇的防洪(潮)需求,布局多项防洪工程。规划环评与规划编制单位充分沟通后明确,在满足行洪要求的前提下,防洪工程应与生态修复工程相结合,尽量减少对河滨带的破坏,对生态影响较大的已建硬质护岸工程,因地制宜开展生态化改造、生境保护和修复。

规划按照山水林田湖草系统治理的要求,以生态水系廊道建设为重点,围绕河湖水系存在的水资源、水环境、水生态、水灾害、水景观存在突出问题和保护需求,统筹防洪除涝、水资源保护、水污染防治、水生态修复和景观建设等保护治理任务,提出南渡江、昌化江、万泉河"三大江河"水生态文明建设及综合治理工程,琼西北"五河一湖"水生态文明建设及综合治理工程,海口、三亚城市内河水生态修复及综合整治工程,作为规划重大工程优先实施。

针对万泉河中下游等部分河段的防洪工程,提出留足行洪通道和水生态空间,不得束窄河道,对违法违规侵占河道的应限期整改的要求;对北门江下游井村—中和镇、东城镇段新建 28 km 堤防工程,其中约 9.5 km 分布有红树林,提出优化堤线布置,避开和保护红树林湿地的要求。同时针对南渡江金江下游、罗温段干流新建堤防涉及鱼类产卵场,提出避让水生生物环境敏感区的要求。

7.3　工程建设实施时需进一步优化的重大工程

部分规划近期实施的重大水资源配置工程,总体上不存在重大生态环境制约因素,在工程建设实施时需对工程选址、选线或减少规模等进一步优化,以减少工程建设的不利生态环境影响。

7.3.1　迈湾水利枢纽工程建设方案优化

南渡江流域已有水利开发已对水文情势、水资源分配、鱼类及栖息地等产生了较显著的影响。迈湾水利枢纽建设将新增水资源利用,工程实施后进一步加大南渡江阻隔影响,造成南渡江特有土著鱼类栖息生境的萎缩,新增城市及农业供水可能产生一定水污染风险。为减少生态环境影响,建议迈湾水利枢纽工程采用分期建设方案,根据琼北地区资源环境承载力及发展定位,近期 2025 年调整压减城乡供水规模(需能满足南渡江下游海口市及海口江东新区近期新增供水要求),不承担灌溉任务,远期可根据迈湾水利枢纽工程建设实施情况,适时调整优化迈湾灌区新增灌溉面积。按照"以新带老"要求,对下游九龙滩、谷石滩、金江 3 座水电站补建过鱼设施,对松涛水库增设生态流量泄放设施。

7.3.2　向阳水库建设方案优化

乐亚水资源配置工程拟在昌化江中游向阳电站位置新建向阳水库,该水库位于海南岛中部山区热带雨林国家重点生态功能区内,涉及大鳞光唇鱼栖息地。一旦水库修建,将造成昌化江上游河段进一步阻隔,对流域生物多样性影响较大。此外,水库淹没范围包括番阳镇政府驻地和 2 个村委会少数民族人口 5 000 余人,还将淹没新建的"琼中—五指山—乐东高速公路"约 2 km 路段,水库建设及淹没的社会稳定风险较高。规划环评提出,规划实施时应综合考虑生态影响、库区淹没等要素,基于"干流保护、支流开发"原则,开展坝址位置替代方案论证,研究支流建库方案;结合昌化江干流小水电生态化改造,逐步恢复河道连通性,促进昌化江干流生态功能逐步恢复。

7.3.3　牛路岭灌区建设方案优化

经分析,牛路岭灌区工程总干渠隧洞入口位于上溪省级自然保护区实验区,同时也涉及海南岛陆域生态保护红线,工程建设等活动对保护区的生态环境有一定影响。规划环评建议,工程实施时,应进一步优化灌区工程总干渠引水口位置,多方案比选论证,尽量避开自然保护区与生态保护红线;如确实无法避让,应深入论证工程建设对自然保护区的环境影响和减缓措施,工程施工严格执行自然保护区保护和管理的有关规定,同步实施生态保护和修复措施,减缓对自然保护区生态的影响。为避免工程引水对万泉河下游河道生态及国家级水产种质资源保护区的影响,优化调整牛路岭水利枢纽的开发任务,由现状以发电为主调整为以供水、生态调度为主,兼顾发电,制订并实施生态调度方案,确保尖鳍鲤、花鳗鲡等珍稀濒危特有鱼类得到保护。

7.4 规划实施过程中需深入研究论证的规划方案

规划提出的部分水库建设工程,存在一定生态环境制约因素,规划实施过程中,需结合经济社会发展需求和生态保护要求,深入分析工程建设的必要性和环境合理性,研究论证工程建设的替代方案,慎重决策实施。

7.4.1 天角潭水利枢纽建设方案

天角潭水利枢纽位于海南省儋州市境内的北门江干流,是《北门江流域综合规划》《松涛灌区续建配套工程总体规划》和《国务院关于推进海南国际旅游岛建设发展的若干意见》推荐的重点水源工程,也是国家 172 项节水供水重大水利工程之一。天角潭水库作为北门江流域的水资源调配控制工程,主要解决洋浦经济开发区及北门江下游地区的工业供水、农业灌溉不足问题。工程建设运行对坝址下游河道的水文情势影响显著,因水库蓄丰补枯,下游河道枯水期纳污能力有所改善,但年均和汛期水环境容量将有所减小;工程建设运行将导致坝址下游河段及新英湾河口水沙演变和盐度时空分布变化,对新英湾自然保护区内红树林湿地、花鳗鲡等保护鱼类及海南石鲋的栖息生境造成胁迫影响;坝址现状水质不能满足水质目标要求,库区上游、库周分布儋州市城区等城镇生活、工业污染源及农业面源,库周淹没范围涉及儋州市生活垃圾填埋场,工程建设存在较大水质污染隐患。

规划实施过程中,需进一步深入研究、综合比选、合理论证洋浦工业区及北门江下游地区的水资源保障方案。重点研究论证内容包括:①考虑河口区域新英湾红树林自然保护区生态地位重要,库区上游城镇污染防治和垃圾填埋场搬迁治理难度大、水库水质污染风险高等因素,深入研究论证天角潭水库建设的生态环境影响和环境可行性。②按照"确有需要、生态安全、可以持续"的原则,坚持节水优先、以供定需,论证天角潭水库建设的替代方案。在深入分析区域节水潜力、开展现有水源工程挖潜改造的基础上,合理控制新增灌区用水规模,适当扩大洋浦工业区再生水利用和海水淡化规模。结合迈湾水库、琼西北供水工程建设方案和规模论证,研究通过优化松涛水库水资源配置向洋浦工业区增加供水的方案。③综合考虑河口红树林生长繁殖要求,河口河道及新英湾生态健康需要,调整天角潭水利枢纽工程的功能定位,对规划布局必要性和环境合理性做进一步论证。

7.4.2 保陵水库建设方案

保陵水库工程位于陵水河上游的保亭县什玲镇毛定村委会境内,主要为保亭县和陵水县城乡生活、工业及农业灌溉提供水源。保陵水库地处海南岛中部山区热带雨林国家重点生态功能区、海南热带雨林国家公园范围,所在区域主导功能以生态保护为主。调查表明,陵水河现状分布有 2 种该水系的特有鱼类,一种为保亭近腹吸鳅,是已发现的腹吸鳅亚科中最原始的属,保亭近腹吸鳅为该属唯一种,仅分布于陵水河水系山溪河流中,《中国濒危动物红皮书(鱼类)》将其濒危等级定为"稀有",且明确指出"本种不仅稀有,且还是科内最原始的类群,学术研究上具有重要意义,应尽快开展研究,有必要提请作专项保护";另一种为多鳞枝牙鰕虎鱼,属于暖水性鱼类,其主要栖息于清澈流水、砂和砾石底质的溪流中,仅分布于陵水河水系,该物种的原始产地在陵水河的保亭县八村(陵水河源头),《中国物种红色名录》将其濒危等级定为"濒危"。保陵水库的建设将形成约 64 m 高的大坝,淹没以上两种鱼类的生境,使其适宜生境面积萎缩、种群规模下降。

考虑保陵水库生态影响的敏感性和影响程度,规划将该工程列入远期实施计划。规划实施过程中,根据区域经济社会发展需要和生态保护要求,适时开展前期论证工作。重点研究论证内容包括:①深入分析保陵水库建设的环境影响及产生的生态损失,论证选址和建设规模的环境合理性,提出切实可行的生态保护、修复和补偿方案。②按照"节水优先、以供定需、适度从紧"的原则,论证保陵水库建设的替代方案。在深入分析区域节水潜力、开展现有水源挖潜改造基础上,进一步优化陵水河流域水资源配置,通过强化现有灌区节水改造,合理控制新增灌区规模,实施必要的河湖水系连通补水,适当扩大以清水湾为代表的旅游地产再生水利用、海水淡化等非常规水资源利用规模等综合措施,提升陵水县城乡生活、热带南繁育种基地及旅游地产供水安全保障能力。

第8章　环境影响减缓对策与措施

8.1　环境保护总体要求

本次水网规划实施过程中,应树立底线思维,严守资源利用上线、环境质量底线、生态保护红线,将各类涉水开发活动限制在资源环境承载能力之内,尽可能减少对自然生态系统的干扰,确保生态安全。

8.1.1　严守"生态保护红线""环境质量底线""资源利用上线"要求

生态保护红线:是生态安全保障的底线,海南省生态保护红线包括自然保护区等重要生物多样性保护区,饮用水水源保护区等重要水源保护和涵养区,重要水土保持区,重要防洪调蓄区;海岸带自然岸线及邻近海域;海洋特别保护区,重要入海河口,红树林等;其他具有重要生态功能或者生态环境敏感、脆弱的区域等。在生态保护红线内,禁止与严格控制各类开发建设活动,但对于国家和省重大基础设施、重大民生项目等,经依法批准可以建设。

环境质量底线:水网规划实施过程中,确保 2035 年全省水功能区水质达标率达到95% 以上,其中纳入国家考核的 15 个重点水功能区水质达标率为 100%;全省地表水考核断面水质优良比例达到 97% 以上,地表水体水质明显改善,城镇集中式饮用水源地水质全部达标,城镇内河(湖)及独流入海河流等水体消除劣 V 类、V 类水质,全面消除黑臭水体。点源污染物 COD、氨氮的限制排污总量分别为 2.68 万 t/a、0.1 万 t/a,对入河排污口设置水域实施分类管理,其中禁止设置水域涉及 13 个水功能区,严格限制水域涉及 13 个水功能区,一般限制水域涉及 40 个水功能区。海澄文一体化综合经济圈、大三亚旅游经济圈的污水处理率达到 98%,儋州市、琼海市的污水处理率达到 96%,其他县城、中心镇的污水处理率达到 90%,建制镇污水处理率达到 80%。

资源利用上线:2035 年全省用水总量按 56.0 亿 m³ 控制,再生水利用率不低于 20%;万元国内生产总值用水量、万元工业增加值用水量达到 61 m³、38 m³,农田灌溉水有效利用系数大于 0.62。

8.1.2　严格水生态空间管控

本次水网规划依据海南陆域生态保护红线,划定水域生态保护红线,主要包括 38 条生态水系廊道,松涛、大广坝、牛路岭等重要湖库,以及其他河湖水系等的水域空间及岸线空间,中部山区江河源头区、水源涵养区以及水土流失重点防治区等,水网布局及规划实施应以水生态空间管控为刚性约束,严格落实各类管控措施,维护水域功能的正常发挥。

本次规划及规划环评,综合分析各河流水资源禀赋条件、开发利用状况和水生态系统保护需求等,综合确定了 19 个控制断面的生态流量保障目标。水网规划实施过程中应严格用水总量控制、加强水资源节约保护、实施闸坝生态调度,切实保障河流生态用水需求。

8.1.3　确保极重要区及敏感区生态安全

为维持海南岛主要河湖及河口生态安全,水网规划实施过程中,应严格保护海南岛重要水源涵养区(主要分布在国家重点生态功能区)、珍稀濒危鱼类栖息地及特有土著鱼类重要栖息地(主要分布在河流上游溪流型生境和主要河流河口段)、河口红树林(主要分布在北门江河口、万泉河河口、三亚河河口、东寨港)等极重要区,以及部分枯水期断流河流(琼西北、琼西、琼西南独流入海河流)和昌化江下游等敏感区,原则上限制和禁止开发,加强自然恢复,适当人工修复,对已有涉水开发造成水源涵养功能下降和栖息地破坏,实施水源涵养、水土保持、栖息生境修复措施,建立生态补偿等机制,建设水生态监测及评估体系,采用综合措施保障海南岛主要河湖生态安全。

8.1.4　环境准入正面与负面清单及其管控措施

8.1.4.1　环境准入正面与负面清单

海南生态环境是大自然赋予的宝贵财富,必须结合各流域片水资源水生态特征,以"流域—水系廊道—规划河段"为单元,以保护需求和存在问题为导向,将海南 38 条生态水系廊道划分为 61 个规划河段,提出水源涵养与保护、峡谷河道生态维护、重要水源地保护、河流生境保护与修复、水环境综合治理、绿色廊道景观建设、河口岸线与生态环境维护等 7 种保护与治理类型,针对海南主要河流不同类型河道提出环境准入正面与负面清单见表 8-1。

除生态保护红线等禁止与限制开发管控外,在该清单中,其他约束指标或者管控要求均有所涉及,包括加强海南生态基流保障程度、确保中小河流不断流、各行业节约用水、中水回用、枯水期供水保障优先次序、化肥农药限制使用等。

8.1.4.2　管控措施

1. 严格实施水生态空间分区分类用途管制

按照海南省生态保护红线管控要求,建立生态保护红线环境准入机制,严禁不符合主体功能定位的各类开发活动,严禁任意改变用途。严格管控生态水系廊道的重要保护河段、集中式饮用水水源保护区、重要水生生境等生态保护红线内的开发建设活动,新建工业项目、矿产资源开发、商品房开发、规模化养殖及其他破坏主要生态功能的工程项目建设不予准入,重大线性基础设施项目优先采取避让措施。因防洪(潮)减灾、城乡供水、水生态保护与修复等水网基础设施建设、河湖保护与治理等需要,在不影响生态保护红线主体功能定位的前提下,可根据水网规划要求予以安排实施。

强化限制开发区开发利用监管。按照生态功能定位及用途管制要求,依法制定区域准入条件,明确允许、限制、禁止的产业和项目类型清单,明确河湖开发的规模、强度、布局和水资源水生态保护要求。对存在河湖过度开发、污染超载、空间占用等导致水生态退化

表 8-1　海南主要河流不同类型河道环境准入正面与负面清单

河流类型	河流及河段范围	个数	长度（km）	主要保护与治理措施正面清单	生态环境准入清单
水源涵养与保护	南渡江，昌化江，万泉河，定安河，陵水河，南巴河，南绕河等河江河源头区河段	7	530	加强水源涵养和封育保护，适度实施退耕还林，开展水源涵养林建设，以热带雨林生态系统原真性和完整性保护为重点，建设"海南热带雨林国家公园"，逐步恢复和扩大热带雨林等自然生态空间，建立以国家公园为主体的自然保护地体系；加强以国家级自然保护区生态保护与修复，实施生态保护红线区生态保护，天然林保护，水土流失综合治理等工程，提升生态系统服务功能；结合水源地安全保障达标建设，在水土流失较严重的湖库周边及上游流域，推进生态清洁小流域建设，加强乡镇污染综合治理，保障供水水源安全；探索建立水权制度，在赤田水库流域开展水权试点，在南渡江，大边河，昌化江，陵水河流域实行以水质水量动态评估为基础的生态补偿机制	1. 涉及自然保护区，生态保护红线等环境敏感区，原则上不得从事一切形式的开发建设活动。 2. 全面禁止新建小水电项目，建立现有小水电有序退出机制，保护修复河流生态。 3. 位于自然保护区的核心和缓冲区河段禁止建设任何生产设施，在实验区内，不得建设污染环境，破坏资源或者景观的生产设施（禁止在各级自然保护区高尔夫球场，房地产开发，会所建设等项目的设施）。 4. 禁止无序开矿，毁林开荒，破坏饮用水源涵养林等行为，保护自然生态系统与重要物种栖息地，防止栖息环境改变。 5. 禁止对野生动植物进行滥捕滥采，保持并恢复野生动植物物种和种群的平衡，实现野生动植物资源的良性循环和永续利用。 6. 严格控制开发强度，逐步减少农村居民点占用的空间，腾出更多的空间用于维系生态系统的良性循环。 7. 禁止任何单位和个人在自然保护区及生态红线区内引入，应用转基因生物和外来物种
峡谷河道生态维护	南渡江，腰仔河，龙州河，昌化江，通什水，万泉河，定安河，珠碧江等闸河坝建设较多的中上游河段	8	335	推进绿色水电开发，实施绿水电功能或严重影响河道生态价值的水电站，强制退出；对部分拦河坝实施生态改造，开展鱼类生境修复，滨岸带植被恢复，完善闸坝生态流量泄放和监控设施，强化生态调度和管理等	1. 严格禁止水电开发，实施水生态修复综合治理。 2. 新建不符合生态保护要求的水利工程，坚持绿色基础设施体系。 3. 禁止在所属海南似鱬，纹胸鲱，马口鱼等溪流性生境的产卵场，繁殖区建造拦河闸坝，引水渠道，水库等水生态工程。 4. 禁止开发污染水环境，水生态的建设活动

续表 8-1

河流类型	河流及河段范围	个数	长度（km）	主要保护与治理措施正面清单	生态环境准入清单
重要水源地保护	南渡江、万泉河、石碌河、北门江、春江、龙滚河、太阳河、藤桥河、宁远河、望楼河等都总河、文澜江、中上游水库及引水河段	16	722	依法清理饮用水水源保护区内违法建筑和排污口，推进水环境治理网格化和信息化建设；针对重要饮用水水源地所在河段，开展水源地安全保障水环境治理和水库同污染综合治理等；保障城乡供水安全；建立健全水环境风险评估体系，健全预警预报与响应应急机制；加强化水资源管理；加强水资源非常规水利用，鼓励再生水、海水淡化等水利用，用水总量满足取水许可；大广坝、牛路岭水库为主逐步转变为以供年水、生态调度为主，枯水期供水超标准年份，首先保证生态基流，城乡生活按70%保证率供水，农业灌溉用水按50%保证率供给	1. 不得设置排污口。 2. 禁止一切破坏水环境生态平衡的活动以及破坏水源林、护岸林、与水源保护相关植被的活动。 3. 禁止向水域倾倒工业废渣、城市垃圾、粪便及其他废弃物。 4. 运输有毒有害物质、油类、粪便的船舶和车辆一般不准进入保护区。 5. 禁止使用剧毒和高残留农药，不得滥用化肥，不得使用炸药、毒品捕杀鱼类。 6. 水源地上游禁止建设大酒店、餐厅、别墅、水面娱乐及高尔夫球场等旅游设施
重要水生生境保护与修复	南渡江、大塘河、龙州河、巡崖河、昌化江、万泉河、南罗溪、龙首河、龙尾河、九曲江、藤桥河等中下游河段	11	491	满足迈湾水库、向阳水库、牛路岭水库、红岭水库敏感期生态及稀息生境保护，开展鱼类资源及稀息生境保护，开展鱼类增殖放流，建设过鱼设施；构建生态廊道和生物多样性保护网络，加强对极小种群野生生物、珍稀濒危野生动物和原生动植物种质资源救护护；提升生态系统质量和稳定性	1. 禁止破坏大鳞鲢、鲮、赤眼鳟、鲢、鳙等溯流性鱼类产卵场、索饵场和洄游通道。 2. 水产种质资源保护区内生物资源可能对保护区内生态环境造成损害的活动。 3. 禁止从事围湖造田等工程。 4. 在鱼类栖息生境，禁止新建人工渠化防洪工程，已有的工程实施生态改造。 5. 禁止入河污染物超载水功能区内新建入河排污口。 6. 禁止在河道无序采砂

续表 8-1

河流类型	河流及河段范围	个数	长度(km)	主要保护与治理措施正面清单	生态环境准入清单
水环境综合治理	东方水、塔洋河、北门江、春江、珠碧江、珠溪河、北水溪、文教河、文昌江、罗带河、北黎河等城镇及平原河段	11	439	重点对水量短缺、水质较差的独流入海河流,实施乡镇污水集中处理,实施入河湖排污总量控制；优化入河湖排污口布局,实施入河湖排污口整治,开展农村河道缓冲带及人工湿地等,改善水环境；对各条内河(湖)"一河一档",推进水污染治理项目建设。加大污水处理力度,全省城市中心城市、县城中心城区城镇污水处理率达到70%、60%、50%、30%。加强面源污染治理,实施化肥和化学农药减施行动,2020年化肥、农药减施5%,2035年施量进一步提升	1. 禁止城镇生活及工业废污水溢排入河,在河岸堆放固体垃圾及废弃物品,严格控制污染源。 2. 严格执行生态保护红线开发建设区管理目录,严禁以各种名义侵占河道,非法采砂,对非法采砂和岸线乱占滥用等突出问题开展专项清理整治,恢复河湖水域岸线生态功能。 3. 控制规模化养殖,出台规范高位池海水养殖指导意见,明确禁养区、限养区,整治无序海水养殖行为。 4. 禁止新建拦河闸坝,无序大规模引水。 5. 严格控制农药化肥施用量,推广绿色防控替代化学防治
绿色廊道景观建设	南渡江、石碌河、万泉河、陵水河、文澜江、大阳河、宁远河、望楼河的下游城镇河段	8	196	确保生态基流得以满足,河道不断流,加快推进城镇河段水污染治理,实施硬质护坡生态改造,开展滨河植被景观带建设,河口红树林生态修复,亲水平台和湿地公园建设；针对松涛、大广坝等大型灌区及海南繁育种基地,开展生态节水型灌区建设；推进海口、三亚、陵水等海绵城市建设,利用水体地形,打造园林景观长廊,增强景观、游乐功能	1. 禁止城镇生活及工业废污水溢排入河,加快城镇污水处理设施配套管网建设。 2. 禁止倾倒固体废弃物,排放有害、有毒的污水。 3. 城镇河段,禁止新建行洪设施,已有的工程应实施生态化改造。 4. 禁止建设污染环境,破坏水资源或者景观的生产设施。 5. 禁止实施破坏湿地行为,建立重要湿地监测评价预警机制,海口建设成为国际湿地城市

续表 8-1

河流类型	河流及河段范围	个数	长度（km）	主要保护与治理措施正面清单	生态环境准入清单
河口岸线与生态环境维护	南渡江、昌化江、万泉河、望楼河、宁远河、太阳河、春江、珠碧江、北门江河口	9	150	确保龙塘、宝桥、嘉积、北门江河口断面敏感期生态需水得以保障，红树林等洄游性鱼类、保护花鳗鲡等洄游性鱼类生长环境，保证入海河口生态需水量；严格控制陆源污染和海河口区海水养殖规模，加强对重要河口生态系统的整治与生态修复，全面恢复修复红树林等生态系统；对海岸侵蚀、海水入侵严重污染、生态严重破坏海岸带受损或者功能退化的区域进行综合治理；全面清查所有入海河口的排污口，实行清单管理，强化对主要入海河流污染物和重点排污口的监管，在海口市开展入海河流污染物总量控制试点，全岛推行"湾长制"	1. 禁止围填海，采挖海砂和兴建影响潮汐通道、行洪安全、降低水体交换能力、加剧海洋自然条件演变及可能破坏入海河口生态功能的开发活动。 2. 禁止工业、矿产资源开发，商品房建设及其他破坏生态和污染环境的建设项目。 3. 禁止新设排污口，倾倒固体废弃物，排放有害、有毒的污水和废气。 4. 在海防林成林地和幼林地进行非抚育性的修枝，新建、改建或者扩建海岸沿海海岸带的行为。 5. 禁止开设与生态红线区保护方向不一致的参观、旅游项目。 6. 禁止船舶向水体排放残油、废油，垃圾或者违反规定排放含油污水、生活污水等污染物。 7. 控制滩涂和近海养殖，推行咸淡转产和近海捕捞限额管理，由海捕捞向外海转移，由租放型向生态型转变，推动渔业生产向近海生态养殖改造，增设花鳗转变。 8. 河口禁止新建拦河闸坝，七丝鲚等洄游性鱼类由的进行生态化改造，增设花鳗鲡、日本鳗鲡等洄游性鱼类的进河入海通道

· 350 ·

严重的琼西北、琼东北、琼西等部分河湖,以水资源水环境承载能力作为依据,严格控制河湖开发强度,加强水生态修复治理,强化入河排污管控,保障河湖生态用水,提升水生态系统健康。

结合水网建设规划布局,针对水资源水环境承载能力较强的水生态空间,划定并预留防洪防潮安保和供水安全等重大水利基础设施建设用地储备空间,涉及重要民生水利工程的区域范围原则上按照限制开发区进行管控,暂不划入生态保护红线和永久基本农田范围,不再进行城镇开发建设。工程完工后根据主导功能相应划入禁止开发区或限制开发区,实施严格管控。

2. 优先实施水生态保护红线保护与修复

对水生态保护红线区设立统一规范的标识标牌、宣传警示标识等,在集中式饮用水水源一级陆域保护区建设物理隔离带。优先保护中部山区水源涵养区、重要饮用水水源地、重要水生生物栖息地等生态保护红线区,建立和完善生态水系廊道,提高生态系统完整性和连通性。强化已建自然保护区的管理,加强重要湿地资源的保护和修复,新建湿地公园或保护小区。分区分类开展受损河湖生态修复,采取以封禁为主的自然恢复措施,辅以必要的水生态修复、植被缓冲带建设等人工修复措施,有条件的地区可逐步推进生态移民,提升生态功能。

3. 强化水生态空间及水生生境保护

依法划定河湖管理范围,落实规划岸线分区管理要求,强化岸线保护和节约集约利用。加强对水源涵养区、蓄洪滞涝区、滨河滨湖区等水生态空间的保护,合理确定水生态空间的用途、权属和分布,在各类保护区边界设立明确的地理界标和宣传警示标识标牌。严格水生态空间征(占)用管理,推进退田还湖还湿、退养还滩、退渔还湖,生态移民等措施,归还被挤占的河湖生态空间。经批准征收、占用湿地并转为其他用途的,用地单位要按照"先补后占、占补平衡"原则,负责恢复或重建与所占湿地面积和质量相当的湿地,确保湿地面积不减少。

结合鱼类生境保护和洄游通道恢复,在南渡江、万泉河等重点河流鱼类生境保护河段,优先实施水电站等拦河闸坝拆除或生态改造。因势利导改造城镇段硬化、渠化河道,开展采砂河段生态修复,重塑健康自然的弯曲河岸线,营造自然深潭浅滩和泛洪漫滩,为生物提供多样性生境。全面禁止新建小水电项目,建立现有小水电逐步退出机制。严格执行河道采砂许可制度和管理执法,科学划定河道采砂禁采区,明确禁采期,河道采砂结束后及时开展生态恢复。

逐步建立健全水生态空间管控体系,在全省河湖范围全面推行河长制,切实强化规划管控约束,建立健全水资源消耗总量和强度双控、入河湖排污管控、水生态保护红线管控、水生态保护补偿、水资源水环境承载能力监测预警等制度和机制,严格监督考核和责任追究,形成有利于推进水生态文明建设、维护河湖休养生息的管理环境。

8.2 环境保护方案

8.2.1 生态调度措施

实施海南水利工程生态调度,维持主要江河生态廊道功能,修复和保护南渡江、昌化江、万泉河等河流代表物种栖息地和洄游通道等水生生态系统生态功能、河道湿地及河口附近红树林生境。把生态流量要求纳入海南主要流域水量调度目标,在有限的水资源条件下实现主要江河生态系统基本生态功能的保护。

8.2.1.1 南渡江流域生态调度

1. 生态调度的原则与优先序

在满足南渡江流域生活用水的前提下,优先考虑河流的基本生态用水,合理配置生产用水。河道外供水优先次序为城乡生活、城镇工业、农业灌溉需求、旅游地产人口需水。

2. 生态调度水库及目标

(1)中长期生态调度:根据主要控制断面汛期及非汛期生态流量要求,南渡江松涛水库下泄生态水量,并联合迈湾水库、东山坝、龙塘坝进行生态调度。

(2)短期生态调度:6~8月台风雨期间对南渡江主要水利工程择机进行生态调度,形成持续时间为10~15 d的人造脉冲洪峰。松涛水库联合新建的迈湾水库开展生态调度,敏感期生态调度方式见表8-2。

表8-2　南渡江鱼类敏感时段生态调度方式

河流	调度针对产卵场位置	调度时间	持续时间	调度方式
南渡江	金江至龙塘库尾江段	6~8月台风雨期间择机调度	10~15 d	迈湾、谷石滩、九龙滩、金江联合调度,东山、龙塘敞泄

由于海南三大江河生态调度无研究基础,参考汉江中下游生态调度经验:四大家鱼产卵水温18 ℃以上,洪峰起始流量约 1 000 m³/s,洪峰上涨时间持续 3 d 以上,水位日上涨率约 0.3 m/d,孵化流速大于 0.25 m/s,鱼卵孵化时间 2~3 d。

国家二级保护动物花鳗鲡于秋季洄游至深海繁殖,鳗苗主要于12月至翌年2月进入河流,由于鳗苗游泳能力较弱,一般在涨潮时随潮水进入河流,因此在此期间应维持自然的枯水期水文过程,避免水库因发电、调度等导致下游及河口水位的大起大落。

3. 生态调度的对象

南渡江流域生态廊道结构及功能、重要水生生物如鲮、赤眼鳟、鲢、鳙等产卵场及栖息地生境。

河口区域花鳗鲡等洄游鱼类育幼生境。

4. 生态调度保障措施

项目阶段实施生态调度跟踪评估,松涛水库、迈湾水库、东山坝、龙塘坝设置下泄流量监测设施或设备。

8.2.1.2　昌化江流域生态调度

1. 生态调度的原则与优先序

在满足昌化江生活用水的前提下,优先考虑河流的基本生态用水,合理配置生产用水。河道外供水优先次序为城乡生活、南繁育种农业、城镇工业、一般农业灌溉需求。

2. 生态调度水库及方案

(1)中长期生态调度:优化昌化江大广坝水库和戈枕水库工程任务和调度运行方式,由新建的向阳水库、已建大广坝水库、戈枕水库联合开展生态调度,确保乐东、南巴河水库,大广坝水库,石碌水库,宝桥、向阳水库断面不低于生态水量下泄。

(2)短期生态调度:6~8月台风雨期间对昌化江主要水利工程择机进行敏感时段生态调度,形成持续时间为3~5 d的人造脉冲洪峰。向阳水库和抱由、保定等水电站联合开展敏感期生态调度方式见表8-3。

表8-3　三大江河鱼类敏感时段生态调度方式

河流	调度针对产卵场位置	调度时间	持续时间	调度方式
昌化江	抱由水电站至向阳水电站之间	6~8月台风雨期间择机调度	3~5 d	抱由、保定、向阳等水电站敞泄

3. 生态调度的对象

昌化江流域生态廊道结构及功能,重要水生生物如鲮、鲢等栖息地生境。

河口区域花鳗鲡等洄游鱼类育幼生境。

4. 生态调度保障措施

项目阶段实施生态调度跟踪评估,向阳水库,乐东、南巴河水库,大广坝水库,石碌水库,宝桥断面设置下泄流量监测设施或设备。

8.2.1.3　万泉河流域生态调度

1. 生态调度的原则与优先序

在满足万泉河生活用水的前提下,优先考虑河流的基本生态用水,合理配置生产用水。河道外供水优先次序为城乡生活、城镇工业、农业灌溉需求。

2. 生态调度水库及方案

(1)中长期生态调度:根据主要控制断面汛期及非汛期生态流量要求,万泉河由牛路岭水库、红岭水库、嘉积坝进行联合生态调度,确保牛路岭、红岭、嘉积坝断面不低于生态水量下泄。

(2)短期生态调度:根据海南主要鱼类敏感期生态需水要求,6~8月台风雨期间对万泉河红岭、牛路岭水库择机进行生态调度,形成持续时间为3~5 d的人造脉冲洪峰。流域以红岭水库和牛路岭水库为主体,建立生态流量调度管理体系。万泉河敏感期生态调度方式见表8-4。

表 8-4 万泉河鱼类敏感期生态调度方式

河流	调度针对产卵场位置	调度时间	持续时间	调度方式
万泉河	万泉河干流域与定安河汇口	6~8 月台风雨期间择机调度	3~5 d	牛路岭、红岭联合调度,嘉积敞泄

3. 生态调度的对象

万泉河流域生态廊道结构及功能,重要水生生物如鲮、青鱼、草鱼、鲢、鳙等产卵场及栖息地生境。

河口区域花鳗鲡等洄游鱼类育幼生境。

4. 生态调度保障措施

项目阶段实施生态调度跟踪评估,牛路岭水库、红岭水库、嘉积坝断面设置下泄流量监测设施或设备。

8.2.2 小水电整治措施

小水电整治措施由海南省人民政府组织实施。

(1)设备老化(运行超过 30 年)且无改造价值的电站;处于国家自然保护区核心区、缓冲区(如吊罗河一、二级电站,枫果山一级电站,东六一级水电站,东六二级水电站,南叉河一级水电站,南叉河二级水电站,大炎水电站,吊灯岭水电站,天河一级水电站,天河二级电站,阳江一级电站,龙江一级电站等)且不涉及保护区生活和生态用电的电站;处于海南珍稀濒危特有鱼类栖息地中的水电站(如什文贴电站、什牙力电站、春雷电站、石带水电站、毛定水电站、阳江十三队电站、波峰电站、金波农场电站、南域电站、保定水电站等);存在较大安全隐患且整改不到位或无法整改的电站。上述类型电站应开展全面清退。位于自然保护区与鱼类栖息地小水电站分布见图 8-1。

(2)对有改造价值的老旧电站,进行设备设施改造升级,消除安全隐患,提高运行可靠性;对不满足保障河流生态需水要求的电站,改造或增设无节制的泄流设施、生态机组等;对引水式电站,修建亲水性堤坝等,改善引水河段厂坝间河道内水资源条件,保障河道内水生态健康;对影响枯水期河流水文情势的电站,改变发电调度方式,实行季节性限制运行;对涉及核准(备案)、环评、竣工验收等行政许可审批手续不全的电站,由相关部门根据法律法规责令整改,整改到位的给予补办手续;对保留下来运行的水电站,要全部设置闸门限位桩、泄水底管、虹吸管等生态流量永久性、无障碍泄放设施;对于无法满足生态需水要求的小水电站,要限期整改到位,限期整改仍不能满足生态需水泄放要求的小水电站,禁止运行上网。

(3)对依法依规建设,能基本满足下游生态用水要求、管理规范的电站,按照水利部《关于推进绿色小水电发展的指导意见》及《水利部关于开展绿色小水电创建工作的通知》的要求,积极开展绿色小水电创建工作,严格按照《绿色小水电评价标准》,创建一批绿色小水电示范电站。

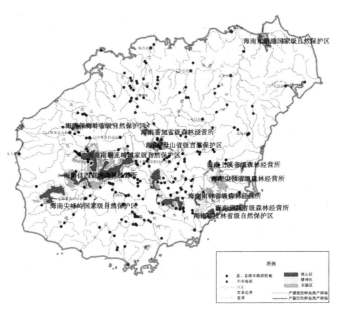

图 8-1　位于自然保护区与鱼类栖息地小水电站分布(全面清退)

8.2.3　水环境保护措施

8.2.3.1　地表水功能区保护措施

1. 加强水功能区监督管理和达标考核体系建设

完善水功能区监测站网布局,提升水质、水量和水生态综合监测能力和应急机动监测能力;建议根据功能要求对个别水功能区加以调整,如石碌河昌江饮用、工农业用水区,可分为 2 段,以石碌河水库作为分界,水质目标也做相应调整;南渡江下游开发利用区中饮用水源区和工农业用水区交替划分,为了保证用水安全,建议饮用水源区和工农业用水区之间划分过渡区。另外,文昌河、罗带河等城市和县城所在地的河流未列入水功能区划,由于城市和县城排污量比较大,对水质影响大,建议将这些河段纳入水功能区划范围,重点管理,加强监督。

2. 开展现状不达标水功能区入河污染源治理

针对不达标的南渡江、昌化江、春江等源头水保护区,开展水功能区内生活污染源入河排污治理,控制化肥、农药、农村生活垃圾和分散式畜禽养殖等污染,通过坑、塘、池等工程措施,减少径流冲刷和土壤流失;对于珠碧江白沙开发利用区、龙州河屯昌—定安开发利用区等不达标的水功能区,实施"一河一策"治理方案,加强上游及周边工业、畜禽养殖入河排污口的治理,同时对于农业面源进行控制,利用生物系统拦截净化面源。

3. 强化城镇点源污染治理

加强海南省工业点源治理,全面淘汰落后产能,积极发展循环经济,大力推行清洁生产,要求无序散布的小型橡胶厂、制糖厂等企业向工业园区集中布设,严格执行污染物排放标准排污;对全省各城镇污水处理厂进行运行维护,确保达到《城镇污水处理厂污染物排放标准》(GB 18918—2002)一级 A 标准后排入河道及海域,目前暂未建设污水处理厂的各级乡镇根据相关规划及流域水环境保护总体要求,加快推进城镇污水处理厂的建设,实现城镇生活污水垃圾处理设施全覆盖和稳定运行。

4. 防止灌溉回归水对环境水体造成污染

结合生态省建设,推动生态农业发展,严禁高毒、剧毒、高残留农药的使用,强化测土配方,开展化学农药化肥减量行动,降低农业面源流失量,加强集约化禽畜养殖场污水的处置和管理;合理规划灌区内进排水路线,在重点饮用水源保护区、滨河耕作区、灌区退水入河前设置生态阻隔带;开展湖库、河流周边人工湿地建设,延长农田退水径流的滞留时间,利用高等水生物吸收部分氮、磷等污染物,使径流得以初步净化,净化后的水经出水口排入附近水体或回用,防止造成水功能区局部水域富营养化;加强灌区面源污染监测和基础研究,建立农田面源监测预警机制。

5. 因地制宜、加强村镇生活污水和垃圾处理

根据海南省农村经济社会发展水平和自然环境特点,结合生活垃圾和污水基本特征,按照减量化、无害化和资源化的处理原则,因地制宜选择合理的处置方式:

(1)对于靠近县城政府所在地(15 km 范围内)的村镇采取转用处理方式,即"村级收集—乡镇集中—县级处理",有条件村镇可以接入城镇污水处理管网集中处理污水,生活垃圾运输到县城垃圾处理场集中处理。

(2)距离县城政府所在地较远且人口相对集中的村镇,采取建设中小型污水处理站及配套收集管网,集中连片处理;建设沼气池综合利用生活垃圾。

(3)距离城镇政府所在地较远的乡镇但人口相对分散的村庄,以堆肥还田为主。

8.2.3.2 饮用水水源地安全保障措施

1. 强化饮用水水源保护区划分

以红岭水库、长茅水库等 21 个未划水源保护区的水源地为重点(见表 8-5),依据相关技术规定,划定饮用水水源保护区。

表 8-5　海南未划分集中式饮用水源地目录

水源地名称	供水县(市)	水源类型	所在河流	是否新增(建)
东山水源地	海口	河道型	南渡江	在建
沉香湾水库水源地	万宁	水库型	太阳河	否
中南水库水源地	文昌	水库型	海南岛诸河水系	否
红岭水库水源地	文昌、琼中、琼海、屯昌	水库型	万泉河	否
天鹅岭水库水源地	文昌	水库型	石壁河	新增
中平仔水库	琼海	水库型	九曲江	新增
美容水库	琼海	水库型	塔洋河	新增
天角潭水库水源地	儋州	水库型	北门江	在建
美万水库	儋州	水库型	文澜江	否
南巴河水库水源地	乐东	水库型	南巴河	新建

续表 8-5

水源地名称	供水县(市)	水源类型	所在河流	是否新增(建)
长茅水库水源地	乐东	水库型	望楼河	否
抱美水库水源地	临高	水库型	文澜江	新增
尧龙水库	临高	水库型	尧龙河	新增
走装水库	陵水	水库型	陵水河	新增
小南平水库	陵水	水库型	金聪河	新增
小妹水库	陵水	水库型	都总河	新增
美亭水库	澄迈	水库型	汶安河(南渡江)	新增
迈湾水库水源地	澄迈、海口、定安	水库型	南渡江	在建
南扶水库水源地	定安	水库型	同仁溪(南渡江)	新增
石龙水库水源地	定安	水库型	万泉河	新增
龙州河水源地	定安	河道型	龙州河(南渡江)	否

2. 加强隔离防护与宣传警示

落实水资源与水生态保护规划,对达到或优于Ⅲ类水质标准的,主要采取隔离防护的工程措施。针对46个水源地实施隔离防护工程,物理隔离工程总长度为265.2 km,生物隔离面积为60.3 km²,并在水源保护区边界、关键地段设置界碑、界桩、警示牌和水源保护宣传牌等。优先对列入全国重要饮用水水源地名录的南渡江龙塘水源地、赤田水库水源地、松涛水库水源地、昌化江玉雄水源地、万泉河红星水源地等5个水源地实施隔离防护与宣传示警工程。

3. 采取水源地污染综合整治工程

加强饮用水水源保护区周边城镇污水的集中收集处理,对位于江河源头保护区或者饮用水源区保护区内的104个排污口实施关闭处理。重点针对天角潭水库上游的儋州城区、松涛水库上游白沙县城、东山水源地上游澄迈县城、红岭水库上游琼中县城及万宁水库上游兴隆镇的污水处理厂进行提标改造及尾水湿地处理,提高出水水质。针对永庄水库水源地、南渡江龙塘水源地、万宁水库水源地、万泉河红星水源地等15个水源保护区附近分布有乡镇的水源地,对临近保护区的乡镇生活污水集中收集处理,开展截污并网、污水处理设施建设及人工湿地建设等。饮用水水源保护区点源污染整治方案见表8-6。

表 8-6 饮用水水源保护区点源污染整治方案

县(市)	水源地名称	整治措施
海口市	永庄水库水源地	整治排污口 6 处;水源地保护范围内建筑物清拆;永庄水库右岸村镇生活污水进行截污并网
	龙塘水源地	在龙塘饮用水水源保护区附近的龙塘镇建设废水处理设施;排污口整治
	东山水源地	建设永发镇及周边村庄建设污水处理设施;东山水源地上游的澄迈县城污水处理厂进行提标改造及尾水湿地处理
三亚市	大隆水库水源地	大隆水库上游育才镇等村镇生活污水进行污水处理设施及管网建设
	赤田水库水源地	对水库上游的三道农场、三道镇及南林乡等乡镇生活污水进行治理,在库尾建设人工湿地等
万宁市	万宁水库水源地	排污口综合整治;对兴隆镇及周边 7 个村镇生活污水进行截污,建设污水处理设施;万宁水库附近的兴隆镇的污水处理厂进行提标改造及尾水湿地处理
	牛路岭水库水源地	和平镇污水处理设施及管网建设;保护区内排污口整治
琼海市	万泉河红星水源地	嘉积坝上游城区段截污并网;在水源地周边的万泉镇、官泉度假村建设生活污水处理设施
东方市	大广坝水库水源地	对大广坝水库左岸江边乡等乡镇建设污水处理设施
	昌化江玉雄水源地	拆除保护区内违规建筑物、排污口拆除迁移;截污管网建设
儋州市	松涛水库水源地	牙叉镇污水处理设施及管网建设
	天角潭水库水源地	天角潭水库上游的儋州城区污水处理厂进行提标改造及尾水湿地处理
白沙县	南溪河水源地	在水源地上游元门乡等乡镇进行生活污水截污并网,建设截污管网
保亭县	毛拉洞水库水源地	毛感乡污水处理设施及管网建设
昌江县	石碌水库水源地	在石碌水库上游金坡乡等乡镇开展生活污水集中收集处理,污水处理设施及管网建设

4.面源污染治理工程

针对文昌市、儋州市、乐东县及临高县水质不达标的 8 个水源地,以及存在水质污染隐患的永庄水库、赤田水库、万宁水库、松涛水库、昌化江抱由、万泉河红星、南扶水库等水源地,开展流域内农村环境综合整治和内面源污染治理。

对万泉河红星水源地、美容水库、南茶水库、大广坝水库等31个水源地周边的 217 个村庄采取沼气池处理等经济适用的措施,同时建设截水沟,生态沟渠等。对松涛水库、春江水库、良坡水库、雷公滩水库等 7 个水源地,推进清洁小流域建设工程,减少面源污染。

对定安县南渡江水源地、南溪河水源地、金江水源地、良坡水库水源地、多莲水源地、下园水闸水源地、天角潭水库水源地等 7 个水源地内,畜禽养殖场限期搬迁或者关闭,不能关闭的通过建设沼气池、畜禽粪便收集转运站、小型污水处理设备等工程,推动畜禽粪便的无害化和资源化。

对万宁水库、中南水库、湖山水库、春江水库、南茶水库等 5 个水源保护区内有养鱼塘的水源地,进行水产养殖治理,限期清退鱼塘养殖或建设人工湿地。对松涛水库、万宁水库、南扶水库等水源地,针对其存在的网箱养殖、旅游、游泳、垂钓等可能污染水源水质活动,实施网箱养殖清理、旅游景区综合治理等措施。

5. 生态保护与修复工程

生态保护和修复工程主要针对湖库型水源地的入湖库支流、湖库周边、湖库内建设生态保护与修复工程,通过生物净化作用改善入湖库支流水质和湖库水质。生态保护和修复工程主要包括人工湿地建设、河湖岸边带生态修复、湖库内生态修复、水源涵养与封育保护等。

规划对万宁水库、牛路岭水库、昌化江玉雄等 18 个水源地,通过前置库以及天然低洼地,营造水生和陆生植物种植区,建设人工湿地,面积 14.24 km²。对赤田水库、万宁水库、美容水库、松涛水库等 19 个水源地建设岸边植被过滤带和防护林带,面积 98.00 km²。对永庄水库、赤田水库、中南水库、湖山水库、春江水库、石门水库等 6 个水污染严重以及存在富营养化问题的水源地开展湖库内生态修复工程,在湖库内采取布置生态浮床等生态防护工程措施,保障水源地供水安全。

6. 建立饮用水水源地生态补偿机制

重点针对红岭水库、松涛水库、赤田水库等跨县市水源地开展水生态补偿机制建设,形成"受益者付费、保护者得到合理补偿"的水源地保护长效机制,完善补偿标准体系和补偿方式,针对不同地区和流域、不同类型水源地的特点,发挥政府主导作用,充分利用行政、市场、法律等多种手段,探索建立多样化的补偿方式。

8.2.3.3 城镇内河(湖)水环境综合治理措施

水资源水生态保护规划共治理城镇内河(湖)共 98 处,其中城镇内河 85 处,总长 1 084 km(含黑臭水体 140 km);治理城镇内湖 13 处,总面积 4.62 km²(均为黑臭水体)。按照《三年行动方案》要求,2018 年底对 60 处城镇河(湖)实施集中专项治理,在此基础上拓展治理范围,对新增 38 处城镇内河(湖)实施治理。各市(县)规划治理的城镇内河(湖)范围见表 8-7。

表 8-7 各市(县)规划治理的城镇内河(湖)范围

市(县)	城镇内河(湖)数	城镇内河名单	治理河长(km) 总长	治理河长(km) 黑臭水体	城市内湖库名单	治理面积 (km²)	备注
海口	18	海甸溪、美舍河、五源河、大同沟、龙昆沟、电力沟、龙珠沟、海甸沟、秀英沟、鸭尾溪、白沙河、响水河	119.41	48.57	红城湖、东西湖、金牛湖、工业水库、东坡湖、丘海湖	0.73	三年行动方案
	8	潭榄河、迈雅河、道孟河、芙蓉河、荣山河、博养河	78.1		沙波水库、羊山水库		规划新增
三亚	15	三亚东河、三亚西河、藤桥西河、桃源河、冲会河、烧旗沟、白水溪、青梅港、大茅河、马岭沟、鸭仔塘溪、漳波河、盐灶溪	247.07	27.1	腊尾水库、鸭仔塘水库	1.39	三年行动方案
儋州	1	南茶河	12.85				三年行动方案
	1	松涛干渠儋州城区段、石滩河	19.5				规划新增
五指山	2	阿陀岭小溪、太平小溪	5.5				三年行动方案
万宁	2	万城干渠、三分渠	14	14			三年行动方案
	3	三更罗溪、东山河、大茂干渠	28.1				规划新增
文昌	4	文清河、文昌河、港尾沟	143.66	5.66	霞洞水库	0.5	三年行动方案
	1	凌村河	6				规划新增
琼海	2	塔洋河、双沟溪	65.71	12.61			三年行动方案
	2	嘉浪河、文曲河	48.2				规划新增
东方	1	罗带河	6.11				三年行动方案
	3	北黎河、感恩河、东方市城区排沟	9.1				规划新增
乐东	1	南丰溪	8				三年行动方案
临高	1	文澜江	18.25				三年行动方案
陵水	2	溪仔河、小溪	5.6				三年行动方案
	4	陵水河城镇段、港坡河、英州河、长水洋大排沟	17.1				规划新增

市(县)	城镇内河(湖)数	城镇内河名单	治理河长(km)		城市内湖库名单	治理面积(km²)	备注
			总长	黑臭水体			
白沙	1	中队小溪	1.6	1.6			三年行动方案
保亭	2	保亭西河、保亭河	15.3				三年行动方案
	1	保亭东河	7				规划新增
昌江	2	东海河、保梅河	12				三年行动方案
	3	南妙河、太坡河、石碌河城区段					规划新增
澄迈	1	黄龙岭小溪	1	1			三年行动方案
	3	县城景观河、美仑河、澄江	32				规划新增
定安	2	白沙溪、潭榄溪	33.88	3			三年行动方案
琼中	1	营盘溪	6				三年行动方案
屯昌	2	吉安河	18		文赞水库	2	三年行动方案
	8	坎头河、南淀河、南坤河、西昌河、百家溪、岭肚河、深湾河、洪斗坡湿地	105.4	26.5			规划新增
合计	98		1 084.44	140.04		4.62	

1. 污染综合治理

全面加强配套管网建设,开展塔洋河、双沟溪、九曲江、石碌河城区段等城市污水处理设施建设,加强已运行污水处理厂运营管理,确保污水处理厂达标排放。针对美舍河、三亚东河、三亚西河、南茶河、文昌河等 47 处河沟、湖泊,实施污染底泥清淤。

针对大茅河、藤桥西河、塔洋河、罗带河、北黎河、文澜江、珠溪河等 14 处河(湖)进行畜禽及水产养殖污染治理。制定畜禽养殖规划,科学划定养殖禁养区、限养区和适养区,依法关闭和搬迁禁养区或限养区内畜禽养殖场。加强对现有规模化养殖场粪污污水贮存、处理、资源化利用设施建设,保障养殖废水达标排放或资源化利用;对可改造的水产分散养殖场,按"一场一案"制订整治方案。

针对海口、三亚、文昌、陵水等城镇郊区的 22 处河段开展面源污染治理。针对治理水体周边或上游区域,全面筛选和推广低毒、低残留农药,开展农作物病虫害绿色防控和统防统治。大力推广测土配方施肥技术,实施秸秆还田,推进增施有机肥。针对主要农业集中种植区,建设生态沟渠、污水净化槽、地表径流集蓄池等设施,净化农田排水及种植区地表径流。

落实"河长制"等管理制度和机制,划定河湖水域管理蓝线,对海口、三亚等城镇中心城区的城市内河湖的水域和岸线实行常态化管理,做到"一水体一岸线一责任人";集中开展打击偷排漏排、非法采砂、垃圾入河、非法养殖及侵占河道等违法行为;定人、定责、定时清理水面垃圾和岸线垃圾,确保中心城区各水体水面和岸线的洁净美观;定期向社会公布城镇内河(湖)治理情况,为营造良好的人居环境和休闲娱乐环境提供保障。

2. 生态修复与景观建设

在全面控污的同时,实施生态护坡护岸、生态河床及生态浮岛、河滨植被缓冲带及生态湿地构建等生态工程,推进海绵城市建设,因地制宜建设湿地公园、滨河景观带及亲水平台等设施,恢复和塑造河道植被群落,提升河岸和水体之间的水分交换和调节功能,提升河湖水质和生态景观功能。规划对51个城镇内河(湖)开展了水生态修复与景观建设等工程。

对美舍河、保亭河等45处城镇内河(湖)的生态护坡护岸工程,恢复两岸的植物群落,恢复河岸和河流水体之间的水分交换和调节功能。对五源河、海坡内河、白沙溪、文昌河等31处城镇内河(湖)开展滨河植被缓冲带及生态湿地构建等工程,提升河流自净能力。通过建造低洼绿地、立体绿化等方式,持续培育"天然海绵体",减轻城市排水压力,对雨水径流进行净化。

对海口中心城区湖库、鸭尾溪、霞洞水库等11处城镇内河(湖)开展生态河床、生态浮岛等生态工程建设,重构河(湖)水生植物和水生生物,强化河道和水工程管理保护范围内的植被恢复工作,逐步恢复污染水体的自净能力。

对美舍河、三亚东河、三亚西河、保亭河、北黎河、塔洋河等30处城镇内河(湖),实施河岸景观提升改造、亲水平台及湿地公园建设工程,营造优美适宜的城市滨水空间,提升城市水文化、水景观及游乐等功能。

3. 河湖水系连通

结合水资源配置及防洪除涝工程布局,以自然河湖水系、调蓄工程和引排工程为依托,以城市水资源优化配置、水环境质量改善为重点,在不造成新的水生态环境影响、保障水生态安全的前提下,因地制宜实现城市河湖水系的自然连通,改善和提高河湖水动力条件,提高水体自然净化能力,保护和恢复河湖湿地生态功能。

规划针对海口、三亚、屯昌、陵水、万宁、文昌、儋州、东方、白沙等市(县)的部分城镇内河湖和重要湿地,实施水系连通工程23项,新建连通工程长度约110 km。其中近期实施16项,新建连通工程长度约88 km。全省城镇内河(湖)连通工程见表8-8。

8.2.3.4 重要湿地保护

结合海南省"多规合一"工作,对各自辖区内的湿地资源划定生态红线,加强全省湿地资源的保护和管理,建立重点湿地监测网络,确保全省湿地面积稳定在480万亩;加快湿地立法进程,争取出台《海南省湿地保护条例》;对36处重要湿地资源分布区,加强保护和修复,建立保护和管理机构,提高湿地管护水平;继续加强对东寨港、清澜港、东方黑脸琵鹭、新英红树林等10处保护区湿地资源的保护工作力度,完成儋州千古盐田红树林省级自然保护区的新建工作。

表 8-8　全省城镇内河(湖)连通工程

市(县)	连通工程名称	连通河湖	建设内容
海口	羊山水库—白水塘湿地—响水河水系连通工程	羊山水库、白水塘湿地、响水河	结合南渡江引水工程,通过羊山水库向白水塘湿地和响水河生态补水,连通河道全长约 5 km、宽 20~50 m
	永庄水库—秀英沟水系连通工程	永庄水库、秀英沟	通过现有废弃河道以及新开挖河道的方式,连通永庄水库与秀英沟上游西支,向秀英沟、工业水库等生态补水,连通河道长 2.1 km、宽 25~50 m
	美崖水库—那卜水库水系连通工程	美崖水库、那卜水库、博养河、景观河等	连通美崖水库—那卜水库,向海口市长流片区城镇内河生态补水,连通河道长 7.3 km、宽 20~50 m
	海口市灵山干渠—芙蓉河连通工程	灵山干渠、芙蓉河	利用龙塘坝坝前分水闸向江东片区的芙蓉河,连通河道长 3.1 km、宽 10~20 m
	横沟河—鸭尾溪水系连通工程	横沟河、鸭尾溪	实施横沟河向鸭尾溪补水工程,重建出口水闸
	海口市道孟河—南渡江连通工程	道孟河、南渡江	连通河道长 1.8 km、宽 25~50 m
	海口市谭览河—迈雅河—南渡江连通工程	谭览河、迈雅河、南渡江	连通河道全长约 6.3 km、宽 30~55 m;建设南渡江景观水闸
三亚	月川湿地—三亚东河连通工程	月川湿地、三亚东河	连通月川湿地和三亚东河,依托月川湿地改造建设湿地公园,提供市民休闲游憩的场所
	东岸湿地公园—三亚东河连通工程	东岸湿地公园、三亚东河	清淤疏浚和开挖连通河道总长 716 m,新建生态护岸 1.14 km,新建翻板闸 1 座和新建堤顶道路等
	三亚市海坡内河水系连通工程	海坡内河、汤他水	新建连通河道总长 3.55 km,新建生态护岸 7.1 km,新建涵闸 5 座等
	大茅水—三亚东河径流廊道连通工程	高原水库、大茅河、三亚东河	清淤疏浚和开挖连通河道,建设旱溪径流廊道,其中高原水库至大茅水连通廊道 2 km,高原水库至三亚东河连通廊道 2.5 km
	虎豹岭旱溪建设工程	虎豹岭旱溪、月川湿地	结合虎豹岭西侧的自然坑塘湿地,建设虎豹岭旱溪湿地,并与三亚河月川湿地进行连通,旱溪长度 2.1 km
	机场蓄滞湿地—海坡内河连通旱溪建设	机场蓄滞湿地、海坡内河	建设机场周边蓄滞湿地建设,面积 12.4 hm²;建设湿地与海坡内河湿地连通旱溪,开挖连通河道 4.35 km
屯昌	屯昌县城区生态水系连通工程	坎头河、良坡干渠、城区水系	连通 3 座小型水库(水陂),连通坎头河—良坡干渠,连通红花溪—文赞水库,向吉安河、文赞溪、红花溪、文赞水库生态补水,引水线路 16 km

市(县)	连通工程名称	连通河湖	建设内容
陵水	陵水河—双鹭湖连通工程	陵水河、黎安鹭湖、新村鹭湖	连通陵水河和黎安鹭湖、新村鹭湖,新建引水渠道1.8 km,新建泵站1座,加固拓宽原有渠系17 km
万宁	太阳河—东山河水系连通工程	太阳河、东山河	铜鼓溪清淤疏浚15.5 km,新建堤防2 km,新建水闸一座,实现太阳河与东山河水系连通,改善乐山本草湿地补水条件
	太阳河尾闾—小海通道恢复工程	太阳河、小海	修复太阳河进入小海的旧河道,恢复太阳河与小海的水力联系,实施旧河道生态修复,长8 km
文昌	文南河—凌村河水利连通工程	文南河、凌村河	新建文南河节制闸及分洪闸,新开挖文南河与凌村河连通河道,改善河道水生态景观
	文北河—文南河水系连通工程	文北河、文南河	新建文北河节制闸及分洪闸,新开挖文北河与文南河连通河道,改善河道水生态景观
儋州	海南省春江连通与水生态修复工程	春江、松涛水库	利用现有西干渠末端退水系统实现松涛水库与春江水系的连通,清淤疏浚6.6 km,整治西干渠至水鸣江连通河道(支沟)8.1 km,改扩建水闸一座
	黑墩沟水库与杨桥江连通工程	杨桥江、黑墩沟水库	新建水闸、渠道,河道疏浚扩建渠道3.5 km
东市	北黎河—西湖湿地连通工程	北黎河、西湖湿地	通过清淤、开挖连通北黎河与西湖湿地,长4 km
白沙	珠碧江—山鸡江连通工程	珠碧江水库、山鸡江	连通河道总长7 km,河道疏浚、新建生态护岸

对具备条件的海口羊山及陵水黎安港、新村港等19处湿地分布区,尽快建立湿地公园或保护小区,湿地综合保护和修复工程,确保受损湿地得到有效保护,生物多样性得到有效恢复。2020年前完成退塘还林(湿)任务0.5万亩,扩大红树林种植,新造红树林0.5万亩,逐步恢复红树林湿地生境。

8.2.4 生态环境保护措施

8.2.4.1 陆生生态保护对策措施

1. 水土保持措施

认真落实和贯彻执行生态保护措施,对工程可能造成的水土流失、生态破坏,做到预防为主、防治结合。从源头和全过程防止对生态的破坏,按要求及时编制项目水土保持方案报告书,进行水土保持工程及生态措施设计,并予以实施。水土保持措施必须与主体工程"同时设计、同时施工、同时投入运行"。

1)中部山区

建立生态补偿机制,加强森林植被保护,营造水土保持与水源涵养林,实施橡胶、槟榔、特色水果林等林园地水土流失综合治理;结合植被保护与建设,做好山洪灾害防治;严格实行25°以上陡坡地退耕还林,强化生产建设项目水土保持监督管理。

落实"两江一河"水生态文明建设及综合治理工程、分散水源等水网建设重点工程范围内河道两侧防护林建设、水库上游水源涵养和水质维护区库周防护林建设,避免种植人工经济林替代水源涵养林。

2)琼北区

实施小流域综合治理,加强支毛沟治理,完善拦沙减沙体系,适当开展丘陵区的防洪排导工程减轻山洪灾害;实施疏残林下蓄水、截水工程,建设水土保持林草;推动退耕还林继续实施;加强农田林网建设,完善沿海防护林体系,做好农田防护,减少入海泥沙;加强城市水土保持,强化对开发建设行为的监管。

加强琼西北供水工程、迈湾水库工程、天角潭水库工程、红岭灌区工程、琼西北"五河一库"水生态文明建设及综合治理工程、海口城市内河水生态修复及综合整治工程等水网建设工程范围内水库周防护林建设、灌区农田防护林建设、渠道两侧林带建设。

3)琼南区

实施封育保护,开展林园地水土流失治理,完善坡面水系工程;开展坡耕地综合整治,配套灌排渠系,加强雨水集蓄利用;强化对开发建设行为的监管,注重局部水土流失的治理和城郊生态环境建设。

加强昌化江水资源配置水工程(乐亚水资源配置工程)、三亚城市内河水生态修复及综合整治工程等水网建设重点工程建设生态清洁小流域,适当开展丘陵区的防洪排导工程减轻山洪灾害,局部地区实施崩岗治理。

4)琼西区

开展坡耕地综合整治,配套灌排渠系,加强雨水集蓄利用;继续推进退耕还林,建设防风固沙林;开展沟道治理;加大对采石、采矿等水土保持监管力度。

加强昌化江水资源配置水工程等水网建设重点工程范围内河道两侧防护林建设、水库上游水源涵养和水质维护区库周防护林建设、灌区农田防护林建设、渠道两侧林带建设。

5)琼东区

开展林园地水土流失治理,改造坡耕地,完善坡面水系工程,实施封育保护,建设生态清洁小流域;强化对开发建设行为的监管,注重局部水土流失的治理和城郊生态环境建设。

加强牛路岭灌区工程等水网建设重点工程范围内坡耕地治理、园地和经济林的林下水土流失治理,结合溪沟整治,沟坡兼治,生态与经济并重,着力于水土资源优化配置,提高土地生产力,促进农业产业结构调整。

2.陆生动植物保护措施

(1)海南岛外来植物约158种,隶属于39科117属。其中,菊科(Asteraceae)、禾本科

（*Gramineae*）、蝶形花科（*Papilionaceae*）、苋科（*Amaranthaceae*）、大戟科（*Euphorbaiceae*）等5个科的外来植物数量较多。规划实施应预防外来物种出现入侵扩散的风险，对具有潜在入侵风险的外来植物和入侵植物采取人工拔除（推荐）、除草剂化学防治、生物防治相结合的方法，有效控制工程造成入侵植物传播和扩散的可能。

（2）合理规划工程布局方案，通过规划方案的调整或优化，工程布局选址避开主要植被、动物重要生境（越冬地、繁殖地、觅食地等），尽量不占、少占耕地和林地。三亚、文昌等12个市县规划建设的海堤工程，不能毁损现有的红树林植被。在引大济石工程拟建灌区内发现百年芒果树群（约30棵），乐亚水资源配置工程的拟建灌区现存国家二级古树酸豆树（约20棵），另沿线也多见有零散分布的古树名木，通过方案比选渠道等线性工程布置应尽量减少对其破坏。针对工程建设可能造成植被及林地破碎化的地方，应进行景观生态学设计，减少植被的片段化程度。

（3）规划实施后，及时恢复破坏的各种植被和生境、临时占用的植被、渣场、料场及各种施工迹地，无法恢复的采取异地补偿的方式进行恢复，要求其植被恢复达到或超过原有的标准。生态修复应注意修复植被与原有植被在种类组成、性质和特点上的吻合性分析，充分考虑群落结构设计（包括种类的筛选、混交比例和方式、种植密度等）、立地条件改造及修复植物群落的管理与养护。

3. 生态敏感区保护对策和措施

加强资源开发和建设项目对自然保护区的监管，防止不合理的开发建设活动对自然保护区的冲击和破坏。牛路岭灌区工程等涉及自然保护区等敏感区的规划项目，通过规划方案的调整或工程设计方案的优化，论证工程建设的环境可行性，避免对这些生态敏感区的占用。

根据生态敏感区的功能性质，采取有侧重的保护对策和措施。一些重要的湿地植被需要关注，如水菜花、水车前虽然分布在海口羊山地区，距离南渡江岸有较远的距离，但有关部门也应做好保护规划，项目建设过程中应尽量规避小面积湿地，尽可能使该区域保持自然生态系统的平衡。

8.2.4.2 水生生态保护对策措施

1. 连通性恢复

1）南渡江

南渡江流域干流已建梯级均未建设过鱼设施。由于松涛水库已建成近50年，多年来几乎不下泄流量，坝址以上基本上与下游隔离，因此不考虑松涛大坝补建过鱼设施。松涛库尾以上南开河干流已建的小水电应尽快退出，恢复库尾以上河流连通性和流水生境，修复产漂流性卵鱼类产卵场。松涛以下已建、在建、规划梯级均应建设过鱼设施。松涛以下南渡江干流各水利水电工程设置过鱼设施规划见图8-2。

2）昌化江

昌化江中下游戈枕、大广坝不需补建鱼道，一是坝下鱼类资源本身不丰富，鱼类上溯需求不大，二是鱼类即使过坝，过坝后即进入狭长型水库，可能难以找到适宜生境，因此不建议补建戈枕、大广坝过鱼设施。昌化江源头以山溪型小型鱼类为主，一般适宜于较小流水生境，洄游需求不强，且上游梯级开发和生境破坏较重，因此也不建议补建过鱼设施。

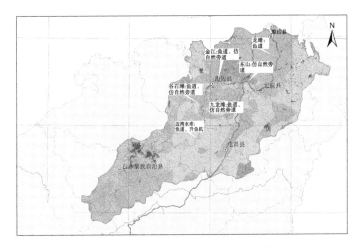

图 8-2　南渡江流域连通性恢复措施

通过鱼类资源调查,大广坝库中、库尾河道鱼类资源十分丰富,其中产漂流性卵鱼类鲮的种群规模亦较大。且大广坝库尾至向阳坝址均为堤坝或滚水坝,连通性恢复难度小、效果也将较好。因此,建议将大广坝库尾以上至拟建的向阳水库河道进行连通性恢复。大广坝库尾至向阳坝址有5座低坝或滚水坝,其中滚水坝采用阶梯式鱼道,低坝采用仿自然旁道。新建向阳电站拟采用鱼道方式,过鱼方式见图8-3。

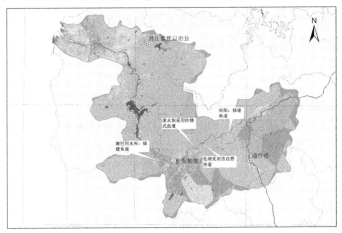

图 8-3　昌化江流域连通性恢复措施

3)万泉河

建议将牛路岭坝址以下至入海口全部河段进行连通性恢复,这区间仅有两个拦河坝,且均为滚水坝,即烟园水电站和嘉积坝,恢复难度亦较小。

嘉积坝过鱼设施对象为花鳗鲡、日本鳗鲡等河海洄游性鱼类和河口鱼类,花鳗鲡幼苗上溯时间一般在12月至翌年4月,主要集中在3~4月,正处于河流枯水期,如建设阶梯式鱼道将不可行,因此建议在嘉积坝右岸建设仿自然旁道。烟园水电站建议在左岸建设仿自然旁道。万泉河流域连通性恢复措施见图8-4。

4)陵水河

陵水河梯级开发程度较低,干流仅梯村坝,但梯村坝位于河流中游,对河流连通性破

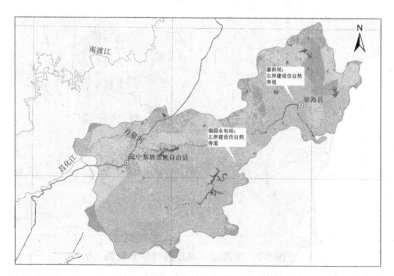

图 8-4　万泉河流域连通性恢复措施

坏严重。根据当地渔民反映,大量鱼类被阻隔于坝下,坝下成为鱼类聚集区域,也成为渔民捕捞的重点区域,其中不乏鳗鲡等河海洄游性鱼类。因此,梯村坝应补建过鱼设施。梯村坝水头约 5 m,建议采用仿自然旁道方式。

5) 其他重要河流

在天角潭水利枢纽建设鱼道,幼鳗溯河觅食的季节为 3~4 月,河段鱼类主要繁殖季节为 3~8 月,因此初步考虑天角潭水库工程的过鱼季节为 3~8 月。

2. 栖息地保护

1) 南渡江

(1) 干流栖息地保护。

①松涛库尾以上南开河整体作为山溪型鱼类重要栖息地加以保护。

②松涛水库大坝至金江水电站坝址段:迈湾库尾至金江坝下约 100.6 km 河段均无栖息地保护条件。

③金江水电站坝址至河口段:金江坝址以下至南渡江河口 96 km 河段可以规划作为南渡江干流鱼类栖息地保护生境。

主要保护措施和要求:拆除南开河已建小水电南伟电站等,恢复松涛库尾以上河流连通性和产漂流性卵鱼类产卵场;在保护河段严格禁止渔业捕捞作业,划定各主要鱼类的产卵场、索饵场和洄游通道,并设立醒目的标示牌或浮标,利用广播、电视、报刊等传播媒体加强宣传等;结合生态环境保护部对南渡江引水工程环境影响报告书的批复要求,控制栖息地保护河段及周边区域不合理的开发,严格限制可能影响保护区结构和功能的各类开发建设活动,如河道采砂、航道整治、桥梁码头建设等涉水工程。

(2) 支流栖息地保护。

根据各支流的水量、水质、水生生物、鱼类资源、河流开发情况等分析,选择腰子河、大塘河、龙州河和巡崖河作为流域支流栖息地保护的河段(见表 8-9)。

表 8-9　支流适宜实施栖息地保护的河段

河流名称	近期保护范围	远期保护范围	备注
腰子河	腰子河干流 12.4 km 河段	腰子河流域(长 42.3 km)	
大塘河	大塘河中下游 32.5 km 河段	大塘河流域(长 55.7 km)	近期保护范围为倒数第二个拦河坝以下河段
龙州河	龙州河下游 25.3 km	龙州河流域(长 107.6 km)	近期保护范围为倒数第二个拦河坝以下河段
巡崖河	巡崖河干流 12.4 km 河段	巡崖河流域(长 42.3 km)	

支流保护措施和要求包括:

①腰子河:南渡江中游迈湾水利枢纽淹没影响较大,中游仅腰子河作为支流栖息地保护,需要特别重视。根据现状开发情况和初步规划的保护范围,对已建腰子河支流 3 个梯级采取拆除措施,以保持河道连通性。同时,需加强腰子河流域水质管理、渔业保护管理,并根据长期监测的结果采用栖息地修复措施。

②大塘河:大塘河河口以上 9.5 km 处的滚水坝仅 2 m 高,应采取阶梯式鱼道、仿自然旁通道等措施保持河道连通性。禁止在划定的保护范围内再建设新的拦河闸坝工程,现有的小水电退役后应及时拆除。

③龙州河:不再进行新的开发,对已建最下游拦河坝采取阶梯式鱼道、仿自然通道或技术型鱼道等过鱼措施;建议相关部门申报龙州河下游 25.3 km 为下游水产种质资源保护区,严禁生产型的渔业作业和采砂作业。对上游小水电采取下泄流量在线监测和管理措施,保证下游保护河段生态流量。

④巡崖河:对巡崖河距离河口 2 km 处滚水坝采取阶梯式鱼道、仿自然通道或技术型鱼道等过鱼措施,禁止在巡崖河干流实施围河造地、采砂、人工捕捞、修建水利水电工程等破坏水生生境的工程建设活动。

2)昌化江

昌化江流域栖息地保护范围干流以大广坝库尾南巴河汇口为起点,终点至水满河汇口,并包含区间主要支流南巴河、大安河、乐中水、通什水、水满河等,支流的近期保护范围为最下游一级已建梯级至河口河段,远期应考虑支流小水电退出或补建过鱼设施,拓展支流栖息地保护范围。

3)万泉河

建议将干流牛路岭坝址以下至入海口、北源船埠坝址以下全部作为栖息地保护河段,并结合万泉河国家级水产种质资源保护区保护,加强该河段管理,使其成为万泉河流域乃至整个海南岛鱼类保护区,建议将该河段建成海南省万泉河鱼类自然保护区。

万泉河南源和北源源头区均植被良好,人类活动干扰较少,鱼类资源丰富,为了保护山溪型鱼类,将北源红岭库尾以上河段、南源乘坡库尾以上河段作为鱼类栖息地加以保护。

4)陵水河

将梯村坝址以上至源头、支流保亭水全部作为鱼类栖息地加以保护。

3. 增殖放流站建设

1)南渡江

南渡江流域中下游规划共建 2 处鱼类增殖站,分别为迈湾站、东山站,2 个站统筹兼顾松涛水库以下干流上 6 个梯级的增殖、放流、科研任务。

在放流种类上,依据前文的放流原则,确定中下游放流种类共 13 种,具体包括广东鲂、鳊、倒刺鲃、光倒刺鲃、斑鳠、大鳍鳠、海南瓣结鱼、赤眼鳟、银鲴、黄尾鲴、大鳞鲢、海南长臀鮠、高体鳜、鲮等。据目前人工繁殖技术的成熟程度,其中广东鲂、鳊、倒刺鲃、光倒刺鲃、银鲴、黄尾鲴、海南长臀鮠、鲮。等 8 种为近期放流对象,后斑鳠、大鳍鳠、海南瓣结鱼、高体鳜、大鳞鲢 4 种为远期放流对象。

(1)东山站。

南渡江引水工程环评提出东山鱼类增殖放流站占地 80 亩,年放流规模 80 万尾,见表 8-10。

表 8-10　南渡江引水工程鱼类增殖放流站(东山站)放流鱼苗种类、规格和数量

放流阶段	种类	规格(cm)	数量(万尾/年)
近期	三角鲂	5~9	10
	倒刺鲃	5~9	15
	光倒刺鲃	5~9	15
	鳊	5~9	10
	银鲴	5~10	5
	黄尾鲴	5~10	5
远期	斑鳠	主要开展驯养与人工繁殖技术研究	
	瓣结鱼		
	大鳍鳠		
	大鳞鲢		

(2)迈湾站。

根据迈湾水利枢纽可研报告,迈湾鱼类增殖站选址拟位于南渡江右岸、业主营地的东侧,建设占地 20 亩,年放流规模 50 万尾(见表 8-11)。

表 8-11　迈湾鱼类增殖放流站放流鱼苗种类规格和数量

放流阶段	种类	规格（cm）	数量（万尾/年）
近　期	海南长臀鮠	4~6	5
	鲮	4~6	15
	鳊	4~6	10
	倒刺鲃	4~6	10
	光倒刺鲃	4~6	10
远　期	大鳞鲢	主要开展驯养与人工繁殖技术研究	
	高体鳜		

放流河段范围为松涛坝下至河口段及主要支流，其中迈湾站负责松涛坝下至金江坝下 105 km 干流及支流河段鱼类放流任务，东山站负责金沙坝下至河口段 96 km 干流及支流河段鱼类放流任务。

2）昌化江

拟在昌化江流域规划的南巴河水电站、向阳水电站各建设一座鱼类增殖放流站。

放流鱼的种类为海南异鱲、锯齿海南鳘、小银鮈、大鳞光唇鱼、盆唇华鲮、海南瓣结鱼、海南墨头鱼、琼中拟平鳅、海南原缨口鳅、海南纹胸鮡、项鳞吻鰕虎鱼。其中，大鳞光唇鱼、海南原缨口鳅为重点放流对象。

3）万泉河

万泉河分布的海南岛特有鱼类有 8 种，海南黄黝鱼为生活于静水沟塘中的小型鱼类，梯级开发、堤防建设等规划实施对其影响不大，不作为放流对象，其他拟作为放流对象。另外，红岭、牛路岭等水库均位于河流上游，水库形成后对流水生境的淹没影响较大，疏斑小鲃、虹彩光唇鱼等溪流性鱼类种群规模将缩小，因此将这两种鱼类作为放流对象。

拟在万泉河红岭枢纽坝区建立 1 个鱼类增殖放流站，规模应满足整个万泉河流域各梯级电站开发库区鱼类增殖需要（见表 8-12）。

表 8-12　万泉河红岭鱼类增殖放流站放流鱼苗种类、规格和数量

种类	规格		数量（万尾/年）	备注
	全长（cm）	体重（g）		
疏斑小鲃	5~8	1~3	3	两种规格按 70% 和 30% 投放
	8~12	3~5		
虹彩光唇鱼	5~8	1~3	2	
	8~12	3~5		

其他重要河流中只有北门江规模较大，且规划有天角潭水库，结合天角潭水利枢纽环境影响报告书，应建设增殖放流站，选址位于天角潭大坝下游约 500 m 处的左岸阶地上（见表 8-13）。其他河流规模均较小，鱼类种类多样性低、鱼类资源量少，且无重大工程，

不需建设增殖放流站。

表 8-13　北门江天角潭鱼类增殖放流站鱼苗放流种类、规格和数量

放流阶段	种类	放流数量(万尾/年)		合计(万尾/年)
		全长 3~7 cm	1 冬龄	
近期放流	唇鲭	3	3	6
	光倒刺鲃	3	3	6
	黄尾鲴	3	3	6
远期放流	台细鳊	1	1	2
	刺鳍鳈鲅	1	1	2
	条纹小鲃	1	2	3
合计		12	13	25

4. 生态流量与生态调度

1）生态流量

生态流量泄放,以河道内生态基流为最低保障目标,保障河道最基本的生态需水和河流基本生态功能。

2）生态调度

生态调度详见 8.2.1 章节。

8.2.4.3　河口红树林保护对策措施

海南红树林具有独特的地域特色和资源价值,在海南生态建设中占有非常重要的地位。红树林的保护是建立在气候变化、经济发展和环境治理的相互作用之下的一个极其复杂的、多尺度的恢复治理过程。虽然红树林本身具有很强的抗自然干扰,如热带风暴或海啸的能力,但人为干扰的退化影响往往是不可逆的。本次规划环评结合规划工程对北门江新英湾红树林的影响,提出以下保护对策:

(1)加强涉水工程监管,重视生态环境保护。加强已建或天角潭等规划拟建涉水工程的管理工作,对所有涉水工程除考虑其经济效益外,更要重点考虑其生态环境效益和社会效益,并严格执行生态环境影响评价,对所有涉水工程和相关企业加强监管,保障河口生态流量。

(2)实施政策调控,实现依法治理和全民保护。至今海南已建立了以红树林为主要保护对象的自然保护区 9 个,并且相继颁布了《海南省自然保护区管理条例》《海南省红树林保护规定》等相关法律法规。目前可进一步加强红树林有关法规建设,完善立法系统,强化对不法行为的监督和惩罚,执法必严,违法必究,实现依法治理来保护红树林资源。此外,基于群众普遍缺乏参与和保护红树林的积极性,建议可在红树林自然保护区及其附近村落进行教育培训,加强群众的保护意识,引导群众参与其保护事项,形成"创建保护区+立法保护+全民参与"的一体化保护流程。

(3)提高遥感技术应用水平,监测海南红树林的动态变化。我国红树林保护管理缺乏统一理论指导的主要原因之一是缺乏从国家尺度利用遥感技术系统挖掘红树林动态变

化过程。提高遥感技术应用水平,可以更准确地对海南红树林湿地进行调查与评估,监测种群分布,利用综合信息监测可估算红树林的生物量、群落分层结构、病虫害及其与海平面变化的关系等。同时利用 GIS 系统建模,加大红树林自然保护区之间的联系,将海南红树林种质资源、分布等数据进行网络共享,不仅利于物种的保护管理,还可利用其进行定点、定位观测,在红树林的不同潮间带进行引种扩种、人工培养的造林研究,从而筛选出适合定点地区滩涂的速生丰产林树种,避免外来物种的入侵,为红树林造林恢复提供参考。

(4)建立海南红树林生态系统健康预警指标体系及信息系统。为方便海南生态系统管理者和决策者动态了解、掌握红树林生态系统的健康信息,需实时监测、诊断红树林生态系统健康状况,及时采取科学的防范措施。对北门江新英湾红树林生态系统健康状况进行跟踪"体检",找出"病因",量化退化过程中的人类社会与自然因素及其相对贡献,揭示变化规律,为海南红树林生态系统健康的恢复与可持续管理提供科学依据。

(5)加强对红树林植物的科学研究,为其资源利用和造林恢复提供参考。目前,对海南红树林植物的深入研究多涉及红树林的生态系统、引种造林及其生境内的生物物种变化等问题,但在红树林湿地生态系统及其景观变化与分析等问题的研究上,还需进一步深入研究。因此,国家及地方应进一步加大对海南红树林生态系统保护和利用的科技投入,提高海南红树林生态系统应对自然灾害的能力,支持相应的红树林恢复修复和生态系统管理技术体系的科技研发工作,为维持海南红树林生态系统健康提供有力的技术支撑和保障。

8.3 重大项目的环境要求

8.3.1 迈湾水利枢纽及灌区工程

迈湾水利枢纽工程是保障海口市和江东新区供水安全不可替代的水源工程,是构建海口市防洪安全体系的重要组成部分。工程建设运行将加剧对南渡江干流连通性阻隔影响,导致迈湾江段溪流性鱼类生境消失、产漂流性卵鱼类栖息生境萎缩及入海水量一定程度的减少等。

工程实施时,需优化迈湾水库的建设任务和时序,建议迈湾水利枢纽工程分期建设,近期以城乡供水和防洪为主;远期可根据迈湾水利枢纽工程建设实施情况,对迈湾灌区规模及其环境合理性进行深入分析论证;按照"以新带老"要求,对下游九龙滩、谷石滩、金江 3 座水电站补建过鱼设施,对松涛水库增设生态流量泄放设施,减缓迈湾水利枢纽工程建设对鱼类栖息生境及河口生态的影响。

8.3.2 昌化江水资源配置工程

昌化江水资源配置工程包括乐亚水资源配置工程和引大济石工程,位于昌化江中下游,主要为三亚、乐东、昌江等市县城乡生活、热带瓜果及南繁育种基地提供水源保障。工程实施进一步加大昌化江流域水资源开发利用程度,将导致昌化江入海水量减少,并对河口段花鳗鲡栖息生境造成一定影响,同时向阳水库坝址涉及大鳞光唇鱼特有土著鱼类栖息地。

工程实施时,深入论证工程建设的环境影响,优化工程供水规模和向阳水库选址;按照"以新带老"要求,通过对昌化江干流已建小水电站实施生态改造或拆除,逐步恢复昌化江上游河道的纵向连通性;调整大广坝水库开发任务和调度运行方式,切实保障坝下河道及河口生态用水要求。

8.3.3 天角潭水利枢纽工程

天角潭水利枢纽是北门江流域控制性枢纽工程,主要为洋浦经济开发区及下游地区供水。北门江干流现状水质较差,规划天角潭水库库周分布有儋州市生活垃圾填埋场,上游来水受儋州市城区排污影响大,水污染风险高;受水库蓄丰补枯和供水影响,坝址断面下泄水量减少比例约 50%,导致河口咸潮上溯距离增大、水环境容量减少等,对河口新英湾红树林自然保护区影响较大。

综合考虑河口红树林生长繁殖要求、河口河道及新英湾生态健康需要,调整天角潭水利枢纽工程功能定位,对规划布局必要性和环境合理性做进一步论证。

8.3.4 保陵水库及供水工程

保陵水库位于陵水河上游的支流,开发任务主要是为陵水、保亭等城乡生活和农业灌溉(含 8 万亩南繁育种基地供水)提供水源保障。保陵水库库区位于海南岛中部山区热带雨林重点生态功能区、海南热带雨林国家公园范围内,并对保亭近腹吸鳅、多鳞枝牙鰕虎鱼等珍稀保护鱼类栖息地造成较大淹没影响,工程引水线路穿越吊罗山国家级自然保护区。

根据海南省国家生态文明试验区建设要求,遵循生态保护优先、以水定发展原则,鉴于陵水河有特有珍稀鱼类,将陵水河作为海南自然河流保护和修复的示范性河流,强化水生态保护和修复,对海南生态保护有示范意义,建议就保陵水库是否建设做进一步论证。

第9章 环境影响跟踪评价计划

9.1 环境监测方案

9.1.1 水环境监测方案

以满足水资源保护及监管需求、实现监测数据系统互联共享为目标,统筹规划水资源保护监测站网建设。至规划年,建立主要河流湖库、重点水功能区及入海小河流水质监测网络,加强人口密集区城镇水体水质监测和重点流域水环境质量自动监测,并对监测断面进行立碑标识。

(1)对海南省38条生态水系廊道及重点湖库、66个水功能区、国控断面进行全面监测,建立市(县)全覆盖的集中式饮用水水源地水质监测网络(见图9-1)。

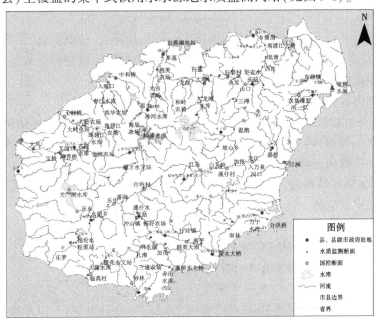

图9-1 水功能区与国控监测断面

(2)在现状64个城镇内河(湖)监测断面基础上,对县级以上城镇内河(湖)和流经河段的78个城镇水体的92个监测断面开展监测,逐步拓展重点乡镇内河(湖)水体监测;对全省211个规模以上入河排污口实施监督性监测。

(3)建立中部山区少、平原地区多、琼北地区密,覆盖全省所有市(县)和所有地质单元的地下水监测网络,对海口、儋州等县(市)的75个地下水实施监测,其中近期地下水监测点 58 个。

(4)利用遥感结合野外调查等方式,定期和不定期对全省主要河湖健康状况进行监测和评估。2025 年前对南渡江、万泉河、昌化江、陵水河、藤桥河等 16 处生态敏感河段及重要湿地等实施生态流量、重要生境监测和河湖健康评估。

(5)2035 年对 38 条生态水系廊道进行多维查询、动态分析、综合评估、风险预警等,形成河湖水生态保护红线动态监测、健康评估和预警能力。水资源保护及河湖健康监测评估覆盖率不低于 90%,全面建立水资源水环境承载能力监测预警机制。

9.1.2　生态环境监测方案

9.1.2.1　陆生生态监测

运行期主要监测生境、植被的变化以及生态系统整体性变化。通过监测,加强对陆生生态的管理;配置生态环境管理人员,建立各项管理及报告制度;开展对工程影响区的环境教育,提高管理人员环境意识。通过动态监测和完善管理,使生态转为良性方向发展。

1.监测范围

规划灌区、新建水库库区(如向阳水库、南巴河水库等)及生态敏感区为监测范围。重点监测水库周边区域、灌区及生态敏感区的工程影响区。

2.监测内容

通过设置样方调查陆生动植物区系组成、分布及其特点、种群数量、生物多样性的变化;景观生态体系组成及特征变化;监测国家重点保护野生动植物种群数量和生长状况;生态敏感区生态完整性及稳定性。

具体监测内容如下:

(1)重点观察和监测水库库区、灌区、防洪治理工程(主要指修建堤防护岸和治理山洪沟区域)、水土保持林周边生物多样性及植被生长状况;监测重大水资源配置工程涉及区重点保护动植物和古树名木的生长状况。

(2)生态敏感区监测内容。对牛路岭灌区工程引调水隧洞穿越的上溪、尖岭省级自然保护区开展重点监测。

3.监测时间和频次

监测时间:暂时设定为施工结束后 5~10 年。

监测频率:每年 2 次,分别在 4~5 月和 9~10 月进行。

4.监测方法

(1)遥感监测利用 ArcGIS Engine 技术和 Visual Basic 开发平台,以基础地理信息、植物分类、生态专业数据和属性信息为基础建立数据库,依托 GIS 的空间分析性能对评价区工程布置区附近植被进行监测,结合实地调查得到生物丰度指数、植物盖度指数、景观多样性值和优势度值等,以判断植物和植被的变化。

(2)采用植物监测样方和样线相结合的调查方法。样方大小设置为:乔木样方 20 m×20 m,灌木样方 5 m×5 m,草本样方 1 m×1 m。根据植物分布变化情况,选择固定样线 2~3 条调查,侧重调查植物的垂直和水平分布特点及植物物种变化情况。此外,监测过程中应密切关注是否有外来入侵种出现,一旦发现需记录种类、数量、频度、入侵速度。

（3）动物监测采用抓捕法、访问法调查两栖类和爬行类动物种类、数量、分布特征。采用日铗法、访问法调查小型兽类动物种类、数量、分布特征。采用观测法、访问法调查大型兽类和鸟类种类、数量、分布特征等。

9.1.2.2 水生生态监测

1. 监测内容

1）水生生态要素监测

水文、水动力学特征，水体理化性质（主要为 N、P 各种形式组分动态及浓度场分布）；浮游植物、浮游动物、底栖动物、水生维管束植物的种类、分布密度、生物量与水温及流态等的变化关系。

2）鱼类种群动态及群落组成变化

鱼类的种类组成、种群结构、资源量的时空分布及累积变化效应，重点监测具有重要生境分布的鱼类种群动态及群落构成的变化趋势，分析鱼类种类的重现度变化趋势。

2. 监测站点

水生生态监测站点及监测内容见表 9-1

表 9-1　水生生态监测站点及监测内容

序号	河流	监测站点	水生生境及水生生物	鱼类种群动态
1	南渡江	南开河	√	√
2		松涛库尾	√	
3		松涛库中	√	√
4		迈湾	√	√
5		九龙滩库中	√	
6		金江库中	√	
7		东山	√	√
8		龙塘坝下	√	√
9		腰子河	√	√
10		大塘河	√	
11		龙州河	√	
12		巡崖河	√	
13	昌化江	向阳	√	√
14		大广坝库尾	√	
15		大广坝库中	√	√
16		戈枕库尾	√	
17		昌化江下游	√	√
18		通什水	√	√
19		乐中水	√	
20		南巴河	√	√
21		石碌库尾	√	
22		石碌坝下	√	√

序号	河流	监测站点	水生生境及水生生物	鱼类种群动态
23	万泉河	牛路岭库尾	√	√
24		牛路岭坝下	√	
25		定安河汇口下	√	√
26		嘉积坝下	√	√
27		红岭库中	√	√
28		红岭坝下	√	
29		咬饭河	√	
30		定安河	√	√
31		加浪河	√	
32		塔洋河	√	
33	陵水河	什玲	√	√
34		保亭河汇口下	√	
35		陵水	√	√
36		保亭河	√	
37	北门江	天角潭库中	√	
38		天角潭坝下	√	
39	春江	春江上游	√	
40		春江下游	√	
41	珠碧江	珠碧江上游	√	
42		珠碧江下游	√	
43	望楼河	望楼河上游	√	
44		望楼河下游	√	
45	宁远河	宁远河上游	√	
46		宁远河下游	√	
47	三亚河	三亚河上游	√	
48		三亚河下游	√	
49	太阳河	太阳河上游	√	
50		太阳河下游	√	

3. 监测频次

水化学要素,浮游动、植物,底栖动物,水生维管束植物在 4 月、7 月各监测一次。鱼类种群动态监测在 3~6 月、10~11 月进行。

9.2 跟踪评价方案

跟踪评价需紧密结合规划的实施进度,安排跟踪评价范围,与环境监测成果相结合,真实反映规划的环境影响,实现跟踪评价的目的。

9.2.1 跟踪评价目的与内容

开展跟踪评价是对水网规划实施所产生实际环境影响进行分析,用以验证规划环境影响评价的准确性和判断减缓措施的有效性,并提出改进措施的过程。

根据影响预测的分析结果,筛选受到影响的区域,开展生态环境监测,敏感水生生物的河流、监测生态流量过程,工程建设陆生生态环境敏感目标,对敏感生态环境目标进行监测对规划项目实施后产生的环境影响评价,验证环境影响预测的准确程度,分析产生预测偏差的原因;评价环境减缓措施是否得到有效实施及其效果;根据规划项目实施后的环境效果,适时提出对规划方案进行优化调整的建议,改进相应的对策措施;总结规划环评中存在的问题和经验;调查并预测区域是否有新的环境问题产生,并提出更全面的补救措施。

9.2.2 跟踪评价方案

9.2.2.1 收集资料

水网规划实施后,应及时组织环境影响的跟踪评价,收集相关的资料,包括规划环评审批阶段所确定的条款与主管部门附加的环境条件、周期或连续的环境监测记录、环境缓解措施的运行和维护记录、规划项目日常环境管理的记录等。

9.2.2.2 公众意见调查

规划项目完成并实施后,要定期进行公众意见的调查,了解受水网规划项目影响的公众对该项目的感受与要求等,确定为进一步提高规划的环境效益所需的改进方案,总结规划环评的经验与教训,使跟踪评价工作的内容与范围更具有针对性。公众的反馈意见是跟踪评价工作中推荐环境改进措施的重要依据。

9.2.2.3 环保对策措施实施效果评价

依据环境监测的结果、相关资料及公众意见的调查等,从以下几个方面开展环境影响跟踪评价与环境保护对策措施实施效果评价。

(1)达标符合评价:评价环境监测数据是否符合规划项目应满足的环境质量要求,是否符合本次规划拟定的环境保护目标。

(2)预测一致性评价:评价实际环境影响监测数据与预测结果的一致性,判定预测的环境影响是否真实发生,对于环境影响预测不到却实际发生的环境影响,应分析其产生的原因,提出可行的缓解措施。

(3)环保对策措施的有效性评价:依据监测数据,结合对环保措施运行、维护与管理记录的审查,评价缓解措施在技术、维护管理上的可靠性及有效性。如果缓解措施不能有效缓解实际发生的环境影响时,分析问题的产生环节与原因。

9.2.2.4 形成跟踪评价文件,报审批机关

通过资料收集、公众意见和环境影响跟踪评价与环境保护对策措施实施效果,分析和评价规划实施后的实际环境影响,评价建议的环保措施是否得到贯彻落实,确定为进一步提高规划的环境效益所需的改进,总结该规划环境影响评价的经验与教训,形成完整的跟踪评价结论,并将评价结果报告审批机关。

9.2.3 跟踪评价组织实施

通过实施环境监测,及时掌握规划实施后,区域生态环境的变化情况,对项目组成、规模等内容进行调整,制定可行的环境保护措施。对水网建设的项目环境保护工作进行指导、协调、稽查,并对重点单项工程的实施现场进行环境监理,开展规划环评的后评估,该部分工作由海南省生态环境部门负责。

第 10 章　研究结论与建议

海南省位于我国最南端,是全国生态文明建设示范区、新时代改革开放新高地,是国务院确定的国际旅游岛。海南岛地形呈中南部隆起状,河流水系源短流急,水资源难以储存,工程性缺水尚未扭转。全岛环状梯级结构的地貌特征,为合理利用主要江河水资源、实现丰枯互济提供了得天独厚的条件,全岛现状水资源开发利用率为 9.2%,河流湖库水质总体优良,但人类活动造成水环境污染风险因素多,城镇内河湖水质较差,小水电与闸坝建设造成河流连通性受损,水生生境遭受破坏,红树林生境萎缩面积锐减。

"海南水网建设规划"立足海南经济社会可持续发展的要求,统筹协调水网开发与保护、兴利与除害、整体与局部、近期与长远的关系,根据海南岛"一心两圈、四片区"的功能定位,在水生态空间管控制定的前提下,明确了防洪(潮)治涝安全保障、城乡供排水、水资源水生态保护、热带现代农业水利保障等主要任务。在着力解决可持续发展面临的水环境问题的基础上,实施基本民生保障工程,将有力支撑省域"多规合一"改革试点、自由贸易试验区建设。规划避让"生态保护红线",针对环境敏感区相对较少的内环台地丘陵热带特色农业圈与外环沿海平原城镇发展圈,布置水资源配置工程、热带现代农业灌溉工程、防洪除涝工程等,规划实施布局体现了"面上保护、点状开发"特征;规划实施后,水资源开发利用程度不突破"资源利用上线",功能区环境质量、污染物排放总量达到"环境质量底线"以上。

研究评价认为,规划方案总体符合全面深化改革开放试验区、国家生态文明试验区、国际旅游岛建设等国家战略要求,综合考虑了海南水资源和生态环境特征,统筹协调了主要河湖生态保护与开发治理的关系。规划坚持生态保护优先原则,立足于解决现有的涉水生态环境问题,有助于预防水资源开发带来的生态环境风险,规划实施有利于海南岛生态文明试验区建设。但规划方案实施不可避免对区域生态环境产生不利影响,通过采纳环评提出的规划优化调整建议和采取相应的环境影响减缓措施后,从环境保护角度分析,规划方案、布局及规模总体上合理可行。

但海南地理位置独特、国家战略地位特殊、生态地位重要,因此在规划实施过程中,要实行最严格的生态环境保护制度,应落实"三线一单"提出的要求,妥善处理水资源开发利用与生态环境保护关系,尽可能减少对自然生态系统的干扰,严格保护中部山区森林植被、河口红树林、珍稀濒危及特有土著鱼类栖息地等,确保海南生态安全及水资源安全;严格控制水资源开发利用总量和水资源配置工程规模,加强节约用水管理,确保南渡江、昌化江、万泉河、北门江等主要河流及河口生态流量;坚持贯彻"三先三后"原则,加大水污染防治,强化面源污染控制,确保主要河流及河口水质安全,防范可能出现的水污染及面源污染等风险;加强跟踪监测、监督管理,推动形成人与自然和谐发展的现代化建设新格局。

参 考 文 献

[1] 桂峰,樊超,等.海岛生态环境调查与评价[M].北京:海洋出版社,2018.

[2] 吴征镒.中国植被[M].北京:科学出版社,1980.

[3] 陈焕镛.海南植物志[M].北京:科学出版社,1964.

[4] 颜家安.海南岛生态环境变迁史研究——以植物和动物变迁为研究视角[D].南京:南京农业大学,2006.

[5] 雷金睿,陈宗铸,陈小花,等.1980—2018年海南岛土地利用与生态系统服务价值时空动态变化[J].生态学报,2019,40(14):4760-4773.

[6] 刘均玲,袁超,何永姑,等.东寨港红树林小型底栖动物丰度与Chla、有机质的相关性[J].生态学报,2019,39(1):185-191.

[7] 阮成旭,吴德峰,袁重桂,等.温度对花鳗鲡黑仔苗生长和消化率的影响[J].福州大学学报(自然科学版),2012(5):695-698.

[8] 林浩然,齐鑫,周雯伊,等.人工诱导花鳗鲡卵巢发育成熟及相关激素和组织的作用[J].水产学报,2010,34(7):989-998.

[9] 齐兴柱,尹绍武,娄甜甜,等.海南产花鳗鲡细胞色素b基因的克隆及序列分析[J].海南大学学报(自然科学版),2007,25(4):397-401.

[10] 欧阳志云,赵同谦,赵景柱,等.海南岛生态系统生态调节功能及其生态经济价值研究[J].应用生态学报,2004,15(8):1395-1402.

[11] 饶恩明,肖燚,欧阳志云,等.海南岛生态系统土壤保持功能空间特征及影响因素[J].生态学报,2013,033(3):746-755.

[12] 沈小雪,关淳雅,王茜,等.红树林生态开发现状与对策研究[J].中国环境科学,2020,40(9):4004-4016.

[13] 甄佳宁,廖静娟,沈国状.1987年以来海南省清澜港红树林变化的遥感监测与分析[J].湿地科学,2019,17(1):44-51.

[14] 肖寒,欧阳志云.森林生态系统服务功能及其生态经济价值评估初探——以海南岛尖峰岭热带森林为例[J].应用生态学报,2000(4):481-484.

[15] 赵健,魏成阶,黄丽芳,等.土地利用动态变化的研究方法及其在海南岛的应用[J].地理研究,2001,(6):723-730,774.

[16] 杨小波,张桃林,吴庆书.海南琼北地区不同植被类型物种多样性与土壤肥力的关系[J].生态学报,2002,22(2):190-196.

[17] 赵瑞白,杨小波,李东海,等.海南岛桫椤科植物地理分布和分布特征研究[J].林业资源管理,2018(2):65-73,97.

[18] 李嘉昊,李东海,赵瑞白,等.海南省主要陆生入侵植物在不同生境类型的适生性[J].热带生物学报,2018,9(2):225-233.

[19] 张凯,陈伟岸,罗文启,等.海南五指山国家级自然保护区石松类和蕨类植物区系研究[J].热带作物学报,2017(4):618-629.

[20] 杨小波.海南岛陆域国家级森林生态系统自然保护区森林植被研究[M].北京:科学出版社,2011.